【博客藏经阁丛书】

删繁就简
单片机入门到精通

戴上举 编著

北京航空航天大学出版社

内 容 简 介

本书是作者过去十多年工作经验的积淀,以实际应用为基础,理论结合实际,用自己的理解来阐述单片机相关技术。全书立足单片机基本概念、开发应用技巧、单片机高端技术、C 语言编程、问题调试分析、产品设计这六方面,采用平实易懂的语言,把作者的个人理解和经验积累汇集起来供读者分享。

本书读者范围广泛,无论是刚接触单片机的新人,还是已经具备一定经验的工程师,都有针对性章节可供阅读。

图书在版编目(CIP)数据

删繁就简:单片机入门到精通 / 戴上举编著. --
北京:北京航空航天大学出版社,2011.1
ISBN 978 - 7 - 5124 - 0273 - 7

Ⅰ. ①删… Ⅱ. ①戴… Ⅲ. ①单片微型计算机 Ⅳ.
①TP368.1

中国版本图书馆 CIP 数据核字(2010)第 233225 号

版权所有,侵权必究。

删繁就简:单片机入门到精通
戴上举　编著
责任编辑　李松山
*
北京航空航天大学出版社出版发行
北京市海淀区学院路 37 号(邮编 100191)　http://www.buaapress.com.cn
发行部电话:(010)82317024　传真:(010)82328026
读者信箱:emsbook@gmail.com　邮购电话:(010)82316936
北京市媛明印刷厂印装　各地书店经销
*
开本:787×960　1/16　印张:22　字数:493 千字
2011 年 1 月第 1 版　2011 年 1 月第 1 次印刷　印数:5 000 册
ISBN 978 - 7 - 5124 - 0273 - 7　定价:39.00 元

前言

一直以来，在我内心都认为传道授业是一件无上光荣的事，只可惜生来不善言辞，自然无法从事教师这个职业，而是走了一条电子技术工作的职业之路。写书是许多技术工作者的梦想，本人也不例外，然而由于受到时间、精力和观念的影响，实现这个梦想的一线技术开发人员并不多，我也是偶然有机会才写成了此书。

相对来说，我算是比较喜欢书的一类人，当年南下广东打工时，随身没带什么东西，书倒拖了一堆。对于专业方面的书，我也和大家一样常愤懑于作者的写作态度，直到看到台湾侯捷（侯俊杰）写的《深入浅出 MFC》，给了我震撼，不能说是文采飞扬，但在用心程度方面，着实没有可以挑剔的地方。

毫无疑问侯捷前辈具有非常好的专业素养，我相信 VC 程序员技能高于他的也是大有人在，但他凭借着严谨、认真、求实的技术态度，每一点都自己进行考证，终于写出了这本我认为可以奉为经典的书。正是侯捷前辈的这本书触动了我，虽然我个人的技能水平和写作能力有限，但如果我也能像侯捷前辈那般认真，把自己以往的工作经验加以总结，是不是也有可能写出一本能够得到大家认可的书呢？

我相信做事一定要有激情，否则就会在犹豫中放弃各种想法，于是在 2009 年 7 月开始了本书的写作。一开始对书的写作并没有太多想法，只是想着这是兴趣所在，应尽量将书的内容写得全面和实用。最初大概有半个月时间，我随身带着一个小本子，只要一想到某个主题，就顺手记录到本子上，就这样得到了书的提纲和目录。

真没想到写书是如此辛苦，为了保证内容正确，就不时需要进行验证，往往只是一张简单的图表，却要另外花数小时写程序验证，慢的时候一天只能写一两页。开始写作后经常是回家就窝到计算机前，一窝就是数小时，南方的夏天比较长，就是光着膀子也是汗流浃背，现在回想起来还真有点诧异我当时的耐心。

写到中间我一度想放弃，按照已有的进度，看上去写完还是遥遥无期。我的工作通常在年底会比较忙，加班主要集中在元旦前后两个月，因而，从这个层面上还得感谢金融海啸，项目的

前言

取消让我在 2010 年元旦前后的时间段并不忙,正是这个机会,让我一鼓作气在春节到来之前完成了本书的初稿。

当下有关单片机的教育书籍很多,之所以说是"教育书籍",因为这类书的内容基本相近,对概念的介绍都相当详尽而对实际应用的阐述比较单薄。这些书作为教材是合适的,但是对于从事实际产品开发的技术人员则价值相对有限。本书内容大部分为我 10 多年来一线技术开发的经验总结和实践心得,大道至简,相信这种经验和心得的提炼能让读者有所感悟。

本书比较全面地介绍了单片机的基本概念、应用技巧和作者实际应用中的技术领悟。第 1、3 章,为单片机相关基本概念的介绍;第 2、4、5 章,为单片机应用开发中的相关经验和技巧;第 6 章,为电子产品开发和批量生产中需要关注的细节问题。无论是只具备电子基础知识的学生,还是已经有一定实际工作经验的电子工程师,本书都有针对性章节可供阅读。

"创造有收获的阅读"是我推崇的理念,所以本书所阐述的内容大都是我在以往技术开发中遇到的一些具体技术细节和解决思路,这些问题相信读者已经碰到或将会碰到,这样通过本书读者可以分享到我这些年在技术领域耕耘的成果。本书的重点章节是第 2、4、5 章,仔细阅读一定会有所收益。

为了便于大家理解,书中多采用口语方式讲述单片机的一些相关知识、经验和技巧,希望这样的表达方式能让读者阅读时感到亲切和轻松。书中内容按先基础后技巧的顺序排列,且没有拘泥于某一款单片机,也没有局限于某一种开发语言,你会发现所写内容你可以用到任意一款单片机上,但又不能直接应用。毕竟我只是想通过本书告诉读者一些思维方法,并不是让读者在某款单片机上"照葫芦画瓢"。

书中部分 C 语言和汇编的例子,采用 ADS 针对 ARM 的编译结果,也有部分代码采用伪代码方式进行意思表达。书中内容都是我个人理解,难免有一些偏颇之处,疏漏之处还得烦请大家批评指正,有错必纠。欢迎大家和我进行交流沟通,内容不限,下面有我的联系方式,无论哪种方式,我都会在第一时间作出回复。

博客:sjdai.spaces.eepw.com.cn
邮箱:daishangju@163.com
MSN:sj_dai@hotmail.com

书中少量内容参考网络资料,在此向这些资料的作者表示感谢。
同时也要感谢给予我支持的家人和朋友。

作 者
2010 年 9 月

目 录

第 1 章 单片机基础 1
1.1 什么是单片机 1
1.2 单片机是如何工作的 3
1.3 单片机与计算机的区别 7
1.4 晶　　振 10
1.5 系统时钟和周期 10
1.6 单片机指令和汇编语言 13
1.7 RAM/ROM 的作用 20
1.8 单片机接口 21
1.9 接口驱动能力 27
1.10 方便实用的中断 32
1.11 函数和堆栈 42
1.12 单片机 PAGE/BANK 概念 46
1.13 CISC 与 RISC 48
1.14 为什么 DSP"跑得快" 50
1.15 单片机产品开发常见用语 52

第 2 章 单片机应用小技巧 57
2.1 用 I/O 模拟接口 57
2.2 交流特性显神通 62
2.3 电阻网络低成本高速 AD 64
2.4 利用电容充放电测电阻 68
2.5 晶振也能控制电源 69

目 录

- 2.6 如何降低功耗 ... 70
- 2.7 开机请用 NOP ... 75
- 2.8 查表与乘除法 ... 76
- 2.9 RAM 动态装载程序 ... 80
- 2.10 程序也可被压缩 ... 87
- 2.11 累计误差 ... 89
- 2.12 让定时更准一些 ... 91
- 2.13 寄存器也可当 RAM ... 92
- 2.14 清中断标志的位置 ... 95
- 2.15 键盘扫描 ... 97
- 2.16 视觉暂留 ... 99
- 2.17 让耳朵优先 ... 100
- 2.18 1 000 与 1 024 ... 101
- 2.19 PWM ... 102
- 2.20 单片机与虚拟机 ... 104

第 3 章 单片机高级特性 ... 107
- 3.1 Cache ... 108
- 3.2 总 线 ... 118
- 3.3 DMA ... 125
- 3.4 存储器管理 ... 129
- 3.5 嵌入式与操作系统 ... 136

第 4 章 单片机 C 语言 ... 150
- 4.1 单片机 C 语言简介 ... 150
- 4.2 for()/while()循环 ... 152
- 4.3 循环里的 i++ 与 i-- ... 159
- 4.4 优化的方法与效果 ... 161
- 4.5 全局变量的风险 ... 171
- 4.6 变量类型与代码效率 ... 179
- 4.7 慎用 int ... 182
- 4.8 危险的指针 ... 183
- 4.9 循环延时 ... 191
- 4.10 运算表达式 ... 195
- 4.11 溢 出 ... 200

	4.12	强制转换 ······	205
	4.13	高效实用位运算 ······	208
	4.14	宏和 register ······	212
	4.15	手机里的计算器 ······	221
	4.16	函数设计 ······	227
	4.17	某产品函数编写规则 ······	233

第 5 章 问题分析与调试 ······ 245

5.1	应该具备基本硬件能力 ······	245
5.2	使自己站在别人的角度来思考问题 ······	248
5.3	先找自己原因再假定他人出错 ······	253
5.4	充分发掘 IDE 调试工具功能 ······	255
5.5	IDE 调试工具也会导致错误产生 ······	263
5.6	没有 IDE 调试工具的测试 ······	265
5.7	C 语言要多查看汇编代码 ······	266
5.8	养成查看寄存器内容的习惯 ······	269
5.9	中断的一些特殊情况 ······	270
5.10	别迷信文档与硬件 ······	274
5.11	程序暂停不代表所有模块暂停 ······	277
5.12	几种仪器好帮手 ······	279
5.13	多用计算机工具软件 ······	283
5.14	串口通信不能使用隔离变压器分析实例 ······	286
5.15	Cache 导致录音有杂音分析实例 ······	287
5.16	Cache 导致 RAM 验证结果不对分析实例 ······	294
5.17	双口 RAM 读/写竞争出错分析实例 ······	297

第 6 章 实际产品开发 ······ 302

6.1	如何开发一个产品 ······	302
6.2	学会看电气参数表 ······	303
6.3	接口的匹配 ······	310
6.4	电源和地的影响 ······	313
6.5	成本意识 ······	317
6.6	别烦流程图 ······	320
6.7	功能的全面与实用 ······	322
6.8	批量产品的替代方案 ······	324

目录

6.9 多了解新器件 …………………………………… 326
6.10 尽可能让生产更方便 ……………………………… 329
6.11 性能预估 ………………………………………… 331
6.12 电磁兼容 ………………………………………… 335
6.13 上电与测试 ……………………………………… 336
6.14 程序版本发放记录 ……………………………… 337
参考文献 ………………………………………………… 343

第 1 章
单片机基础

如果你已经有了一定的单片机基础，你只须粗略浏览本章甚至可以直接跳过本章；如果你具备一些基本的电子电路知识，但没有真正接触过单片机，请将本章看完后找一套单片机仿真器体验一下真正的单片机，再回来将本章认真看一遍；如果你之前接触过单片机，但还在似懂非懂的阶段，请认真仔细阅读本章，务必领会我在本章中想表达的意思，点滴都不要放过；如果你已经对单片机很熟悉，请移步到后面你觉得合适的章节，当然也欢迎你仔细阅读本章，但不要吝啬把你发现的错误告诉我。

1.1 什么是单片机

单片机一词的来历不明，在我看来是单片微控制器缩写的可能性最大。在日常生活中我们常听到"微机控制"这样的说法，这里的"微机控制"就是单片机控制。现在用单片机进行控制的电子产品已经深入到我们日常生活的各个角落，手机、电视、冰箱、汽车、飞机等无一不用单片机进行控制，几乎只要有电的地方就有它的存在。

单片机实际上是一个可以让用户设计控制方法和流程的集成电路芯片，在实际生活中，不同产品、不同厂家会有着千奇百怪的控制想法，单片机的优点就是芯片厂家提供了一个通用平台，在这个平台上不同用户只要依照厂家约定规则操作就可以实现自己的控制需求。

单片机种类繁多，功能自然也各不相同。像三星公司的 S3C6410，主频可以高达 800 MHz，424 条引脚，性能强大到几近计算机；而台湾义隆公司的 EM78P152 则只有 8 条引脚，可供用户选择控制的输入/输出脚也就 5 条，只能实现一些简单的逻辑控制功能；Microchip 公司的 PIC10F20X 更小，6 条引脚，内置 4 MHz 振荡器，上电就可以运行。可见不同型号单片机的差异可以非常大，价格也是一样，便宜的不用一元就可以买到，贵的则要上百元甚至更多。

几乎所有知名大型电子公司都生产单片机，如 Samsung、Freescale、TI、NXP、Renesas、Toshiba 等。这些公司生产的单片机大都是通用类，没有专门针对某类具体产品设计特定功能，这类单片机特点是性能相对稳定、价格比较高。产品的需求是层出不穷，一些特殊的需求

第1章 单片机基础

会催生出对应有特殊功能的单片机。例如,电视游戏机就需要直接支持音频、视频信号输出,于是一些规模相对要小一些的厂家如 Sunplus、Winbond 等就推出专门针对电视游戏机市场的单片机。就是计算机键盘、鼠标这些非常简单的产品,也有诸如 Holtek 这样的厂家来设计专用单片机。

说了这么多,那单片机到底是个什么样子?别着急,既然学校大多将 51 系列的单片机作为单片机的课程内容,这里就展示两张 AT89C51 单片机的图给大家看看,如图 1.1 和图 1.2 所示。让它工作起来也很简单,先编写好程序,然后将程序按规定的方法写到单片机指定位

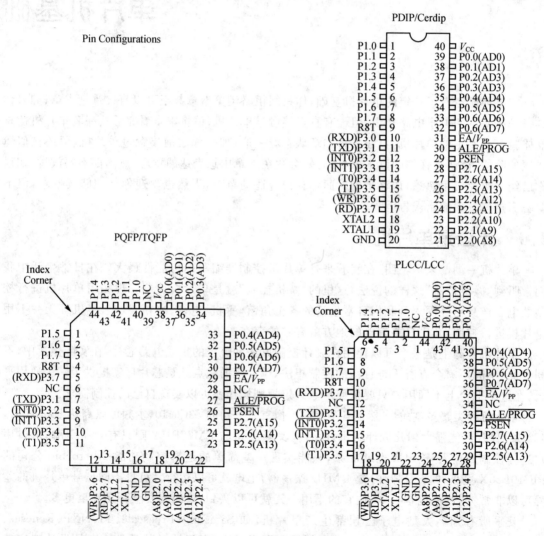

图 1.1 AT89C51 封装图

第 1 章　单片机基础

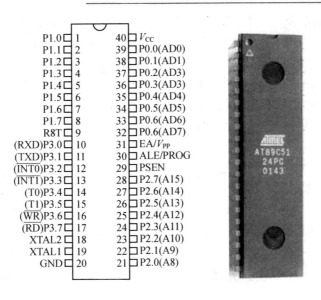

图 1.2　AT89C51 DIP 封装和实物对照图

置,再将单片机接上晶振,并加上合适的工作电压,它就会乖乖地工作起来(如何工作可参见 1.2 节)。

注:有的时候为了降低成本可以不要如图 1.1 所示的标准封装,要求厂家提供 DICE(也叫做 CHIP),拿到 DICE 后自己再将引脚邦定(BONDING)出来。

1.2　单片机是如何工作的

单片机是如何工作的?这还真是一个让人头大的问题,武侠小说中一些权贵豪杰为了保护自己和家人的人身安全,会在自己住的地方让能工巧匠设计许多机关,什么吊网、毒箭、暗坑都统统上场,一招接一招、一环套一环,只要一触发机关,就算来者是神功盖世也十有八九要玩完。这种机关工作方式是触发,上一个机关动作完会触发下一个机关,直到所有机关都触发完。触发这个概念对单片机来说非常重要,单片机是这样的,即将需要完成的操作任务预先一步步设定好(这个预先设定好的操作任务也就是程序),然后单片机被连续逐步触发实现这些操作。那单片机靠什么触发呢?不用着急,接下来我就会告诉你。

单片机就是武侠小说中的机关!没错,单片机工作真和机关差不多,只不过机关是利用力学原理通过一些机械结构来实现,而单片机是依靠其内部电子器件实现。单片机的核心是一个叫做 CPU 的中央处理器,这个东西就好比人的大脑,可以实现一些逻辑运算之类的操作,比如对两个数进行加减、比较大小等。前面提到的程序到这里就派得上用场,程序实际上是一串数字,这串数字依照单片机制定的规则表达相关特定信息,CPU 则通过某种方式取得程序里的这些数字,然后依照数字进行相应操作。

第1章 单片机基础

为了彻底弄清楚单片机的工作原理,这里我给大家设计一个简单的单片机,而且这个单片机还与人脑相互兼容! 该单片机功能很简单,外部有两个可以选择输出电压为高或为低的引脚,这里我分别将其命名为左引脚和右引脚,我们可以编程控制这两个引脚的输出。为了演示其功能,用其设计一个应用系统来控制两盏灯,这两盏灯会按下面的亮灭次序工作。

(1) 开始灯一和灯二都是熄灭状态。
(2) 灯一点亮,灯二熄灭,维持该状态 1 s。
(3) 灯一保持点亮,灯二点亮,维持该状态 2 s。
(4) 灯一熄灭,灯二保持点亮,维持该状态 3 s。
(5) 灯一和灯二都熄灭……

既然是我设计的单片机,那先要定出这个单片机型号,不然就和别人的设计无法区分,简单点就叫做 MY_MCU_000,再要制定相关规则,也就是设计 MY_MCU_000 的机器指令,如表 1.1 所列。

图 1.3 为设计的应用系统,当然这个系统只是简单示意,能让大家明白控制灯的基本方法即可。

表 1.1 MY_MCU_000 指令表

数字(指令)	MY_MCU_000 实现功能
0	左引脚和右引脚都输出低电压
1	左引脚输出高电压,右引脚输出低电压
2	左引脚输出低电压,右引脚输出高电压
3	左引脚和右引脚都输出高电压
4	保持当前状态,什么都不做

图 1.3 MY_MCU_000 应用系统示意图

先不要进入"难度大"的 MY_MCU_000 编程阶段,前面提到该单片机还能与人脑相互兼容,我们先通过一位魔法师给你演示如何实现。魔法师会交给你一张魔法秘籍表,如表 1.2 所列,另外还会给你一张写有魔法密语的纸条。

现在你展开魔法密语纸条,魔法师开始指挥你施展魔法。魔法师每挥一下魔法棒,你从纸条上取出一条魔法密语,并按照魔法师先给你的魔法秘籍表做出相应动作。如果魔法师每一秒向你挥一次魔法棒,那么你每隔一秒就要从魔法密语纸条上取出一条魔法密语,并做出相应动作,如图 1.4 所示。现在你仔细想想,是不是已经"神奇"地实现了前面我们所想要实现的亮灯次序?

看到这里不要笑,这么简单也叫什么魔法? 这确实不能叫魔法,目的是让你知道人可按要求控制灯的亮灭,单片机控制也是相同原理。接下来我们回到图 1.3 所示的应用系统示意图,把"魔法密语"交给你所设计的这个单片机应用系统,也就是将其存储在 MY_MCU_000 可以读取的指定位置,会看到什么样的结果呢?显然只要每秒给所设计的单片机 MY_MCU_000 一个触发信号,这个触发信号就可以触发 MY_MCU_000 从"魔法密语"中取出一条密语,并执行相应操作,这样我们所设计的单片机系统就会按我们期望的次序亮灭两个灯。

表 1.2 魔法秘籍表

魔法密语	魔法方法
0	左手和右手都松开开关
1	左手按下开关,右手松开开关
2	左手松开开关,右手按下开关
3	左手和右手都按下开关

图 1.4 魔法施展图

将 MY_MCU_000 和做魔法表演的你作个对比:
MY_MCU_000 CPU＝你的大脑
MY_MCU_000 左引脚＝你的左手
MY_MCU_000 右引脚＝你的右手
MY_MCU_000 程序存储器＝魔法纸条
MY_MCU_000 存储器里面的程序＝纸条上的魔法密语
MY_MCU_000 触发信号＝魔法师的魔法棒

我想到这里你应该明白单片机是怎么工作的了吧?你是用眼睛看到魔法密语,那我们设计的单片机是用什么呢?是控制器里一个叫 PC 程序指针的功能模块,当单片机工作时,控制器由 PC 取得当前的单片机指令机器码,然后交给 CPU 译码执行,同时 PC 会自动指向下一条指令机器码位置。

真正的单片机应用系统由晶振或 RC 振荡器来提供稳定的周期触发信号,魔法密语对应的是单片机程序(机器码)。如果将程序写成魔法密语一样的数字,对程序员来说肯定不是好事情,必须逐一查表才知道相应功能,稍不小心就会弄错。虽然人类不擅长查表这种繁琐工作,但计算机擅长,并且快而准,既然这样,那把查表工作交给计算机去做就是,于是解放程序员的汇编指令和编译器诞生了。

为了便于推广我们设计的 MY_MCU_000,这里也要设计一套简单的汇编指令和编译器。前面我们已经知道这个单片机可以控制左、右两个脚输出高低电压,这里提出几种汇编指令的设计进行对比,看哪种最合适,如表 1.3 所列。

第1章 单片机基础

表1.3 MY_MCU_000 汇编指令对比表

方案一	方案二	方案三	数字	MY_MCU_000 可实现功能
左低右低	Left0Right0	L0R0	0	左引脚和右引脚都输出低电压
左高右低	Left1Right0	L1R0	1	左引脚输出高电压；右引脚输出低电压
左低右高	Left0Right1	L0R1	2	左引脚输出低电压，右引脚输出高电压
左高右高	Left1Right1	L1R1	3	左引脚和右引脚都输出高电压
空操作	DoNothing	NOP	4	保持当前状态，什么都不做

方案一用的是中文，对于中国人来说非常直观，可是如果我们设计的这个单片机要占领国际市场，怎么推给外国人呢？另外，编程的时候打中文好像也有点复杂，否定。

方案二用的是英语，国际化问题应该不会再出现，是不是会觉得每一条汇编指令需要输入的字符多了一些？如果有更便捷点的方法自然更好。

方案三，几个字母就能表达出一种功能操作，看上去也不会混淆意思，还不错，那就用它。

实际上这三种方案都可以实现我们想做的事情，最终我们选了相对来说比较优化的方案三。我们设计的 MY_MCU_000 可不认识方案三里面的那些汇编指令，这样就需要做一个编译器，编译器将这些指令转换成 MY_MCU_000 认识的魔法密语——机器码，如表1.4所列。

表1.4 亮灯程序汇编指令和机器码对照表

第一代设计		第二代设计		第一代设计		第二代设计	
汇编指令	机器码	汇编指令	机器码	汇编指令	机器码	汇编指令	机器码
L0R0	0	L0R0	0	L0R1	2	L0R1	2
L1R0	1	L1R0	1	L0R1	2	NOP	4
L1R1	3	L1R1	3	L0R1	2	NOP	4
L1R1	3	NOP	4	L0R0	0	L0R0	0

到这里我们的设计基本上大功告成，可以让市场部门拿出去进行销售，不过接下来我们还是应该对其进行完善，使其更具市场竞争力。对于连续多个 L1R1 这样的操作，客户反馈说看着别扭，能不能改进？没问题，表1.4右边的第二代设计已经消除了客户的这个烦恼，增加支持 NOP 空操作，另外我们为了让客户使用更方便，还想推出带调试功能的仿真器和可支持 C 语言编程的 C 编译器（这部分工作留给你来做吧）。

前面我说真正的单片机系统运行起来很简单，只须接上合适的晶振，再加上合适的电压就可以开始执行单片机的程序。是不是真的这样呢？图1.5是一个真实产品的电路图，你会发现在这个单片机的外围元件非常简单，只有一个晶振、三个电容和一个电阻，就是这么简单的电路就能让这个单片机"跑"起来。这里提一个问题，如果不给单片机提供程序，单片机系统能运行起来吗？

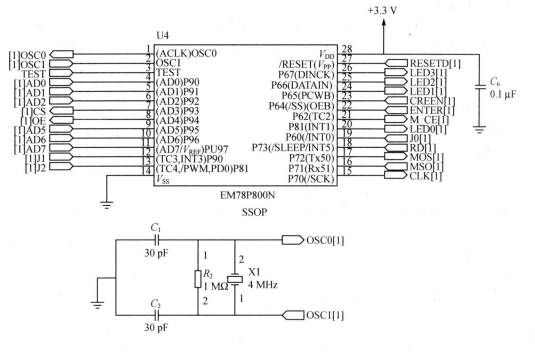

图 1.5 某真实产品电路图

1.3 单片机与计算机的区别

单片机和计算机有什么区别？从本质上讲，单片机和计算机没有什么区别，都是同一个"祖宗"，自 20 世纪 70 年代开始大约有 10 年的时间难分彼此，那时候还没有个人计算机这个概念，怎么分啊？随着技术和市场的发展，个人计算机概念应势而生，应用方向不一样，于是出现两条方向完全不同的发展道路。单片机是希望所有功能都在自己内部完成，追求的是精简；而计算机则是让 CPU 专门负责数据处理功能，CPU 制定出一系列规则，由外接器件实现具体功能，追求的是统一标准下的高速性。

计算机 CPU 不能单独工作，需要由主板连接的外部存储器（硬盘、内存等）、输入/输出设备（键盘、显示器等）来支持才行，单片机只要连上晶振通电就可以运行程序。你可以这样理解：计算机 CPU 外加主板和外设的支持就是一个功能超强、速度超快、容量超大的单片机，当然价格也超高。

个人计算机自概念诞生的那一天起，就决定了计算机 CPU 市场最终会把持到少数的厂家手中。要把计算机 CPU 做好做快需要之前的技术积累，只有性能稳定可靠才能占稳市场，占稳市场才会有资金继续研发保持产品技术领先，稍有不慎就会被市场淘汰。事实证明了这一点，在 386/486 时代还有不少厂家在做计算机 CPU，但现在大都已经放弃这部分业务，只剩

第 1 章 单片机基础

下大家熟悉的那么几家。

单片机不同,一开始就没有统一标准,相对于计算机 CPU 来说,技术门槛低,几个人都有可能设计出一款单片机。加上各种电子产品对单片机的需求各不相同,有需求则有市场,有市场就有存在,高性能单片机有人要,低性能单片机同样也卖得出去,于是单片机体系结构纷繁复杂,形成大公司走高端、小公司创特色的局面。

计算机 CPU 自 20 世纪 80 年代与单片机"分道扬镳"后越做越快、越做越小、越做越便宜。而单片机呢,又出现两极分化的情况:低端在保证性能的同时价格大幅下降,已经出现售价不到一元的单片机,同时还针对特殊市场需求推出专用型号;高端的功能越做越强大,逐步向计算机发展方向并拢,这方面典型的例子就是 20 世纪 90 年代出现的 ARM 公司,专门给另外的公司提供类似计算机 CPU 功能的内核,另外的公司则像计算机公司一样在其内核外围将计算机公司在主板上实现的功能进行扩展,区别是计算机在主板上扩展,高端单片机在芯片内扩展。

图 1.6 为一款主要用于发声产品的单片机内部构架图。图 1.7 为一款性能一般的高端单片机(非 ARM 内核)内部构架图。

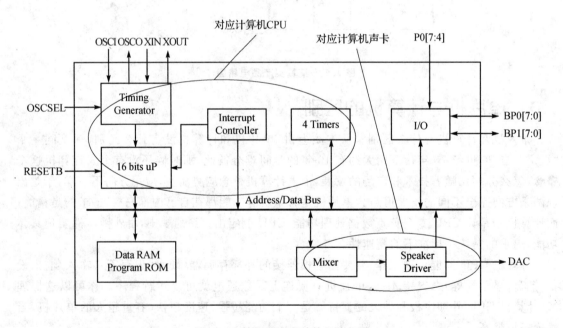

图 1.6 某低端专用单片机构架图

前者除了发声外几乎不能实现其他的计算机日常功能,但后者几乎可以将计算机的日常功能全部实现,只是性能上还存在一定差距。仔细研究后者构架可以看出其构架也已经和计算机非常接近,甚至有了主板上非常重要的南北桥技术——AHB/APB(高低速总线)。

第1章 单片机基础

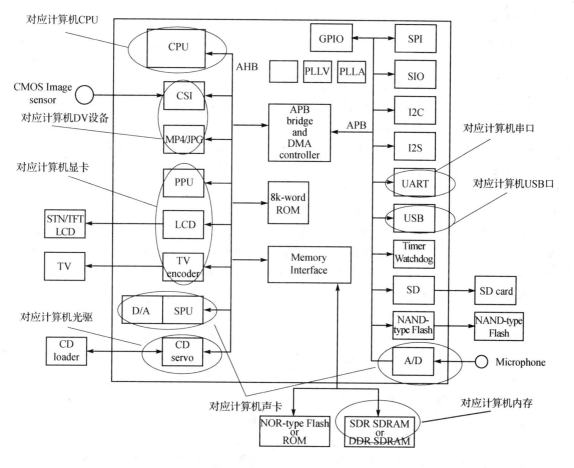

图1.7 某高端单片机构架图

主板和外设支持下的计算机 CPU 就是一个功能超强、速度超快、容量超大的单片机,这就是两者的区别。计算机 CPU 引领潮流和技术,单片机在特色方面加强体现,两者一度界限明晰,现在又出现相互融合的趋势。那会不会有一天单片机又会和计算机 CPU 完全融合成同一种产品呢?我的观点是不会。

计算机在人们的眼里,就是需要那么大的个头,哪怕有一天技术已经发展到可以将所有功能融合到一个火柴盒大小的芯片中,但人们已经习惯大的显示器和操控顺畅的键盘、鼠标等设备,不会去追求小体积。单片机许多应用场合并不需要大的显示和输入设备,而且市场对单片机的要求是简单实用,就如同图1.6所示的低端单片机,它只要在发声方面能满足用户的实际需求,就可以稳稳占据带发声功能的简单电子产品市场。

1.4 晶振

大部分单片机都需要晶振才能工作起来,晶振就像交响乐团的指挥家一样控制单片机的工作节奏。指挥家的指挥棒没起,交响乐团是不会开始演奏的,同样晶振没开始向单片机提供节奏信号,单片机也不会工作起来。在 1.2 节中说触发是单片机的一个重要概念,晶振就是单片机所有工作触发时序的信号源,单片机通过它所提供周期稳定的触发信号去触发程序相应操作。

不是所有的单片机都用晶振来做触发信号源,有一些场合可以用 RC 振荡器(有的单片机自身内部有 RC 振荡电路),外部接一个电阻来调节振荡频率。既然 RC 振荡器也可以用,为什么还要用晶振呢?原因很简单,RC 振荡器所产生的频率一致性和稳定性都不好,会因为电阻电容值的误差出现比较大的偏差,电压的高低变化也会产生一定影响,晶振虽然价格要高一些,但一致性和稳定性比 RC 振荡器要好许多。

实际应用时应根据产品特性选择晶振或 RC 振荡器。如果产品对控制性能的时间精度要求并不严格,比如是一个通过按键发光发声的简单儿童玩具,就可以用 RC 振荡器来降低成本;但如果一个产品需要显示日期时间,用 RC 振荡器显然不能满足要求,一天下来误差有可能达到几分钟,所以必须用晶振,这个例子涉及累计误差的概念,2.1 节将会对累计误差专门进行阐述。

既然晶振只是起到触发信号源的作用,那是不是可以用一个周期稳定的信号源来替换晶振或 RC 振荡器呢?适当条件下确实可以,只是这样一个信号源的实现会比用晶振的成本都要高。在我之前的产品开发经历中,就做过多个单片机只用一个晶振的产品,但不建议这么做,因为晶振对电路板走线有一定要求,控制不好容易导致晶振不起振。

是不是一个单片机想跑多快就需要晶振提供同样快的周期触发信号?无论是设计单片机芯片还是生产晶振的厂家都不希望这么做。我们知道,频率越快越难控制,也越容易被干扰,晶振作为一个外接器件,自然不希望自己被要求提供非常高的频率。频率越高,对产品电路板布线的限制就越多,产品开发、生产部门使用起来也就越麻烦,同样也不希望外接晶振跑得太快。

设计单片机芯片的厂家为我们解决了这个烦扰,他们将一种叫 PLL(锁相环)的技术应用到单片机芯片内,通过这个技术将晶振的频率在单片机内部倍频,这样就可以让单片机得到比晶振高几倍甚至许多倍的工作频率。除此以外,PLL 还有一个优点,单片机可以在工作中动态改变工作频率,可以利用这个特性降低功耗来提升产品性能。

1.5 系统时钟和周期

说完晶振接下来介绍另外几个和晶振紧密相关的特性:系统时钟、机器周期、指令周期。

注:后面所有涉及时钟、周期的概念均以晶振为例,RC 振荡器不作重复介绍。

这里先把我个人理解的相互关系告诉大家:

指令周期≥机器周期≥系统时钟周期,三者没有绝对的区分准则。

1. 系统时钟

单片机内部的所有工作,都是基于由晶振产生的同一个触发信号源,由这个信号来同步协调工作步骤,我们把这个信号称为系统时钟。通过 1.4 节我们知道系统时钟一般由晶振产生,但在单片机内部系统时钟不一定等于晶振频率,大于和小于晶振频率都有可能,具体是多少由单片机内部结构决定,正常情况和晶振频率会存在一个整数倍关系,如图 1.8 所示。

图 1.8　晶振和系统时钟关系图

系统时钟是整个单片机工作节奏的基准,它每振荡一次,单片机就被触发执行一次操作。从图 1.8 中可以看出频率在单片机内部有可能会乘或除某个数,不是所有的单片机都会支持中间的乘或除,没有乘除时 $N=1$。如果是乘,对应的是 PLL 功能,这样就可以通过频率较低的晶振得到更快的系统时钟,让单片机跑得更快;如果是除,则是实现方法非常简单的分频技术。通过倍频和分频技术,可以让单片机在同频率的晶振下得到不同速度的系统时钟,快的系统时钟用于正常工作状态,慢的系统时钟则用于某些特殊工作模式。

比如现在有一个产品,能自动接收外面设备发送过来的数据,外面的设备发送数据间隔时间比较长,可能一天就发送一两次。这个产品我们就可以选用支持分频功能的单片机,每当收完一组数据就将分频系数调大,这样单片机就进入慢速工作状态,功耗会明显降低;当检测到外部设备请求发送数据操作后再将分频系数调回正常,高效接收处理数据。

2. 机器周期

还得通过 1.2 节中的魔法表演来理解机器周期。当魔法师挥一下魔法棒时,表演者并不能一下就将整个魔法直接完成,需要经历"从纸条上看到魔法数字"→"从魔法秘籍表中查到数字对应动作"→"做出相应动作"这 3 个步骤,1.2 节是让人一次顺序完成这 3 个步骤。观众仔细观看魔法表演后发现一个问题,表演者控制的灯亮灭与魔法师挥动魔法棒之间有延时,而且不同亮灭延时不一样。

原来每次魔法师挥魔法棒时,表演者得到数字后都要从魔法秘籍表中从头到尾查找对应的动作,因为舞台灯光不好、魔法秘籍表上字迹潦草等原因,表演者找出对应动作需要一定时间,动作在魔法秘籍表中越靠后需要的查找时间就越长,这样从魔法师挥动魔法棒到动作做出来就会出现长短不一的延时。

为了更好地展现魔法效果,魔法师对原来的规则作了个小小的调整,将原来挥棒每秒 1 次改为每秒 3 次,第 1 次挥表演者去看纸条上的数字,第 2 次挥表演者从魔法秘籍表中找出对应动作,第 3 次挥表演者则做出当前动作,这样观众就应该很难察觉到延时不同的存在了吧?

第1章 单片机基础

为稳妥起见,魔法师决定先内部演练一下。有新问题出现,现在魔法师每秒会挥动3次魔法棒,表演者跟不上这个速度,等他看完纸条或查到魔法动作,魔法师已经挥了下一次,根本无法表演。

经过测试发现,表演者看纸条最长时间不超过0.4 s,查魔法动作不超过0.5 s,做出相应动作很快只要0.1 s。这样魔法师再次对规则作了修改,魔法棒的挥棒间隔还是保持1 s不变,只是将原来灯亮灭的时间增加到原来的3倍,表演大获成功。

单片机也就是这个原因而引入机器周期的,同样以在1.2节中我们自己设计的单片机MY_MCU_000为例来进行说明。为了和魔法师表演兼容,单片机查表采用最简单的方法,从头到尾依次对比,直到找到与之相同的代码。假定每比对一次需要0.1 s,这样每次查表的耗时从0.1~0.5 s不等,不同功能会导致单片机延时不同,如表1.5所列。

表1.5 MY_MCU_000 查表耗时表

代码	MY_MCU_000 可实现功能	查表所需时间/s
0	左引脚和右引脚都输出低电压	0.1
1	左引脚输出高电压,右引脚输出低电压	0.2
2	左引脚输出低电压,右引脚输出高电压	0.3
3	左引脚和右引脚都输出高电压	0.4
4	保持当前状态,什么都不做	0.5

我们对单片机运行方式也作同样修改,原来一个时钟触发完成的操作分解成3个时钟触发来完成:第一个时钟信号触发取代码,第二个时钟信号触发查表,第三个时钟信号触发输出。现在再用间隔1 s的时钟信号去触发修改后的单片机,和改进的魔法表演一样延时不同的问题消失。这种工作方式下的MY_MCU_000机器周期等于3个系统时钟周期。

如果你是一个善于提问题的人,这里可以提出一个问题来的,上面耗时最长的基本操作是查表要0.5 s,现在我们给的系统时钟是1 s,那最快可以到多少呢?测试发现,最快可以达到0.5 s,不过为了留一定的余量,对外还是只说最快为1 s。单片机也是如此,如果你不相信,可以随便拿出一个单片机验证一下,实际允许的最高频率都会比厂家说的要高一点,不过你在开发产品的时候可别这么做,不然出了问题厂家是不会承担责任的。

对单片机有一定基础的朋友可能会有疑问:这个例子的三个步骤是不是对应单片机理论中的取指、译码、执行操作?这种理解是对的,对于新人用生活中的比喻才会容易理解这些概念。

对于单片机芯片的设计,并没有一个固定的规范要求设计人员必须遵守,这样就会导致系统时钟、机器周期和指令周期并没有一个严格的准则来进行区分。三者有些时候会混杂在一起,不是系统时钟周期一定小于机器周期,实际上两者可以相等,系统时钟周期小于机器周期的我倒是没有见到过。

如果我们对 MY_MCU_000 的查表操作方式进行改良,取到代码数据后不是从头到尾逐个比较,而是直接从表的起始位置向后偏移所取数据大小,这样所有代码查表操作耗费的时间都是 0.1 s,即便 1 s 触发就完成三步操作同样不会出现延时不同的问题,这个时候 MY_MCU_000 机器周期就等于系统时钟周期。

3. 指令周期

明白了系统时钟和机器周期的关系,理解指令周期就不再困难,指令周期和机器周期之间的关系类似于机器周期和系统时钟周期之间的关系。

这里我不再用魔法师的例子而直接用单片机来解释。单片机所有的操作都一定包含单片机理论中的取指、译码、执行这 3 步,即便是执行这一步,耗费的时间都会有不同。比如将某个 I/O 口设为指定状态,将状态直接送给 I/O 就执行完毕,但如果是将内存里面的某个数加一,则需要经过"把这个数读给 ALU(运算器)"→"加一"→"存回原位置"这几个过程,显然耗费的时间要多。

如果这两个操作分别对应设置 I/O 和内存变量累加两条指令,这两条指令耗费的机器周期数也就不同。当然,设计人员可以设计为不支持内存变量累加这条指令,改成 3 条分指令:从指定位置读数到 ALU、ALU 加一、存 ALU 中内容到指定位置,这种设计就可以做到指令周期等于机器周期。

经过这些解释相信大家会认可"指令周期≥机器周期≥系统时钟周期,三者没有绝对的区分准则"这种观点,单片机的内部构架和设计方法决定三者间的关系,从前面的例子可以看出,单片机支持哪些指令、一条指令用什么方法实现都会对三者间的关系产生影响。技术不断向前发展,像 51 系列单片机那种一个机器周期等于 12 个系统时钟周期的设计会越来越少,现在新设计的单片机大都已经做到"大部分指令周期＝机器周期＝系统时钟周期或两倍时钟周期"。

1.6　单片机指令和汇编语言

单片机指令系统和编程用的汇编语言是设计一个单片机必不可少的部分,指令系统可以间接告诉用户单片机系统的内部构架方式,用户通过指令系统即可知道单片机效能。单片机指令系统是数字构成的机器码,对用户来说非常不直观,所以在设计指令系统的时候就会同时设计出相应汇编语言,每条机器指令都对应有一条汇编指令,以便进行理解和记忆。

设计单片机系统的人存在一个通病,想把所有功能都为用户实现。这种做法的好处是可以把单片机硬件支持的功能最大限度地直接交给用户使用;不好的地方是指令系统会变复杂,对于刚开始学习单片机的人简直就是一个噩梦,因为他不知道哪些是重点,只好强迫自己尝试记住全部指令并能理解。例如,51 系列单片机有 111 条指令,严重怀疑这个指令条数吓跑了不少初学者,我不想再次吓到大家,会找一个指令少一点的单片机指令系统来充当例子,如表 1.6 所列。

第1章 单片机基础

表1.6 PIC12F6XX 指令表

助记符,操作数		说明	周期	14位操作数 MSB			LSB	影响的状态位	注释
针对字节的数据寄存器操作指令									
ADDWF	f,d	W 加 f	1	00	0111	0rrr	rrrr	C,DC,Z	1,2
ANDWF	f,d	W 和 f 与运算	1	00	0101	0rrr	rrrr	Z	1,2
CLRF	f	f 清零	1	00	0001	1rrr	rrrr	Z	2
CLRW	—	W 清零	1	00	0001	0xxx	xxxx	Z	
COMF	f,d	求 f 的补码	1	00	1001	0rrr	rrrr	Z	1,2
DECF	f,d	f 减 1	1	00	0011	0rrr	rrrr	Z	1,2
DECFSZ	f,d	f 减 1,为 0 则跳过	1(2)	00	1011	0rrr	rrrr		1,2,3
INCF	f,d	f 加 1	1	00	1010	0rrr	rrrr	Z	1,2
INCFSZ	f,d	f 加 1,为 0 则跳过	1(2)	00	1111	0rrr	rrrr		1,2,3
IORWF	f,d	W 和 f 同或运算	1	00	0100	0rrr	rrrr	Z	1,2
MOVF	f,d	移动 f	1	00	1000	0rrr	rrrr	Z	1,2
MOVWF	f	将 W 的内容移动至 f	1	00	0000	1rrr	rrrr		
NOP	—	空操作	1	00	0000	0xx0	0000		
RLF	f,d	f 带进位左循环	1	00	1101	0rrr	rrrr	C	1,2
RRF	f,d	f 带进位右循环	1	00	1100	0rrr	rrrr	C	1,2
SUBWF	f,d	f 减去 W	1	00	0010	0rrr	rrrr	C,DC,Z	1,2
SWAPF	f,d	f 半字节交换	1	00	1110	0rrr	rrrr		1,2
XORWF	f,d	W 和 f 异或运算	1	00	0110	0rrr	rrrr	Z	1,2
针对位的数据寄存器操作指令									
BCF	f,b	f 位清零	1	01	00bb	brrr	rrrr		1,2
BSF	f,b	f 位置 1	1	01	01bb	brrr	rrrr		1,2
BTFSC	f,b	检测 f 的位,为 0 则跳过	1(2)	01	10bb	brrr	rrrr		3
BTFSS	f,b	检测 f 的位,为 1 则跳过	1(2)	01	11bb	brrr	rrrr		3
立即数和控制操作指令									
ADDLW	k	立即数加 W	1	11	111x	kkkk	kkkk	C,DC,Z	
ANDLW	k	立即数和 W 与运算	1	11	1001	kkkk	kkkk	Z	
CALL	k	调用子程序	2	10	0kkk	kkkk	kkkk		
CLRWDT	—	看门狗定时器清零	1	00	0000	0110	0100	$\overline{TO},\overline{PD}$	
GOTO	k	跳转	2	10	1kkk	kkkk	kkkk		
IORLW	k	立即数和 W 同或运算	1	11	1000	kkkk	kkkk	Z	
MOVLW	k	将立即数移动到 W 寄存器	1	11	00xx	kkkk	kkkk		
RETFIE	—	从中断返回	2	00	0000	0000	1001		

续表1.6

助记符,操作数		说 明	周 期	14 位操作数			影响的状态位	注 释
				MSB		LSB		
RETLW	k	返回时将立即数存入 W	2	11	01xx kkkk	kkkk		
RETURN	—	从子程序返回	2	00	0000 0000	1000		
休眠	—	进入待机模式	1	00	0000 0110	0011	$\overline{TO},\overline{PD}$	
SUBLW	k	立即数减去 W	1	11	110x kkkk	kkkk	C,DC,Z	
XORLW	k	立即数和 W 异或运算	1	11	1010 kkkk	kkkk	Z	

注: 1. 当 I/O 寄存器作为自身的函数被修改时(例如,MOVF GPIO,1),使用的值将是该引脚上的当前值。例如,如果某引脚配置为输入,其数据锁存器中的值为"1",被外部器件拉为低电平时,则写回的数据锁存值将是"0"。
2. 当该指令的执行使用 TMR0 寄存器(以及 d=1)时,如果将预分频器分配给 Timer0 模块,则将其清零。
3. 如果程序计数器(PC)被修改或条件测试为真,则该指令需要执行两个周期。第二个周期执行一条 NOP 指令。

如表 1.6 所示 Microchip 公司的 PIC12F6XX 系列单片机指令系统相对简单,只有 30 多条,这套指令系统既然没 51 系列单片机指令那么复杂,自然就别指望给开发人员提供有 51 系列单片机指令那么多功能,不要说进行乘除这样的操作,就是要实现一个查表功能都有点麻烦。再问一个问题,PIC 单片机如何实现查表功能?

接下来告诉大家如何通过表 1.6 来了解单片机的内部构架和效能,要注意只是可以间接了解一部分,要想得到这方面更为详细而且准确的信息,还得去查看器件手册。

注:指令表字符说明:k 表示是数字,f 为寄存器(RAM 地址),W 是工作寄存器(ALU 用其进行运算处理),d 只能为 1 或 0(用来选择运算结果存放到工作寄存器还是 RAM 里面)。

先看看指令周期,多数为一个周期,少数为两个周期,这说明该单片机指令效率不错。

GOTO k(跳转指令),对应指令机器码为 10 1kkk kkkk kkkk,没有进行条件限制的附加说明,也就是这条指令可以跳到这个单片机能支持的存储空间内的任意位置,我们只要知道可以跳转的范围,也就知道最大存储空间有多大。指令机器码告诉我们可以跳转的范围是 k 所示一个 11 位二进制数(0~2 047)。

从单片机的规格书中可以看到程序存储空间确实为 1 024 字,也就是 2 KB,如表 1.7 所列。

表 1.7 PIC12F6XX 存储空间表

器 件	程序存储器	数据存储器		I/O	10 位 A/D 转换器(通道)	比较器	8/16 位 定时器
	内存/字	SRAM/B	EEPROM/B				
PIC12F629	1 024	64	128	6	—	1	1/1
PIC12F675	1 024	64	128	6	4	1	1/1

在 1.2 节中我曾提出一个问题:"如果不给单片机提供程序,单片机能运行吗?"这里我们会通过对 PIC12F6XX 指令分析找到答案。如果我们不烧写程序到该款单片机内部,此时用来存放程序的区域是什么内容呢?通过查询芯片手册可以知道该款单片机内部采用的是闪

存，闪存在未使用的初始状态位是全为 1。

现在我们继续观察 PIC12F6XX 的指令表，会看到下面的指令：

ADDLW　k（工作寄存器加上立即数 k 后结果存回工作寄存器）

对应指令机器码为 11 111x kkkk kkkk（x 表示可以为 1 也可以为 0，k 为汇编代码中的立即数）。

现在闪存是未使用的初始状态，里面所有的内容都为 11 1111 1111 1111。

初始状态的闪存里面的内容居然全是 ADDLW　255 指令，也就是说，存在这样的可能，即一个全新从未使用过的 PIC12F6XX 单片机，拿回来装好外围电路，会在里面连续执行工作寄存器加 255 操作。

当然我的这个假设在 PIC12F6XX 上并不一定能真正发生，有可能设计这个单片机的人针对这种情况已经在内部作了某种保护，只是我不知道而已。

继续我们的假设，如果闪存在未使用的初始状态是全为 0，又是什么样的分析结果呢？

查看指令 NOP（空操作）。

对应指令机器码为 00 0000 0xx0 0000（x 表示可以为 1 也可以为 0）。

现在闪存是未使用的初始状态，里面所有的内容都为 00 0000 0000 0000。

这种假设的结果居然是闪存里面全为 NOP 指令，上电后单片机会在里面作空操作。

开发人员一定要学会多想问题，我们的假设是未使用的 PIC12F6XX 单片机理论上如果不加相应保护会把空闪存内容也当成代码执行，这一点能不能为我们设计指令系统给出一些启示呢？

当然可以，单片机的 ROM 空间大都是 KB 的整数倍，实际写好的程序刚好用完所有 ROM 的几率非常小，这样将程序烧写到单片机里面在后面就有一段空余空间，这段空间的内容通常是全 0 或全 1。

单片机程序有时候会因为外部干扰让程序跑飞，如果刚好飞到这段空余空间里面，无外乎就是这两种结果：

结果一，全 0 或全 1 有对应的指令机器码，单片机错误地执行这些指令，执行完位于 ROM 最后位置的指令后不同单片机处理方法会不同（PIC12F6XX 的处理是跳回 0 地址继续循环运行）。

结果二，全 0 或全 1 没有对应的指令机器码，单片机只能是不知道该怎么做或者不停地按异常指令处理。

如果指令系统在设计的时候考虑全面一点，将全 0 和全 1 设计成复位指令，这样一旦程序因为干扰飞到空余空间就会复位重新运行，可以减少处于错误工作状态的时间。所以即便是同样的指令系统，只是具体的指令机器码定义不同都会在实际应用中产生区别，看来设计出一个稳定可靠的单片机还真是不简单。还是问问题，将全 0 和全 1 设计成函数返回指令可以吗？

写程序的开发人员也可以在这方面作出应对，在程序后面的空余空间填充上复位指令机器码。如果没有复位指令可以利用看门狗等单片机资源实现复位，或者直接跳到 0 地址，这些做法对产品抗干扰都有积极作用。

　　单片机的汇编语言实际上就是将指令系统的机器代码用简单的字母缩写对应，字母缩写要求能尽可能地让用户一看就明白是什么意思，便于理解和记忆。在1.2节中我们就定义过一个超级简单的汇编语言样例，用L1R0表示左输出高右输出低指令。

　　再看看真正的单片机汇编语言，还是看PIC12F6XX的指令表。

CLRF　　f　　　将功能寄存器清零，clear function register, register number is f

CLRW　　　　　将工作寄存器清零，clear work register

INCF　　f,d　　将寄存器内容加一，increase function register，……

　　如果你非常讨厌英语，想实现中文编程的理想，你自己可以在PIC提供的编译器的技术上实现：先用中文定出与英文汇编指令对应的中文汇编指令，比如"CLRF"对应"功能寄存器清零"，再把英文的指令表和指令说明中所有英文汇编指令都改成你定义的中文汇编指令并做成指令文档，编写一个可以进行语法错误检查和中文汇编指令转换成指令机器码功能的计算机程序，用这个程序编译得到的代码烧进PIC单片机同样也可以运行。

　　当然单片机的汇编指令不是单纯地局限于与机器指令一一对应，写编译器的人会通过伪指令的方法来扩充汇编指令，以便让汇编编程更加灵活。伪指令意思就是伪造的指令，单片机指令系统里面并没有和这种汇编指令相对应的机器指令（ARM的NOP是伪指令）。

　　在实际产品的单片机程序编写中，会出现许多和单片机硬件指令无关的特殊需求，如果只是单纯依靠和单片机指令对应的汇编指令，会很难满足这些特殊需求。例如，某些时候需要将某条代码放在指定的地址，如果单靠单片机指令来实现这个功能会相当复杂，只能是靠增减前面的代码数将这条代码地址前后移动来找到正确的位置，这样需要编程人员一条条地数代码并计算出地址，实际应用中根本无法接受。另外，有时候单片机程序需要存放一些数据在程序中，这些数据不是代码，程序也不会跳到这个地方当成代码来执行，要实现这样的功能单靠单片机指令同样也是相当麻烦。

　　伪指令能很好地解决这些问题，通过定义与单片机指令没有对应关系的额外汇编指令，可以对汇编程序进行结构上的控制，方便汇编语言实现一些特殊功能。接下来让我们看看伪指令如何来解决前面函数放在指定地址和程序代码区放数据所遇到的问题。

　　定义一条伪指令ORG，用法是按照ORG xxxx 的格式进行，其中，xxxx是一个用来表示地址的数字；这条伪指令的作用是让编译器在编译的时候将其后面相邻的代码放在xxxx地址。现在假定要在100这个地址固定去调用一个函数func，来看这条指令给汇编语言编程带来的不同。

　　无伪指令ORG汇编代码写法如下：

NOP

NOP

…靠编程者手工连续填100个…

```
NOP
CALL func
……
```

有伪指令 ORG 汇编代码写法如下：

```
ORG 0
…可以写代码，也可以空着，如果填写代码，该部分代码不能超过 100 字节…
ORG 100    ;编译器通过 ORG 知道下一条指令放在地址 100 的位置
CALL func
……
```

从图 1.9 可以看出用 ORG 伪指令的汇编代码要精简许多。再看看如何利用伪指令在代码区放数据，定义一条伪指令 DB，用法是按照 DB xx 的格式进行，表示在当前位置存放 xx 这个数据。假定在程序中某个位置要放 0~9 这 10 个数。

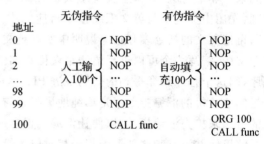

图 1.9　伪指令 ORG 效果示意图

无伪指令 DB 汇编代码写法如下：

```
……
从指令表中查出 0x00 对应的指令放在这里，如果没查到我也不知道怎么做
从指令表中查出 0x01 对应的指令放在这里，如果没查到我也不知道怎么做
……
从指令表中查出 0x09 对应的指令放在这里，如果没查到我也不知道怎么做
……
```

有伪指令 DB 汇编代码写法如下：

```
……
DB  0    ;编译器通过 DB 知道这是数据直接存放 0x00
DB  1    ;编译器通过 DB 知道这是数据直接存放 0x01
……
DB  9    ;编译器通过 DB 知道这是数据直接存放 0x09
……
```

如果将 DB xx 增强到支持 DB xx,xx,xx 这样的格式就采用下面更简洁的用法：

```
DB   0,1,2,3,4,5,6,7,8,9
```

单片机的宏定义也是一种伪指令，和其他的伪指令宏的最大区别是被用作替换。例如，程序中有一段代码经常重复出现，这段代码又不适合用函数来实现，这个时候宏就被排上用场，可以用一个简单明了的名称将这段代码定义成一个宏，在需要调用这段代码的地方用所定义的宏来表示。

不同的单片机汇编语法各不相同,这里用一段 C 为蓝本的伪代码对宏的用处进行说明,具体功能是将 IOA1 输出高和低。

```
#define   USE_MACRO        定义使用宏
#ifdef    USE_MACRO        通过这个宏可以进行条件编译,只选择一种代码编译
#define SET_IOA1_OUTPUT_HIGH    读回 IOA 输入/输出方向设置指令\
                                设定 IOA1 为选择输出指令\
                                读回 IOA 输出状态指令\
                                设定 IOA1 输出为高指令

#define SET_IOA1_OUTPUT_LOW     读回 IOA 输入/输出方向设置指令\
                                设定 IOA1 为选择输出指令\
                                读回 IOA 输出状态指令\
                                设定 IOA1 输出为低指令

代码…
SET_IOA1_OUTPUT_HIGH
代码…
SET_IOA1_OUTPUT_LOW
代码…
SET_IOA1_OUTPUT_HIGH
代码…
#else
代码…
读回 IOA 输入/输出方向设置指令
设定 IOA1 为选择输出指令
读回 IOA 输出状态指令
设定 IOA1 输出为高指令
代码…
读回 IOA 输入/输出方向设置指令
设定 IOA1 为选择输出指令
读回 IOA 输出状态指令
设定 IOA1 输出为低指令
代码…
读回 IOA 输入/输出方向设置指令
设定 IOA1 为选择输出指令
读回 IOA 输出状态指令
设定 IOA1 输出为高指令
代码…
#endif
```

采用宏和不采用宏用编译器编译出来的最终机器代码是一样的,只是在程序中显示方式简繁程度会不一样,对比两种方式所写的程序代码,用宏的程序代码要简洁直观许多。

1.7 RAM/ROM 的作用

RAM 和 ROM 都是单片机的存储器,先通过两个图来解释存储器的实现,实际的存储器实现方法和这里的图示会有所不同,但基本原理一致。

图 1.10 是一个有 16 个存储位的存储行,A[3:0]四位地址作为一个 4-16 译码器输入端会让该译码器的 16 个输出端输出一个 1,其余全为 0。4-16 译码器的 16 个输出端分别控制 16 个电子开关,为 1 导通。示例中的 A[3:0]=0b0000,4-16 译码器的第一个输出端为 1,外部数据线被连接到存储行的 bit0 上。

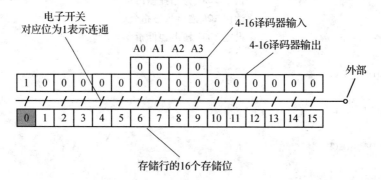

图 1.10 16 位宽存储行选通示意图

将这个原理实现的存储行进行扩展,只有对应行列 4-16 译码器输出端都为 1 时才连通对应存储位到外部数据线上,图 1.11 表示选中了行和列都是第一的存储位。如果 A[3:0]和 A[7:4]并行控制和图 1.11 一样的 8 个存储阵列,就可以实现 8 位宽的数据读写,同样也可以实现 16 位和 32 位宽的数据读写。

这样可以将存储器理解成一个存储阵列,由地址线决定数据线和里面哪个位置相连通,设计的时候应尽量设为行和列数目接近的阵列,这样内部硬件电路实现起来要简单一些。由图 1.11 所示 16×16 存储阵列,只需要两个 4-16 译码器就可以实现行列地址译码,如果设计成 256×1 这样的单行序列,则需要 16 个 4-16 译码器才能实现地址译码。

ROM 里面存储的内容只能读,不能被修改,断电后内容不会丢失;RAM 里面存储的内容既可以读也可以被修改,断电后里面的内容丢失。RAM 实现的电路要比 ROM 复杂,这样同样大小的 RAM 和 ROM 相比,RAM 需要更多的电路才能实现,所以简单的单片机系统为了降低成本,大都只提供少量的 RAM 空间供程序使用。

通常来说单片机程序都是存放在 ROM 里面,RAM 则是用作程序运行所需的变量。但不要有这样的误解:ROM 里面全是代码,RAM 里面全是数据。对于单片机程序而言,程序包含

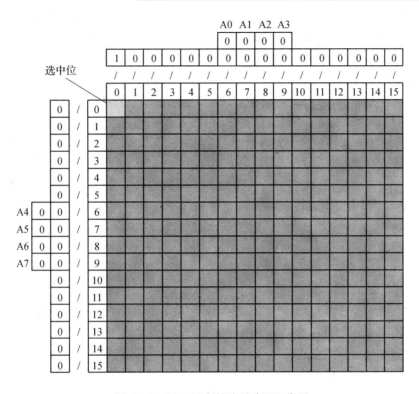

图 1.11 16×16 存储阵列选通示意图

代码和数据,我们说的是大多数时候程序都存放在 ROM 里面,这样就是代码和数据大都存放在 ROM 里,实际上 RAM 是不会用来存放任何东西的,RAM 的特点是断电里面的内容就会丢失,如果存放到 RAM 里面下次上电只能得到一片空白。RAM 被用来存放程序运行的中间变量,这些中间变量只在程序运行当中起作用,在断电时并不需要被保存。RAM 虽然不能存放代码,但可以用来临时装载代码并执行,嵌入式系统代码都是从 ROM 装到 RAM 中后才被执行的,2.9 节会讲到如何利用 RAM 来动态装载不同程序代码运行。

一些简单的单片机并不提供真正的 RAM,而是用通用功能寄存器来当 RAM 用,这种情况我们不用理睬两者之间的差异,可以直接把通用功能寄存器等同 RAM 来进行理解。51 系列单片机就是把通用功能寄存器当 RAM 使用,为了处理上的方便,在逻辑上会将 ROM 和 RAM 地址都从 0 地址开始,两者并行重叠,读 ROM 和 RAM 用不同指令来进行区分。

1.8 单片机接口

单片机的接口就相当于人的眼、耳、口、鼻、舌、手和脚这些器官,单片机通过接口与外部交换信息,交换信息的过程叫做通信。接口可以分为输入和输出,单片机通过输入接口可以知晓外部电路和器件的状态信息,通过输出接口实现内部程序对外部电路和器件的控制。

第1章 单片机基础

在单片机技术发展的过程中，人们发现如果对接口制定一些规则会更有利于技术的发展，设计单片机的公司可以潜心在单片机构架等方面发展单片机技术，另外一些专业公司则将自己独有的技术设计成带某种接口的模块，各自发挥自己的优势技术同步发展，于是大量的接口标准被制定出来。

需要支持的接口越多，单片机就越复杂，外部引脚也会越多，所以单片机会根据自己应用的方向决定支持哪些接口。像 I/O、UART、SPI、I^2C、I^2S、USB、TFT、CSTN、SD、MMC、CF、CSI 等都是单片机的常用接口。

各个公司在设计一款单片机时，I/O 是最基本的接口，除此之外会根据单片机的主要应用方向选用几种使用可能性比较高的接口。现在有一款单片机，除了 I/O 外还能支持 UART、SPI、I^2C 这 3 种接口，如果在 I/O 之外再将这 3 种接口独立地加进去，就会使外部引脚增多，单片机封装增大，成本高而不太划算。对于大多数应用，是不会将这 3 种接口同时用上的，于是采用一种 I/O 复用的方法来控制单片机的引脚数。在单片机内部包含这些模块，但可以通过内部的电子开关选择外部引脚来选是普通 I/O 还是特殊接口，最终由产品开发工程师在程序中进行选择配置。

图 1.12 为 I/O[1:0] 和 UART 复用，I/O[5:2] 和 SPI 复用，I/O[7:6] 和 I^2C 复用。如果现在产品需要使用 UART，但不需要 SPI 和 I^2C，就可以将选 UART 的电子开关设置成选 UART，选 SPI 和 I^2C 的电子开关设置为选 I/O，这时单片机的引脚 1 和 2 是 UART 的 TX 和 RX，引脚 3～8 是普通 I/O。

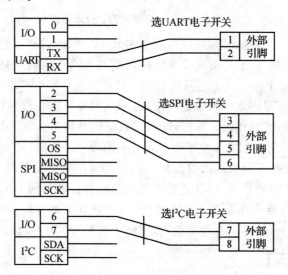

图 1.12 I/O 复用示意图

第1章 单片机基础

1. I/O

对于单片机来说,最基本的接口无疑是I/O(现在开始流行叫GPIO),也就是通用输入/输出口。对于I/O口用作输出时只能输出高、低电压两种状态,用作输入时同样只能判断出外接的电压是高还是低,功能虽然简单,但处理器也只能处理1和0两种状态,所以I/O口对外的逻辑控制上非常实用,可以说只要是单片机,就一定会提供I/O给开发者使用。

只支持高、低两种状态就自然有一定局限性,在有些时候对于一个单片机应用系统会希望控制更精细一些,想知道外接电压的大小或者控制输出电压的大小。这样在普通I/O的基础功能上进行扩展,出现带ADC/DAC功能的I/O口,带ADC功能I/O口可以测量出外接电压的大小,带DAC功能的I/O口可以输出一个自己可以控制大小的电压。

支持ADC/DAC功能的I/O口内部的电路结构要复杂许多,而且一个电子产品并不是每个I/O都需要支持ADC/DAC功能,所以有的单片机可能没有I/O可支持ADC/DAC,即使有也只有少数的I/O可以支持。如果实际应用中需要用到非常多路ADC/DAC,我们可以选择专门的ADC/DAC芯片扩展ADC/DAC通道,或者用多路开关进行通道切换来实现。

使用I/O的时候会遇到Tri-State、Open Drain等不同的驱动方式,到底有什么不同,《数字电子技术基础》一书中有详细描述。应用当中要记住:如果是Open Drain需要接上拉电阻,否则有可能不能正常输出高电平,如图1.13所示。

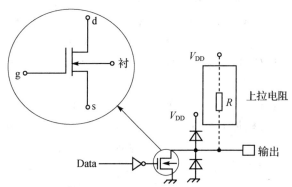

上拉电阻	Data	Vgs	MOS管	output	说明
无	1	0	截止	浮动	d脚因为MOS管截止处于悬浮状态
	0	V_{DD}	导通	低	d脚短接到地
有	1	0	截止	高	d脚被上拉电阻R拉高
	0	V_{DD}	导通	低	d脚短接到地

图1.13 Open Drain 输出示意图

2. UART

UART(串口)是用来进行异步串行通信的接口,了解这种接口之前需要知道什么是异步

第1章 单片机基础

串行通信。通信是两方或者多方进行信息沟通,最基本数字通信只传递1和0两种状态,通信的时候将所传递的数字转换成二进制,再按约定进行传送。例如,我们现在想传送0x12,用二进制表示是0010 0001(低位),如果是先低位后高位就要按这样的次序传送,即1→0→0→0→0→1→0→0,这就是串行方式。

对于单片机的UART接口,它比计算机的串口要简单,只需要3条线就可以进行通信,即负责发送的TX、负责接收的RX和地线GND,如图1.14所示。

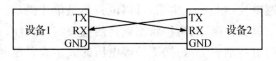

图1.14 UART通信连接图

单片机UART采用的是TTL电平信号,TX为高表示传送1,为低表示传送0;同样RX为高表示当前接收1,为低表示接收0。注意不要与计算机的RS-232所采用的负逻辑混淆在一起,RS-232用−5～−15 V表示1,5～15 V表示0,−5～5 V表示无效噪声,也有说是−3～3 V表示无效噪声。用这么一个奇怪的反向电压来表示1和0的原因不明(解释是为了抗干扰),因为存在这样的差异,所以单片机串口和计算机的串口进行通信时不能直接相连,需要进行电平转换,像MAX232就是实现两者电平转换的专用芯片。

回过头来接着解释异步,通信是一方把信息传给另外一方,虽然我们规定是按次序一位接一位地传送,但单这一个约定还不能让发送方发送的信息被接收方准确解读。如果发送是每一位持续时间为1 s,接收是每1 s去读一次接收状态,这样双方可以正确传送数据;但如果发送还是维持1 s,接收改为每2 s去读一次接收状态呢?显然双方此时不能正确传送数据。这样就要求规定双方在收发数据位时,要采用同样的时间间隔,由于收发双方各自采用自己的时钟基准,我们就称之为异步。

由于收发双方各自采用自己的时钟基准,所以双方计算出的时间间隔自然会有差异,如果连续发送数据,这个差异就会被累加下去,最终导致通信出错。如果发送方的时钟1 s等于绝对时间的0.9 s,而接收方刚好是1 s,现在发送方以每秒一个位的次序连续发送数据,当发完10个数据位的时候,绝对时间才过去9 s,接收方因为是以绝对时间1 s为间隔去读接收状态,就只读到9个数据位,显然已经出错,如图1.15所示。另外,只定义高为1、低为0,接收方读接收到的状态只有1和0两种,这样接收方无法把发送方空闲状态和连续发送0x00/0xFF数据区分开。

图1.15 时间间隔累计误差示意图

为了解决以上这两个问题,对异步串行通信的协议除了增加时间约定外还有控制信息约定,这就是我们常见用串口通信时设定的"9600/n/8/1"此类参数。规定平时空闲状态 TX 保持输出 1,当有数据发送的时候先发送一位 0,接收方检测到这个 0 才开始接收数据。收发双方约定好每个位的时间宽度,然后从低位开始以这个宽度发送各个数据位,数据位发送完依照约定决定是否发一个校验位进行校验,最后发送一个约定宽度的停止信号。

图 1.16 为 UART 通信时序图,这样每次发送的总位数最多也就十多位,收发方都允许与绝对时间存在一定的误差,只要不超过允许误差就能保证收发过程正确,UART 通信通常要求误差不超过 3%。"9 600/n/8/1"表示数据位宽是 1/9 600 s、无校验位、8 位数据位、1 位停止位。

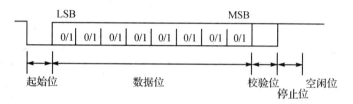

图 1.16　UART 通信时序图

常见异步串行接口除了 UART 外还有 IRDA、USB 等,要注意的是 USB 可支持非常高的数据速率,比如 USB2.0 最大速率可达到 480 M/s,这在传统的串行通信上是不可思议的速率,其传输信号与传统串行传输的方式不同,是采用两条信号线差分驱动和其他一些特殊技术来实现高速率传输。

3. 同步接口

异步串行通信口 UART 需要在使用上另外增加一些约定,这些约定会影响传送效率,而且发送方和接收方的时钟基准要相近,即便如此,还是会有机会出错。

对比图 1.17 中的两个波形,如果 TX/RX 定义为 8 位数据位、无校验、1 位停止位,发送方以 9 600 的波特率发送 0xFF,接收方为 9 600,毫无疑问能正确接收到 0xFF。但现在如果将

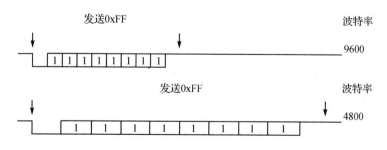

图 1.17　UART 发送 0xFF 波形图

波特率定义为 4 800，一样可以收到数据，而且数据也是 0xFF。这样看来异步串行通信出错的风险还是比较高，要减少这种风险，就要在时间基准上想办法。解决方法就是增加同步控制信号，让发送方和接收方都使用同一个时间信号来做时间基准，SPI 就是这样的同步接口，如图 1.18 所示。

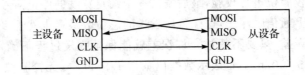

图 1.18　SPI 通信连接图

和 UART 相比，SPI 增加了一条信号线 CLK，这条线是时钟信号线，由主设备给出，时钟 CLK 每高低变化一次，主设备 MOSI 就输出一个数据位，同时 MISO 读入一个数据位，这样只要 CLK 信号不超过两侧设备的最高限制速率，无论传多少数据，都不会出现类似 UART 时间误差被累计的情况。

通过图 1.19 的 SPI 时序图来看看 SPI 的信号是如何控制传输的，忽略片选信号 CSN 的作用，时序图显示该 SPI 接口在 CLK 的上升沿读 MISO 状态得到当前输入数据位，在 CLK 下降沿向 MOSI 输出当前数据位。

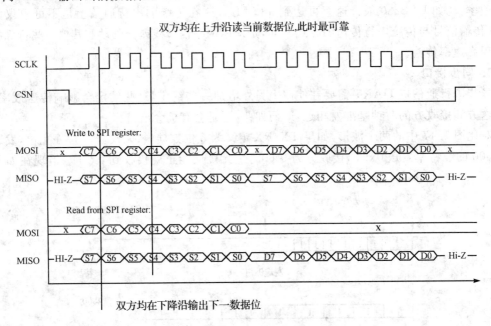

图 1.19　SPI 通信时序图

SPI 接口发送方和接收方都通过 CLK 的上下跳变来触发操作，也就是每收发一位数据位，都会由 CLK 信号进行同步，这样即使数据无穷无尽地收发下去，也不会出现前面异步串行通信所遇到的误差累计现象了。

I^2C 也是一种常见的同步串行接口，和 SPI 的区别是 SPI 收发是两条独立的信号线，而 I^2C 是共用一条，SPI 可以收发同时进行，但 I^2C 同一时刻只能从收发操作中选一种。对于 I^2C 接口最常见的应用就是读/写 EEPROM，SPI 常用于 SPI FLASH 的读写。另外，像 SIO、I^2S 等也都是同步串行接口。

用时钟信号进行同步只是一种最简单的同步方式，有些时候单独用时钟信号来进行同步依然不够，比如 CSI 这类数字视频接口，除了时钟信号同步外还有场同步、行同步等信号。

4. 并行接口

与串行通信对应的是并行通信，串行一次只能传送一个数据位，并行则可以一次传送多个数据位，理论上并行传送的数据位宽是多少，速率就是对应串行通信的多少倍。当需要进行高速数据传输时，并行接口就被排上用场，最常见的就是打印口，不过单片机一般不支持打印口，一些功能强的单片机会有 IDE、CSI、TFT、SD、CF 等并行接口。

并行接口先天存在一个不足，因为用途是高速数据传输，像 UART 为了避免时间误差累计而增加起始位的做法会严重影响其高速性，所以异步方式对其来说完全不适用，只要是并行接口，就一定是同步接口。同步接口使得原本就不少的信号线进一步增多，高速性又限制了信号线的长度，这样凡是同步接口的设备，最大通信距离都比较小。

5. AV 接口

前面介绍的都是数字接口，日常生活中还有一种特殊的接口应用非常广泛，就是视听产品所带的 AV 接口。AV 接口是模拟接口，本质就是音频、视频的 DAC 输出，音频 DAC 除了增强功率输出外，和 DAC 并无太大区别；但视频 DAC 则不同，内部采用的 DAC 是依照电视信号标准专门设计的，输出信号有着自己独有的格式特点，需要在信号中包含一些控制信息，具体细节请自行查阅电视信号相关资料。

1.9 接口驱动能力

每种接口都有自己的驱动能力，这个驱动能力又分成电气性能的模拟驱动能力和扩展性能的数字驱动能力。接口驱动能力常常被人忽视，有不少这样的单片机应用工程师，在完成产品开发后问他所用接口的驱动能力，他会一脸茫然，甚至内心会想产品都已经做了出来那接口驱动能力肯定没什么问题，用不着关心。

接口驱动能力是一项非常重要的参数，在规划设计可对系统进行功能扩展的产品时尤显重要。如果工程师在设计产品的初期阶段能习惯性地去考虑接口驱动能力，那说明他已经具备负责整体项目开发的基本素质。为了体现接口驱动能力的重要性，特意将其作为一个专门的章节进行讲述。

1. I/O 口模拟驱动能力

I/O 口有驱动能力，先忽略 I/O 是什么电路实现的这些细节，做个小实验来看看 I/O 的驱动能力。找一个 I/O 口可以直接输出高低电压的单片机，将其中一条 I/O 输出高，并将这个 I/O 口接一个电阻到地，如图 1.20 所示。然后改变这个电阻的阻值，同时测量这个 I/O 口的输出电压，看看有什么情况发生。

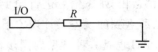

图 1.20　I/O 驱动能力测试电路图

假定单片机的电压为 V_{CC}，会得到这样的实验结果：当不接 R 时 U_{io} 几乎等于 V_{CC}；接上电阻 R 后，随着阻值从大变小，U_{io} 也会随着出现变化，通常 R 不小于 1 kΩ 时，U_{io} 还是接近 V_{CC}，变化并不明显；随着 R 继续变小，U_{io} 变化开始明显，到 100~200 Ω 时有可能只有 V_{CC} 的一半大小；当 R 变小到只有几十 Ω 时，电压会非常低，性能稳定可靠的单片机这个时候还可以继续工作，性能差的单片机则有可能工作不正常，甚至这条 I/O 或整个单片机被烧毁。如果将电阻 R 另外一端接到电源 V_{CC} 上，当 I/O 输出低时会有同样的现象，当电阻阻值小过一定数值后电压会明显高过 0。

一般 I/O 可以支持 4 mA 左右的负载电流，也有少数 I/O 为了可以直接驱动大的负载会在内部增加驱动电路，使负载电流可达到几十 mA。产品开发中工程师经常会用 I/O 来控制 LED 灯的亮灭，有时候为了图方便会直接将 I/O 和 LED 串联起来使用，如图 1.21 所示。

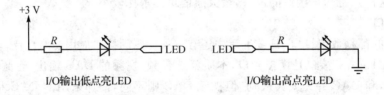

图 1.21　I/O 直接驱动 LED 电路图

图 1.21 的接法常会出现 LED 灯能被点亮但亮度不够的情况，出现这种情况的原因是没有对 I/O 口的负载能力进行充分考虑。普通的 LED 灯工作电流为 20 mA，一般让其工作在 5~10 mA 之间，工作压降约为 2 V 的样子，这样就需要结合 I/O 的负载能力来决定所串联的 R 阻值大小，如果设置不当就会使得电流偏小显得 LED 灯不够明亮。

就 R 阻值如何选择的问题在新员工面试时我问过不少人，大多数人都回答错误。不是没有考虑到 I/O 负载能力，就是将 LED 压降混淆为普通二极管硅管的 0.7 V 或锗管的 0.3 V。正确的做法应该是先查看 I/O 口的驱动能力，如果 I/O 驱动能力能满足我们所期望的工作电流要求，就可以直接用 I/O 口来串联驱动，如果 I/O 驱动能力不够，则需要另外增加三级管来增强驱动能力，如图 1.22 所示。

来看一下对于图 1.21 正确的 R 阻值选择方法：

$$R = (U_{io} - U_{led}) / I_{led}$$

$$I_{led}=5\sim 10\ \text{mA},\quad U_{led}=1.5\sim 2.5\ \text{V}$$

取 U_{io} 为 3 V，U_{led} 为 2 V，I_{led} 为 5 mA，I/O 口驱动能力大于 5 mA。

此时

$$R=(U_{io}-U_{led})/I_{led}=(3\ \text{V}-2\ \text{V})\div 5\ \text{mA}=200\ \Omega$$

装上 200 Ω 电阻后测量一下电压是否与设计一致，如不一致再作适当调整。

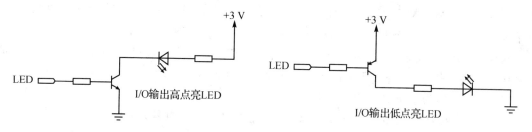

图 1.22　I/O 用三极管增强驱动能力电路图

2. UART 接口模拟驱动能力

接下来看看数字接口电气性能方面的模拟驱动能力，UART 靠 TX/RX 相对 GND 之间的电压高低来表示 1 和 0，先建立一个 UART 通信的电气特性示意图，如图 1.23 所示。

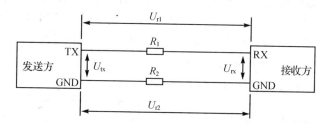

图 1.23　UART 电气特性示意图

电压应该满足 $U_{tx}=U_{r2}+U_{rx}+U_{r1}$ 关系。

当发送方和接收方距离比较近时，两者之间导线的电阻非常小，U_{r2} 和 U_{r1} 接近 0，此时 $U_{rx}\approx U_{tx}$，通信不存在什么问题。

当发送方和接收方距离加大，比如增大到 1 000 m 时，导线的电阻就不能再忽略不计，用横截面面积为 1 mm² 的铜线其电阻大约为 20 Ω，常用的通信线横截面面积远没这大，其电阻自然也就不小，通信需要考虑此电阻产生的影响。

发送方和接收方各自使用独立的电源系统，当 R_2 非常小的时候，R_2 会等效为短路将两侧的地等同为一个，两侧地之间的电压差为 0。现在导线长 1 000 m，显然 R_2 的电阻已经不能再将两侧地之间的电压差强制拉为 0，现在两侧变为不共地，电压关系改变为 $U_{rx}=U_{tx}-U_{r2}-U_{r1}$（$U_{r2}$ 因为不共地会比较大）。当 U_{r2} 增大到一定幅度后，虽然 U_{tx} 输出为高，但此时 U_{rx} 的值会小于接收方 RX 引脚判断外界为高电平的门限值，从而无法正确通信。

除去导线电阻分压的影响,导线平行距离太长会引入电容效应,于是得到简化的电路模型,如图 1.24 所示。

根据电路理论我们知道电容充电曲线呈指数特性,如果电容特性明显,发送方输出从 1 变为 0 或者从 0 变为 1 时,在接收方的电压即使没

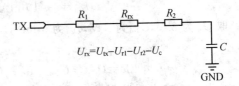

图 1.24　UART 简化电路模型图

有干扰存在也会产生一个非常明显的延时,传输速率过高就无法保证通信结果正确。

这样 UART 通信就存在一些限制条件,就是必须满足其电气特性的模拟驱动能力,只能在其所允许的通信速率、连接距离内才能保证通信的可靠性。

对于 UART,为了解决长距离通信的问题,有专门的通信延长器提供此功能,另外通过专用芯片转成利用差分信号进行传输的 485 总线,也可以让通信距离大大增加。

如果现在将一个设备作为发送设备,发送设备发出的数据会被多个设备接收,那是不是可以接无数多个接收设备呢?这也是不行的,每个接收设备都可以等效成一个电阻,随着连接的设备数增加,总并联电阻值随之变小。前面分析 I/O 驱动能力时我们已经知道当负载电阻过小时,I/O 口输出的电压会被反向拉低或拉高,UART 这类数字接口同样会有这样的问题,增大到一定数目就不能保证所发送出来的 1 和 0 电平幅度,所以不能无穷地增加接收设备个数。

图 1.25 示意的是 UART 一发多收的情况,如果发送方需要得到接收回发的数据,应该如何实现?显然不能把多个接收方的多个 TX 同时直接连到发送方的 RX 上,如图 1.26 所示。那样 TX 相互之间会"打架",比如接收方 1 的 TX 输出低,接收方 2 和 3 的 TX 输出保持高,显然无法确定发送方 RX 上面的电压到底是高还是低。

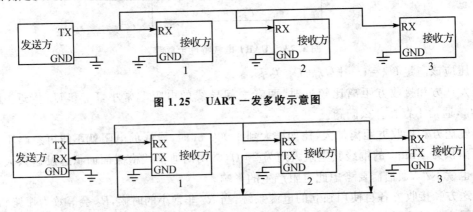

图 1.25　UART 一发多收示意图

图 1.26　错误的 UART 多发多收示意图

图 1.27 为一种 UART 可以进行多机通信的连接示意图。先要确定一台设备为主设备,所有的通信流程都由这台主设备控制;主设备可以向任意从设备主动发送数据,从设备不可以主动发送数据,必须等到主设备发送给它允许它发送数据的命令后才能发送数据给主设备;从

设备相互之间不能直接发送数据,如果从设备需要发送数据到另外一台从设备,需要经过主设备转发。

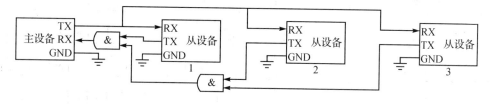

图1.27 正确的UART多发多收示意图

由UART的数据格式可知TX空闲时是保持输出1,需要发送数据时先发一位0作为起始位,然后发送数据位、校验位和停止位,发送完TX恢复保持输出1,从图1.27中可以看出3个从设备的TX存在这样的逻辑关系,即主设备RX＝(TX3 & TX2) & TX1,这样我们只要保证任何时刻只会有一个从设备在发送数据,就不会再出现TX"打架"的问题。当一个从设备发送数据时,另外两个从设备TX保持空闲输出1,前面逻辑关系简化为主设备RX＝TXn & 1 & 1＝TXn。

在编写通信代码时,需要给每个从设备规定一个地址,设备发送数据以带同步标志字、长度、目的地址、数据内容等信息的数据包为单位,一次传送一个数据包。主设备发出的数据包每个从设备都会收到,如果数据包里面的目的地址与自己相同,则处理当前数据包;否则,丢弃掉。如果从设备收到主设备发给自己的数据包是让从设备发送数据时,从设备立即在规定的时间内将自己的数据包发送给主设备,然后由主设备作出相应处理。

3. I²C接口数字驱动能力

不是每种数字接口都会有体现扩展性能的数字驱动能力,这里以I²C接口为例进行讲解。常用的EEPROM大都是采用I²C接口,它支持多片EEPROM进行并联,我们选用Atmel公司的AT24CXX的资料来作分析,如图1.28所示。

AT24CXX进行写字节操作的命令格式为3个字节:器件地址＋片内写操作地址＋写入字节。

器件地址的高4位必须固定为1010以表示是对Atmel的AT24CXX进行操作,最低位用来表示进行读操作还是写操作,0表示写操作,1表示读操作,另外3个位会依据AT24CXX的不同型号决定是否起作用。

采用I²C接口的AT24CXX芯片没有CS片选脚,使用时并联在I²C总线上,平时工作在监听状态,一旦收到器件地址高7位与自己内部约定的地址一致,就认定此次操作是针对自己,然后会依照控制时序作出相应反应,否则继续监听。

对于AT24C01和AT24C02,容量分别为1 kbits和2 kbits,其引脚A0～A2会决定器件地址的另外3位,这样我们最多可以并联8片AT24C01/02到I²C总线上,要留意并联的时候

第 1 章 单片机基础

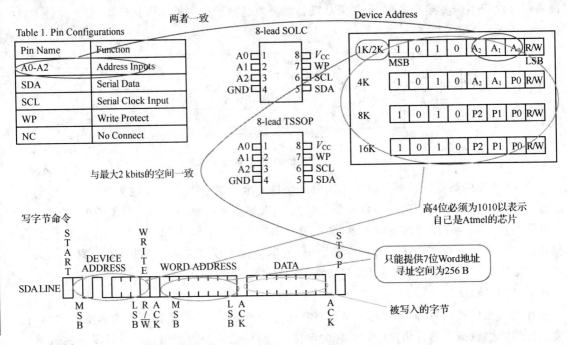

图 1.28　AT24CXX 的 I^2C 接口说明图

不能出现两个芯片的引脚 A0～A2 接法一样,否则这两个芯片会共用同一个器件地址而出错。

对于 I^2C 接口来说,器件地址是 7 位,最多可以有 128 种选择,也就是说,I^2C 接口如果不考虑电气性能的模拟驱动能力,理论上最多可以并联 128 个带 I^2C 接口的设备。128 并不是一个太大的数字,所以实际应用中可能会遇到两种 I^2C 接口设备器件地址相冲突的情况,设计比较周全的 I^2C 设备会提供两个或更多的器件地址,使用者可以通过某种方式来选择使用哪一个器件地址。

1.10 方便实用的中断

每个周末丁丁小朋友的父母会要求他独立完成一些家务,来培养他的劳动习惯。家务是固定的 3 件事情:烧两壶开水、炖一锅排骨、将家里的地板拖一遍。如果单独完成这些事情,烧一壶开水大约 10 min,炖排骨大约 25 min,拖地板大约 30 min。其中,烧开水只要等水开了倒进保温瓶里,排骨炖好后关掉火就行。

丁丁是个聪明的小朋友,这 3 件事情他不是做完一件才做下一件。第一周,他在烧水和炖排骨的同时拖地板,这样可以少花不少时间,如图 1.29 所示。不过为了看水有没有烧开和排骨有没有炖好,拖一会地板就要停下来跑到厨房去看一看,每看一次需要 1 min,总共看了 10 次,40 min 后 3 样家务全部做完。

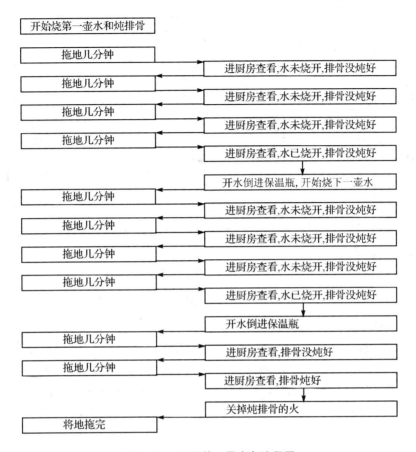

图1.29 丁丁第一周家务流程图

虽然40 min把家务全部做完,但丁丁小朋友是隔几分钟才去看一下水有没有烧开,结果水烧开了一会丁丁小朋友才发现,水烧开后从壶里溢出到煤气灶上,有点危险,显然从家务完成的质量来看不是很理想。

第二周,丁丁小朋友吸取了上周的经验,水壶换用水烧开后可以自动鸣笛的壶,排骨有上周的经验知道炖25 min火候差不多,于是炖的时候用一个闹钟定时25 min,接下来专心开始拖地板,如图1.30所示。大约10 min后,第一壶水烧开鸣笛,丁丁小朋友停下拖地板去把水倒进保温瓶,接着烧第二壶,继续拖地板;又过了大约10 min,第二壶水烧开,丁丁小朋友同样处理;25 min时间到,闹钟响起,丁丁小朋友过去看排骨,已经炖好于是关火,接着拖地板;33 min,地板拖完,家务全部完成。

和第一周对比,时间少用了7 min,而且水一开就去倒掉,消除了潜在危险,完成的质量自然要好一些,看来日常生活中的一些事情,不同的处理方法做出来的效果也会有明显差异。

丁丁小朋友做家务的例子对应单片机工作的两种基本方法:轮流查询和中断响应。开水

第1章 单片机基础

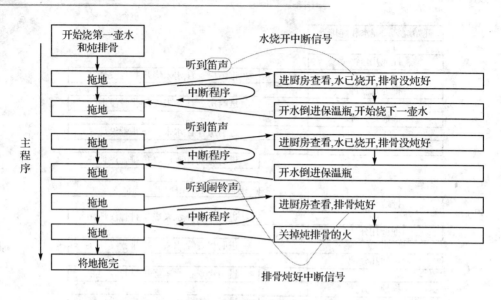

图1.30 丁丁第二周家务流程图

烧开了不马上处理就会有危险,拖地板被打断有延时不会发生什么意外,烧开水只要把水倒进壶里烧就行,烧的过程中并不需要做其他事情,拖地板则需要一直拖到全部地板拖完。如果说第一周的方法是轮流查询,那第二周的方法就是中断响应,水烧开鸣笛和闹铃为中断发生信号,从丁丁小朋友两周完成的结果可以看出中断响应效果要好过轮流查询。

单片机技术是一门实用工程技术学科,和日常生活息息相关,正是为了应付丁丁小朋友做家务例子中烧水、炖排骨这类问题,单片机有了中断的概念。中断就是在工作过程中突然有更紧要的事情要去处理,于是将当前的工作打断,处理好更紧要的事情后再继续当前的工作。单片机的中断可分为两大类:一种是单片机内部控制电路在某种条件下产生的,叫做内部中断;另外一种则是由单片机外部器件产生的,叫做外部中断。

丁丁小朋友烧水和炖排骨对于他是两个独立的外部事情,这两个外部事情所产生的"中断信号"分别属于外部中断和内部中断。水烧开时水壶主动发出笛声,这个笛声和丁丁小朋友没有直接的关联,他不知道具体会在什么时候响,只要水开就会有笛声产生并传到丁丁小朋友的耳朵里,笛声是他的"外部中断信号";闹铃是丁丁小朋友用他的闹钟来产生的,和炖排骨没有直接联系,只是因为丁丁小朋友知道排骨25 min可以炖好才设置成这个时间,他自己是知道闹钟什么时候会响的,只是他不想频繁地去看时间才用闹钟定时,闹铃声是他的"内部中断信号"。

通过丁丁小朋友做家务的例子我们明白了中断的原理和方法:单片机在工作的时候往往需要处理多个事情;有些事情并不需要单片机时刻进行控制,只是需要在某些特定的条件下由单片机作出相应处理;有些事情则需要单片机花比较多的时间逐步控制,一旦停止控制就无法进行下一步操作;中断的引入可以让单片机面对这样的问题时有更高的工作效率,对于不需时刻进行控制的事情在需要被干预时发出中断信号,让单片机来进行相应处理,需要时刻控制的就由单片机主程序循环持续控制。

单片机中断分为内部中断和外部中断两大类。

外部中断由单片机外部设备产生,中断产生后通过单片机的外部引脚传递给单片机,传递这个中断信号最简单的方法就是规定单片机的引脚在什么状态下有外部中断产生,这样单片机通常有一个或多个 I/O 口,当在输入状态时可以用来检测外部中断信号。外部中断产生的条件通常是 5 种:I/O 口输入为高、I/O 口输入为低、I/O 口输入由高变为低、I/O 口输入由低变为高、I/O 口输入由高变低或者由低变高。

一个连接到单片机的外部设备,如果想要使用单片机的外部中断,就必须在自己请求单片机中断响应的时候给单片机提供规定的触发信号来触发单片机中断。程序运行中,一个中断通常不是只产生一次,往往会间隔持续产生。这 5 种外部中断触发信号前 4 种都有一个问题,就是外部设备发出请求中断信号后如果信号请求线状态不改变,外部设备会无法向单片机提供下一次中断请求信号。

让我们来看看以单片机和外部设备采用负跳变触发中断为例的触发情况,如图 1.31 所示。外部设备以负跳变触发单片机中断,第一次中断请求外部设备的中断请求输出脚从高变低,可以触发单片机中断。第一次中断请求发生后中断请求脚会保持输出低,当外部设备想请求第二次中断时,无法再次产生负跳变触发信号。

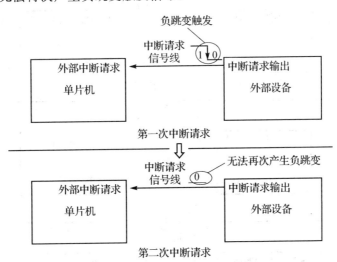

图 1.31　外部设备只能产生一次中断请求信号示意图

如果对外部设备的中断请求信号作出修改,原来请求中断时只是输出从高变为低,现在改为输出先从高变到低,经过一小段时间后自己从低变回高,这样就可以每次需要中断时都能向单片机输出负跳变触发信号,如图 1.32 所示。

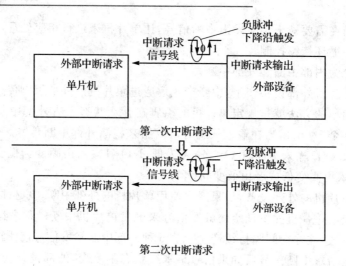

图 1.32　外部设备可连续产生中断请求信号示意图一

或者是由外部设备提供某种方法，单片机通过该方法可以对外部设备进行中断清除操作，中断清除操作让外部设备的中断请求输出脚恢复到高，这样也可以再次触发中断，如图 1.33 所示。

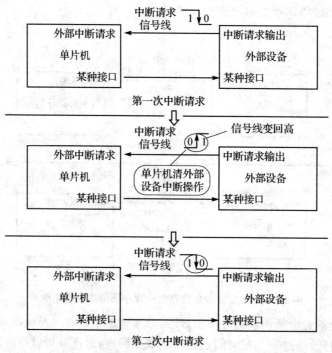

图 1.33　外部设备可连续产生中断请求信号示意图二

外部中断触发还有一些特殊方式，比如外部脉冲宽度测量、外部脉冲计数等，这些方式都是在前面几种基本触发方式上扩展而来的。外部脉冲宽度测量就是当中断信号线跳变时会启动内部一个计时器，到下一次中断信号线跳变时通过计时器得到脉冲宽度并重新启动计时器，这些方式用的机会相对较少，不作详述。

内部中断是指单片机内部的功能模块产生中断信号，单片机内部在 CPU 外围能独立工作的功能模块一般都会提供中断功能，常见的内部中断类型有时钟 Timer、串口 UART、模数转换 ADC 等。内部中断的工作流程和外部中断没太多区别，只是中断请求信号是在单片机内部进行传输，中断信号不是引脚上的电平状态，而是一个寄存器里面的相应标志位，通常当某个内部中断产生中断请求时就会将相应标志位置为 1，CPU 响应中断时将这个标志位清 0，如图 1.34 所示。

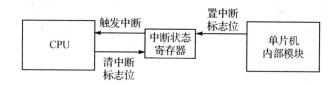

图 1.34　内部中断触发示意图

单片机对中断标志位的处理方法没有统一标准，具体的约定方法要看单片机文档。大部分是标志位为 1 有中断产生，少数是标志位为 0 有中断产生；有的单片机中断标志位是 CPU 写入什么就是改写成什么，有的则是规定必须通过写 1 或写 0 来实现清除操作；还有少数只要读一下中断标志位就会自动清除掉该标志位。

如果单片机不想被外部中断触发，大不了将用于连接外部中断触发信号的引脚接成不会触发中断的电压状态，但内部中断无法改变内部连线，所以单片机为了可以决定中断是否需要使用，在其内部会有相关的寄存器来进行选择，通过里面的控制标志位开发人员可以根据实际情况决定是否使用中断。通常单片机里面有一个总控制位，这个位可以控制所有中断的开与关，每一种中断自己也有一个独立的控制位决定自己的开与关，如果想使用某个中断，需要将总中断开关和对应中断开关都打开。

当单片机有中断信号产生时，就会触发对应中断，不同的中断源会需要不同的响应方法，也就是说，不同的中断产生的时候，需要单片机程序依照不同的中断源作出不同的响应，这就是中断服务程序。如果是 UART 收到新数据产生中断，应该是 UART 中断服务程序将数据读回来并作处理；如果是 ADC 转换完成产生的中断，需要的则是 ADC 中断服务程序将数据读回来并作处理。如果需要清中断标志位，一般都是在中断服务程序里面完成。

不同的中断源需要与之对应的中断服务程序，实际开发中并不是所有的中断都会被用到，开发人员为了节约程序代码空间会只写出自己要用到的中断服务程序，也就是说，会有一些中断可能没有与之对应的中断服务程序，如果触发了这样的中断，单片机程序会运行出错，前面

第1章 单片机基础

中断各自独立的控制位这时就派上了用场,将这些控制位关掉,相应中断就不会被触发。

单片机开始上电的时候,如果控制中断的寄存器控制标志位被打开,可能会出现中断被误触发的情况,而这个中断如果没有与之相对应的中断服务程序的话程序就会跑飞,所以单片机上电的时候一般会自动将这些寄存器里面的标志位都关掉,以免误触发。

中断服务程序是单片机程序的一部分,具体内容由开发人员决定,这样中断服务程序的大小会不同,导致其在单片机程序中的位置不能固定,当单片机的中断被触发后,单片机需要知道中断服务程序在什么位置才能执行它,单片机是通过中断跳转表(中断向量表)来解决这个问题的。

虽然中断服务程序的大小和在程序中的位置会不固定,但程序只要被烧进单片机系统,对于这个程序来说其中断服务程序的大小和位置就会被固定下来。如果对单片机程序空间分配我们作出一些约定,将一个绝对固定地址专门分配给中断使用,程序编译时会将中断服务程序的起始地址(或者是跳转到中断服务程序的指令)填到这个绝对固定地址所在的空间,当中断产生时,单片机就可以通过这个地址跳转到中断服务程序,如图1.35所示。

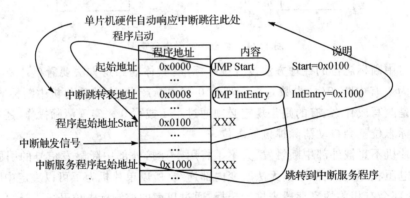

图1.35 中断响应示意图

注释:有的单片机处理方法有所不同,同样是地址0x0008的内容为0x1000,中断产生后由硬件直接从地址0x0008得到0x1000,并自动跳转到0x1000位置执行中断服务程序,后面也是如此,书中不再一一说明。

简单的单片机所提供的中断种类有限,为了简化程序,会给每一个中断分配一个用来存放中断服务程序地址的地址空间。这种方法其实没什么不好的地方,只是单片机技术发展到现在遇到了瓶颈,高端单片机越来越复杂,于是一些专业厂商开始合作共享技术资源。例如,ARM公司利用他们在CPU架构体系上的技术优势专门给另外的厂商提供CPU内核,另外的厂商在ARM内核的CPU外围增加功能模块,如图1.36所示。这些功能模块大都支持中断,如果再用这种方法处理中断比较麻烦。

不同厂家在相同CPU内核基础上设计出来的单片机外围的功能模块会各不相同,从而

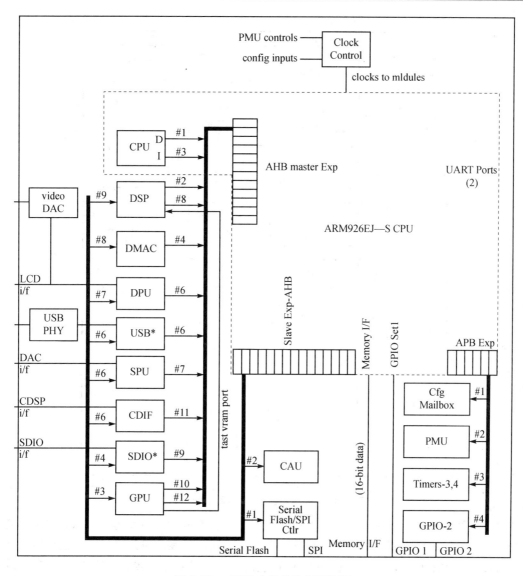

图 1.36　ARM 内核单片机架构图

中断的种类和个数也各不相同，但 CPU 处理中断的方法是一样的。如果延续简单的单片机给每个中断都分配一个地址空间的做法显然有问题，CPU 不知道到底有多少种中断需要支持，这些中断又分别对应什么模块，于是采用了另外一种中断处理方法，将所有中断地址都指向同一个，并将所有中断依次编号，中断产生时 CPU 会告诉中断服务程序当前中断编号是多少，由中断服务程序根据中断编号判断中断类型，如图 1.37 所示。

所有中断使用同一个中断向量地址，然后用中断号判断中断类别，虽然可以让通用 CPU

第 1 章 单片机基础

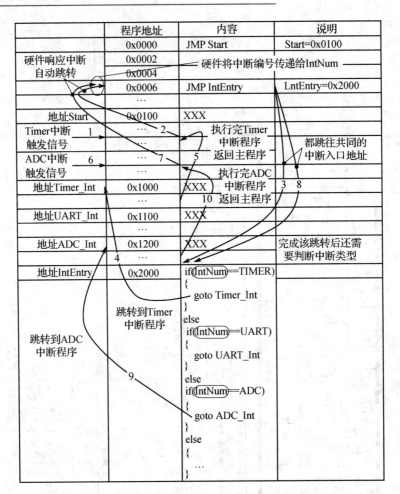

图 1.37 公用中断入口中断响应流程图

内核灵活支持不同中断模块,但也有不足。图 1.37 与具有独立中断向量表的图 1.38 的流程相比,会发现图 1.37 中断的响应速度要慢。有独立中断向量表的单片机只要一条跳转指令就可以直接进入中断程序,而没有独立中断向量表的单片机需要先跳转到中断公共入口,然后通过代码判定中断类别,确定中断类别后才能跳转到真正的中断程序。C 语言的代码会让这种情况更加恶化,所以如果是没有独立中断向量表的单片机,一般采用汇编查表的方法加快中断响应速度,如图 1.39 所示。

中断程序执行完毕后会返回主程序继续执行,这样就要求中断不能改变主程序的运行状态,所以中断响应时需要将程序当前运行的状态信息保存起来,比如程序运行到什么位置、当前 CPU 状态寄存器的状态等。当中断程序执行完时,可以通过这些信息将 CPU 状态寄存器恢复到原来状态,并能返回原位置继续执行。不同的单片机对此的处理方式也会有不同,一种

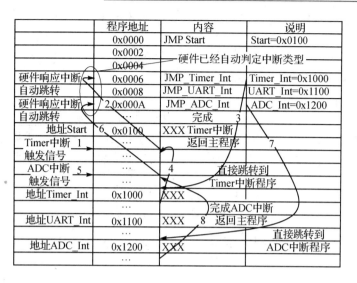

图 1.38 独立中断入口中断响应流程图

图 1.39 汇编中断快速跳转表

是完全由硬件来完成,并不需要程序来进行管理;另外一种是需要程序将状态信息用相应指令保存到特定位置,返回时再用相应指令恢复。

单片机中断还有中断优先级和中断嵌套的概念,但不是所有的单片机都会支持这两种功能。中断优先级是不同的中断会有不同的优先级别,如果同时有两个中断产生,单片机会先响应优先级高的中断。中断嵌套是指在中断响应当中又有新的中断产生,单片机可以暂停当前的中断程序执行去响应新的中断,新中断程序执行完以后再接着执行当前中断程序。一般中断嵌套是高优先级的中断可以插入低优先级中断响应程序,同级或低级的中断不能插入当前中断响应程序。

图 1.40 中的中断步骤说明如下。

步骤 1:保存主程序现场,执行中断 1 服务程序;

步骤 2:保存中断 1 服务程序现场,执行中断 2 服务程序;

步骤 3:恢复中断 1 服务程序现场,继续执行中断 1 服务程序;

步骤 4:恢复主程序现场,准备继续执行主程序,有新中断不能继续执行主程序;

步骤 5:保存主程序现场,执行中断 3 服务程序;

步骤 6:恢复主程序现场,准备继续执行主程序,有新中断不能继续执行主程序;

步骤 7:保存主程序现场,执行中断 4 服务程序;

步骤8:恢复主程序现场,无中断产生继续执行主程序。

主程序代码		优先级:
	主程序代码	中断2>中断1>中断3>中断4
中断1/4同时产生	主程序代码 1	
	中断1优先级高先响应	中断1代码
中断2/3同时产生		中断1代码 2
	中断2优先级最高立即执行	中断2代码
		3 中断2代码
	4	中断1代码
中断3需要中断1执行完才响应 5		中断3代码
	6	中断3代码
中断4优先级最低要等别的中断执行完才响应 7		中断4代码
		中断4代码
	主程序代码 8	
	主程序代码	
	...	

图 1.40 中断嵌套示意图

有的单片机一进入中断函数就会自动将中断的总控制位关掉,需要开发人员在中断程序中用程序再次打开,否则一次中断后所有的中断就不能继续使用。对于中断标志位,在写单片机程序时要依据单片机文档进行清除标志位操作,不然有可能一旦有某个中断产生就会连续不停地反复响应这个中断,导致主程序不能继续运行。

1.11 函数和堆栈

要想用单片机来实现自己的想法,就需要编程,函数是让程序简洁规范的一个有效方法,应该不需要解释什么是函数了吧?刚开始接触程序编写的人可能对函数的优点没有很明显的感受,随着所写代码的增多,一定能逐渐感受到函数给程序员所带来的便利。

函数也常常被称为子程序,先来看看在一段程序中执行函数的流程,如图1.41所示。

地址为0x1002的指令是调用函数的指令CALL,当程序执行完这一句后,会按图1.41中1路线跳转地址0x1100位置,这个地址是函数Func入口地址,于是接下来开始执行函数Func的代码。当函数Func的代码被执行完,按规定是一条用于函数返回的指令RET,通过

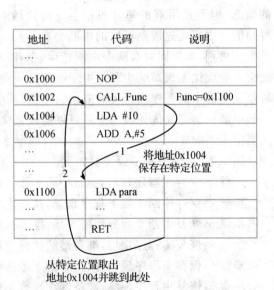

图 1.41 函数执行示意图

这条指令按图 1.41 中 2 路线返回地址 0x1004。

从图 1.41 中 1 和 2 过程可以看出,对于函数调用指令 CALL 和函数返回指令 RET 必须具备这样的功能:CALL 指令先将自己后面指令所在的地址保存到特定的位置,再后转去执行自己所调用的函数;RET 指令从特定位置取出之前保存的地址并返回到这个地址。

这个特定位置叫做堆栈,堆栈可以是在 RAM 中,也可以是硬件专门开辟的空间。对堆栈的操作一般情况下存放和取出一一对应,就好比有一个一端开口的管子,存放东西时是把东西从管子口塞进去,取东西时同样也只能从管子口去拿,这样存取的次序刚好相反。图 1.42 是在一个函数中调用其他函数的流程,通过这个流程我们来了解堆栈操作的次序关系。

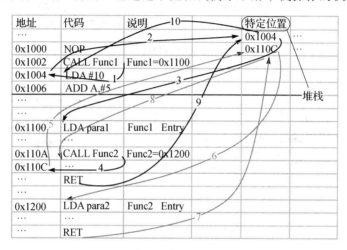

图 1.42 调用函数堆栈存取示意图

图 1.42 中步骤 1~3 是调用函数 Func1,把下一条指令所在地址 0x1004 和相关状态信息保存到堆栈,然后跳转到 Func1 所在地址开始执行 Func1 的代码。

函数 Func1 中包含有调用函数 Func2 的代码,当程序执行到这里时,重复类似上面的操作。

图 1.42 中步骤 4~6 调用函数 Func2,把下一条指令所在地址 0x110C 和相关状态信息也保存在堆栈中,然后跳转到 Func2 所在地址开始执行 Func2 的代码。

函数 Func2 代码执行完,图 1.42 中步骤 7、8 从堆栈中去读取之前保存的信息,由于地址 0x110C 是后保存进去的,所以这次取到的是地址 0x110C,正好是调用函数 Func2 所保存的内容,正确返回到 0x110C 位置继续执行 Func1 的其他代码。

图 1.42 中步骤 9、10 也到堆栈中去读取之前保存的信息,由于图 1.42 中步骤 7、8 已经取走 0x110C,这次取得 0x1004,最后正确返回到主程序中。

如果在函数中使用一些特殊代码,会导致函数返回的位置发生变化,如图 1.43 和图 1.44 所示。

第1章 单片机基础

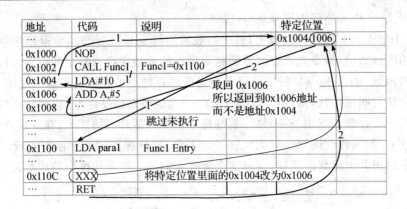

图 1.43 函数特殊代码示意图一

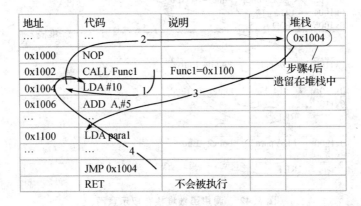

图 1.44 函数特殊代码示意图二

对于图 1.42,调用函数时堆栈里面保存的地址是 0x1004,正常情况下函数 Func1 执行完毕会返回该地址。但是在这里 Func1 包含有修改堆栈内容的代码,将 0x1004 改为了 0x1006,当函数执行完返回时,从堆栈里面取得的地址从 0x1004 变为 0x1006,所以返回的位置不再是 0x1004 而是 0x1006,这样位于地址 0x1004 的代码被跳过未被执行。这里是修改为后面指令所在的地址,如果是其他位置比如 0x1002,会产生什么后果? 结果是函数 Func1 的代码被循环执行。

假如图 1.44 在函数 Func1 中在 RET 指令之前是 JMP 0x1004 指令,当执行完这条指令后单片机会跳到 0x1004 位置,表面看好像和正常返回没什么区别,但仔细对比就会发现在堆栈里面放的内容没有取出,这样堆栈就因为调用函数时存放进来但没有返回取出的信息而占用空间,每调用 Func1 一次就会占用一段,如果多次调用最终会把堆栈空间用爆,而正常的函数返回不会产生这样的问题。

不管什么单片机,其能提供的堆栈空间都有限。假如现在我们进行这样的操作:写出许多函数 FuncN，Func1 里面会调用 Func2，Func2 里面会调用 Func3，依次类推，如图 1.45 所示。这样所调用的函数层数每深入一层，堆栈就会被多占用一定的空间，最后结果一定会用爆堆栈空间，函数无法按原路可靠地逐层返回。所以在编写单片机程序时，要留意单片机最多能支持函数可以嵌套多少层，以免嵌套过多而使系统崩溃。

中断服务程序也是函数，和普通函数不一样的地方是，中断函数在中断产生时由硬件启动调用，而普通函数是由程序员自己编写的代码来启动调用，由于中断随时都可能会产生，对单片机程序员来说难以预知其被调用的时间和位置，所以中断时单片机需要保存的信息比普通函数要多，这样两者返回使用的指令大多数时候都不一样，比如是 RETI 和 RET。

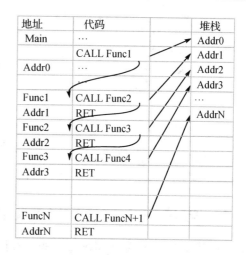

图 1.45　函数堆栈溢出示意图

中断服务函数里如果需要调用其他函数，最好是将这些函数定为只供中断专用的函数，否则会出现主程序和中断同时需要调用同一个函数的可能。如果单片机不支持函数的重载，此时主程序调用函数的结果就可能出错，一定要留意这点，许多有经验的工程师都会忽视这个风险。

函数 Func 实现两个数相乘的功能，x 和 y 为输入参数，z 为输出参数，$z=x \cdot y$，来看看在中断和主程序中同时调用函数 Func 的影响。

```
Func:
    z = x * y                    ;完成 z = x·y 操作
    ret z                        ;将 z 的内容返回

中断函数：
...
x = val1                         ;此时 val1 为 10
y = val2                         ;此时 val2 为 30
CALL Func z = x * y              ;执行完此操作后中断产生
...
reti                             ;从中断返回

主程序：
x = val3                         ;此时 val3 为 20
y = val4                         ;此时 val4 为 50
CALL Func z = x * y              ;执行完此操作后 z 为 1 000，中断产生执行中断函数
```

第1章 单片机基础

```
    ...
    x = val1                              ;此时 val1 为 10
    y = val2                              ;此时 val2 为 30
    CALL Func z = x * y                   ;执行完此操作后 z 为 300
        ret z
    ...
        reti                              ;从中断返回
    ret z                                 ;这里将 z 错误返回为 300 而不是 1 000
    if(z＞500) display("val3 * val4＞500")  ;正确应该显示是大于 500
    else display("val3 * val4＜ = 500")    ;实际结果错误显示为小于或等于 500
```

1.12 单片机 PAGE/BANK 概念

PAGE/BANK 一般只出现在一些非常简单的单片机中,4 位单片机比较多见,少数 8 位单片机也有,使用 PAGE/BANK 的目的是让这些简单的单片机能够使用更大的 RAM 和 ROM 空间。PAGE 一般是用在 ROM 上,而 BANK 则一般用在 RAM 上,两者起的作用基本一致,后面为简单起见只用 BANK 来进行说明。

还是用一款使用了 BANK 的单片机来进行讲解,如图 1.46 所示。

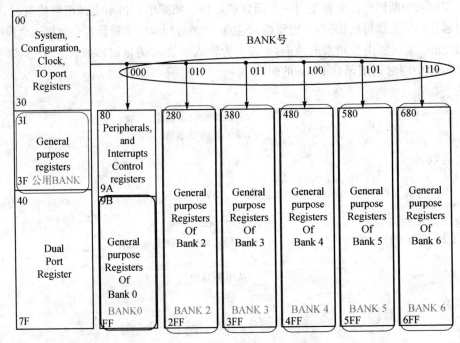

图 1.46　BANK 空间分配示意图

第1章 单片机基础

从图1.46所示这款单片机我们可以看出它的RAM(寄存器)寻址空间是256个字节,这256个字节空间已经被单片机系统占用了一部分做系统配置,是通过BANK的方法可以让用户使用空间要大许多的RAM(寄存器)。

单片机会提供一个寄存器来让用户选择当前使用哪一个BANK,如图1.47所示。

Bit 7	Bit 6	Bit 5	Bit 4	Bit 3	Bit 2	Bit 1	Bit 0
–	–	–	–	–	RAMBSX2	RAMBSX1	RAMBSX0

RAMBSX(0x04/0x07)	BANK
000	0
010	2
011	3
100	4
101	5
110	6

图1.47 BANK控制寄存器图

再找出两条指令,一条是选择BANK的"BANK #k",另外一条是清寄存器的"CLR r",如图1.48所示。

1010	1110	0000	0kkk	BANK #k	R4(RAMBS1)←k(0~8)	None	1
1010	1111	rrrr	rrrr	CLR r	r←0	Z	1

BANK #k 选择BANK k
CLR r 将寄存器r(地址为r的RAM)清0

图1.48 BANK操作指令图

观察图1.48中"CLR r"指令的机器代码,前8位为操作类型,后面8位为可变的操作地址,这样操作地址范围为0x00~xFF,也就是说,这条指令只支持最大256个字节的空间,无法访问地址超过0xFF的RAM(寄存器)空间。

如果不采用BANK方法,这款单片机实际上只有公用BANK和BANK0所在的116个字节空间可以给用户使用。采用BANK方法后情况大为改观,用BANK技术将地址在0x80~0xFF的空间并行起来,每次选用一块用作地址为0x80~0xFF的空间,BANK寄存器设为多少表示当前使用多少号BANK(想象成内部电路由电子开关来切换这些BANK),这样用户就可以使用BANK2~6另外提供的640个字节,如图1.49所示。

来看一下汇编程序是如何访问不同BANK空间的:

① BANK #2 ;选择BANK2
② CLR 0x80 ;清0x80寄存器,当前为BANK2,实际操作为清BANK2的第一字节
③ CLR 0x31 ;清0x31寄存器,为公用寄存器范围,清公用BANK第一字节

第 1 章 单片机基础

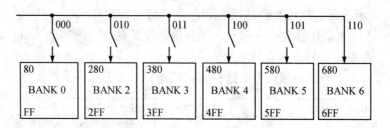

图 1.49 BANK 选择示意图

```
④  BANK    #4      ;选择 BANK4
⑤  CLR     0x80    ;清 0x80 寄存器,当前为 BANK4,实际操作为清 BANK4 的第一字节
⑥  CLR     0x31    ;清 0x31 寄存器,为公用寄存器范围,清公用 BANK 第一字节
```

代码行②、⑤相同,但因为选不同 BANK 从而操作对象不一样,执行结果也自然不一样。代码行③、⑥因为操作对象在公用寄存器,虽然执行这两条代码时的 BANK 不一样,但 BANK 不影响其操作对象,所以结果一样。

BANK 虽然让单片机可以访问的空间加大,但会使程序复杂性增加,用户在使用时容易将不同 BANK 的寄存器用混,最稳妥的方式是每次读/写寄存器时都在前面加上设置 BANK 的指令,这样做的缺点是代码效率会降低,代码占用空间也会增大,对于接触单片机时间不长的人我是建议其先用这种稳妥的方法。

1.13 CISC 与 RISC

CISC 和 RISC 对应的中文意思是复杂指令集和精简指令集,两者主要区别是 CISC 提供大量与功能对应的指令以最大可能用硬件性能直接满足用户需求,CISC 指令集可能有几百条指令,而 RISC 刚好相反,只是提供一些基本通用的功能和指令给用户,以求简单高效,让用户用软件来实现他们的不同需求,一般 RISC 指令集只有几十条指令。

从计算机技术开始诞生的那一天起,设计控制器集成电路的工程技术人员就一直有这样一个梦想:自己设计的芯片最好能满足用户所有的需求。虽然他们自己也清楚这个想法实际上不可能实现,但他们还是尽力向这个方向靠拢。一旦发现有新的需求,这些硬件设计人员就会通过硬件来直接满足这些需求,这样就使得硬件设计越来越复杂,造价也越来越高。硬件平台每增加一种特殊功能,就会有相应的指令来让用户使用这种特殊功能,最后使得硬件对应的指令数非常多,这就是 CISC。

家用计算机所用的 CPU 是 CISC,回望家用计算机 CPU 的发展历史,我们可以看到芯片设计人员想让硬件直接满足用户所有需求的这一愿望有多强烈。在家用计算机还没进入奔腾时代的时候,家用计算机还只能提供一些基本的办公需求,但随着数字娱乐技术的兴起,人们发现家用计算机在数字娱乐方面的前景无限，只是局限于当时技术水准，CPU速度偏慢，还不能直接满足用户在数字媒介方面的娱乐需求，于是可以让人们用计算机看VCD这类娱乐活动的解压卡出现了。

设计CPU的技术人员很清楚，只要假以时日，当CPU速度够快的时候，单纯依靠软件就能满足人们的这种娱乐需求。他们没有去等待CPU速度能够足够快的那一天的到来，而是直接在CPU内部加入了MMX硬件功能和相应指令，也就是为专门进行多媒体处理而设计的硬件电路，用户只要通过这些指令就可以直接进行一些多媒体数字信号处理的操作，从而在CPU速度不是很快的情况下就能满足VCD之类的娱乐需求。

MMX的出现让靠解压卡吃饭的厂商不得不另寻谋生之路，同样家用计算机CPU的发展也是日新月异。5年后，CPU的速度已经非常快，家用计算机CPU在数字娱乐方面对MMX的依赖程度不再那么强烈；10年后，CPU的速度已经远超出当时人们所能想象的程度，人们对MMX这个词汇开始陌生。

在CISC技术日新月异的同时，一部分更具创新意识的技术人员跳出了用硬件来直接满足用户需求的思维局限。这些技术人员凭直觉感觉到CISC的不足如同堆积木，会让硬件电路越来越复杂，越来越难以实现，而且永远也不可能使所有的想法都能实现。实际中有许多产品并不需要这么复杂的结构，尤其是单片机领域，简单高效是其首选。

于是他们开始探索是否有另外一条道路可以发展，技术人员通过统计分析发现，对于CISC的各种指令，一样满足二八定律，程序中80%的指令都被包含在CISC指令集20%的常用指令中，实际中最常用到的指令就是存取数据、加减运算这些操作。技术人员将这些使用频率高的指令提取出来，指令种类的简化可以让技术人员在性能高效方面作出更多的改进，比如把CISC的指令不等长变等长指令、取指令和取操作数操作改为同时进行，从而形成了相对CISC简单高效的RISC。

简单价廉的RISC一样也有不足，功能的简化使得在应用的时候不适合做复杂的工作，大部分时候还是局限在实现逻辑控制这个范围。不过随着技术的发展，CISC和RISC又逐渐在相互融合，新的计算机CPU也开始采用RISC架构，在接收到CISC指令后再分解成RISC指令执行。

RISC和CISC的区别如下：

（1）RISC指令系统较小，指令的数量较少，只提供简单指令。CISC指令系统大，指令的数量比较多，提供各种指令。

（2）RISC指令长度、寻址方式、格式都整齐划一，这样可以充分利用流水线技术，基本上可实现一个时钟脉冲执行一条指令。CISC指令长度、寻址方式、格式不一，难以通过流水线方式提升指令执行效率，无法做到一个时钟脉冲执行一条指令。

（3）RISC的函数调用将现场状况保存在专用寄存器中来提升效率，参数也使用寄存器传递。CISC的函数调用一般通过堆栈保存现场，需要内存操作，效率比较低。

1.14　为什么 DSP"跑得快"

提到 DSP,大多数人第一印象是它的运行速度比单片机要快许多,同样都是大规模半导体集成电路,为什么 DSP 就能比单片机快许多呢?这要通过 DSP 和单片机内部的结构体系来找答案。

计算机"鼻祖"冯·诺依曼最早提出了"数字计算机的数制采用二进制,计算机应该按照程序顺序执行"的现代计算机体系结构理论,这种理论强调的是顺序概念,凡是遵从这种理论而实现的计算机结构我们都称为冯·诺依曼结构。从最初的计算机模型到现在的计算机 CPU 都一直是采用此结构体系,而单片机是基于计算机技术基础在 20 世纪 70 年代产生的,自然也采用冯·诺依曼结构。

我们知道冯·诺依曼结构里面存储数据的地址空间是独立唯一的,程序和数据共用地址空间,两者的地址不可以重复,并且程序和数据共用同一组地址总线和数据总线,这样读取程序代码和数据就不可以同时进行,必须分开。

注:一些简单的单片机并不完全遵从冯·诺依曼结构,为了让系统构架更简单,ROM 和功能 RAM(寄存器)的地址各自独立从 0 开始,通过指令来区分是对 ROM 还是对 RAM 的操作。

存储器的实现方法很简单,就是一个矩阵,实现方法可参见 1.7 节。当对存储器进行读操作时,由地址总线控制输入进行选择,被选中的存储单元将自己的内容输出到数据总线上。当对存储器进行写操作时,同样由地址总线控制输入进行选择,同时将数据总线上的内容输入到被选中的存储单元中。

现在假定一个 8 位单片机要执行这样的操作,即将 RAM 中的一个数加 n,依照冯·诺依曼结构实现步骤可以如下:

(1) 地址总线指向代码指令字位置,从数据总线上取出代码指令字部分。
(2) 地址总线指向代码操作数位置,从数据总线上取出代码操作数 n。
(3) 依照指令系统查知指令字为将 RAM 中的某个数加上操作数 n。
(4) 地址总线指向 RAM 数据位置,从数据总线上取出数据内容。
(5) 将取到的数据和操作数 n 相加。
(6) 地址总线保持指向 RAM 数据位置不变,将相加的结果存回 RAM 中。

对于 RAM 中的数加 n 这类操作,冯·诺依曼结构的单片机处理因为要多次切换地址总线而导致效率不够高。如果连续多次进行这样的操作会将这一不足放大,在某些电子产品领域,比如无线电通信、数字音频视频处理等,需要进行大量的数据处理,冯·诺依曼结构的单片机对于这类应用就显得力不从心,于是一种新的构架体系产生了,那就是哈佛结构。

哈佛结构的处理器使用两个独立的存储器模块,分别存储指令和数据,每个存储模块都不允许指令和数据并存;使用两类独立的总线,分别作为 CPU 与指令和数据存储器间的专用通信路径，而且这两类总线之间毫无关联。它在片内至少有 4 套总线：程序的数据总线，程序的地址总线，数据的数据总线，以及数据的地址总线。这种分离的程序总线和数据总线，可允许同时获取指令字（来自程序存储器）和操作数（来自数据存储器），而互不干扰。这意味着哈佛结构的处理器在一个机器周期内可以同时准备好指令和操作数。

现在再来看哈佛结构的处理器处理上面操作的流程：

（1）程序的地址总线指向代码指令字位置，从程序的数据总线上取出代码指令字，与此同时数据的地址总线指向代码操作数位置，从数据的数据总线上取出代码操作数 n。

（2）依照指令系统查知指令字为将 RAM 中的某个数据加上操作数 n。

（3）数据的地址总线指向 RAM 数据位置，从数据的数据总线上取出数据内容。

（4）将取到的数据和操作数 n 相加。

（5）数据的地址总线保持指向 RAM 数据位置不变，将相加的结果存回 RAM 中。

这样哈佛结构的处理器就少了一次总线的切换过程，会让效率有所提升。简单地归纳一下就是冯·诺依曼结构是代码和数据串行处理，需要将总线在代码和数据中频繁切换，而哈佛结构改为并行处理，可以将代码和数据同时取得来提升效率。

注：该流程只是为了便于理解速度快，和实际情况会有所不同。

哈佛结构虽然效率会有提升，但结构要复杂不少，所以价格也就比冯·诺依曼结构要高。DSP 采用哈佛结构，但如果只是单纯将代码和数据总线独立出来的改进显然改善并不是很大，这种改善依然不能满足 DSP 的性能需求。于是 DSP 内部用硬件对一些数学算法进行实现，比如乘法器、硬件循环控制器等，没有乘法器的处理器实现一个乘法可能需要几十条甚至上百条指令，而有乘法器的 DSP 则是一条指令一个周期就可以完成。

DSP 还采用指令流水线设计，传统单片机是"取指、译码、执行"3 步，如果有一种设计可以让这 3 步能在一个触发信号周期内完成，显然能将速度几乎提高 3 倍，指令流水线设计做到了这一点。流水线是将串行依次操作改用并行方式来提高速度，在执行一条指令的同时，对下一条指令译码，并取得再下一条指令。

通过图 1.50 可以看出，传统的单片机设计执行完 3 条指令需要 9 个时钟触发，而流水线设计则只需要 3 个时钟触发就可以完成。真正的流水线实现起来比我所说的要复杂许多，比如指令 n 是跳转指令，执行完跳转指令 n 后程序不再是接着执行指令 $n+1$，都需要有应对方法。

这样就得到开始所提问题的答案，DSP 是专门针对数字处理作出的设计，在进行数字信号处理时会比冯·诺依曼结构快许多，可以用图 1.51 来表示两者在数字处理能力上的区别，但如果用 DSP 程序只是去实现一些简单的逻辑循环控制时，其并不一定会比冯·诺依曼结构快多少。

不是所有的单片机都是冯·诺依曼结构，在移动数字通信刚刚兴起的年代，DSP 那是"牛气冲天"，简直就是高端的代名词。近年来随着技术的发展，单片机的速度也是"越跑越快"，有一些单片机也开始采用哈佛结构，少数单片机内部甚至会加上一个小的 DSP 核，这样一些原

第 1 章 单片机基础

传统	触发次序	流水线		
取指n-1	1	取指n-1	译码n-2	执行n-3
译码n-1	2	取指n	译码n-1	执行n-2
执行n-1	3	取指n+1	译码n	执行n-1
取指n	4	取指n+2	译码n+1	执行n
译码n	5	取指n+3	译码n+2	执行n+1
执行n	6			
取指n+1	7			
译码n+1	8			
执行n+1	9			

图 1.50 流水线示意图

图 1.51 哈佛结构和冯·诺依曼结构

本高端应用DSP技术逐渐延伸到单片机领域,现在一些专用器件内部甚至还会采用硬内核进行数据处理的方法,这些变化使得单片机也逐渐进入了高端应用领域。

1.15 单片机产品开发常见用语

  单片机应用开发过程中会遇到许多名词,有些甚至是英文缩写,这些名词会让刚接触单片机开发工作的新人不明所以。虽然现在网络已经非常普及,网络资源也非常丰富,遇到这些缩写只要上网一搜就能得到相关解释,但不少公司对上网作了限制,为便于新人理解,这里我将一些常见的缩写列出来并加上注解。

  将一些生产有关的用语也列出来是希望可以让大家对生产有一个初步的认知,知道生产大概是怎么进行的,了解了生产对开发产品会有一定的帮助。

(1) MCU/CPU

MCU 现在基本可以直接理解为单片机,而 CPU 主要用于计算机。

(2) RAM/ROM

RAM/ROM 前面有一个章节作了专门阐述,这里不再重述。

(3) EPROM/EEPROM/Flash

这些都可以当作 ROM,现在还有一些新型器件也具有同样的功能,但都还没有大量市场化,在此不作详述。

EPROM 出现最早,早期的单片机大多采用外部 ROM 放置程序,这样就要给开发人员提供一种可以烧写程序的器件,断电后都还能保持烧写内容不变。EPROM 就是这种器件,能重复擦写,烧写程序时先用紫外线将程序擦除干净,然后将程序烧写进去。EPROM 很好辨认,背上有个玻璃窗口,现在已经很少见。

EEPROM 的出现让 EPROM 逐渐淡出历史舞台,EPROM 用紫外线擦除需要 10~20 min,而写 EEPROM 之前不用擦除操作,可直接写入新内容,这样开发人员用起来非常方便。

Flash 采用更新的技术,可以实现大容量、高速度等特性,放程序有 NOR Flash(速度快、价格高、容量相对较小),放数据有 NAND Flash(容量大、价格低),接口连线少有 SPI Flash。相对于 EEPROM 可直接写新数据,Flash 的不足之处在于写之前要先进行擦除操作。

(4) MIPS

不要和一种叫 MIPS 的单片机架构名称相混淆,这里是指用来衡量单片机速度的一个单位名称,我们知道衡量单片机"跑多快"最直观的指标是指令周期,这个单位就是说单片机 1 s 内能跑多少条指令,1 MIPS 是 1 s 可以跑 1×10^6 条指令,如果是单周期指令,也就是每条指令耗时 1 μs。

(5) DICE

常见芯片是黑色的矩形外壳,四周或者下面会引出许多金属脚,这种芯片就是标准封装。标准封装已经规定好引脚的位置和大小,这样进行产品开发时只要知道用的是什么封装就知道电路板应该怎么布线。

DICE 也叫做 CHIP 或裸片,是没有封装的芯片,这种芯片需要通过一种叫做 BONDING (邦定)的方法将芯片上的引脚用非常细的线连出来,再点上胶直接固定在电路板上。DICE 没有封装所以价格比带封装的价格要低,因此如果一个产品生产的量非常大,就会节省不少成本。另外,有的时候担心产品的程序被人复制,复制邦定产品的程序比标准封装难度要大许多,标准封装只能依赖单片机自身的防复制功能,或者把上面的丝印磨掉不让别人知道具体型号。

(6) OTP/MTP/掩膜

程序放到外接的存储器会增大产品空间,如果将程序放在单片机内部显然可以降低成本,现在单片机厂家大都支持这种做法。

OTP 是单片机自身带有一块可以编程一次的程序存储空间,产品开发好以后可以利用专

第1章 单片机基础

用工具将程序写到这片空间里面去,但只能写一次,如果出错则无法修改。这种做法有一个严重缺陷,即如果产品生产出来后发现有 BUG,那么已经生产出来的产品就无法修正错误,MTP 可以解决这个问题,可以多次编程,为了防止误操作,会在编程时要求给某个引脚一个特殊电压。

无论是 OTP 还是 MTP,对于生产量特别大的产品都会带来麻烦,比如年产量几百万台的产品,工厂烧写程序需要耗费相当多的人力和设备,单片机厂商提供的掩膜服务可以省去这个烦恼。将程序交给单片机厂商,由他们把程序直接固化在芯片内部。掩膜和 OTP 一样存在产品发现程序错误后无法修改的问题,所以任何产品生产都是按照先小批量、后大批量的顺序进行,可以先用 MTP 或 OTP 小批量生产,经过这个阶段后一般问题都已经暴露出来,修正错误后再去掩膜就会安全许多。

不管采用什么方法,产品生产出来后才发现 BUG 都是不好的,即便是用 MTP,也会非常麻烦,需要将市场上还没销售的产品再运回工厂,"开肠破肚"后重新烧写程序,会浪费巨大的人力、财力,并影响自己产品的市场形象。好的做法是在开发设计的时候通过严谨的设计、完善的测试让 BUG 在生产前就全部暴露,不让其出现在量产产品中。

(7) 丝 印

丝印是在产品表面印刷的图案或文字,没有什么特殊的含义。

(8) DE/RD

DE 一般是指产品开发部门,里面会包含电子、结构、外观等小组,产品开发流程大致如下:

根据市场提出产品概念→开发部门进行可行性分析→成本和市场价格预估→产品确认立项→开发部门进行开发→质量部门对产品进行测试→生产部门进行生产→市场部门推向市场

RD 也叫做 R&D,同样也属于产品开发部门,但和 DE 却有着明显不同,这个部门对应的中文叫做预研,主要负责产品的前期技术可行性研究,可以把这个部门当成是公司里面的科研院所。这个部门常常会尝试应用一些新技术,因为新技术的不成熟产品失败的几率要比真正的产品开发部门高许多,加上即使技术上能实现但还有原器件供货、成本等因素也可能导致不能真正产品化,所以这个部门实际上是一个规模较大的公司才"玩得起"的"烧钱部门"。

RD 一度在国内很流行,会给外人以搞新技术的部门那肯定很厉害的感觉,在公司内部这个部门的员工容易自认为高人一等。近年来厂家对产品和市场的重新定位,不再迷信技术至上,国内市场还是被那些技术成熟、价格合理的产品所占据,这样 RD 这个部门的角色变得比较尴尬,芯片供应商甚至都怕和 RD 打交道,知道他们的具体产品往往是遥遥无期。

不过有些规模有限的公司为了提升自己在外面的技术能力形象,现在还在借用 RD 一词,但实际工作内容都是传统 DE 所做的。

(9) FAE

FAE 是供应商的技术支持工程师,由他们向开发人员解答技术方面遇到的问题。

（10）EMC/EMI

这两个词是电磁兼容，也就是抗电磁干扰和减少自己对外的电磁干扰，如何实现有一套现成的方法，主要是通过添加特殊元器件和改良电路板步线来实现。不同的地区会依照自己的情况要求在其境内销售的产品必须能通过 FCC 之类的认证测试，SGS 就是一家能提供国际认可报告的认证测试公司。目前国内市场消费电子产品虽然有相应标准要求执行，但实际情况是许多公司都没有在这方面作相应考虑。

（11）PE/QC/QE/QA

一个产品被生产出来除了要有开发部门进行设计，还需要工厂里面许多其他部门的相互协作，这些缩写都是和产品生产密切相关的一些工作岗位。

PE 是生产工程师，属于生产部门。开发部门一般只是做出少数样板并对产品进行技术参数确认，这些样板的制造不需要工人都可以完成。真正的产品生产则不一样，是由工人来生产装配，工人的技能素质远不如开发部门的工程师，PE 的作用在这里就得到充分体现。他们定制工艺流程文件来告诉工人如何做，这个工艺流程文件要细致到一条线是怎么连接、连这条线需要几秒钟这样的程度。这样工人不需要了解产品任何相关知识，只要照工艺流程文件操作就能把产品生产出来。

一个好的生产工程师除了能定出高效的工艺流程外，还要能从生产的角度给开发部门提出一些建设性的意见，比如生产中发现一个产品的某个元件容易产生不良，而这个元件在另外一个产品生产中不会出现此问题，生产工程师就可以分析两个产品电路的不同，推测可能的原因并反馈给开发部门确认改进。在实际情况中，有些规模不大的工厂没有将 PE 独立出来，由 DE 一并负责。

QC 也属于生产部门，产品由工人生产出来，不代表所有的产品功能都正常。工人操作出错、生产过程中元器件被损坏、元器件自身有问题或备料错误都有可能导致产品功能不正常，这样在产品下线之前，生产部门的 QC 会对每一个产品进行功能测试，只有功能正常的产品才被允许下线。QC 并不是只在最后对产品进行全面功能测试，如果这样做会把生产问题全堆积到最后，不利于问题的发现与解决，好的做法是在生产流程中安置一定 QC 位进行目测、部分电路功能测试这样的工作，这样就可以提前发现部分问题并及时作出处理。QC 还可以细分为 IQC 和 OQC：IQC 负责来料检，对采购的元器件进行质量控制，一般是 1% 抽检；OQC 则是产品出厂全检。

QE 也是上了规模的工厂才会设置的岗位，在工厂对某些器件进行寿命测试或产品自动功能测试时，需要做出一些用于测试的工具，比如某个按键，供应商承诺的寿命是 5 000 次，现在要从来料中抽出 10 个进行寿命测试，如果是人来按 5 000 次，让你做你愿意吗？QE 就会被要求设计出一个能自动进行测试的工具来完成这按 5 000 次的动作。

QA 属于质量部门，QC 虽然也进行功能测试，但只是简单看一下基本功能是否正常，有一些问题隐藏很深，QC 是很难发现的。例如，硬件某些元件在长时间工作时会出现失效的现象，这种问题不可能让 QC 在生产中进行检测，如果这么做那生产别进行了，这种情况 QA 会抽样进行老化实验。软件上更容易产生此类问题，正常的操作都正常，但当进行了某种特殊次序的操作后，就有可能出现因为软件不完善而出错的情况，QA 对样机以用户的角度进行长时间高强度组合测试来减少或避免这类问题的产生。

(12) SMT/回流焊/波峰焊

这几个都是生产焊接设备的名字，SMT 是自动贴片机，适合高速生产，设备昂贵，对操作员也有一定的技能要求；回流焊是为了让小工厂焊接贴片元件的一种低成本方法，先做一张钢网，这个钢网上面在焊接贴片元件的焊盘位置挖出一样大小的小孔，然后将电路板和钢网放到一个类似油印机的架子上，将锡浆刷到电路板焊盘位置，再人工将元器件放上去，经过回流焊设备就完成了焊接；波峰焊那就是更简单的生产设备，用于插接件的焊接，这个设备实际上就是一个大锡炉，插好元件的电路板从上面经过就将裸露的焊盘焊好，后面再用电锯一样的剪脚机把元件的引脚剪短。

(13) 啤机/开模

啤(Bie)机我不清楚这个词是怎么来的，就是注塑机，电子产品大都需要塑料壳，所以这个设备也是电子厂重要的生产设备，一般由负责结构的人员来和它打交道。

注塑机生产塑料件就是将高温熔化后的塑料粒注入相应模具，然后冷却成形。制作模具的过程叫做开模，以前因为结构设计软件不发达，不能在计算机里直接三维显示，所以模具的制作复杂而且成本高昂，往往需要多次修改才能让模具效果比较理想，所以耗费的时间也相当长，现在有功能强大的三维软件辅助，已经变得容易许多。金属壳体常采用模具冲压而成。

第 2 章
单片机应用小技巧

进入本章,我想你已经具备了基本的单片机功底,最基本的要求是指可以用某种单片机进行一些简单程序开发。通过本章内容的学习,一定会让你在产品开发方面的思维得到一些启发。当你看完本章后不妨回过头去看看自己以前的产品或程序,如果你很容易就从以前的程序或产品中找出自己之前存在的不足,那恭喜你,再做两个项目你就可以向老板要求加薪了。

本章内容大都是以实际工作经验为基础总结而得,内容多少不一,有的章节可能颇费笔墨,有的却可能只是寥寥数语,存在这种差异的原因是有些例子技巧性主要体现在实现的细节方面,而有的却只要找到方法就算成功,希望本章内容能起到抛砖引玉的作用。

2.1 用 I/O 模拟接口

有时选用的单片机并不提供外围器件所需的接口,这时可以用 I/O 来模拟所需接口,只要 I/O 口能满足接口规定的时序,就能用 I/O 模拟的接口来和外围器件进行通信。

用 I/O 口模拟接口的方法我相信对于大家是一点就明,但要使 I/O 口模拟的接口工作更加可靠稳定并不简单,往往需要在一些细节上多加处理才能做好,接下来我会通过用 I/O 模拟 UART 和 I²C 来告诉大家,应该通过哪些细节展现你的技术功底。

1. I/O 模拟 UART

模拟 UART 非常简单,一条 I/O 模拟发送的 TX,一条 I/O 模拟接收的 RX,另外将地 GND 引出就可以实现 UART 功能,如图 2.1 所示。在硬件上不用考虑太多,只需要注意 I/O 口上、下拉电阻的选择。如果 I/O 口内部可以选择设置上、下拉电阻,必须设为上拉电阻;如果 I/O 口不提供内部上、下拉电阻的设置,最好在外部连上 10~51 kΩ 的上拉电阻。有了上拉电阻,就能保证 TX 可靠输出高

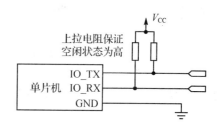

图 2.1 I/O 模拟 UART 示意图

第 2 章　单片机应用小技巧

低电平,RX 即使没有和其他设备相连也能保证读到的状态为 1,这样可以和 UART 通信时序中用 1 来表示空闲的要求相一致。

要用 I/O 软件模拟 UART,就需要程序在 IO_TX 脚输出满足 UART 通信时序的波形,还能检测出 IO_RX 脚上的波形是否与 UART 通信时序一致并将数据正确读回。我们知道 UART 可以设置成多种工作状态,限于篇幅这里只选用最常见的"9600/8/N/1"设置进行讲解。

"9600/8/N/1"表示波特率为 9 600,这个速率收发一个位大约耗时 104 μs,8 位数据位,无校验位,1 位停止位。

IO_TX 的控制比较简单,先将对应 I/O 设置成输出,然后输出 1 表示当前处于空闲状态。当需要发送数据时,先输出一个 104 μs 宽的低电平作为起始位 0,然后将 104 μs/位的宽度按照先低位后高位的顺序依次输出所发数据的各个位,最后输出 104 μs 宽的高电平作为停止位 1。这样一个字节的发送过程就全部完成,如果还有数据需要发送,按同样的方法操作即可。

IO_TX 发送过程最关键的地方是保证每个位宽为 104 μs,最简单的方法是用代码实现延时,在发送过程中最好关闭所有中断以保证延时准确。如果不想去数代码有多少周期也可以用定时中断来实现,让单片机产生一个 104 μs 的定时中断,然后在中断程序被调用后的同一时刻依次输出所有位;这个定时中断需要最高的优先级,否则其他中断会导致时间不准。

IO_RX 的控制要复杂一些,将对应 I/O 设置成输入,然后需要让程序不停地检测 IO_RX 上有没有收到 0,一旦检测到 0 则表示一个数据开始传送,需要启动接收过程。接收程序最好是 IO_RX 刚从 1 变为 0 就能立刻检测到,这样才能保证接收过程 104 μs 间隔的时间基点准确。

检测数据开始传送的方法基本上为以下 3 种:

(1) IO_RX 支持负跳变触发中断用中断检测。
(2) 程序用不超过 52 μs 的定时中断程序定时检测。
(3) 程序在主程序中循环检测。

这 3 种方法中负跳变中断的方法最好,时间基点可以控制得非常准,后两种方法时间基点误差相对都比较大。

检测到 IO_RX 从 1 变为 0 后就需要严格按照通信时序来读取数据的各个位,我个人认为最好的方法如下:

(1) 在检测到数据开始传送后 26 μs/52 μs/78 μs 3 个点读 IO_RX 状态,要求这 3 点必须全为 0,否则错误退出。
(2) 然后在 $(52+104 \cdot N) \mu s$ 位置读得 8 个数据位。
(3) 再在 $104 \times 9\ \mu s+26\ \mu s/52\ \mu s/78\ \mu s$ 3 个点读 IO_RX 状态,要求这 3 点必须全为 1,否则错误退出。

注:计算时间需要将中断响应时间考虑进去。

不管是 IO_TX 还是 IO_RX，实际上都很难准确无误地做到 104 μs 的延时间隔，如果延时和绝对时间两者间误差达到一定限度时就会出错，图 2.2 示意了 IO_RX 延时不够大的情况。

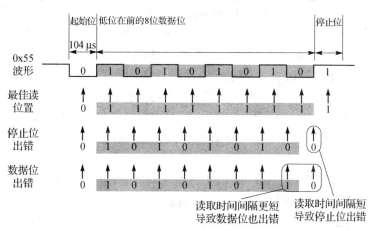

图 2.2　UART 读数据位置示意图

为什么(1)和(3)需要作一个 26 μs/52 μs/78 μs 的特殊处理呢？来看看图 2.3 中发送 0xFF 时的波形，这个波形很简单，就是一个宽度为 104 μs 的负脉冲。如果以 104 μs 间隔去读数据，我们可以正确读回 0xFF；但如果以 52 μs 的间隔去读，我们同样能正确读到一个 0xFE。所以不能认为读到数据就万事大吉，所读到的结果有可能不正确。反过来也一样，如果发送改为 4 800 波特率(208 μs 间隔)发送 0xFF，以 9 600 波特率接收也会误读到 0xFE。

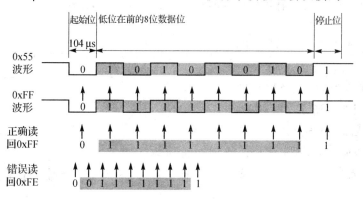

图 2.3　UART 读数据出错示意图

(1)和(3)的特殊处理可以避免刚才所说的错误发生，这个处理是对起始位和结束位的宽度进行检测，可以避免收发方波特率不一致产生的误接收。那为什么只在 26 μs/52 μs/78 μs 这 3 点处理而不是在整个宽度内尽可能多次地判断呢？是因为我们日常应用中波特率不是随意定的，前人已经选择了一些常用的波特率作为常用标准，这些波特率是 300/600/1 200/

2 400/4 800/⋯,它们间大多数呈现两倍的关系,26 μs/52 μs/78 μs 这 3 点已经能将相邻的波特率检测出来。读的次数过多的话会带来另一个麻烦,那就是每个设备和绝对波特率之间或多或少都会存在一定误差,波特率 9 600 的基准间隔大约为 104 μs,实际中的设备和这个间隔都存在一定误差,误差大的甚至 103 μs 和 105 μs 都有可能出现;如果读太多的话会让这个误差允许范围变得非常小,所以不要去读太多次,留足够的间隔来容纳误差。

那到底可以接受多大的误差呢? 现在 10 个位总宽度为 1 040 μs,如果不作 26 μs/52 μs/78 μs 的特殊处理,最后读停止位的时间应该是 1 040−52=988 μs。这样当延时间隔偏小时我们只要保证到这个点大于 104×9=936 μs 就行,也就是负偏差最大可以到(936/988−1)×100%=5.2%,考虑到收发双方都会存在误差,所以能接受的误差还要除以 2 即 2.6%,实际应用中一般认为 3%以内都可以被接受。

用 I/O 口模拟 UART 会有一些限制:首先是对高波特率的模拟难以实现;其次是在收发数据的时候为了保证时间间隔的精准会影响其他中断的使用;另外,如果想能收发同时进行(全双工),需要比较高的程序技巧。如果编程语言不是汇编而是 C,去数指令周期数会比较麻烦,想偷懒的话可以关掉中断用示波器将延时调准。

2. I/O 模拟 I²C

模拟 I²C 接口只需要两条 I/O,分别模拟 SDA 和 SCL,和 UART 不同的是,模拟 SCL 的 I/O 根据时序图在不同时刻所设的输入/输出状态会不同。

还是以 EEPROM 芯片 AT24Cxx 为例,单片机为主设备,用 I/O 模拟出 IO_SDA 和 IO_SCL 来读/写 AT24Cxx。硬件连接上一般 I²C 接口的芯片都明确指出在这两条信号线上建议加 4.7 kΩ 上拉电阻,以保证信号线在空闲状态下保持高电平,用 I/O 模拟必须加上这两个上拉电阻。

I²C 接口有两个重要的时序状态,通过 SDA/SCL 从高变低和从低变高的特殊顺序形成 START 和 STOP 信号,如图 2.4 所示。SDA 和 SCL 都为高,然后 SDA 先变低,接着 SCL 变低为 START;SDA 和 SCL 都为低,然后 SCL 先变高,接着 SDA 变高为 STOP。

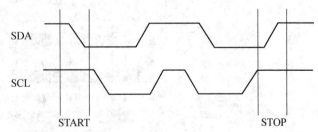

图 2.4 I²C 接口 START 和 STOP 信号示意图

主设备向从设备传输一个位时先将 SDA 输出正确状态,然后 SCL 变高再变回低,SCL 的这个正脉冲使得双方完成一位的传输。

用 I/O 模拟 I²C 接口来读/写 AT24Cxx 时,首先要让单片机的 IO_SDA 和 IO_SCL 输出与通信时序相同的波形,然后 IO_SDA 根据实际情况在输入/输出两种状态中相互切换。来看一下图 2.5 对 AT24Cxx 进行读操作的时序图,IO_SDA 在整个流程中需要来回在输入和输出中切换。

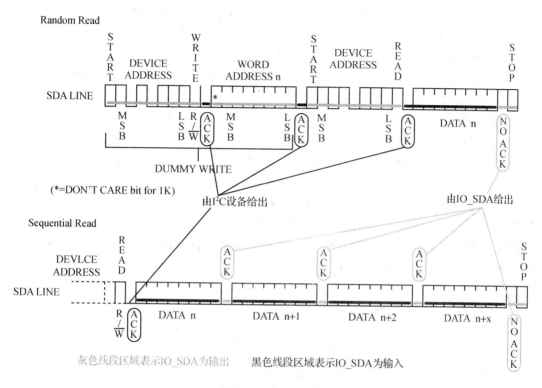

图 2.5 I²C 时序图

当 AT24Cxx 给出 ACK 信号时，单片机需要判断这个 ACK 信号，图 2.5 中左侧 4 个 I²C 设备给出的 ACK 位置 IO_SDA 要先从输出转成输入，然后 IO_SCL 变高，接下来单片机检查 IO_SDA 输入是否与 ACK 时序图状态一致，最后 IO_SCL 变回低，IO_SDA 转回输出。

下面是单片机对 AT24Cxx 返回的 ACK 信号进行处理的详细步骤：

（1）IO_SDA 从输出转成输入，此时 AT24Cxx 的 SDA 还是输入，如果没有上拉电阻，就会形成一个未知状态，有可能被识别成 STOP 信号而出错（必须加上拉电阻的原因）。

（2）IO_SCL 从低变高，AT24Cxx 的 SDA 输出 ACK，因为 IO_SDA 上一步已经转为输入，两者不会产生冲突。

（3）IO_SDA 判断 AT24Cxx 的 SDA 输出的 ACK 是否正确，IO_SCL 从高变回低，AT24Cxx 的 SDA 随即变回输入。

（4）IO_SDA 从输入转回输出，因为 AT24Cxx 的 SDA 上一步已经转为输入，不会产生冲突，接下来进行下一位传输。

从前面流程可以看出 IO_SDA 输入/输出转换必须严格遵循通信时序，否则就有可能出错或者形成两边都是输出相互"打架"的局面，这是和 UART 接口最大的不同。如果对时序不能完全确定,可以在主、从设备的 SDA 间串联一个 100 Ω 左右的电阻以起到保护作用,如图 2.6 所示(其他接口也可以根据实际情况添加这样的保护电阻)。

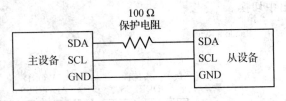

图 2.6 I/O 模拟 I²C 示意图

在以往的工作经历当中,我发现不少人在写 I/O 口模拟 I²C 程序的时候会出现一些疏漏,他们所写的程序正常运行都不会发生任何问题,但在长时间运行当中有时候会出现 I²C 设备突然不再响应主机命令的情况。检查他们写的程序发现,大都是在 ACK 判断的地方存在问题,当它们检查到 ACK 不对时,会错误退出,这时它们只是返回错误信息,忘记了使 I/O 给出 STOP 信号,导致从设备没有终止当前操作以释放 I²C 总线。当他们所写的程序进行下一步操作时,从设备会因无法解析时序而不知道如何响应命令,这样主机的新操作会失败。

即便是程序完全正确,也有可能出现 ACK 不对的情况,比如外界的干扰信号扰乱了原本正确的通信时序就会导致 ACK 不对。如何让 I/O 模拟 I²C 工作更稳定可靠,下面给出两点建议。

(1) 在 I/O 对 I²C 进行操作前先让 IO_SDA 和 IO_SCL 产生一个 STOP 信号,因为 I²C 设备一般都默认任何时刻只要有 STOP 信号产生就会立刻退出并释放掉 I²C 总线;如果之前 I²C 设备出错,这个操作会让其释放 I²C 总线。

(2) 别忘记在 ACK 不对这类错误退出之前产生出一个 STOP 信号。

2.2 交流特性显神通

触摸屏还不便宜的时候,人们为了实现手指触摸功能想了许多方法,红外线就是其中一种。我所在的公司也尝试用红外线来实现手指触摸,当时产品并不需要太高的精度,好像是只要做到每个区域大约手指头大小的 8×8 矩阵就可以满足应用要求,这里是以 3×4 矩阵为例,如图 2.7 所示。

图 2.7 右边和下边的光敏三极管的电流和所感应到光强度成正比。当红外 LED 发光照在光敏三极管上时,流过光敏三极管的电流大;如果有手指等物体挡在红外 LED 和光敏三极管之间,红外线就会被阻挡,流过光敏三极管的电流小。这样电流大小的变化通过电阻以电压形式表现出来,我们就可以利用光敏三极管输出电压的高低来判定是否有手指。

采用类似扫描键盘的方法(图 2.7)矩阵可以检测 3×4=12 点。

硬件电路和程序如期完成,开发阶段功能一切正常,好像已经满足设计要求,然而就在产品准备生产的时候,意外情况发生了,有人发现晴天在窗户附近用手指怎么点都没反应。那时候我就在 RD 部门,所以被叫过去救急。

原因很快就分析出来了,晴天室外的光照强度太大,虽然产品有深色的塑料片来过滤可见

第 2 章 单片机应用小技巧

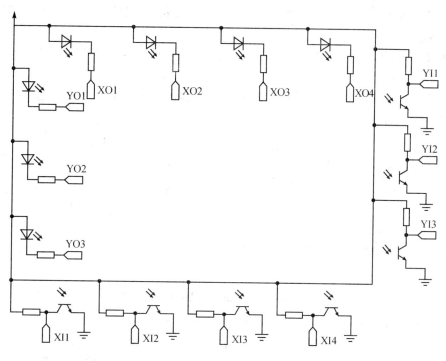

图 2.7 红外矩阵示意图

光,但晴天室外的可见光和红外线强度实在是太大,就是加了深色的塑料片也还是能让光敏三极管饱和,无法再体现由程序控制的红外 LED 的亮灭引起的变化,从而失效。用示波器测量电路也验证了这一分析结果,接下来是要想出解决方法,总不能取消产品吧。

要解决此问题就要找出一个可以将程序控制的红外 LED 信号和阳光分离的方法,阳光我们可以看成一个幅度很大的直流信号,如果红外 LED 信号是交流信号,那就很容易从阳光中分离出来。改变硬件电路,将光敏三极管的输出串接一个电容,这样阳光产生的直流信号就被电容阻隔住。当程序控制红外 LED 点亮时,光敏三极管会因红外 LED 从灭到亮的变化而产生一个跳变的交流信号,这个信号可以穿过串接的电容,然后由程序对这个交流信号进行判别。

单作这一点改动还不能完全解决问题,在阳光下光敏三极管已经工作在饱和状态,电气特性就已经不能体现红外 LED 产生的变化。

光敏三极管是电流性器件,导通电流和感应的光强度成正比,作这样的简化假定:

光敏三极管电流为 I,光照强度为 γ,$I = K \cdot \gamma$。

光敏三极管外接电阻 R,电源电压 U,光敏三极管压降为 U_{ce},$U = R \cdot I + U_{ce} = R \cdot K \cdot \gamma + U_{ce}$。

当 γ 大到一定程度后,$R \cdot K \cdot \gamma \approx U$,$U_{ce}$ 接近为 0,光敏三极管饱和,其电流 I 不能继续随

光照强度 γ 变大而变大。我们需要避免阳光下出现饱和状态，只能是减小 R 或 K，简单起见选择减小电阻 R。

当红外 LED 被点亮时，光强度会产生一个 $\Delta\gamma$，对应有电压变化 $\Delta U = R \cdot K \cdot \Delta\gamma$，$\Delta U$ 可以通过电容，但为了防止阳光下产生饱和，这个电阻变得非常小，所以 ΔU 也相当小，不能直接被单片机处理，所以我们用一个放大电路来放大 ΔU，到这里就得到图 2.8 所示的改进电路，可以输出单片机程序想要的 YI。

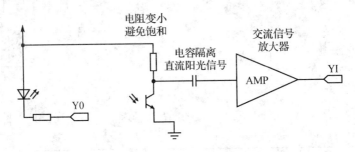

图 2.8　红外信号处理示意图

验证电路效果不错，即便是中午在室外测试也能稳定工作。再回头看一下所作的改动，实际上我们并没有用到什么高深的技术，只是电路理论中最基本的交直流信号特性，是不是很简单？

既然作了改动，就要看看有没有其他方面需要进行完善。放大电路相对成本比较高，如果每一路都用独立的放大电路显然不划算，可以将不同光敏三极管的输出用电容并联在放大器输入端，这样所用通道就可以共用一个放大器，所增加的成本就会变小。因为是对交流信号进行放大处理，其他灯光的闪烁可能会造成干扰，所以程序需要增加一些抗干扰措施。

2.3　电阻网络低成本高速 AD

不少人都有这样一种观点，就是在学校书本上的东西基本上都没什么用，我不大赞同这种说法，在学校学的大都是理论基础，要直接用到实际工作中确实比较难，但许多时候将这些理论基础作一定延伸往往能找出解决问题的方法，前面用交直流的原理解决了红外线在室外饱和的问题，这里讲一个基于电路理论实现低成本 AD 的例子。

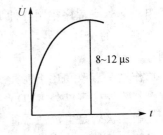

图 2.9　感应波形示意图

曾经需要测试一个频率为 25 kHz 方波产生的感应电压，该感应电压在方波从低往高跳变 8～12 μs 后可以达到最大幅度，我们需要将这个最高点的电压值测出来，如图 2.9 所示。

实现 ADC 的方法不外乎以下几种：

（1）将基准电压用许多高精度等阻值电阻串联起来，如果是 8 bits 的 ADC 就需要 $2^8 - 1 =$

256－1＝255个电阻,这些电阻将基准电压等分成256份,每个等分出来的电压都和需要进行ADC的电压接到一个电压比较器上,找出电压比较器输出为高和低的分界位置就知道所测电压大小,这种方法速度快,但实现电路复杂、成本高(图2.10)。

(2) 用一个DAC来输出比较电压,然后将比较电压和被测电压接到一个电压比较器上,找出电压比较器输出为高和低的分界位置就知道所测电压大小,这种方法实现电路简单、成本低,但需要多次输出电压进行比较,所以速度慢,通常会用逐次逼近的方法来加快速度,8 bits的ADC只需要作8次比较(图2.10)。

(3) 双斜积分式是通过电容充放电原理来实现,精度高,速度更慢,一般单片机不采用这种方式。其基本原理可参考2.4节,两者都是利用电容充放电原理,区别是测电阻是用被测电阻与基准电阻作对比,测电压是让被测电压和基准电压作对比。

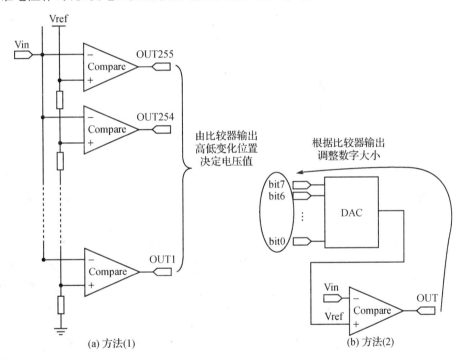

图2.10　AD实现方式示意图

单片机内部的ADC方法大多采用方法(2),转换速度相对比较慢,我们需要找出感应波形的最高点,而且最高点出现的位置不固定,从触发波形开始8～12 μs都有可能,所以要求采样转换时间不超过1 μs,再通过多次测量找出最高点,显然大多数单片机所提供的ADC都达不到这个速度。

如果选用高速ADC模块,价格高昂不可承受,但DAC模块的价格要低不少,而且DAC的响应速度非常快,完全满足我们对1 μs的要求。现在我们从ADC转换方法入手来寻找解决之道,方法(2)的流程我们可以用单片机外加一个 DAC 模块实现,转换方式采用逐次逼近 8 次比较可以完成一个 8 位精度的 ADC 转换,但还是有问题,假设比较 1 次需要 1 μs,8 次比较也需要 8 μs,无法多次测量从 8~12 μs 中找出感应波形的最高点。

我们可以通过其他方法来解决此问题,对于同一电路,感应电压到达最高点的时间是在 8~12 μs 中间的一个固定位置,如果连续产生激励波形,感应电压就是等幅、等相的周期波。我们将 8 次比较操作分开到连续 8 个激励波中各自独立完成,每个激励波 8~12 μs 之间我们可以比较 5 次,基本上可以找出最高点。

即便是采用 DAC 模块,价格还是有点高,看看有没有替代方法,如果单片机自己有 DAC 口,可以用单片机的 DAC 口,但遗憾的是选用的单片机没有 DAC 口,需要寻找其他方法。单片机的数字采用的是二进制表示,电路理论告诉我们这样的电路可以实现二进制的模拟。

图 2.11 电路最右边是 $R+R$ 然后和 $2R$ 并联,并联电阻为 R。并联电阻 R 又和另外一个 R 串联成 $R+R$ 再和一个 $2R$ 并联,再次并联的电阻依然为 R,依次类推,当到最左边的时候对地总电阻为 $2R$。

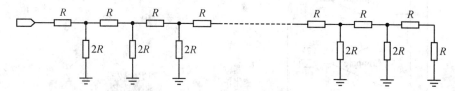

图 2.11 二进制电阻连接示意图

如果在图 2.11 电路最左边加上一个电压 U,在每个交叉点的电压应当是 $U/2$,$U/4$,$U/8$,…,每一档电压都是上一档的 $1/2$,与二进制的规则完全相同。

将符合二进制规则的电路作一点小改动,bit7~0 表示用单片机 I/O 控制,可以给出幅度相等的高低电平,如图 2.12 所示。如果 bit7 输出高,其余都输出低,从 bit7 经过 $2R$ 电阻到达图 2.12 所示位置①,在图 2.12 位置①往左看是到地电阻为 $2R$,往右看由二进制规则知同样是 $2R$,那对于 bit7 的对地总电阻为 $3R$。bit6~0 也具有同样的规律,对地电阻都是 $3R$。

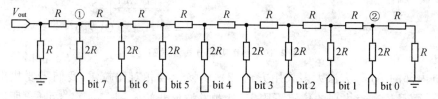

图 2.12 单片机二进制电阻连接示意图

假定 I/O 输出电压为 U_{io},对于 bit7 输出高、其余都输出低的情况流出 bit7 的总电流为 $U_{io}/3R$,在图 2.12 位置①左、右对地电阻都是 $2R$,所以左、右各分流走一半电流 [$(U_{io}/3R)/2$],也就是说,流过最左边电阻的电流为 $(U_{io}/3R)/2$,方向向下。

再来看看 bit0 输出高、其余都输出低的情况，流出 bit0 的总电流显然也是 $U_{io}/3R$，图 2.12 位置②同样左、右对地电阻都是 $2R$，左、右各分流走一半电流 $[(U_{io}/3R)/2]$，与 bi7 不同的是，图 2.12 位置②左边流走的电流并没有全通过最左边的电阻，还需要分流，根据二进制规则可以知道这个电流每往左走一个节点，就会被分去一半，最后流过最左边电阻的电流分量为 $(U_{io}/3R)/(2^8)$。

基尔霍夫电流定律和叠加定理告诉我们：线性电路中多个电源（电压源或电流源）共同作用在任一支路所产生的响应（电压或电流），等于这些电源分别单独作用在该支路所产生响应的代数和。图 2.12 的情况可以理解成 8 个独立的电压源分别加到 bit7~1 上，最后 V_{out} 就是这 8 个电压源作用在最左边电阻上的总和。

$$V_{out}=R\cdot(K_7\cdot U_{io}/3R)/2+\cdots+R\cdot(K_0\cdot U_{io}/3R)/(2^8) \quad (K_n 为 1 或 0)$$

化简整理得

$$V_{out}=K_7\cdot(U_{io}/3)/(2^1)+\cdots+K_0\cdot(U_{io}/3)/(2^8) \quad (K_n 为 1 或 0)$$

将 K_7~0 输出 1 和 0 变化的组合，可以在 V_{out} 处输出 $(0~2/3)U_{io}$ 的 256 级等间隔可调电压，也就是说，现在我们已经通过这些电阻实现了一个 8 bits 的 DAC。不到 20 个电阻外加一个电压比较器，价格肯定比现成的 DAC 模块低得多。

逐次逼近比较法简介如下。

逐次逼近比较法也叫做二分法，基本原理是已知所要匹配的对象在某一块区域内，先将这块区域平分成两块，从其中选出一块进行匹配，如果所匹配对象在选中区域，接着对该区域平分匹配，如果不在该区域，就换到另外一区域接着平分匹配，直到和匹配对象完全匹配（图 2.13）。

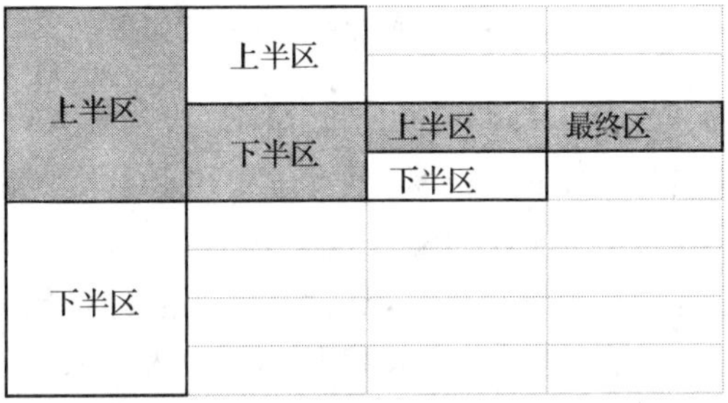

针对前面 DAC 加逐次逼近比较法实现 ADC 流程如下：

图 2.13　二分法查找示意图

(1) bit7 设为 1，输出中间电压；

(2) 如果比较电压大于输出电压，表明比较电压在上半区，保留 bit7 为 1，否则在下半区清 0；

(3) bit6 设为 1，输出所在电压区域的中间电压；

(4) 如果比较电压大于输出电压，表明比较电压在上半区，保留 bit6 为 1，否则在下半区清 0；

(5) 依次处理完 bit5~0 完成 ADC 转换。

2.4 利用电容充放电测电阻

电容充放电符合图 2.14 中公式。

如果 U_t 和 U_1 恒定,对于初始电压为 0 的情况有:$t = RC \cdot \ln[U_1/(U_1 - U_t)]$。也就是当 U_t 和 U_1 选用恒定的值,对于相同的电容 C,充电时间 t 和电阻 R 大小成线性正比关系 $t = K \cdot R$,比例系数 $K = C \cdot \ln[U_1/(U_1 - U_t)]$。

建立如图 2.15 所示的单片机测量电阻应用系统,测量流程如下:

(1) IO_IN 设为输入,IO_10k、IO_100k 和 IO_Rx 设为输出并输出 0,等待一段时间后将 IO_IN 也改为输出 0 一段时间,确保电容 C 放电充分。

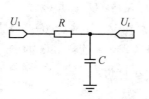
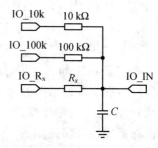

图 2.14　电阻电容充放电示意图　　　　图 2.15　电容效应测电阻示意图

(2) IO_IN、IO_100k 和 IO_Rx 设为输入,IO_10k 输出 1,单片机开始计时,当 IO_IN 检测到 1 时计时停止,这个时间 T_{10} 为 10 kΩ 大小参考电阻充电时间。

(3) IO_IN 设为输入,IO_10k、IO_100k 和 IO_Rx 设为输出并输出 0,等待一段时间后将 IO_IN 也改为输出 0 一段时间,确保电容 C 放电充分。

(4) IO_IN、IO_10k 和 IO_Rx 设为输入,IO_100k 输出 1,单片机开始计时,当 IO_IN 检测到 1 时计时停止,这个时间 T_{100} 为 100 kΩ 大小参考电阻充电时间。

(5) IO_IN 设为输入,IO_10k、IO_100k 和 IO_Rx 设为输出并输出 0,等待一段时间后将 IO_IN 也改为输出 0 一段时间,确保电容 C 放电充分。

(6) IO_IN、IO_10k 和 IO_100k 设为输入,IO_Rx 输出 1,单片机开始计时,当 IO_IN 检测到 1 时计时停止,这个时间 T_x 为电阻 R_x 充电时间。

虽然我们并不清楚 IO_IN 检测到 1 的具体电压(也就是 U_t)是多少,电容 C 也不容易控制误差,但是通过前面的公式我们可以将这个电压 U_t 和电容 C 约掉。

基本公式如下:

$$t = RC \cdot \ln[U_1/(U_1 - U_t)]$$

$$T_{10} = (10 \text{ k}\Omega) \cdot C \cdot \ln[U_1/(U_1 - U_t)] \tag{2.1}$$

$$T_{100} = (100 \text{ k}\Omega) \cdot C \cdot \ln[U_1/(U_1 - U_t)] \tag{2.2}$$

$$T_x = R_x \cdot C \cdot \ln[U_1/(U_1 - U_t)] \tag{2.3}$$

式(2.3)与式(2.1)相除得

$$T_x/T_{10} = R_x/10\text{k} \rightarrow R_x = (10\text{k}) \cdot T_x/T_{10}$$

式(2.3)与式(2.2)相除得

$$T_x/T_{100} = R_x/100\text{k} \rightarrow R_x = (100\text{k}) \cdot T_x/T_{100}$$

这样我们已经可以测量出电阻 R_x 的大小,这种测试方法虽然可以通过比较来消除 IO_IN 检测到 1 的具体电压和电容 C 大小不一带来的误差,但还是存在一些局限性,I/O 输出 1 的时候电压并不完全相同,会带来一定的误差。

通过 10 kΩ/100 kΩ 两种电阻做参照档可以使测量范围加大,但单片机 I/O 在输入状态下会有一个比较大的电阻,所以测量需要选用 100 kΩ 档的大电阻误差会大一些。因为接触电阻、I/O 口驱动能力等原因需要以 1 kΩ 为参照档的小电阻测量不适合本方法。

另外,软件需要对 R_x 进行是否有接电阻的特殊检测,不然当 IO_R_x 输出 1 时可能在 IO_IN 永远无法检测到 1。

2.5 晶振也能控制电源

曾经遇到这样一个产品,要求单片机在工作时能对一个元件供电,单片机停止工作(软关机)时关断这个电源。这个要求其实非常简单,正常情况随便用一个 I/O 来控制这个电源就可以实现。问题出在当时所用的单片机身上,这个单片机提供的 I/O 口数目有限,当完成其他功能需求后已经没有多余的 I/O 可以使用。

不用怀疑是不是真的没有多余的 I/O,或者是有没有可以共用的 I/O,这些问题当时已经把单片机的 I/O 资源"翻"了许多遍都没找到。也不是没有解决办法,用 74HC373 之类的锁存器进行 I/O 扩展就可以实现,但这么做会显著增加成本,是属于没有办法时才会用的办法。

望着电路图,好像还真是没有什么办法了,忽然看到晶振,一个想法产生:能不能利用晶振来控制这个电源呢?晶振在单片机工作时可以输出一个稳定的正弦波,单片机停止工作时晶振停振停止输出,如果我们利用这个特性来控制电源不就达到了目的吗?

如图 2.16 所示,晶振输出脚在单片机工作时输出为稳定正弦波,通过

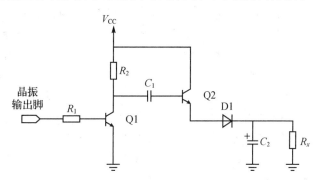

图 2.16 晶振控制电源示意图

电阻 R_1 加在三极管 Q1 基极上,这样三极管 Q1 随着晶振正弦波周期性地通断,并在导通期间将正弦波反相放大,电容 C_1 隔直流通交流的特性可以通过交流分量(又用到了交直流通断这

第 2 章 单片机应用小技巧

样的基本原理),三极管 Q2 也会周期性通断并对二极管 D1 和电容 C_2 组成的充电电路充电;只要充电频率足够快,电容 C_2 的电容值够大,就能向负载 R_z 提供工作电流(和当时实际电路有差异,只供示意用)。

当单片机停止工作时,晶振停振,三极管 Q1 关断,其集电极为高,没有交流信号,电容 C_1 停止导通,三极管 Q2 也随之停止导通,电容 C_2 上的电荷被负载 R_z 消耗完,输出电压降为 0。

有人对这种做法提出质疑,这样做对批量产品是否适用? 严格地说这么做对批量产品存在一定风险,因为从晶振上取振荡信号加大了晶振不起振的可能性,以前我们是没有办法才想到这么做,客观说对产品设计并不可取。这里当作例子是想让大家明白只要多想方法,就有可能将不可能变成现实。

2.6 如何降低功耗

但凡提到飞利浦手机,人们第一反应那就是待机时间长,曾几何时,飞利浦几乎就是超长待机的代名词。有人说飞利浦待机时间长是其电池容量大,这只是其待机时间长的一个因素,它以牺牲体积、质量等方面的性能来保证电池容量足够大,但这一点并不能使其待机时间比其他品牌的两倍都要长,更重要的一点是它在如何降低功耗方面下了大力气。

每个人都明白降低功耗的重要性,但要真正把功耗降到非常理想的程度还真不容易,那么多家大名鼎鼎的公司中只有飞利浦一家做到了超长待机这一点,可见要做好难度不是一般。

要把降低功耗的工作做好,不是三言两语就能搞定,降低功耗牵涉的方方面面实在太多,可以说一个产品开发过程中的任何一点都有可能影响到功耗;要命的是虽然影响到功耗但功能可能完全正常,对开发人员容易形成不改善也没关系的想法。除了和开发人员素质的内在因素有关外,还和一些开发人员无法控制的外部条件有关,一名技术水平高的开发人员可以保证单片机软件功能完善可靠,但却不能保证其所开发的产品能有理想的低功耗。

降低功耗首先要从产品的系统层面来进行统一规划,一个产品会有许多功能模块,如果没有一个好的规划,就难免在功能模块之间出现冲突,有冲突就难保证功耗可以很好地降低。设计功能时应将硬件有关低功耗的特性考虑进去,并作出与之对应的设计,不然等到功能开发完成后再去想如何降低功耗,可能就会因为设计缺陷无法将功耗降低到一个理想的状态。

降低功耗有一个最基本的原则,就是在工作过程中尽可能地将各个元器件只在需要用到的时候才打开,其他时刻都应关掉或者设置成省电模式。

来看看一个产品是如何考虑降低功耗的,该产品是一个无线手持设备,电池供电,主机每 25 ms 会向手持设备发送一次查询命令,手持设备收到这个查询命令后将自己的数据发送给主机,主机完成一次通信过程需要 3~5 ms。

对于产品的基本性能要求必须满足而且不能更改,手持设备可以选用的 MCU 只有几种,这几款 MCU 功能大同小异,性能也相当,对功耗的影响差异不大。既然要实现无线通信,那就要选择可以满足通信要求的方案,降低功耗的工作也会主要围绕无线通信来进行,老板希望用 2.4 GHz 的频段,于是联系可以提供 2.4 GHz 射频芯片的厂商索取技术资料和演示样板。完成一些前期准备工作后有 3 家公司的芯片进入选择范围。

功耗方面 A 公司接收和发送状态下的标称工作电流都最小,标准发射状态下为 11 mA,接收状态下为 12 mA,待机电流 0.05 mA,休眠电流 0.9 μA,价格最高。

B 公司次之,标准发射状态下工作电流为 14 mA,接收状态下工作电流为 25 mA,待机电流为 1.4 mA,休眠电流为 3 μA,价格适中。

C 公司最差,标准发射状态下工作电流为 26 mA,接收状态下工作电流为 25 mA,待机电流为 1.9 mA,休眠电流为 3.5 μA,价格最低。

性能测试显示依然是 A 公司最稳定可靠,通信误码率最小,B、C 两公司性能方面旗鼓相当,灵敏度、误码率等各方面都没有明显差异。这样从技术角度看 A 公司的芯片最好,但 A 公司的价格超过了 B、C 两公司大约 50%,从成本的角度考虑是不能被接受的,B、C 两公司成为最后的对比对象。

初步看 C 公司发射电流几乎是 B 公司的两倍,待机电流和休眠电流也要稍大,而价格只是低一点,这样 B 公司的芯片选用的可能性好像最大。但将通信的流程结合起来考虑则情况就会有所改变,主机和手持设备之间每 25 ms 才通信一次,通信过程为 3~5 ms,也就是说,手持设备实际上大部分时间都不会工作在发射状态,而是等待接收主机的命令,发射状态每 25 ms 也就占用 1~2 ms 的时间,C 公司的发射电流比 B 公司要大 26 mA－14 mA＝12 mA,用 25 ms 一平均就变成了 12 mA×(1~2 ms)/25 ms≤1 mA,差异不再那么显著。

到这里有人也许会奇怪,不是说如何降低功耗吗?即便是这样也还是 C 公司的功耗要比 B 公司的大啊,为什么不直接选择 B 公司?没错,单纯从功耗角度看,无论如何 C 公司都要比 B 公司差那么一点,上面的分析是想告诉大家功耗不是简单地看工作电流多大就完事,还需要结合产品的实际工作情况分析才能得到更准确的结果。这个产品如果不结合实际工作流程考虑 C 公司的模块功耗和 B 公司比会有明显差别,但结合实际应用流程后计算就不再明显,这个时候双方的价格因素又会成为重要的参考依据,正因为如此,最后这个产品采用了 C 公司的芯片。

从工作通信流程可以知道,主机发送命令查询手持设备,手持设备收到命令后回复数据给主机,为了保证手持设备能收到主机的命令,就需要手持设备在主机发送命令的时候工作在接收状态;如果对功耗不重视的工程师可能就是让手持设备工作除了向主机回复数据的时候为发送状态外其余时间都是接收状态,这种方法对满足工作性能来说完全没问题,但对降低功耗就不是好的做法。

通过工作流程可知手持设备在向主机回复数据后,并不需要马上转为接收状态。因为主机周期性地发送查询命令,两次查询命令之间存在固定的时间间隔。从图 2.17 可知在手持设备回复完数据后要过约 20 ms 主机才会发送下一次查询命令,这段时间如果将所选用的 2.4 GHz 射频芯片工作在省电模式下,将会大大减少工作电流。对于 C 公司的芯片如果在向主机回复完数据后设置为待机或者休眠模式，分别可以减少 18.48 mA 和 20 mA 的平均工作电流，这可是一个了不起的改进。

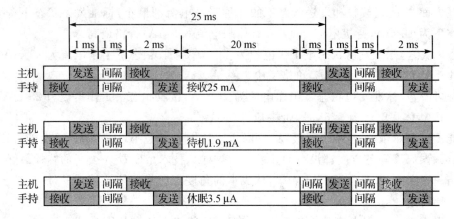

图 2.17　无线通信时序图

作了这样的改动要检查一下是否会对功能产生影响，我们知道不管什么芯片，在待机和休眠模式下转为正常工作模式都需要一个稳定时间，通过芯片手册得知两种状态转为正常工作模式都只要几百微秒，只要我们控制流程的定时准确，可以用 1 ms 的时间来让芯片稳定；当主机发送下一次命令时，手持设备已经可靠地工作在接收状态，丝毫不影响正常功能。

将外部芯片工作状态设置成省电模式的最理想方法是芯片提供可以进入省电工作模式的控制命令，MCU 发送命令让芯片进入省电模式，另外还可以通过片选脚 CS 来进行控制，甚至是可以直接关断电源。

虽然前面我们已经将工作电流减少了许多，但还需要进一步检查是否还存在有挖掘潜力的地方，无线射频芯片可以选择控制发射功率的大小，发射功率大，通信距离就远，耗电也就大，对于手持设备是不会快速移动的，这样就让我们在发射功率上有了发挥的空间。我们并不需要将发射功率设置到比较大的状态，只要设定到能可靠覆盖主机和手持设备之间的距离就行。无线射频芯片有 32 级发射功率可以选择，于是在软件上作另一个改进，即动态控制发射功率大小。

在主机查询命令的数据包中增加当前主机的发射功率的信息。主机上电工作后会从最小发射功率开始向手持设备发送查询命令，逐渐加大发射功率直到手持设备回复数据，然后通过这个发射功率通信。为了保证通信的稳定性，正常通信的发射功率会比第一次收到手持设备回复时高两个级别，比如在级别 20 的时候收到回复，就用 22 级来通信，手持设备那边也采用同样的操作，收到主机的命令包后得知主机设定为 20 级，也用 22 级回复。

说了这么多都是对外围器件想办法降低功耗，再去看看 MCU 自身有没有可以利用的空间。对于 MCU 基本上都符合这样的规律，即电压越高、工作频率越快，耗电也就越大。查看可以选用的几款 MCU 的手册,可以将工作主频设置为 16/8/4…MHz,通过对产品功能的预估,8 MHz 的主频率绝对可以尽快实现功能,4 MHz 有点紧张,那先定 8 MHz,等程序写完后再看 4 MHz 的速度是否够用;如果最终能工作在 4 MHz 速度下,又可以让电流减少一些。

对于前面将射频芯片设置在省电模式的那 20 ms 空间,MCU 方面也还可以作出小改进,这段时间 MCU 不需要处理通信数据,基本上是空闲状态,MCU 在这段时间内可以将自己设置成低速工作模式,这样 MCU 又可以少用几毫安的电流。

到这里就这个产品降低功耗的工作基本上已完成,已经是一个功耗处理得不错的产品,不过还有一些小细节需要我们去完善。这些小细节和一种特殊情况功耗处理关联紧密,接下来让我们一起来看看这种特殊情况,通过对关机电流的处理来了解这些小细节。

让关机电流小一点。

手持设备用电池供电,就需要作关机处理,最简单的方法是将电源直接用开关断开,这属于硬关机。许多产品为了手感好会采用软关机,就是只是将 MCU 工作到休眠模式,并不切断电源,休眠模式下的芯片耗费的电流都非常小,一般都只有几微安,只要将产品里面的 MCU 和外接芯片设置好,可以让产品软关机后只有几十微安的电流。

软关机有一些规则可循:将所有外围器件切断电源或者设置到省电模式,MCU 悬空的引脚设置成输出,MCU 所有 I/O 的上、下拉电阻两端电压差要接近零,尽最大可能将 MCU 连接外围器件的 I/O 设为输入状态,MCU 和外围器件的接口不能出现双方一个输出高、一个输出低的情况(冲突)。

对于 MCU 和外围器件的连接引脚,不外乎就是这么几种状态,即输入、输出高、输出低,如果内部有上、下拉电阻选择控制则可以有选上拉电阻、选下拉电阻、禁止上下拉电阻这几种选择。当 MCU 把外围器件设置成省电模式后就需要检查 MCU 所有 I/O 输入/输出配置是否存在冲突,发现冲突就应改为一致。

检查冲突的方法是用万用表将 MCU 的 I/O 口逐个测量,看电压是否和自己预期的一致,然后根据电路看 I/O 的位置到电源和地之间有没有电阻(包括内部上、下拉电阻)。MCU 只能配置其自己的 I/O 口,有的时候外围器件的某些引脚并不和 MCU 相连,这就需要从硬件上来想办法消除负面影响。

因为 I/O 口配置会遇到的可能性有许多种,比较难作一个全面的介绍,这里我用两个小例子来介绍冲突的避免方法。

如图 2.18 所示外围器件在 $\overline{\text{SLEEP}}$ 脚输入为低时处于省电模式,MCU 与其连接方法通常只有无上下拉电阻、加下拉电阻和加上拉电阻 3 种。

1) 无上、下拉电阻

该方式正常工作时 IO1 输出高,省电模式时 IO1 输出低。限制条件为 IO1 必须具备三态驱动能力,也就是外部不用上、下拉电阻就可以直接输出高或低。IO1 输出低时 IO1 会有一定的电流损耗(流入外围器件),不能使 MCU 电流降到最小。

第2章 单片机应用小技巧

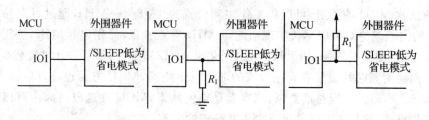

图 2.18 上、下拉电阻比较示意图

2) 下拉电阻

该方式正常工作时 IO1 输出高,省电模式时将 IO1 设定为输入。限制条件为 IO1 必须具备三态驱动能力,在外部有下拉电阻时也能输出高。此方式 IO1 损耗的电流非常小,几乎为零。

3) 上拉电阻

该方式正常工作时 IO1 输出高,省电模式时 IO1 输出低。限制条件是 IO1 输出低时 R_1 会有一定的电流损耗($I=U/R_1$),为让电流够小就需要将 R_1 阻值加大。经验告诉我们一般加到 470 kΩ 就到了最大值,假定电源电压为 3 V,电流损耗 $I=U/R_1=3$ V/470 kΩ≈6 μA,可别小看这 6 μA,如果一个产品关机时有 10 个这样的情况就会额外多出 60 μA 的电流损耗,而我们通常一个产品关机电流大都控制在 20~30 μA 的样子,即使是多 MCU 的产品也都不超过 100 μA。

上面 3 种接法关机电流关系为:下拉电阻<上拉电阻<无上、下拉电阻。可见在产品设计中外围器件的连接方法会影响到关机电流,这也是正常工作时可以细微改善功耗的一些地方,如果设计得好对功耗的降低会有一定的好处。

有时候会因为元器件的特性而让工程师在处理关机电流时感到棘手,很少有元器件手册会详细说明在省电模式下外部引脚的状态。在设计元器件的时候,设计工程师虽然考虑自身如何省电,但常容易忽视和外面 MCU 接口之间的配合,再说他也无法预知 MCU 会如何设计 I/O 口内部驱动电路,所以就会出现和某些 MCU 在省电模式下接口间有冲突的情况。

图 2.19 是省电模式下发生冲突的例子,外围器件在省电模式下 SI 会输出低。其实 SI 输出低也没有关系,MCU 只要将 SO 配置成输入或者输出低就可以,在省电模式下 MCU 的 SO 如果配置成输入,外围器件的 SI 输出低,加或不加下拉电阻都不会因冲突产生大的损耗电流,MCU 的 SO 输出低也一样,只需要考虑其输出低时内部的自身电流损耗。

可当时的实际情况不允许我们这么做,MCU 的接口正常工作时要求给 SO 加外部上拉电阻,否则不能可靠输出高低电平,这样我们就只能选用图 2.19 右边外部加上拉电阻的方式。这样上拉电阻和外围器件 SI 在省电模式下输出低就形成一个冲突,只能通过加大 R_1 来减小上拉电阻导致的关机电流损耗。可这个 R_1 还不能加太大,就是 470 kΩ 都偏大,因为电阻过大会减小 SO 的驱动能力,输出电平高/低变换时会产生延时,延时过大的话就无法实现高速

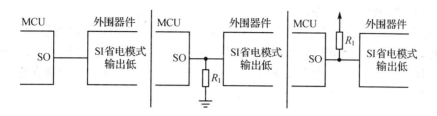

图 2.19　上、下拉电阻冲突示意图

数据传输,这样就使得 R_1 上面的关机电流损耗更不理想,最终可能超过 10 μA。

从这个发生冲突的例子我们并不能说 MCU 设计有错,也不能说外围器件设计有问题,因为许多接口协议本身也不是可以面面俱到,会忽略一些细节的阐述,不同公司在按照接口协议设计接口时可能就在一些小细节上出现差异,这些差异最后就有可能形成冲突。

相信现在大家应该会感觉到要把功耗降低到非常理想的状态确实不易,对于产品来说,即便是前期准备工作非常充分,依然会有许多不确定因素隐藏在里面,只有到最终产品时才能一一发现,到这个时候已经不可能回过头去再更换其他元器件,只能接受功耗不理想的结果。如何去减少功耗,并没有万能的准则,只能是通过我举的例子明白基本方法,需在实际工作中自己去慢慢领悟。

2.7　开机请用 NOP

单片机和自然界的其他事物会具备一些共性,一辆汽车发动到匀速前进需要一个加速稳定的过程,单片机也一样,上电后到它正常稳定工作也需要一段时间来稳定,只是这个时间非常短。

单片机上电时,系统内部并不是即刻达到理想状态,晶振起振到稳定需要稳定时间,系统内部的各种逻辑电路高/低电平的形成需要稳定时间,外部接口充/放电过程到稳定状态需要时间等,在这些操作没完成之前如果就让单片机执行实际工作代码,就难保证执行结果准确可靠。

一般 NOP 指令是空操作,就是 MCU 没有作什么实质性的操作,好比作了一个小小的延时等待,在所有的指令中,这条指令需要使用到的系统资源是最少的,如果 MCU 真是在不稳定的状态,执行这条指令的安全性最高。注意 ARM 的 NOP 是伪指令,程序中的 NOP 具体由什么指令替换由编译器自行决定。

我们无法确切知道 MCU 到底什么时候会稳定下来,可以肯定的是设计 MCU 的工程师不会让这个时间太长,一般来说等到 MCU 复位完开始执行代码基本已经稳定下来,如果还没有稳定也只会持续一段非常短的时间。如果我们的程序一开始用上十几个或更多的 NOP 指令,基本上可以肯定 MCU 执行完这些 NOP 系统已经稳定下来,如果还没稳定那只能说这个 MCU 设计得太差。有的 MCU 会在复位后自动等待一段时间,这个时间就是为了让整个芯片稳定下来,然后才开始执行程序。

用 NOP 并没有严格的理论依据来支持,只是从经验方面作出这样的预估,我工作的时间已经不算短,还没有用和不用 NOP 运行结果会不相同的实际经历,但从经验方面看这么做好处不一定能体现出来,坏处肯定是没有,所以我还是建议新人在写程序的时候在启动的位置多加几个 NOP。

2.8 查表与乘除法

查表法是单片机程序提升执行速度的一个有效方法,尤其在进行一些运算的时候,可以显著提高速度。网上有不少算法加速的资料和文章供大家参考,但单片机应用程序大多数情况下都只用到加减乘除这样的基本运算,这里只是用查表实现乘法来介绍查表法的优点,并利用乘法来告诉大家如何实现除法操作。

一些简单的单片机并不提供乘法指令,也就是说,硬件不直接支持乘法操作,但乘法还是经常会被单片机程序用到,这就需要我们自己通过编写程序来实现乘法这类操作。考虑到单片机用得最多的还是整数,这里不考虑带小数点的浮点数情况,浮点数乘法有兴趣的朋友可以自己查阅相关资料。

再简单的单片机,都会支持加减法操作。大家都知道通过循环累加可以实现乘法,只是这样做需要循环许多次,代码效率自然不高。不过就是简单的累加来实现乘法也是有技巧可言的,假定现在是要计算 $x \cdot y$,看看是什么结果。

马大哈工程师程序:

```
z = 0                   ;//假定已经考虑累加过程中可能溢出的问题
while(y>0)
{
  z = z + x
  y = y - 1
}
```

细心工程师程序:

```
z = 0                   ;//假定已经考虑累加过程中可能溢出的问题
if(x>y)
{
  while(y>0)
  {
    z = z + x
    y = y - 1
  }
}
```

```
    else
    {
      while(x>0)
      {
        z = z + y
        x = x - 1
      }
    }
```

虽然细心工程师的程序代码要比马大哈工程师的程序多一些,但如果现在 $x=10$ 而 $y=100$,马大哈工程师的程序需要循环 100 次,细心工程师的程序只需要循环 10 次,我不说大家也知道哪种方法好了,可别学马大哈工程师!

循环累加的方法虽然简单,效率确实不敢恭维,查表法可以大幅度提高速度,来看看用查表法实现的情况。

小学里老师会教如图 2.20 所示九九乘法表,查表法实现乘法和小学老师让你背九九乘法表的方法一样,先把两个数相乘的结果列出来,然后按"三七二十一、三八二十四"这样的规律直接得出相乘结果,我们不妨也用程序来做一个九九乘法表。

为什么九九乘法表只有一半?小学生会告诉我们答案,1×9 和 9×1 的结果是一样的,只要记住其中一个就可以了,也就是只要记住"一九得九"就可以,并不需要再背"九一得九"那部分。提醒你先记着这一点,后面会用到这个规律。

1	1							
2	2	4						
3	3	6	9					
4	4	8	12	16				
5	5	10	15	20	25			
6	6	12	18	24	30	36		
7	7	14	21	28	35	42	49	
8	8	16	24	32	40	48	56	64
9	9	18	27	36	45	54	63	72	81
	1	2	3	4	5	6	7	8	9

图 2.20 九九乘法表

我们在程序里也创建一张类似九九乘法表的表(假定满足以字节为单位条件)。

```
mul_table:
    mul_table1,mul_table2,…,mul_table9    ;//各个分表的起始地址
mul_table1:
    1,2,3,4,5,6,7,8,9                      ;//第一个乘数为 1 分别乘以 1~9 的结果
mul_table2:
    2,4,6,8,10,12,14,16,18                 ;//第一个乘数为 2 分别乘以 1~9 的结果
    ……
mul_table9:
    9,18,27,36,45,54,63,72,81              ;//第一个乘数为 9 分别乘以 1~9 的结果
```

再设计一个实现乘法的函数 $mul(x,y,z)$。

mul(x,y,z)

```
{
    z = [[mul_table + x] + y]              ;//[n]表示从地址 n 位置取出里面的内容
}
```

如果 $x=2, y=8$，那么 [mul_table + x] = mul_table2，然后 [mul_table2 + y] = 16，只需要两次从表中取数的操作就可以完成乘法，而且结果正确无误。

和九九乘法表相比，我们程序里面的表要大一些，九九乘法表只有 45 个结果，而我们的表有 81 个，如果只是实现九九乘法区别还不太大，但是如果我们要实现一百乘一百这么大的乘法，区别就不是一点点，按九九乘法表的方式只要 5 050 个结果，而现在程序里面的表需要 10 000 个结果，会多占用大量的空间。

前面让你记住为什么九九乘法表只有一半的原因这里就可以用上，我们可以对程序里的表和函数作一个改进，就可以节省近一半的空间。

```
mul_table_pro:
    mul_table1_pro,mul_table2_pro,…,mul_table9_pro   ;//各个分表的起始地址
mul_table1_pro:
    1                                    ;//第一个乘数为 1 分别乘 1 的结果
mul_table2_pro:
    2,4                                  ;//第一个乘数为 2 分别乘以 1 和 2 的结果
……
mul_table9_pro:
    9,18,27,36,45,54,63,72,81            ;//第一个乘数为 9 分别乘以 1～9 的结果
```

再设计一个实现乘法的函数 mul_pro(x, y, z)。

```
mul_pro(x,y,z)
{
    if(x>y)
    {
        z = [[mul_table_pro + x] + y]   ;//[n]表示从地址 n 位置取出里面的内容
    }
    else
    {
        z = [[mul_table_pro + y] + x]   ;//[n]表示从地址 n 位置取出里面的内容
    }
}
```

新表占用的空间变为和九九乘法表一致，而且无论是 $x=2, y=8$，还是 $x=8, y=2$，都会有同样的结果，[[mul_table_pro + 8] + 2] = 16，只需要两次对表操作就可以完成乘法，且结果正确无误。

即便是采用类似九九乘法表的方法,就单片机来说,容量还是偏大,如果要实现一个 8 位整型数的乘法,不包括 0 的情况下会有 32 640 种结果,加法每个结果需要占用两个字节,这样就要超过 64 KB 的空间来存储这张表,许多单片机根本无法提供这么大的存储空间,还需要我们作出一些改进才有实际意义。

我们在进行数学乘法运算的时候如果尾部有 0 可以先不去管 0,把前面的数乘出结果来后再在后面补上 0 结果同样正确,比如 20×30 可以当成 2×3 的结果为 6 然后在后面补上两个 0 就得到正确结果 600,数学运算采用的是十进制,单片机采用二进制,我们一样可以利用到这个规律。

对于 8 位整型数的乘数,我们可以将其分成高 4 位和低 4 位,比如现在的 x 我们如果用高 4 位和低 4 位来表示就是 $x = x_1 \times 16 + x_2$ (x_1 和 x_2 都是 0~15 的数,用十六进制表示就是 0x0~0xF),对十六进制表示法来说一个数乘以 16 就表示在后面可以补一个 0,$x_1 \times 16$ 等于一个高 4 位、内容为 x_1 低 4 位、低 4 位内容为 0 的十六进制数,如 x_1 为 5 则 $x_1 \times 16$ 结果用十六进制表示为 0x50。

都是 8 位整型变量的 xy 相乘
$$x \cdot y = (x_1 \times 16 + x_2) \times (y_1 \times 16 + y_2)$$
展开得
$$x \cdot y = x_1 \times y_1 \times 16 \times 16 + x_1 \times y_2 \times 16 + x_2 \times y_1 \times 16 + x_2 \times y_2$$

乘以 16 的操作可以等效为十六进制补 0,这样我们已经将一个 8 位整型数的乘法分离成了由 4 位整型数构成的乘法,用查表法实现 4 位整型数所需要耗用的空间不到 200B,已经很容易被单片机接受。

小容量表函数 mul_small(xs,ys,zs) 和 mul_full(xf,yf,zf):

```
mul_small(xs,ys,zs)                  ;//4 位查表函数
{
    if(xs>ys)
    {
        zs = [[mul_table_pro + xs] + ys]   ;//[n]表示从地址 n 位置取出里面的内容
    }
    else
    {
        zs = [[mul_table_pro + ys] + xs]   ;//[n]表示从地址 n 位置取出里面的内容
    }
}
mul_full(xf,yf,zf)
{
    x1 = (xf>>4)&0xF                 ;//取高 4 位,>>4 表示向右移 4 位
    x2 = xf&0xF    取低 4 位
    y1 = (yf>>4)&0xF                 ;//取高 4 位,>>4 表示向右移 4 位
```

第 2 章　单片机应用小技巧

```
    y2 = yf&0xF     取低 4 位
    z1 = mul_small(x1,y1,z1)
    z2 = mul_small(x1,y2,z2)
    z3 = mul_small(x2,y1,z3)
    z4 = mul_small(x2,y2,z4)
    zf = ((z1<<4)<<4) + (z2<<4) + (z3<<4) + z4    ;//<<4 表示向左移 4 位,也就是十六进制
                                                  ;//补一个 0
}
```

这样一个实现 8 位整型数乘法的模型就已经建成,按照这个模型你可以自己尝试写一个真实的程序来进行一下验证测试,看效率比累加的方法要快多少。最后提醒一句,如果单片机自身支持乘法指令,就别为了显示你程序技巧能力去用查表法来实现乘法,如果非要这样那只能说是"画蛇添足"的单片机版。

有了乘法就可以实现除法,最简单的方法就是让除数和一个从 1 开始的数相乘,如果乘积小于被除数就将用来相乘的数加 1,直到乘积大于或等于被除数,如果最后乘积大于被除数再用乘积减被除数,相减得到的差大于除数一半就表示结果还需要用相乘数当前值减 1(四舍五入)。

除法也可以用查表法来实现,但除法和乘法有一个不同的地方是 x/y 不等于 y/x,而乘法前后顺序可以颠倒,这样用类似乘法的查表法来实现除法表的容量要大一倍。其实有了乘法的表也可以让除法使用同一张表,只是这个方法比较繁琐,这里不作详述。

我们通过另外一个方法来实现除法,前面累加相乘的缺陷是效率低下,如果我们把逐次逼近比较法(二分查找)引用进来,就可以使效率显著提高。

对于 8 位整型数的除法 x/y 程序流程如下:

(1) 先将商的 bit7 设为 1,也就是商为 0x80,用 0x80 * y 得到 16 位中间变量;

(2) 如果 16 位中间变量小于被除数,表明商在上半区,保留 bit7 为 1,否则在下半区清 0;

(3) 再将商的 bit6 设为 1 得到新的数值,继续乘以 y 得到新的 16 位中间变量;

(4) 如果新的 16 位中间变量小于被除数,表明商在上半区,保留 bit6 为 1,否则在下半区清 0;

(5) 依次处理完 bit5~0 完成除法操作,最后进行四舍五入处理后就得到商。

注: 考虑到两个数相乘可能会溢出,中间变量需要用 16 位整数。

如果单片机采用 C 编程,使用 * 和/运算符时一定要谨慎,虽然 C 代码看上去只是一个简单的运算符号,对应的汇编代码可能非常多,需要 CPU 执行足够长的时间才能得到运算结果,所以单片机编程时不要滥用这两种运算符。

2.9　RAM 动态装载程序

简单的单片机,程序都是存放在 ROM 里面,现在这些单片机一般都自带有内部 ROM 来存放程序,但这部分 ROM 空间有限,空间大小可能会不能满足用户的需要,所以会支持用户

在外部对存储空间进行扩展,如果单片机支持程序存放在扩展空间,就可以实现 RAM 动态装载程序的功能。

RAM 动态装载程序是指将程序并不存放在可以直接执行的 ROM 区域,而是存放在其他存储介质中,当需要执行程序的时候,先将程序从其他存储介质读到指定的 RAM 位置,只要 RAM 和所读的程序满足一定规则时就可以在 RAM 里执行这些程序。

采用 RAM 动态装载程序有什么好处呢？这种方法只是针对某些特殊产品才能展现优势,如插卡的游戏机,我们常见的游戏卡都是一个很宽的插槽,上面有几十条线,正是因为这些线的存在,导致游戏卡体积都比较大,实际上游戏卡内部就是一片体积很小的 ROM,根本不需要这么大的体积。这种大的游戏卡对于掌上游戏机不是一个好的选择,掌上游戏机追求的是轻巧,于是游戏卡成了轻巧化的障碍,如果能把游戏卡做到优盘那样的大小一定是件美好的事情。

今天我就用 RAM 动态装载程序的方法为大家实现这一想法,将接近有手掌那么大的游戏卡做到优盘的大小。

找到一款结构可以实现 RAM 动态装载的单片机,如图 2.21 所示。

从图 2.21 我们可以知道这款单片机内部自带 4K 字的 IntRAM,我们将程序中需要使用的变量放在这部分 RAM 中,外挂 16K 字的 ExtRAM 用来动态装载应用程序,另外还会外挂 32K 字的 ExtROM 存放执行装载功能的主调度程序。

要动态装载应用程序,还需要有一个地方存储应用程序,我们采用带 SPI 接口的 Flash 芯片,因为采用 SPI 接口插槽只需要 6 条线,这样完全可以把外卡做到优盘的大小。

正常情况下该单片机的程序是按照下面方式编写的：

```
;JMP    x                  //跳转到地址 x
;CALL   x                  //调用在地址 x 的函数
;RET                       //从函数返回
;RETI                      //从中断函数返回
;ORG    x                  //下一条代码位置从地址 x 开始

ORG 0x0000                 ;//定位到内部 RAM 空间,存放程序用的变量
  ……
ORG 0x4000                 ;//定位到外部 RAM 空间,如果没有外挂则不使用该区域
  ……
ORG 0x8000                 ;//定位到外部 ROM 空间,主程序存放在这部分区域
Start :                    ;//主程序入口
  ……
Main_Loop:                 ;//主程序循环地址
  ……
    CALL   Sub_Routine1    ;//跳转到地址 Sub_Routine1 直到 RET 指令返回到下一行
```

第 2 章 单片机应用小技巧

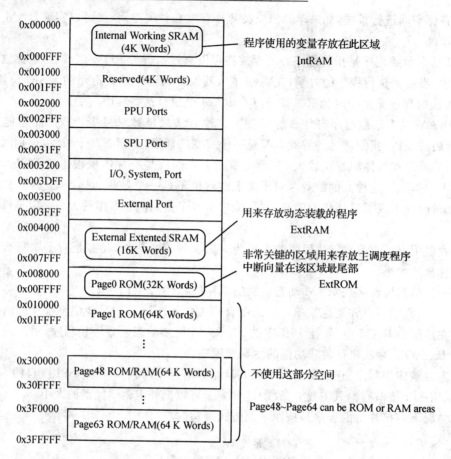

Note：The interrupt vector area is located at s0x00FFF5~0x00FFFF

图 2.21　样例 MCU 内存分布示意图

```
    ……
    CALL    Sub_Routine2        ;//跳转到地址 Sub_Routine2 直到 RET 指令返回到下一行
    ……
    JMP     Main_Loop           ;//跳转到 Main_Loop 位置继续循环执行主程序代码
Sub_Routine1:                   ;//函数(子程序)1
    ……
    RET
Sub_Routine2:                   ;//函数(子程序)2
    ……
    RET
INT_Routine1:                   ;//中断服务程序 1
```

```
        ......
        RETI
INT_Routine2:               ;//中断服务程序 2
        ......
        RETI
INT_Routine3:               ;//中断服务程序 3
        ......
        RETI
        ......
INT_Routine10:              ;//中断服务程序 10
        ......
        RETI
ORG 0xFFF5                  ;//定位中断向量位置
    DW INT_Routine1         ;//存放中断服务程序 1 地址
    DW INT_Routine2         ;//存放中断服务程序 2 地址
    DW INT_Routine3         ;//存放中断服务程序 3 地址
    ......
    DW INT_Routine10        ;//存放中断服务程序 10 地址
    DW Start                ;//存放复位向量,跳转到主程序入口 Start
```

这里我们侧重看 CALL/JMP 指令的效果,从程序结构可以看出实际上就是向指定地址进行跳转,如果我们能够在 ExtRAM 中放置程序,并能跳转到该程序位置就可以执行该程序。通过对单片机指令和编译器的分析,我们认为可以满足 ExtRAM 中放置程序这一要求。

```
        ......
ORG 0x4000                  ;//定位到外部 RAM 空间,现在里面放有程序
        ......
    JMP   Main_Loop         ;//跳转到 Main_Loop 位置继续循环执行主程序代码
ExtSub_Routine1:            ;//外部 RAM 中函数(子程序)1
        ......
        RET
        ......
ORG 0x8000                  ;//定位到外部 ROM 空间,主程序存放在这部分区域
Start :                     ;//主程序入口
        ......
Main_Loop:                  ;//主程序循环地址
        ......
    CALL   Sub_Routine1     ;//跳转到地址 Sub_Routine1 直到 RET 指令返回到下一行
        ......
    CALL   ExtSub_Routine1  ;//跳转到地址 ExtSub_Routine1 直到 RET 指令返回到下一行
```

第 2 章 单片机应用小技巧

```
    ......
    ;JMP  Main_Loop          ;//屏蔽掉这条指令
    JMP   0x4000             ;//改为跳转到地址 0x4000
Sub_Routine1:                ;//函数(子程序)1
    ......
    RET
```

改动后的程序在原来跳回 Main_Loop 的位置改跳转到 0x4000,执行完里面的代码后再跳回 Main_Loop,另外也可以在 0x8000～0xFFFF 区域中的代码调用里面的函数 ExtSub_Routine1。虽然在理论层面可以让编译器生成满足 ExtRAM 中放有程序的机器代码,但存放机器代码有问题,断电后 0x8000～0xFFFF 区域中的代码可以由 ExtROM 来保存,0x4000～0x7FFF 区域中的代码因为是 ExtRAM 位置,断电即丢失,显然不能直接存放在 0x4000～0x7FFF 区域。

这个问题很容易解决,我们自己将编译器生成的机器代码分成 0x4000～0x7FFF 和 0x8000～0xFFFF 两部分,把 0x8000～0xFFFF 部分直接写入 ExtROM,0x4000～0x7FFF 部分存放到 SPI Flash 中,这样处理后单片机上电后 0x4000～0x7FFF 区域里面内容空白,并没有对应程序,需要在 0x8000～0xFFFF 位置的程序中增加一段将程序从 SPI Flash 装载到 0x4000～0x7FFF 位置 ExtRAM 中。

```
    ORG 0x0000               ;//定位到内部 RAM 空间,存放程序用的变量
    ......
    ORG 0x4000               ;//定位到外部 RAM 空间,如果没有外挂则不使用该区域
    ......
    ORG 0x8000               ;//定位到外部 ROM 空间,主程序存放在这部分区域
Start:                       ;//主程序入口
    ......
    CALL  Load_ExtCode       ;//完成从 SPI Flash 装载代码到 ExtRAM 的功能
Main_Loop:                   ;//主程序循环地址
    ......
    CALL  Sub_Routine1       ;//跳转到地址 Sub_Routine1 直到 RET 指令返回到下一行
    ......
    CALL  ExtSub_Routine1    ;//跳转到地址 ExtSub_Routine1 直到 RET 指令返回到下一行
    ......
    JMP   0x4000             ;//跳转到地址 0x4000
Load_ExtCode:
    ......
    RET
```

现在当程序第一次运行到 Main_Loop 位置的时候,已经通过调用函数 Load_ExtCode 将

SPI Flash 中的代码装载到 ExtRAM 中,当程序执行完 JMP 0x4000 指令时就可以执行在 ExtRAM 中的代码,成功实现 RAM 装载程序并运行。

因为 ExtRAM 空间不大,如果程序比较大就需要来来回回反复装载不同的程序到 ExtRAM 中执行,这就是动态装载。要实现动态装载不难,在前面的基础上对函数 Load_ExtCode 作一个特殊约定即可。

```
ORG 0x0000                      ;//定位到外部 ROM 空间
    ……
    ExtLoadAddr                 ;//函数 Load_ExtCode 从 SPI Flash 装载代码的起始地址
    ExtLoadSize                 ;//函数 Load_ExtCode 从 SPI Flash 装载代码的大小
……
ORG 0x4000                      ;//定位到外部 RAM 空间,现在里面放有程序
    ……
ORG 0x8000                      ;//定位到外部 ROM 空间
    CALL   Load_ExtCode         ;//在跳到 0x8000 之前已经设置好 ExtLoadAddr 和 ExtLoadSize
    JMP    0x4000               ;//装载完新的代码跳回 0x4000 执行新代码
Start:                          ;//主程序入口,此时并不是在 0x8000 位置
    ……
    ExtLoadAddr = 0x0000        ;//从 SPI Flash 地址 0x0000 开始装载代码
    ExtLoadSize = 0x4000        ;//装载代码大小为 0x4000
    CALL   Load_ExtCode         ;//完成从 SPI Flash 装载代码到 ExtRAM 的功能
Main:                           ;//主程序地址
    ……
    CALL   Sub_Routine1         ;//跳转到地址 Sub_Routine1 直到 RET 指令返回到下一行
    ……
    CALL   ExtSub_Routine1      ;//跳转到地址 ExtSub_Routine1 直到 RET 指令返回到下一行
    ……
    JMP    0x4000               ;//跳转到地址 0x4000
Load_ExtCode:                   ;//依据 ExtLoadAddr 和 ExtLoadSize 进行代码装载
    ……
    RET
```

存放在 SPI Flash 中的代码数据格式如下:

```
SPI Flash 内部空间 0x0000~0x7FFF(字节为单位)
;//程序 1
ORG 0x4000      ;//定位到外部 RAM 空间,现在里面放有程序
    ……                          ;//程序 1 代码
    ;//接下来装载程序 2
    ExtLoadAddr = 0x0000        ;//从 SPI Flash 地址 0x8000 开始装载代码(以字节为单位)
```

第 2 章 单片机应用小技巧

```
        ExtLoadSize = 0x8000      ;//装载代码大小为 0x8000(以字节为单位)
        JMP    0x8000             ;//注意这里不同程序 Main_Loop 位置可能会改变,改为 0x8000

假定 SPI Flash 内部空间地址范围为 0x8000~0xFFFF(以字节为单位)
;//程序 2
ORG 0x4000                        ;//定位到外部 RAM 空间,现在里面放有程序
      ……      ;//程序 2 代码
      ;//接下来装载程序 3
        ExtLoadAddr = 0x8000      ;//从 SPI Flash 地址 0x10000 开始装载代码(以字节为单位)
        ExtLoadSize = 0x8000      ;//装载代码大小为 0x8000(以字节为单位)
        JMP    0x8000             ;//注意这里不同程序 Main_Loop 位置可能会改变,改为 0x8000

假定 SPI Flash 内部空间地址范围为 0x10000~0x17FFF(以字节为单位)
;//程序 3
ORG 0x4000                        ;//定位到外部 RAM 空间,现在里面放有程序
      ……                          ;//程序 3 代码
      ;//接下来装载程序 4
        ExtLoadAddr = 0x10000     ;//从 SPI Flash 地址 0x18000 开始装载代码(以字节为单位)
        ExtLoadSize = 0x8000      ;//装载代码大小为 0x8000(以字节为单位)
        JMP    0x8000             ;//注意这里不同程序 Main_Loop 位置可能会改变,改为 0x8000
```

单片机会按照以下的次序运行:

(1) 上电后在运行到 Main 之前将程序 1 代码从 SPI Flash 装载到 0x4000~0x7FFF 区域。

(2) 跳转到 0x4000 开始执行程序 1 代码。

(3) 程序 1 代码执行完跳到 0x8000 位置,将程序 1 代码从 SPI Flash 装载到 0x4000~0x7FFF 区域。

(4) 跳转到 0x4000 开始执行程序 2 代码。

(5) 程序 2 代码执行完跳到 0x8000 位置,将程序 3 代码从 SPI Flash 装载到 0x4000~0x7FFF 区域。

(6) 跳转到 0x4000 开始执行程序 3 代码。

……

只要保证程序跳转到 0x4000 之前已经将新的代码装载到 0x4000~0x7FFF 区域,在向 0x8000 跳转之前设置好 ExtLoadAddr 和 ExtLoadSize 这两个参数,就可以循环动态调用多个存储在 SPI Flash 中的不同程序,实现 RAM 动态装载功能。

现在高端单片机应用程序大都已经不是在 ROM 里直接运行,ROM 只是用来存放程序,单片机上电后通过一小段在 ROM 中直接执行的代码将程序装载到 RAM 中,然后在 RAM 中

执行。由于这类单片机 RAM 空间都比较大，而且支持多种大容量存储设备，所以实现动态装载更为容易，可以将整个程序编译好的机器代码存放在存储设备中，需要运行程序时就将整个程序的机器代码一次性装载到 RAM 中执行，不过有一点要注意，进行装载时要考虑到中断的影响。

2.10　程序也可被压缩

想必大家都熟悉功能强大的压缩软件 WINRAR/WINZIP，在保证数据百分之百正确的情况下可以将数据压缩到原来的几分之一甚至几十分之一，许多时候单片机开发人员都因为存储空间不够而苦恼，如果能把这个压缩功能应用到单片机程序存储方面，该是一件多好的事情。

能够在 RAM 中实现程序的动态加载是实现程序被压缩的基础，只要明白了动态加载相信不难理解程序的压缩，如果我们的代码能够实现 WINRAR/WINZIP 的功能，存储的程序已经被压缩过，只要我们在动态加载过程中加入解压缩功能就可以将原始程序代码加载到指定位置。

不要被压缩算法吓倒，我们不需要作出 WINRAR/WINZIP 那么强大的功能，复杂的算法对于单片机速度来说也是一个应用上的障碍，所以我们可以选用一些简单的压缩算法，只要能将程序压缩两三倍，对于单片机存储空间来说已经是革命性的改良。

刚好我们在以往的产品中用到压缩功能，不妨用我们当时压缩和解压缩程序来进行说明，为了让大家对采用压缩功能实际效果有一个直观的了解，这里我用一个 ARM 的程序进行压缩和解压缩功能演示。

图 2.22 是我放在计算机里面与压缩和解压缩有关的一些文件，压缩的代码要多一些，C 代码大约有 20 KB 的样子，而解压缩代码相对较少，大约 8 KB，为方便演示，将这部分压缩和解压缩代码分别生成可以在 PC 上运行的可执行文件（实际上压缩部分必须放在 PC 上）。

现在我用 PC 版的压缩程序来压缩 ARM 的测试程序 ARM_Code.bin，图 2.23 显示了计算机压缩的结果，压缩后的文件大小大约是原始文件的 1/3，效果还算不错。

实际上压缩过程并不需要由单片机完成，我们只要将压缩好的数据存于存储器中，当单片机读取这些数据的同时进行解压缩，然后放到 RAM 中指定位置执行。既然是单片机来完成解压缩功能，我们就要考虑单片机性能是否够用，需要了解是否有足够的空间来存放解压缩代码、单片机对数据解压缩的速度是否够快。

我把解压缩的代码放到一个 ARM 工程里面，用 ADS 编译，编译结果显示解压缩只需要 1 744 字节来存储代码，另外再提供 6 484 字节给解压缩时的中间变量使用就够用，如图 2.24 所示。这个结果真有点出人意料，对许多单片机来说这简直就不是什么问题。速度测试结果同样令人满意，ARM 内核的 MCU 在主频 120 MHz 的情况下解压缩出 8 MB 的数据耗时不到 2 s。

第 2 章 单片机应用小技巧

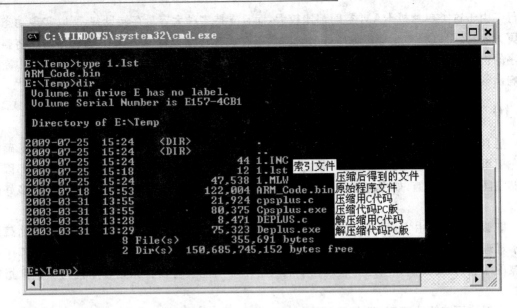

图 2.22 计算机模拟程序资源图

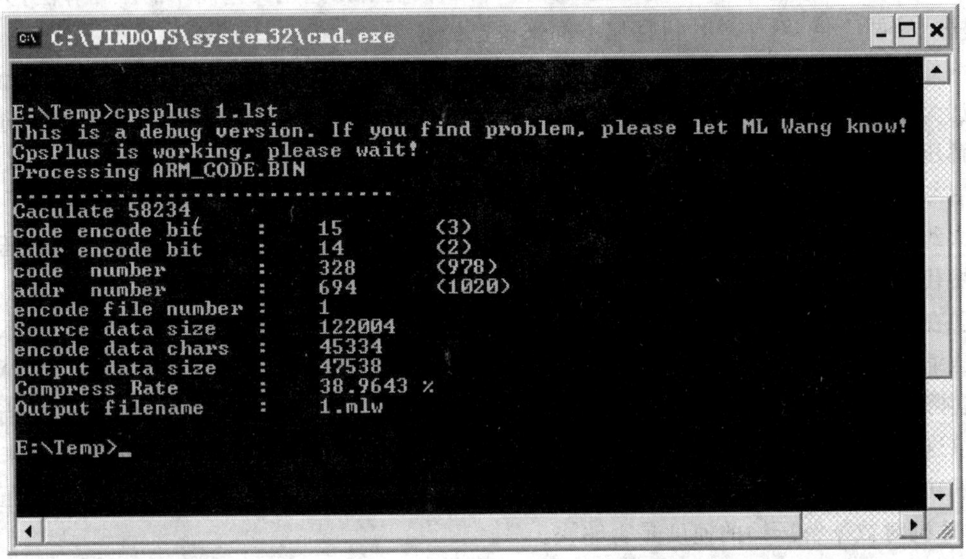

图 2.23 计算机模拟压缩结果图

注：本章中压缩与解压缩代码为我一友人提供，他在系统构建和软件工程方面有着深厚的技术功底，这里要特别感谢他提供的相关代码。

数据压缩是一项与数学理论联系非常紧密的技术，现在数据压缩技术已经广泛应用到数

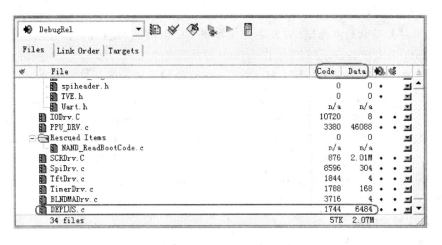

图 2.24　解压程序耗用 ARM 资源示意图

字通信、数字音视频信号存储和传输、图像存储等各个方面，像 DVD、MP3、数码相机、手机、网络电视无一不用到数据压缩技术。

数据压缩分为有损压缩和无损压缩两类。有损压缩是压缩后的数据再解压缩回来会有少量的数据和原始数据不同，无损压缩则是要求百分之百还原。日常生活中的数字视听信号采用的是有损压缩方式，WINRAR/WINZIP 的文件压缩和我介绍的程序压缩是无损压缩。可以用一个实验来对比两种压缩方式的区别：用计算机将一张内容丰富的 BMP 图片保存成 JPG 格式，然后打开另存为 BMP 格式，再打开这个 BMP 文件另存为 JPG 格式，反复多次，你会看到图片某些细节变模糊了（JPG 是有损压缩）；同样的 BMP 图片用 WINRAR/WINZIP 压缩然后解压缩，多次重复，图片效果始终保持不变。

网上有一篇《笨笨数据压缩教程》，写得浅显易懂，如果你想对数据压缩了解多一些，不妨自己找出来看看。

2.11　累计误差

使用手机当手表的朋友常苦恼手机的时间不怎么准，早些年这几乎是所有手机的通病，厉害的一个月就能差上一两分钟，路边一块 5 元的电子表一年下来也差不了几秒，这和手机几千块的高科技产品形象严重不符，着实让人糊涂。我也没弄清楚真正的原因，但有一点可以肯定，这种不准是误差加软件错误导致的。

物理学原理已经告诉我们误差永远存在，误差不能避免但可以通过某些方法减小，而错误是可以避免的。单片机是基于物理学基础的一项电子科学技术，同样摆脱不了物理学误差的束缚，在用单片机进行产品开发时，需要对误差作出充分的考虑。

手机也是单片机做的，时间不准是必然的事情，虽然我自己没有做过手机的开发，但可以

第 2 章 单片机应用小技巧

从基本原理上作出一些猜测。

单片机的时钟基准是由晶振(为表述方便不提 RC 振荡器)提供的,晶振自身具有一定误差,我们用 ppm 来表示晶振误差的大小,1 ppm 表示误差为 10^{-6},误差为 1 ppm 的 1 MHz 晶振其实际频率在 999 999～1 000 001 Hz 之间。ppm 值越小表示晶振精度越高,价格相应也越高,一般的电子产品如果不是对时间有特殊要求,用的都是 5 ppm 以上的晶振。

误差虽小,可不能累积啊!1 ppm 的晶振误差为 10^{-6},粗一看会感觉非常小,但仔细分析后就不要小瞧这 10^{-6} 的误差。以手机时间为例,用 1 ppm 的晶振和绝对时间之间的差距是 10^{-6},也就是说,用这种晶振的手机时间 1 s 和绝对时间 1 s 最大可能相差 10^{-6} s。一天 24 h,一小时 3 600 s,一天下来总共有 3 600 s×24=86 400 s,一天最多可以有 0.086 4 s 的误差。如换用 10 ppm 的晶振,累积一个月就是 25.92 s,接近 0.5 min,一年可以达到 5～6 min 的大小,这就是累计误差的威力。

要想让手机时间变得更准,方法只有两种:一是提高晶振精度让同样时间之内的累计误差变小,用 10 ppm 的晶振一年可能有 5～6 min 误差,那改用 1 ppm 的晶振就减少到 0.5 min,一年 0.5 min 的误差对人来说已经不容易察觉到,只是现在 1 ppm 晶振价格都不低,许多对价格敏感的电子产品成本过高;二是想办法不让误差累积,如果你观察过固定电话就会发现固定电话每次有电话呼入的时候,上面的时间就会自动被调准,这是固定电话在呼入时交换机向其发送了带呼叫时间的来电信息,固定电话通过这个时间将自己时间校准,但 GSM 手机好像没有提供此项功能,具体原因不清楚,不过现在运营商针对这个问题已经推出了时间同步服务功能。

思维活跃的朋友此时一定产生了一个疑问:既然单片机用 1 ppm 晶振价格不低,可我戴的电子表或石英表价格很低,时间也很准,这是什么原因?这个问题真难倒了我,只能说说我个人揣测的原因给大家做个参考,表的晶振振荡频率基本上都是 32 768 Hz,可能是实现技术最简单、市场消耗量大等因素使得这种晶振价格要比其他频率晶振低不少,同样的价格可以买到精度更高的这种晶振。虽然频率为 32 768 Hz 晶振便宜,但其并不适合单片机直接用来做主频,即使是采用 PLL 技术在内部倍频,也不是可以无限制地倍频到所需高频率,倍频出来的最高频率会有个上限。不少高端单片机现在提供 RTC(实时时钟)功能,这种单片机有两个晶振,一个给主频率用,另外一个频率为 32 768 Hz 晶振和一块备用电池向 RTC 保证时间准确与连续。

不要把软件错误当成是误差,如果手机程序在时间累加处理方面存在一些问题,会使计时变得更为不准,来看看我对手机程序处理上的一个假设。

为了实现时间功能,我们需要用一个 Timer 的定时中断来累加我们用于时间处理的计数器,手机屏幕上显示的时间只要提供秒的精度就可以,但手机需要提供秒表功能,秒的精度显然不够,需要毫秒级,工程师为了少用中断资源决定做一个 1 ms 的定时中断,除去晶振带来的系统误差,这个定时中断非常准确,没有错误。

假定手机在通话时会产生一些中断函数执行时间会超过 1 ms 的特殊中断(注意只是假设,我不知道到底有没有这种情况),这样手机通话时就会出现一些时间片没有响应 1 ms 定时中断,我们用于时间处理的计数器在通话过程中出现漏加的情况,可能是原本 1 s 会累加 1 000 次,现在通话的时候只累加了 900 次,使得计时额外变慢了 0.1 s,这就是软件的错误,不是误差。

软件需要采用一些方法来避免这样的错误,如果手机的 MCU 支持中断优先级并支持嵌套,就可以将定时中断设到最高优先级来保证定时准确,也可以计算出其他中断可能会产生的最大延时,保证定时时间大于最大延时,从而避免出现来不及响应定时中断的情况。

2.12 让定时更准一些

以前让一个同事用 I/O 来模拟 UART 发送数据,该同事采用定时中断来进行发送,每中断一次发送出一位,他自己用计算机串口接收 UART 发出的数据功能正常,可将产品送到另外的部门 A 联调时,他们反馈用他们的设备好像不能稳定接收所发出的数据,经常出现产品发出数据后他们的设备没有作出相应响应。

同事用计算机对产品进行过测试,这是事实,其他部门也肯定不会无中生有,麻烦的是这个部门和我们还不在一个地方办公,不能马上过去查找问题原因。于是我让部门 A 的同事帮忙用示波器看一下波形,波形图很快传了过来,并且同时告诉我从波形时间看好像有点问题。所抓波形图为整个字节的宽度,所以对每个位的具体宽度时间显示并不是很清楚,从整体宽度看确实是出了问题,比正常的要宽。

让同事自己用他所写的程序连续发送 0x55(这样可以得到 010101 的波形,方便查看位宽),用示波器看每个位都宽了几微秒。当时波特率为 9 600,正常每个位宽度应该为 104 μs 的样子,这多出的几微秒的宽度已经让发送的波形处于出错的临界状态。计算机的波特率设置比较准,所以同事用计算机测试能正常接收产品发出的数据,但部门 A 的设备的实际波特率可能往另外一个方向发生偏差,如果是这样就难以接收到产品所发出的数据。

问同事程序实现的方法,回答是将定时中断设为 104 μs,每中断一次发送一位,这样看没什么问题,不至于产生几微秒的偏差;接着问进行定时中断程序后程序具体操作的步骤,回答是先将定时的时间重设为 104 μs。问题出在这里,该同事所用的单片机不支持自动重载功能,每次定时时间到产生中断后需要用户重设定时时间,否则就从零开始计数,加到最大后再触发中断。

同事少算了中断响应时间和进行中断后代码运行到他重设定时间位置的时间,加上他所设定的值并不是真正的 104 μs,有零点几微秒的偏差,最后导致其每个位的宽度多出几微秒。后面在部门内部培训时提到这个例子,另外一个同事说了句让我大为惊讶的话:"我以前也遇到过这样的情况。"客观地说杜绝这种问题的发生是不可能的,但让我惊讶的是这种问题居然不是个案。

第 2 章　单片机应用小技巧

单片机实现定时的方法都是内部有一个计数器,这个计数器以设定的频率自加或自减,当加减到某一个条件时就会触发中断,如果支持自动重载功能此时会从指定位置自动向计数器装入新的值,下面用一个 8 bits 的定时器列举一下常见的定时方式。

(1) 自加到 0xFF 后产生中断,计数器回到 0x00,需要在中断程序中重新设定计数器的值,定时时间等于 $delay+(0xFF-val+1)/f$,delay 为中断产生到重设计数器的时间,val 为重设的值,f 为计数器自加操作的频率。

(2) 自减到 0x00 后产生中断,计数器回到 FF,需要在中断程序中重新设定计数器的值,定时时间等于 $delay+(val-0x00+1)/f$,delay 为中断产生到重设计数器的时间,val 为重设的值,f 为计数器自减操作的频率。

(3) 自加到 0xFF 后产生中断,计数器自动回到 val,定时时间等于 $(0xFF-val+1)/f$,val 为自动重载的值,f 为计数器自加操作的频率。

(4) 自减到 0x00 后产生中断,计数器自动回到 val,定时时间等于 $(val+1)/f$,val 为重设的值,f 为计数器自减操作的频率。

(5) 自加到 val 后产生中断,计数器自动回到 0x00,定时时间等于 $(val+1)/f$,val 为自动重载的值,f 为计数器自加操作的频率。

(6) 自减到 val 后产生中断,计数器自动回到 0xFF,定时时间等于 $(0xFF-val+1)/f$,val 为重设的值,f 为计数器自减操作的频率。

注:有的单片机定时时间计算公式不需要另外加一。

为什么(1)、(2)中需要另外加上一个 delay 呢?因为定时时间的计算公式是从设定好 val 后的位置开始计算的,中断产生时计数器里的值并不等于 val,而是 0x00 或 0xFF,是程序在中断中更改了计数器的内容,所以需要加上前面的这段时间进行校正,如图 2.25 所示。不是所有的单片机都是写入新的 val 后就立即生效,有的需要等到下一次中断产生后才生效,开发时要留意具体细节。

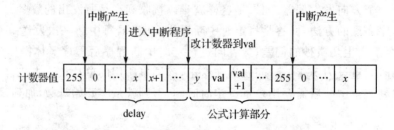

图 2.25　定时中断校正示意图

2.13　寄存器也可当 RAM

在使用一些简单的单片机进行产品开发时,工程师往往会因为 RAM 空间紧张而头疼,这些简单的单片机可能只提供几十个字节的 RAM 空间给工程师使用，当工程师编写较为复杂的逻辑功能控制程序的时候需要一定的空间来存放程序变量，这么少的 RAM 空间用起来就会很紧张，经验不足的新工程师不会高效共享变量空间会让情况更糟糕，常常程序写到最后就变成挤 RAM 的工作。

遇到这样的问题开发工程师具有良好的 RAM 分配意识是很有必要的，如果只用来表示有和无的状态尽量用位变量，让相互之间不存在调用与被调用关系的函数使用公用 RAM 做输入/输出参数，不需要保存状态信息的变量尽量不要占用固定空间等都是行之有效的方法。

如果程序写到最后出现为几个字节空间发愁的情况，这里教你一个小方法：用特殊功能寄存器来当 RAM 用。通常情况下即使是构架非常简单的单片机也都有几十个字节的特殊功能寄存器，这些特殊功能寄存器用来配置 Timer/Interrupt/IO 等功能，进行产品开发时通常都不会全部使用这些功能，也就是说，实际上会有一些特殊功能寄存器处于闲置状态，我们可以将这些特殊功能寄存器用来当 RAM 变量。

我们以最常见的 51 系列单片机为例来看看哪些特殊功能寄存器可以用来当 RAM，不过开始之前还得强调一下，这种方法的目的是为了拓展大家的思路，产品中应尽量不要这么做。

从表 2.1 可以看出 51 系列单片机支持中断、定时器和 UART 功能，我们从这几个地方来寻找可以利用的特殊功能寄存器。

表 2.1 位置①的特殊功能寄存器用来设置各个中断的优先级，每个中断可以从 4 个不同的优先级中选择一个优先级，当一个中断产生后正在执行中断程序时，如果有一个更高优先级的中断产生，会转去先响应这个高优先级的中断。如果我们对中断优先级没有特殊需求的话，可以不用理睬中断优先级的设置，这时我们就可以将这两个特殊功能寄存器用作 RAM，但每个寄存器只能提供 6 位，不能直接用作 8 位的数据存储。

表 2.1 位置②的特殊功能寄存器只有在进行 UART 通信而且是要求自动支持从地址判断的模式时才会用到，该模式采用的是 9 位数据，现在实际应用中已经比较少采用到这种模式，如果实在需要进行地址判断，我们也可以通过 8 位数据模式在数据包中增加目的地址来达到同样的功效。如果产品不需要使用 UART 或者是需要 UART 但不需要从地址自动判断功能，那么我们就可以将这两个特殊功能寄存器用作 RAM。

表 2.1 位置③和位置④是对定时器进行控制的特殊功能寄存器，其中位置③用来对 UART 的波特率进行设定。通常产品并不需要 3 个定时器同时打开，就算可能有多个地方需要计时，有经验的工程师也可以共用同一个基准定时器，比如程序中做一个 1 ms 的基准定时器，可以让程序中所有需要定时的地方都用这个 1 ms 的基准完成定时，所以这里也可以找出几个字节用作 RAM。

特殊功能寄存器还有一个特殊用法，有时产品想区分上电复位、硬件 Reset 复位和软件 Reset 复位操作，但产品所用的单片机硬件不支持此功能，可以在特殊功能寄存器中寻找内容不受复位影响的特殊功能寄存器来实现此功能。上电复位后该寄存器状态可能未知，程序启

第2章 单片机应用小技巧

动后马上将寄存器写入特殊值一,如果是软件复位则写入特殊值二。程序启动时根据寄存器内容来判断复位方式,特殊值一为硬件 Reset,特殊值二为软件 Reset,如果不是这两个特殊值基本上可以肯定是上电复位。在51系列单片机的特殊功能寄存器中我没有找到合适的寄存器,这里不进行举例。

表 2.1 P89C5X 寄存器表

名 称	说 明	说 明	位地址和位功能								复位值
ACC*	累加器	E0H	E7	E6	E5	E4	E3	E2	E1	E0	00H
ALXR#	辅助功能寄存器	8EN	—	—	—	—	—	—	—	A0	XXXXXX0B
ABXR#	辅助功能寄存器1	A2H	—	—	—	—	—	—	—	DPS	XXXX00X0B
B*	B 寄存器	F0H	F7	F6	F5	F4	F3	F2	F1	F0	00H
DPTR:	数据指针(双字节)										
DPH	数据指针(高字节)	83H									00H
DPL	数据指针(低字节)	82H									00H
			AF	AE	AD	AC	AB	AA	A9	A8	
IE*	中断使能	A8H	EA	—	ET2	ES	ET1	EX1	EX0	EPS	0X000000B
			BF	BE	BD	DC	BB	BA	B9	B8	
IP*	中断优先级	B8H	—	—	BT2	PS	BT1	PX1	BX0	DPS	XX000000B
			B7	B6	B5	B4	B3	B2	B1	B0	①
IPR*	中断优先级(高字节)	B7H	—	—	BT2	PS	BT1	PX1H	PX0H	PX0H	XX000000B
			87	86	85	84	83	82	81	80	
P0*	I/O口0	80H	AD7	AD6	AD5	AD4	AD3	AD2	AD1	AD8	FFH
			97	96	95	94	93	92	91	90	
P1*	I/O口1	90H	—	—	—	—	—	—	T2BX	T2	FFH
			A7	A6	A5	A4	A3	A2	A1	A0	
P2*	I/O口2	A0H	AD15	AD14	AD13	AD12	AD11	AD10	AD9	AD8	FFH
			B7	B6	B5	B4	B3	B2	B1	B0	
P3*	I/O口3	B0H	RD	WR	T1	T0	$\overline{INT1}$	$\overline{INT0}$	TxD	RxD	FFH
P00N#	电源控制	87H	SM0.01	SM00	—	P0P*	GF1	GF0	FD	10L	00XX000B
			D7	D6	D5	D4	D3	D2	D1	D0	
PSW*	程序状态字	D0H	CY	AC	F0	RS1	RS0	0V	—	P	000000X0B
RACAP2H#	定时器2捕获高字节	CBH							③		00H
RACAP2I#	定时器2捕获低字节	CAH									00H
SADDR#	从地址	A9H							②		00H
SADEN#	从地址屏蔽	B9H									00H
SBUF	串口数据缓冲区	99H									XXXXXXXB
			9F	9E	9D	9C	9B	9A	99	98	
SCON*	串行口控制	98H	SM0/FE	SM1	SM2	REN	TB8	RB8	T1	R1	00H
SP*	堆栈指针	81H									07H
			SF	SE	SD	SC	SB	SA	S9	S8	
TCON*	定时器控制	88H	TF1	TR1	TR0	TR0	IE1	IT1	IE0	IT0	00H
			CF	CE	CD	CC	CB	CA	C9	C8	
T2O0X*	定时器2控制	C8H	TF2	EXF2	RCLK	TCLK	EXEN2	TR2	$C/\overline{T}$	CP/RL2	00H
T2M0D*	定时器2模式控制	C9H	—	—	—	—	—	—	T2BX	DCEX	XXXXXX00B
TH0	定时器高字节0	8CH									00H
TH1	定时器高字节1	8DH									00H
TH2#	定时器高字节2	CDH							④		00H
TL0	定时器低字节0	8AH									00H
TL1	定时器低字节1	8BH									00H
TL2#	定时器低字节2	CCH									00H
TMOD	定时器模式	89H	GATE	$C/\overline{T}$	M1	M0	GATE	$C/\overline{T}$	M1	M0	00H

2.14 清中断标志的位置

可能有人有疑问,中断标志位不是在中断函数中清掉就可以了吗?好像没有什么特殊的地方需要注意。不是这样的,在中断函数中清中断标志位其实也需要一定技巧,清除位置的不同有可能得到不同的结果。

现在我们来进行 UART 通信,为了让通信速率快一点,我们约定 UART 工作在"115200/8/N/1"状态,这个设置每发送一个字节大约需要 87 μs。对通信流程作一些假定,发送方两个字节之间会间隔 50 μs,接收方收到一个字节即刻产生中断,接收中断函数在中断产生后 10 μs 的位置会对 UART 存放接收数据的寄存器进行读操作将数据读出,读到数据后还需要 120 μs 的时间才能将数据保存在指定位置并从中断返回。

接收中断函数代码如下:

```
UartRxIrq()               //一进入中断函数就清除中断标志位
{
  ClearRxIntFlag();       //清中断标志位
  ……                      //其他代码
  RxData = ReadRxReg();   //在进入中断 10 μs 后读接收数据
  StoreData(RxData);      //存储接收到的数据需要 120 μs
}

UartRxIrq( )              //退出中断函数时才清除中断标志位
{
  ……                      //其他代码
  RxData = ReadRxReg();   //在进入中断 10 μs 后读接收数据
  StoreData(RxData);      //存储接收到的数据需要 120 μs
  ClearRxIntFlag();       //清中断标志位
}
```

接收方除 UART 接收中断外再无其他中断。

以图 2.26 流程中发送方发完第一个字节的时间为时间基点:

(1) 0 μs,接收方接收到数据产生 RX 中断请求信号,无其他中断即刻响应 RX 中断进入接收中断函数。

(2) 10 μs,接收中断函数从存放接收数据的硬件寄存器读走数据,此后接收方可以接收新数据。

(3) 50 μs,发送方开始发送第二个字节。

(4) 130 μs,接收中断函数执行完返回。

(5) 137 μs,发送方发完第二个字节,接收方接收到数据产生 RX 中断请求信号,无其他中断即刻响应 RX 中断进入接收中断函数。

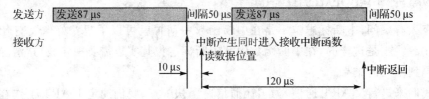

图 2.26　UART 正常中断响应示意图

此时在中断函数中不管是什么位置清中断标志位效果都一样,可以连续接收数据。

现在接收方增加一个定时中断,该中断每 1 ms 产生一次,每次执行需要 20 μs,不考虑中断优先级,在第一个字节被发送完的前 2 μs 接收方碰巧产生了一次定时中断,如图 2.27 所示。

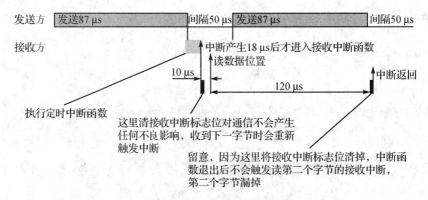

图 2.27　UART 中断处理时间过长示意图

图 2.27 以发送方发完第一个字节的时间为时间基点的流程有所改变:

(1) 0 μs,正在执行定时中断函数,不能即刻响应 RX 中断。

(2) 18 μs,定时中断函数执行完,响应 RX 中断进入接收中断函数。

(3) 28 μs,接收中断函数从存放接收数据的硬件寄存器读走数据,此后接收方可以接收新数据。

(4) 50 μs,发送方开始发送第二个字节。

(5) 137 μs,发送方发完第二个字节,接收方接收到数据产生 RX 中断请求信号。

(6) 148 μs,接收中断函数执行完返回。

在步骤(5)位置如果一进入接收中断就清接收中断标志位,此时会因为硬件接收到第二个字节而再次将接收中断标志位置上,退出接收中断函数后会马上再次进入接收中断函数,这种处理方式对接收没有不良影响,接收方可以读回第二个字节。

但如果是在接收中断函数退出时才清接收中断标志位,就会产生问题,虽然接收方已经成功接收到第二个字节,但中断函数退出时会清掉接收中断标志位,这样接收方就不能再次及时进入中断读取第二个字节,从而单片机漏过第二个字节的读取。

所以在中断函数中清中断标志位的位置确实会对程序运行结果产生一定影响,当然并不是说一定要在最前面还是最后面才对,需要依据实际情况才能定出最佳清除位置。

这个例子发送方是间隔 50 μs 才发送下一个字节,如果把这个间隔变短会是什么情况?从通信流程看,当间隔小于 43 μs 时接收方就不能保证所有数据都能接收到,因为接收方接收一个字节需要 130 μs,如果发送方发送一个字节的时间小于这个数显然会有问题,所以在设计这类通信程序的时候还要保证接收时间小于发送时间。

2.15　键盘扫描

扫描键盘是单片机程序需要完成的一项最基本功能,有许多资料介绍进行键盘扫描的原理和方法,这里不再详述,只是针对键盘扫描中一些需要注意的地方加以强调。

说到键盘扫描都会提及去抖动处理,去抖动的方法有许多,连续多次重复一致、间隔几毫秒两次状态一致都是常用的方法,去抖动最主要的目的是防止串进来的干扰导致误判按键动作,另外就是将按键的按下和松开可靠地区分开,后面一点不会对功能产生明显的不良影响。

这里给大家推荐一种键盘去抖动的处理方法,即用一个变量来记录按键状态,规定该变量为 0 表示按键松开,达到规定值表示按键按下。先将这个变量初始值设为规定值的一半,在程序主循环或者定时中断中循环间隔查看按键状态,松开减一,按下则加一,直到变量到达 0 或者规定值,这种方法一样可以起到很好的去抖效果,而且不需延时等待时间。

当按键非常多的时候常会采用 I/O 口扫描键盘矩阵的方式来实现,这样用比较少的 I/O 口就可以得到足够多的按键。像图 2.28 中的 30 个按键,如果一条 I/O 对应一个按键,需要 30 条 I/O,但做成 5×6 矩阵模式只要 11 条 I/O 就可以满足需求。

如图 2.28 所示,扫描键盘矩阵时 Pn 为输出口,Pm 为输入口,扫描键盘时 Pn.0～4 依次输出高电平。比如当前 Pn.0 输出高,如果最左边一行有键按下对应行的 Pm.x 就能读到 1,否则读到的是 0,要是现在 Pm.3 读到 1,说明键 16 按下。

这种键盘矩阵处理方式存在一个问题,即如果同时按下键 1 和键 2,Pn.0 和 Pn.1 之间是直接短路状态,Pn.0 输出高而 Pn.1 输出低会让两者输出状态产生冲突,所以程序在 Pn.x 输出高之前要先将其他 Pn.y 改为输入状态才能避免冲突的发生。但这样改动后即便没有按键 Pm.x 也能读到 1,程序还要作另外一个处理,Pn.x 分别输出高和低两个状态,对应的 Pm.x 能相应准确读回 1 和 0 才说明有键按下。

继续提问题,为什么我在键盘扫描中输出高和低两种状态,按常理应该只需要输出状态 0 就可以完成按键判断,现在这样做不是多此一举吗?

虽然避免了冲突,不代表没有其他问题。如果同时按下键 1、键 2 和键 6,Pn.0 输出高和低时 Pm.0 和 Pm.1 都能随之读到 1 和 0,判断为键 1 和键 6 按下;Pn.1 输出高和低时 Pm.0

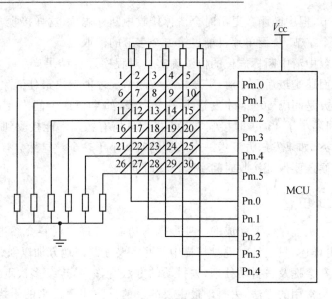

图 2.28　单片机键盘矩阵示意图

和 Pm.1 也都能随之读到 1 和 0，判断为键 2 和键 7 按下。显然这里对键 2 的状态判断是错误的，错误的原因是此时 Pn.0、Pn.1、Pm.0 和 Pm.1 这 4 点形成短路关系。

我们给键盘矩阵加上一些二极管，如图 2.29 所示。扫键程序改为 Pn.x 输出高的同时其他 Pn.y 输出低，现在键被按下的行输入状态会随其所在列输出高低状态相应变化，相互不会产生冲突。再来看看同时按下多个键的情况，依然同时按下键 1、键 2 和键 6，Pn.0 输出高和低时 Pm.0 和 Pm.1 都能随之读到 1 和 0，判断为键 1 和键 6 按下，Pn.1 输出高和低时只有 Pm.1 能读到 1 和 0，Pm.0 现在变为读到的状态都为 0，可以正确判断出键 7 未按下。

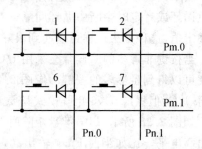

图 2.29　键盘矩阵二极管保护示意图

所加的二极管有多个按键同时按下时不会形成短路关系，保证行列扫描的时候只有当前列输出可以通过按键传递到按键所在列，不至于产生误传递。从电路可靠性来讲，加上二极管还是比较重要的，可是许多有经验的硬件工程师都不知道这个风险。但加二极管会让成本有所增加，如果不需要支持多个按键可以不要二极管，当程序检测到有多个按键的时候判定按键无效。

键盘扫描还可以用电阻分压然后用 ADC 测量电压来区分按键，如图 2.30 所示。

SW5 单独按下，$U_{adc}=0$ V；

SW6 单独按下，$U_{adc}=1$ V；

SW7 单独按下,$U_{adc}=2$ V。

按下不同键 ADC 测量到的电压会不相同,从而判断是哪一个键按下。但这种方式多个按键被按下的时候会出错,所以不支持多按键模式;另外,因为电阻阻值大使得按键按下或者放开的时候有一个比较明显的充放电过程,所以对去抖动的处理要比普通按键要求

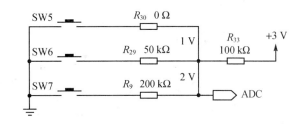

图 2.30 电阻分压键盘示意图

严格,否则会测到按下或松开按键的中间过程导致键值判断出错;应用接触电阻小的金属按键,不要用导电橡胶,不然导电橡胶在似按非按的状态下会产生一个比较大的接触电阻,从而导致电阻分压和理想状况出现比较大的差异而出错。

2.16 视觉暂留

视觉暂留是人的一种生理现象,物体消失后在视网膜上的影像还能持续一段时间,很简单的例子就是手慢慢地动我们可以将手看得很清楚,如果手快速挥动我们则看到手变出许多虚影,这就是视觉暂留现象,人们利用视觉暂留特性发明了电影、电视等给生活带来无限精彩的产品。

单片机做显示的时候也可以利用视觉暂留特性,给出一个用单片机控制数码管显示的例子。

常见数码管有 8 条引脚,其中 7 条引脚分别对应用于显示的 7 个 LED,另外一条引脚是公共脚,根据共阴、共阳的类别另外的这条引脚选择接地或电源。图 2.31 中 7 个 LED 编号为 a~g,bc 点亮显示 1,而 abged 点亮显示 2,依次类推可以显示出 0~9 这 10 个数字,还可以显示出其他状态来表达特定信息。

用 2051 单片机做一个显示时间的产品,要求可以显示时、分、秒的时间,数码管采用共阳类型,如果不利用视觉暂留,每个数码管需要 8 条 I/O 来进行控制,6 个数码管总共需要 48 条 I/O,就需要另外增加器件对 2051 进行 I/O 扩展。但如果利用视觉暂留特性,我们不用增加任何器件,将数码管控制 LED 的 7 条引脚并联在一起,另外再用 6 条 I/O 分别控制每个数码管的公共极,当控制 LED 的 I/O 输出时,只有公共极被选中的数码管才会被点亮,如图 2.32 所示。

我们已经知道视觉暂留的时间会超过 0.1 s,显示程序按时、分、秒的顺序依次显示这 6 个数码管,每个数码管显示 0.01 s 后就切换到下一个,当显示到第 6 个数码管时第一个数码管还只显示结束 0.05 s,视觉暂留效应让人察觉不到第一个数码管停止输出显示,此时人眼感觉第一个数码管仍然保持输出显示,接下来循环再次显示第一个数码管,这样就可以让人感觉 6 个数码管好像在同时输出一样。

图 2.34 中的数码管显示方式虽然可以节省 I/O 口,并不是没有不足,因为是 6 个数码管

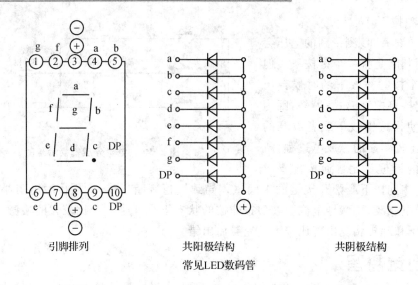

常见LED数码管

图 2.31 数码管示意图

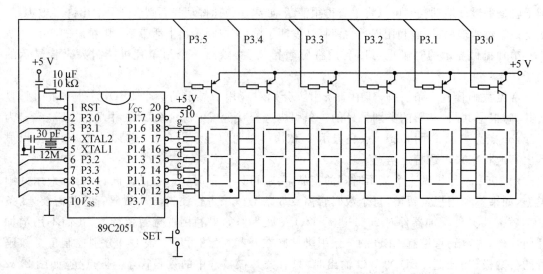

图 2.32 数码管利用视觉暂留应用示意图

轮流显示,这样平均到单个数码管的显示时间只有 1/6,所以在亮度上会有一定下降,虽然我们可以用加大电流的方式来提高亮度,但这么做对器件的寿命会有负面影响。

2.17 让耳朵优先

生活中常用耳聪目明这样的词来形容一个人听觉和视觉敏锐,实际上人的听觉和视觉的敏锐度除了人与人之间存在差异外,正常人的听觉敏锐度和视觉敏锐度也有比较大的差异,人的听觉要比视觉灵敏许多。

视觉暂留特性告诉我们视觉存在着比较大的惰性，对于变化达到几十 Hz 的图像，视觉就已经跟不上响应速度，而听觉不一样，经验告诉我们普通人对几十 kHz 的声音变化都能察觉到，电影和电视只要每秒输出几十帧画面就会让人觉得图像流畅，而随声听、MP3 则需要 44.1 kHz 的声音输出才能让人察觉不到明显失真。

既然人的听觉要灵敏，那么当用单片机来同时处理音频和视频数据的时候应该优先音频，最大可能地保证音频时间轴和实际情况一致。单片机也为用户考虑了这一点，通常情况下有关音频处理的中断优先级要比视频高，有的甚至把音频处理的中断优先级放到最高来保证音频处理的实时性。如果你用的单片机系统需要同时处理音频和视频，现在速度不够，请记住先牺牲视频性能以保证音频性能。

人的视觉还有一些有意思的特性，对亮度敏感而对颜色迟钝，一张照片如果把亮度提高，人就会产生这张图片非常清晰的错觉。你可以自己做个小实验来验证一下视觉的这个特性：一张白纸上画一条黑线，另外一张彩纸上面用其他颜色画一条同样粗细的线（比如黄纸上画绿色的线），两张纸并排贴在墙上，然后逐渐远离纸张，你会发现彩色的线看不清楚的时候黑线依然很清楚。如果懒得做实验，回想一下，在月光下是不是彩色都消失了？

2.18　1 000 与 1 024

单片机（计算机）采用二进制来进行数据处理，而人们日常生活中是采用十进制来进行数字表达，如果想要单片机和人一样用十进制来处理数据，从技术上说目前无法实现，如果要人都去适应单片机的二进制，那要颠覆人们上千年的计数习惯，基本上是异想天开。实际上我们并不是非要共用同一种进制才行，单片机用它的二进制，人继续自己的十进制，是"独木桥"和"阳关道"的关系，两者并不冲突。之所以提出这个问题，是因为技术的发展中出现了一些容易混淆的地方。

人们用小写字母 k 来表示千，1 000 就是 1k，单片机也有它的 K，不过因为二进制的原因，它的 K 不是 1 000 而是 1 024（2^{10}）。单片机用 1 024 作为它的 K"有其苦衷"，数字电子技术只有 0 和 1 两种逻辑状态，这样决定了单片机无论是数据运算还是存储都是以 2 的整数次方为单位最为方便。如果一定要把 1 000 当作单片机的 K，会给单片机在数据运算和存储方面带来许多不便，就好比银行将钱以一扎 10 000 元捆起来以便清点，你坚持一扎是 10 001 元也行，只怕银行职员会恨死你，正是这个原因，单片机选了一个和 1 000 最为接近而且是 2 的整数次方的数 1 024 当作 K。

单片机会将一些理论实用化，可从事理论研究的人都是用数学方法来进行理论分析，这样决定了理论出来的结果都是以十进制进行数字表达，当把这些理论用到单片机上去的时候矛盾就会显现出来。

语音处理是单片机经常会用到的一项技术，最简单的应用是播放数字化的语音信息，原本是连续的模拟语音信号经过数字化转换得到离散的数字语音信息。数字化是对模拟信号等间隔离散采样,这个间隔被称为采样率。采样率越高,数字语音信息就和原始模拟语音信号越接近,同样的信号所得到的数字信息也越多。实际应用中总是期望数字信息越少越好,以免对实际应用的处理能力构成负担,如果采样率过高实际应用中会处理不过来,可采样率太低失真又会过大。

于是从事基础技术的人员开始研究人对不同采样率得到的数字语音信息的感觉差异,通过研究了解对话音、声效、音乐各需要多高的采样率人耳才可以接受,他们的分析结果对采样率描述是用 k 来表示,比如 8k 采样率就是一秒采样 8 000 次。

可单片机处理和存储数据的 K 是 1 024,在程序里面如果说 1K 数据表示 1 024 个数据,8K 数据则是 8 192 个数据,和理论研究中的采样率 8k 表示的 8 000 并不相同。这个不同让不少人混淆,最常见的就是把采样率 8k 当成每秒采样 8 192 次。

晶振用的兆(M)也存在同样的问题,频率 1 MHz 的晶振频率是 1 000 000 Hz 而不是 1 024×1 024 Hz,不过有个特例,32 kHz 的晶振是 32 768 Hz(也有人表述为 32.768 kHz)。

在用单片机进行产品开发时,一定要留意到这一点。如果把采样率和晶振频率的 k/M 与单片机数据处理和存储的 K/M 混淆在一起,表面上看可能所编写的程序功能正常,但实际上在时间方面会出现大约 2.4% 的偏差。例如,播放 8k 采样率声音每一秒输出 8 192 个数据就会让回放的声音比实际要快一点,听起来会觉得音调变高。

2.19 PWM

我们知道交流电经过变压器降压后再通过整流桥整流可以得到输出波形全为正弦波正半周的连续波形,如图 2.33 所示。

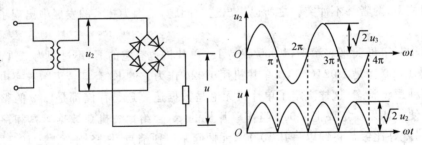

图 2.33 交直流整流示意图

如果在整流桥输出端加上一个大的整流电容,因为电容的充放电效应使得原来的正弦波正半周变成上下起伏的锯齿波,负载电阻越小,锯齿波的上下波动幅度越大,如图 2.34 所示。

将 U_2 变成方波,负载电阻两端的电压还是锯齿波,只是上升和下降的速度发生了一些变化,如图 2.35 所示。

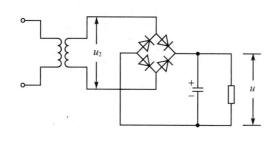
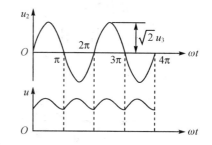

图 2.34　带滤波电容交直流整流示意图

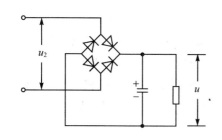
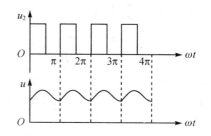

图 2.35　方波整流示意图

　　U_2 为方波的方式就是 PWM 用在电源管理上的一种表现形式。在周期不变的情况下，如果方波输出高电平的比例越大，锯齿波上升部分就越多，从而电压的平均幅度越高，如果整个周期都输出高，在不考虑负载影响的情况下电容两端的电压等于方波的幅度。如果将周期变短，锯齿波上升和下降时间也随着变短，锯齿波电压波动的幅度随之变小。

　　对比图 2.34 和图 2.35 所示的波形可以发现，方波与交流信号存在一些不同，方波不会出现小于零的电压。这样对于方波电路，实际上我们可以把图 2.35 所示的二极管整流电路去除，在负载两侧会得到几乎完全一样的波形，这就是 PWM 调压的原理。

　　PWM 是输出一个周期和占空比可调的方波，如果将这个方波用于控制电源可以得到一个输出平均幅度与占空比成正比、波动幅度和方波频率成反比的电源，如图 2.36 所示。开关电源就是用此原理来实现的，开关电源的控制芯片会尽量让自己的工作在比较高的开关频率下，这样可以使其输出纹波（锯齿波电压波动）变小。

　　注：占空比是方波高电平在一个周期中所占的比例。

　　用 PWM 信号控制一个电源控制开关可以得到输出电压大小和占空比成正比的电源，虽然 DAC 也可以输出与数字对应的电压，但这个电压驱动能力很弱，要想提供比较大的驱动能力实现起来很难，但 PWM 很简单，只要用三极管等作为开关控制元件就可以向后面的大负载提供电源。对电源的控制实际上也是对输出功率的控制，所以 PWM 在马达转速、灯光亮度这类控制上有着广泛的应用。

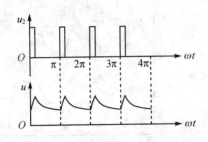
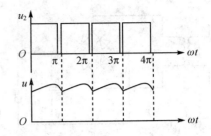

图 2.36　PWM 效果示意图

2.20　单片机与虚拟机

工业控制领域常会用到可编程控制器(PLC)，除了传统电子行业的软硬件工程师，工业控制行业 PLC 也是电子专业毕业生的一大去向。不少高校都会把单片机和 PLC 作为专业课，正是这种设置让刚工作的人困惑，从实际用法和功能上来看，单片机和 PLC 好像没有什么区别，可是从教学和应用看却又明确地分为两类，工作中一个从事单片机的人基本不可能换去 PLC 领域，反之亦然。

其实可以将 PLC 理解成单片机的一类特殊应用，PLC 主要用在工业控制领域，因为工作环境相对恶劣，所以需要具备良好的抗干扰能力，而且工业控制领域的控制信号常常是大电压、大电流，需要在这些方面作出特殊处理，才能保证控制器稳定工作。

虽然 PLC 主要用在工业控制领域，其实我们在日常生活中也会经常碰到，比如许多电梯的控制就是用 PLC 来实现的。从事单片机工作但对 PLC 不了解的朋友想一想，电梯的控制从表象看是不是用单片机也能实现呢？之前你是不是误认为电梯都是用单片机来控制的？

我们不能说 PLC 就是单片机，不过确实有一部分 PLC 是用单片机实现的，比如三菱的 PLC，但大部分是采用专用逻辑芯片来实现的。不过就算是专用逻辑芯片，工作原理和方式我们都可以将其等效为单片机的应用。PLC 编程通常采用梯形图方式，梯形图只是 PLC 程序的一个人机对话界面，按照一定规则将控制信号的逻辑关系用图形方式表达出来，在内部还是用数据来表示不同的操作。

我们可以用单片机来做 PLC，像前面提到的三菱的 PLC，就有认识的人用单片机做出兼容版。用三菱的梯形图工具编好 PLC 程序，下载到他的单片机仿三菱 PLC 中，一样可以实现同样的控制功能。他的具体做法是，先将 PLC 程序数据格式弄清楚，知道每个数据对应什么操作，单片机系统带有一个存储器，用来存储 PLC 程序数据，单片机程序顺序读存储器中的 PLC 程序数据，并依照功能对照表作出相应操作。

这里用单片机实现 PLC 可以理解为虚拟机，实现的细节不是三言两语能说清楚的，所以我不作过多解释，有兴趣的朋友可以就此问题和我单独进行探讨。虚拟机是个好东西，最大的优点就是跨平台，在我看来这一定会成为将来单片机技术发展的一个重要方向。计算机的

JAVA 语言就是虚拟机的成功典范，正是当年微软公司弃用 JAVA，最终导致了 WINCE 不被智能手机青睐的"苦果"。

实际上虚拟机的概念并不新鲜，在 BASIC 语言中就能找到虚拟机的影子，虚拟机最大的缺点就是采用解释执行方式效率非常低下，据说只有 C 语言的 1/60，在计算机速度有限的 20 世纪 90 年代，BASIC 语言对跨平台支持的优点完全被忽视，最终走上被淘汰的末路，相较 JAVA 真可谓是"同人不同命"。

从我的理解，只要是需要由程序先解释后执行的处理都可以看作虚拟机。还是从单片机实现 PLC 来了解虚拟的具体过程，显然梯形图得到的 PLC 程序不能直接被单片机执行，必须经过一系列特定处理才能得到期望的结果。假定单片机用 IO1 来控制该外部继电器 J，IO1 输出高时外部继电器 J 闭合，让我们来看一下单片机虚拟 PLC 闭合外部继电器 J 的步骤。

（1）单片机从存储器读出当前的 PLC 程序数据。
（2）单片机分析读到的数据，通过功能映射表知道对应操作为 IO1 输出高。
（3）单片机 IO1 输出高，驱动外部继电器 J 闭合。
（4）单片机读下一组 PLC 程序数据。

可能有人会有疑问，用单片机虚拟解释执行 PLC 程序会不会速度不够快？现在就是一个不到一元的单片机，都可以达到几 MHz 的主频，而 PLC 控制的对象一般只要达到毫秒级的响应速度就可以，所以速度完全够用。

现在一些对稳定性要求不高的控制产品，基于成本因素，已经出现用单片机进行替代的趋势。像这个单片机仿三菱 PLC，就是用于一些原来采用三菱 PLC 的控制产品，现在改用单片机仿造品进行维修替换，从而降低维护成本。

有一款游戏机，开发时是采用芯片厂商共同开发模式，芯片厂商依据产品的需求对芯片作出针对性设计，在芯片设计阶段合作方同时启动游戏机产品的开发。这是风险与机会并存的方式，芯片厂商在芯片设计阶段就可以通过合作方的产品开发进行深入测试，合作方则可以在芯片厂商的支持下先人一步实现新的产品概念。

这种合作方式芯片厂商会给合作方一个非常优惠的价格，只要芯片开发成功，典型客户同时随之产生，芯片厂商的后续市场推广会容易许多；合作方则是在产品价格、上市时间等方面都占尽先机，可以保证自己的产品具有足够的竞争力。不过这种方式会让产品失败的几率增大，毕竟芯片是新设计的，谁都不能保证实际效果能达到预期，而产品是按芯片的预期指标进行设计，只要芯片功能出现一点问题，就有可能导致产品设计概念的更改，甚至导致产品开发失败。

该游戏机的芯片开发并没有出现致命问题，合作方产品如愿上市，市场反响也都不错。不过人算不如天算，金融海啸"不请自到"，电子行业更是首当其冲，纷纷减产限量，谁都没有胆量大笔投入到新产品开发中。该芯片只能说是"生不逢时"，就是性能再好也没有更多的厂家敢用，单凭一个合作方肯定是无法达到理想的市场份额，虽然在设计上具备一些特性，和其他正在大量使用的芯片还是有许多功能重复，这样芯片厂商只能是选择产品线合并，放弃对该芯片的后续开发。

　　这样对于开发游戏机的合作方问题也随之而来，所用的芯片因为后面没有其他厂家使用，无法保证芯片采购价格逐年下降，当产品的功能对消费者的新鲜感消退，成本偏高就会让产品的市场竞争力急剧下降。要解决这个问题只能是找出低成本的后续方案，芯片厂商非常清楚这一点，为了避免与合作方产生纠纷，让双方继续保持良好的关系，芯片厂商建议合作方换用其他芯片，价格当然也比别人要优惠。

　　其实换芯片开发新游戏机难度不大，头疼的是已经生产了许多游戏卡，你不能对消费者说我们换了内部芯片，原来的卡在新机器上不能使用。所以摆在面前的难题是要找到一个方法兼容原来的游戏卡，而且是百分之百兼容。

　　在我看来，游戏机开发方一个伟大的创想就此诞生，用新的单片机平台开发出一套虚拟机，对原平台的游戏程序进行解释执行。新平台开发的同时继续用老平台用于生产，游戏卡则是始终在老平台上进行编写，这样既不会影响产品的生产，又能找出后续的低成本替代方案。

　　原有的芯片是 ARM 内核，程序选用 THUMB 模式，这一点让虚拟机的工作减轻不少，总共只有六十多条指令需要进行模拟。其具体做法是，在新平台上虚拟创建一个 ARM 内核，所有的寄存器都对应有内存变量来表示，并分配相应的内存空间给游戏程序。虚拟机启动后从游戏卡依次读出 ARM 指令，然后根据指令内容对虚拟出来的寄存器进行设置，判断处理也是针对这些虚拟的寄存器进行的；如果需要申请内存空间给变量，就从分配给游戏程序的内存空间中申请，位置由虚拟地址决定；至于程序指针和堆栈，也都是通过内存变量进行设置和管理。

　　简单地说一下虚拟机执行程序的方式：

- 以虚拟程序指针的值为地址从游戏卡读一条指令回来。
- 虚拟程序指针加一。
- 分析读回的指令内容并解释执行。
- 设置受指令影响的虚拟寄存器。
- 如果是函数调用和跳转指令将虚拟程序指针内容改成新地址。
- 以虚拟程序指针的值为地址从游戏卡读下一条指令。

　　就是这一创想，让原认为不可能的事情变成了现实，当然中间过程绝不是我说的这么简单。例如，对于中断的处理就比较麻烦，因为当前只是虚拟 ARM 指令的执行，对于硬件的特性不是采用直接虚拟的方法，虚拟硬件无法达到所要求的速度，而且需要虚拟的工作寄存器太多，新平台无法提供足够的资源用于硬件虚拟。解决的方法是将中断等由硬件决定的功能函数直接移植到新平台上，虚拟机一旦检测到这些函数的调用，会转去执行新平台对应的函数，从而保证速度够快。

　　限于篇幅，对虚拟机的讨论只到这里，本节的目的并不在于告诉你如何去实现虚拟机，只是想告诉你虚拟机作为一种"时髦"的技术，已经延伸到单片机之中，我们可以利用其原理来实现一些看起来不可思议的想法。

第 3 章
单片机高级特性

时至今日,单片机的技术已经发展到前所未有的高度,PC 流行大旗刚刚树起的 20 世纪 90 年代,主频终于突破 100 MHz,简称 586 的奔腾一代开始用软解压向人们"结结巴巴"地演示多媒体的未来,就是 Intel 自己也为这一进步激动不已,从此电视广告中"Beng Beng Beng Beng"的旋律成为 Intel 的象征。

让我们来看看当时让 Intel 如此激动的奔腾计算机的"模样":
- 1996 年;
- 100 MHz 主频 Intel Pentuim CPU;
- 16 MB 内存;
- 1 MB 显存显卡;
- 850 MB 硬盘;
- 14 in(1 in＝0.025 4 m)彩显;
- 大概需要 8 000~10 000 元。

再来看一看现在 iPhone 使用的三星 64xx 的 MCU(以某开发板为例):
- Samsung S3C6410,ARM1176JZF‐S 内核,主频 533 MHz/667 MHz;
- 128 MB DDR RAM;
- 256 MB NAND Flash;
- 2 MB NOR FLASH;
- 100 Mb/s 以太网接口;
- USB HOST 接口;
- USB Device 接口;
- AC97 接口;
- 双高速 SD 卡接口;
- 双 LCD 接口;

第3章 单片机高级特性

- VGA 接口；
- TV OUT 接口；
- S-VIDEO 接口；
- 双摄像头接口；
- 2D/3D 硬件加速；
- 带 800×480 的低成本液晶屏开发板成本为 300~400 元。

只要简单对比就可以知道今天的高端单片机在性能方面已经远超当年的奔腾计算机，单片机要发展到这一步肯定不能拘泥于早期单片机技术框架之中，需要不断引入新技术，这些技术有可能是早期计算机才能采用的"贵族"技术，随着技术的不断进步才逐渐"平民化"为单片机所用，这一章让我们来一起了解单片机的这些高级技术。

本章的内容如果你看不明白并不要紧，你糊里糊涂地看就行，知道有这么回事，等到有一天你面对这些技术突然有恍然大悟的感觉时再回来与你的理解作对比。

3.1 Cache

首先得清楚什么是 Cache，Cache 是英文中对高速缓存系统的称谓，Cache 的概念在硬件和软件中都存在。这里我借鉴他人的一个例子来解释 Cache 的作用：软件高速缓存的作用产生于人们使用数据不平均时，我们虽然常常拥有大量数据，但最经常使用的往往只有其中一小部分。例如，国标汉字不到 7 000 个，但经常使用的只有 2 000~3 000 个，其中几百个又占了 50% 以上的使用频率，如果将这几百个放到存取最快的地方，就可以用很小的代价大大提高工作效率。我们知道内存的存取速度比硬盘快得多，程序一起启动我们就将常用几百个字模装入内存指定区域，当使用这部分字的时候直接从内存取字，其余的才会去读硬盘。我们知道内存的读取速度为硬盘的数万倍，假设我们有一本书需要显示，预装几百个字模到内存指定区域的方法差不多将平均读取速度提高一倍，如果将预装的字模数增加到常用 2 000~3 000 个，读取速度甚至可以提高 10 倍。

这里我们要说的 Cache 是指一种用来加速存储器读/写操作的硬件存储器，像买计算机时常说的一级高速缓存/二级高速缓存就是 CPU 内部的这种硬件存储器，和软件高速缓存比虽然是两种不同的方式，但其作用是一样的，都是为了提高读/写速度。

可能有人会有这样的疑问，明明 RAM 已经是一种存取速度非常快的硬件，为什么还需要 Cache 呢？虽然现在的 RAM 可以提供超过 100 MHz 的读/写频率，但这个速度同 CPU 的处理速度相比并不存在优势，甚至远小于 CPU 的处理速度，像 S3C6410 工作在 667 MHz 主频下，就是一条需要 4 个周期的指令执行也只需要 6 ns，而 RAM 的读/写时间需要 10 ns，显然 RAM 的速度无法满足 CPU 的高速处理要求。

如何解决 CPU 与 RAM 之间的这种速度差异问题？通常会采用下列方法：

(1) 在基本总线周期中插入等待，当 CPU 需要读/写 RAM 数据的时候，先向 RAM 发送读/写命令,再等待 RAM 处理好总线数据来完成读/写操作,这样做显然会浪费 CPU 的能力,好比我们设计了速度可以达到 120 km/h 的汽车,可公路却限速 60 km/h,这样再好的汽车也无法跑出快的速度来。

(2) 采用存取时间较快的 SRAM 或其他新型存储器材做存储器,这样虽然解决了 CPU 与存储器间速度不匹配的问题,却大幅提升了系统成本。另外还有一个问题,大容量 RAM 作为外部器件,需要通过外部连线将其与 CPU 连接起来,这些外部连线因为分布电容等问题使得 RAM 与 CPU 之间的最高传输速率有限制,如果对 PCB 布板要求过高不利于生产推广,所以即便是新型存储器也不能完全解决问题。

(3) 在慢速的 RAM 和快速 CPU 之间插入一个速度较快、容量较小的 SRAM,起到缓冲作用,使 CPU 既可以以较快速度存取 RAM 中的数据,又不使系统成本上升过高,这就是 Cache 法。目前一般采用这种方法,它是在增加少量成本的前提下,使 CPU 性能提升的一项非常有效的技术。

当然 Cache 的实现并不是简单地插入一块小容量高速存储器那么简单,是基于程序统计规律并通过一系列复杂控制技术才得以实现,而且它并不是万能的,同样存在缺陷,后面我们会详细讲述这些细节。

先看一下 ARM 关于存储器的结构图,如图 3.1 所示。

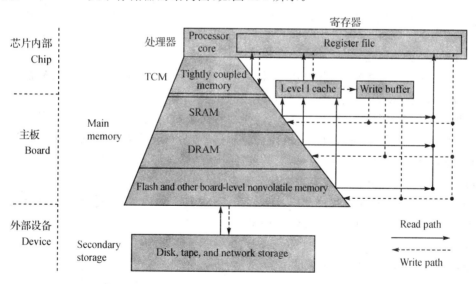

图 3.1　ARM 存储器示意图

1. TCM(摘自 ARM 论坛)

TCM 是一个固定大小的 RAM,紧密地耦合至处理器内核,提供与 Cache 相当的性能,相比于 Cache 的优点是,程序代码可以精确地控制什么函数或代码放在哪儿(RAM 里)。当然

第3章 单片机高级特性

TCM永远不会被踢出主存储器,因此,它会有一个被用户预设的性能,而不是像Cache那样使统计特性的性能提高。

TCM对于以下几种情况的代码是非常有用,也是需要的:可预见的实时处理(中断处理)、时间可预见(加密算法)、避免Cache分析(加密算法)或者只是要求高性能的代码(编解码功能)。随着Cache大小的增加以及总线性能的提升,TCM将会变得越来越不重要,但是它提供了一个让你权衡的机会。

那么,哪一个更好呢?它取决于你的应用。Cache是一个通用目的的加速器,它会加速你的所有代码,而不依赖于存储方式。TCM只会加速你有意放入TCM的代码,其余的其他代码只能通过Cache加速。Cache是一个通用目的解决方案,TCM在某些特殊情况下是非常有用的。假如你不认为需要TCM的话,那么你可能就不需要了,转而加大你的Cache,从而加速运行于内核上的所有软件代码。

从图3.1可以看出Cache位于芯片内部,通过内部总线与CPU相连。图3.1中自上而下的存储器离处理器越远读/写速度就越慢,Cache本质也是SRAM,只是对其增加了一些特殊的读/写控制方法。同样是SRAM,受外部总线的影响,片外SRAM的读/写速度比片内要慢。Cache是不能独立当作存储器使用的,对于程序员来说,它并没有相应的地址可以进行访问,只是处理器提供了一些控制指令可以让程序员对Cache进行控制方法的设定。针对某些特殊应用芯片厂商会在芯片内部另外放置一小段SRAM,这段SRAM对于程序员来说就有特定的地址与之对应,程序可以当作普通RAM进行读/写。

2. Cache的工作原理

通常程序代码都是连续的,代码执行时是一条接一条地连续执行;程序中跳转操作所占的比例并不高,即便是跳转指令,大多数时候跳转的距离都不会太远;指令地址的分布本身是连续的,像程序中的循环体要重复执行多次,这样在一个较短的时间间隔内,由程序产生的地址往往集中在存储器地址空间的很小范围内。基于这些理由,程序对地址的访问具有时间上集中分布的倾向,对大量典型程序运行情况的统计分析结果验证了这一点。

数据分布的这种集中倾向没有程序代码明显,程序中的数据读/写操作虽然大多数时候也是处在相邻区域,但间距大过程序代码几率要高,不过数组的读/写还是会让存储器地址相对集中,下面通过一小段程序来看看数组的情况。

```
UINT32 i;
UINT32 data_buf1[1024];
UINT32 data_buf2[1024];
for(i = 0;i<1024;i ++)
{
    data_buf1[i] = i;
}
for(i = 0;i<1024;i ++)
```

```
{
    data_buf2[i] = data_buf1[i];
}
```

假定样例代码中的变量 i 和数组 data_buf1[ ] 与 data_buf2[ ] 分布是连续的,两段循环代码我们可以肯定是连续分布。

第一个循环:

```
for(i = 0;i<1024;i++)            //需要读写 i
{
    data_buf1[i] = i;             //顺序写数组 data_buf1[ ]的每一个成员
}
```

很明显循环体的代码量非常小,执行这段代码完全满足代码地址在一小段区域之内的要求。对数据的读/写则有点不同,当 i 在 0 附近时,data_buf1[i]=i 的操作 RAM 地址间隔并不大;但当 i 逐渐增大的情况就发生了变化,随着 i 的增大间隔也同时增大。比如 i 为 1 000 时,按照假定条件 i 与写 data_buf1[1000] 在 RAM 中的位置间隔有 4 000 字节,显然这 4 000 个字节已经比较大,如果数组大小从 1 024 变为 1 024×1 024,间隔会变得非常大。

第二个循环:

```
for(i = 0;i<1024;i++)            //需要读写 i
{
    data_buf2[i] = data_buf1[i];  //顺序读写数组 data_buf1[ ]和 data_buf2[ ]的每一个成员
}
```

和第一个循环相比,对数据在 RAM 的读/写跳跃间隔要大,每一次循环都需要在两个数组之间进行切换,这样跳跃的间隔为 4 096 字节(等于数组的大小),变量 i 与数组 data_buf2[ ] 之间的间隔也全部超过 4 096 字节。

Cache 的工作原理正是基于程序访问的局部性来实现的,如果把较短时间间隔内的代码从外部 RAM 放到作为内部 Cache 的 SRAM 中执行,这段代码显然会因为不需要等待外部 RAM 的存取操作而获得更高的执行效率。不过 Cache 的容量有限,只能放置少量的代码,还需要通过某种方法让整个程序都是在 Cache 中执行才有实际意义。通过前面两个循环的分析,可以看出 Cache 对于程序代码的效果总体上要优于数据。

Cache 的实现思路并不复杂,处理器硬件不断地将与当前代码相关联的一小段后续代码从 RAM 中读到 Cache,然后再交给 CPU 高速处理,从而达到速度匹配。CPU 对存储器进行数据请求(包含代码执行和数据读/写)时,通常先访问 Cache,但前面的分析我们知道由于局部性原理并不能保证所请求的数据百分之百在 Cache 中,这里便存在一个命中率,即 CPU 在任一时刻从 Cache 中可靠获取数据的几率。

命中率越高,正确获取数据的可能性就越大,命中率和 Cache 的容量是成正比的。通常

第3章 单片机高级特性

Cache 的容量比 RAM 的容量小得多，从成本考虑，Cache 的容量越小越好，最好是不用，但 Cache 太小会使命中率低。站在最大发挥 CPU 功效的角度，最好是能达到 100% 的命中率，这样就希望 Cache 的容量尽可能地大，但过大不但会增加成本，而且因为命中率和容量之间不是线性比例关系，当容量超过一定值后，命中率随容量的增加将会变得不明显。

只要 Cache 空间与 RAM 空间在一定范围内保持适当比例的映射关系，是可以保证 Cache 的命中率达到一个比较高的比例的。统计分析的结论告诉我们，当 Cache 与 RAM 的空间比例关系在 1:256 时，即 4 KB Cache 映射 1 MB RAM，既能得到较高的命中率，又不至于因为 Cache 导致成本上升太多。在这种情况下，命中率可以达到 90% 以上；至于没有命中的数据，CPU 只好直接从内存获取，获取的同时也把它复制进 Cache，以备下次使用。

图 3.2 为一种简单的 Cache 控制方式，CPU 从 RAM 存取数据（包括程序代码和程序数据）时均通过 Cache 进行，Cache 分成 3 块，块 B 对应当前程序指针所在的区域，块 A 和块 C 则分别对应其前后的相邻区域。通常程序不会产生大距离的跳转，所以程序大部分情况下一条指令所在位置都会位于这 3 个区域之中，当程序运行到程序指针换区位置时，硬件会自动更新 Cache 的映射状态，这样就能继续保持程序指针指向 Cache 中间块。

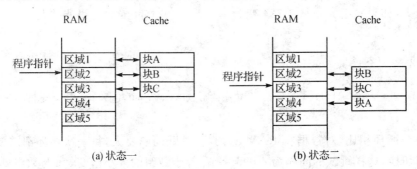

图 3.2　Cache 映射示意图

图 3.2 中状态一到状态二是程序指针从 RAM 的区域 2 换到区域 3，此时硬件自动将块 A 原本映射区域 1 的内容释放，改为装载区域 4 的内容并建立映射关系。虽然这个更新过程让外部 RAM 同步好数据需要一定时间，但当前程序指针所指向的块自己有一定空间，可以在执行这部分程序的同时实现更新，这样当 CPU 需要区域 4 中的内容时，区域 4 中的内容已经更新到 Cache 的块 A 中。

这种简单的 Cache 控制方法在效果方面不是特别理想，对于 CPU 存取数据的地址跳转情况没有给出一个比较好的应对方法，对于一些特殊的程序模式命中率会比较低。

```
if(flag == 1)
{
    func();
}
```

```
flag = 0;
```

   这段代码中的条件执行效果就会不怎么好，程序会依据 flag 的值选择是继续执行还是调用函数 func()，通常函数放在与当前所执行代码有一定间隔的地方，当程序选择执行函数 func()时，就会出现没有命中的情况。

   对于这种效果不理想的情况并非没有应对良策，正常编写的程序肯定会满足局部集中性的规律，除非写出的全是跳转的"变态"程序。如果将 Cache 的分块分得更为精细，每一块的空间尽可能地变小，所映射的区域不要求必须连续，而是通过某种方法预测知道后面执行代码的可能位置，提前将这些位置所在的区域建立映射，同样还是可以有效地保证高命中率。

   例中代码执行完 if(flag==1)语句后有两种可能：一是调用函数 func()，二是执行 flag=0。什么方法可以让我们知道这两种可能的存在呢？现在我们通过眼睛看代码一下就可以知道，如果能让 CPU 做到这一点自然也就可以实现。一种叫流水线的技术实现了我们的期望。这种技术既可以避免 CPU 需要取指、译码、执行步骤需要依次进行而产生的时间等待，又能在一定程度上解决程序跳转使得 Cache 没有命中问题。在进行 if(flag==1)比较之后肯定是一条条件转移指令，流水线技术在执行比较之前就可以知道当前比较指令之后是跳转指令，提前将两种可能地址的内容都用 Cache 的精细小块建立起映射关系，这样无论程序比较结果是哪一种都能保证后续的代码已经映射到 Cache 之中。

   当然要真正做到这一步并不是我所说的那么简单，需要一系列的复杂技术才可以实现，这里是为了便于大家理解而作出的最简解释，如果想完全理解有关 Cache 的实现技术，还需要大家自己查阅相关资料，接下来为大家介绍一些 Cache 的技术要点。

   1) Cache 的基本结构

   Cache 通常由相联存储器实现，相联存储器的每一个存储块都具有额外的存储信息，称为标签(Tag)。当访问相联存储器时，将地址和每一个标签同时进行比较，从而对标签相同的存储块进行访问。如果地址没有找到与之匹配的标签，则需要将原有的标签按一定规则丢弃一个，然后将其映射到新地址。

   Cache 的 3 种基本结构如下。

   (1) 全相联 Cache。

   在全相联 Cache 中，存储的块与块之间，以及存储顺序或保存的存储器地址之间没有直接的关系。程序可以访问很多的子程序、堆栈和段，而它们位于主存储器的不同部位上。

   因此，Cache 保存着很多互不相关的数据块，Cache 必须对每个块和块自身的地址加以存储。当请求数据时，Cache 控制器要把请求地址同所有地址加以比较，进行确认。

   这种 Cache 结构的主要优点是，它能够在给定的时间内去存储主存储器中的不同的块，命中率高；缺点是，每一次请求数据同 Cache 中的地址进行比较需要相当的时间，速度较慢。

   (2) 直接映像 Cache。

   直接映像 Cache 不同于全相联 Cache，地址仅需比较一次。

在直接映像 Cache 中，由于每个主存储器的块在 Cache 中仅存在一个位置，因而把地址的比较次数减少为一次。其做法是，为 Cache 中的每个块位置分配一个索引字段，用 Tag 字段区分存放在 Cache 位置上的不同的块。

单路直接映像把主存储器分成若干页，主存储器的每一页与 Cache 存储器的大小相同，匹配的主存储器的偏移量可以直接映像为 Cache 偏移量，Cache 的 Tag 存储器（偏移量）保存着主存储器的页地址（页号）。

以上可以看出，直接映像 Cache 优于全相联 Cache，能进行快速查找，其缺点是当主存储器的组之间作频繁调用时，Cache 控制器必须作多次转换。

(3) 组相联 Cache。

组相联 Cache 是介于全相联 Cache 和直接映像 Cache 之间的一种结构。这种类型的 Cache 使用了几组直接映像的块，对于某一个给定的索引号，可以允许有几个块位置，因而可以增加命中率和系统效率。

单纯从字面可能不容易理解这 3 种结构到底有何不同，用一个 8 KB Cache 和 32 MB RAM 的情况来解释一下这 3 种结构（和实际情况可能有所不同）。

全相联将 8 KB 的 Cache 分成 16 B 大小 512 小段，每段映射 32 MB RAM 中的一个地址，CPU 存取数据时从这 512 个 Cache 小段中查询是否命中。

直接映像将 32 MB RAM 按 8 KB 的大小分成 4 096 页，这样每页的大小与 Cache 一致，当 CPU 需要从 RAM 存取数据时只要判断存取数据的地址是否在页面映射的区域之内就知道数据是否命中。

组相联将 8 KB 的 Cache 分成 1 KB 大小的 8 等份，现在 32 MB RAM 应该分成大小为 1 KB 的 32 768 页，CPU 存取数据时从这 8 个 Cache 分区中查询是否命中。

从例子的对比可以知道组相联是一种中庸的方法，相较于全相联和直接映像方式，同时具备两种方法的优点，也让缺点都能缩小，这样可在实际应用中起到更好的作用。

2) Cache 与 RAM 的数据一致性

在 CPU 与 RAM 之间增加了 Cache 之后，便存在数据在 Cache 和 RAM 中一致性的问题。

对 Cache 的读/写有两种方式。

(1) 直写法（Write Through）。

直写法是当 CPU 在写 Cache 的同时，写入 Cache 中的新内容也会随之更新对应的 RAM，这样 RAM 和 Cache 中的内容始终是一致的。因为需要写 RAM，所以速度会慢一点，但比没有 Cache 的情况要快。如果没有 Cache 则由 CPU 直接写 RAM 需要 CPU 等待 RAM 写成功，会受到 RAM 读/写速度的限制；但有了 Cache 则不需要这个等待时间，写 RAM 的操作会在程序执行后续代码的同时由 Cache 控制器自动完成。

(2) 回写法(Write Back)。

回写法和直写法的不同在于当 CPU 在写 Cache 的时候并不同步更新 RAM 中对应的内容,只是在特定位置给出一个所写位置已经被新内容改写的标志,这个标志位叫做脏位,直到 Cache 需要抛弃当前 RAM 位置,改去映射新 RAM 位置时才由 Cache 将新内容更新到 RAM 中。

当一段程序频繁使用某些临时局部变量的时候,由于这些变量是临时的,所以根本不需要写进 RAM 中去,这样回写法效率就会非常高,不用写 RAM 就可以完成整段程序功能。对于全局变量同样也会有效果,一个频繁被改写的全局变量对于程序来说也不需要每次都写入新内容到 RAM,只需要在抛弃 Cache 映射关系时将最后的内容写入 RAM。

这里将局部变量和全局变量分开说是因为全局变量使用 Cache 会引入一个新问题,RAM 和与之对应的 Cache 存在内容不一致的可能,当程序没有抛弃当前的 Cache 映射关系时,程序所修改的变量实际上只修改 Cache 中的内容,RAM 里面的内容保持不变,这段时间内两者内容相互不一致。这个不一致会不会对应用产生不良影响呢?答案是肯定的。

这种情况就会导致错误,当 MCU 的硬件可以不通过 CPU 与 RAM 交换数据时,错误就会产生。比如我们通过 DMA 将 RAM 指定位置的内容传送到其他位置或者外围接口,DMA 取的数据是 RAM 中的内容,而程序更改的是 Cache 里面的内容,这样 DMA 传送的数据并不是程序的最新结果。用例子解释会更清楚一些,程序将某个全局变量从 0 开始往上累加,DMA 则将这个变量传递给 UART 输出到计算机显示,这里程序累加的是 Cache 里面的值,RAM 中始终保持 0,结果是计算机收到的始终是 0,直到抛弃当前的 Cache 映射关系才改为输出新的值。

这是 MCU 中的某种设备由总线绕过 CPU 操作直接读 RAM 而产生的数据不一致错误,另外一种情况刚好相反,是设备使用总线绕过 CPU 操作直接写 RAM 而导致程序处理的数据不是最新数据。将上面的例子反过来由 PC 向 MCU 发送数据,UART 收到的数据通过 DMA 直接存入 RAM,虽然 PC 向 MCU 连续发送不同内容,但 MCU 显示会因为程序读取的是 Cache 的值而保持不变。

注:后面关于问题调试与分析的章节中有与此相关的实例,见 5.15 节和 5.16 节。

3) Cache 的分级

目前处理器发展趋势是 CPU 主频越做越快,系统架构越做越先进,但主存 RAM 的结构和存取时间改进相对偏慢。因此,如何将 CPU 的高速特性展现出来,Cache 技术就成为不二选择,但芯片面积和成本等因素的限制不能满足 Cache 做得足够大的愿望,所以 Cache 的设计提出了分级的概念。

微处理器性能由如下几种因素决定:

$$性能 = k[f \cdot 1/CPI - (1-H) \cdot N]$$

式中,k 为比例常数;f 为工作频率;CPI 为执行每条指令需要的周期数;H 为 Cache 的命中率;N 为存储周期数。

要想提高处理器的性能,就应该提高工作频率,减少执行每条指令需要的周期数,提高 Cache 的命中率。减少 CPI 值可通过同时分发多条指令和采用乱序控制的方法实现,采用转移预测和增加 Cache 容量则可以提高 H 值,减少存储周期数 N 通常是采用高速总线接口和不分块 Cache 技术。

以前为了提高处理器的性能,主要采用提高工作频率和指令并行度这类直接方法,开始时效果非常明显,但随着改进的深入瓶颈也随之出现,也就是说,靠提高工作频率和指令并行度对效率的提升效果不再明显,于是改进方向转向了提高 Cache 的命中率,正是在这样的背景下设计出无阻塞 Cache 分级结构。

Cache 分级结构的主要优势在于,一个典型的一级缓存系统 80% 的内存申请都发生在 CPU 内部,只有 20% 的内存申请是与外部内存打交道。而这 20% 的外部内存申请中的 80% 又与二级缓存打交道,因此只有 4% 的内存申请定向到 RAM 中。Cache 分级结构的不足在于高速缓存组数目受限,需要占用线路板空间和一些支持逻辑电路,会使成本大幅度增加,所以目前采用 Cache 分级结构的 MCU 还比较少。

4) I-Cache 和 D-Cache

从数据集中性的分析中我们知道,虽然 CPU 的指令和数据都满足集中性规则,但指令比数据会更符合这一规则,所以在集中性方面指令和数据虽然符合统一基本规则,但各自又都具有相对独立的特征。

基于这个规律有些芯片公司将 Cache 设计成 I-Cache(指令 Cache)与 D-Cache(数据 Cache)两种。这种双路高速缓存结构减少了争用高速缓存所造成的冲突,改进了处理器效能,可以让数据访问和指令调用在同一时钟周期内进行。另外,对于程序通常数据和指令在内存中的位置是以数据或者指令的方式归类成块分步,采用 I-Cache 和 D-Cache 可以减少因为数据和指令的位置不同而导致的 Cache 更新操作。

```
if(flag == 1)
{
  func();
}
flag = 0;
```

这里读/写 flag 是在数据段中进行,函数 func() 和 flag=0 的指令是在代码段中,采用 I-Cache 和 D-Cache 分离方式就不会出现数据段和代码段间隔大而产生的 Cache 更新操作,对提高 Cache 效率有着明显的作用。

5) PC 的 Cache 技术(主要参考自网络资料)

PC 中 Cache 的发展是以 80386 为界。

现在计算机系统中都采用高速 DRAM(动态 RAM)芯片作为主存储器。早期的 CPU 速度比较慢,CPU 与内存间的数据交换过程中,CPU 不需要进行额外的等待,以早期 8 MHz 的

286为例,其时钟周期为125 ns,而DRAM的存取时间一般为60～100 ns,因此CPU与主存交换数据无须等待。这种情况称为零等待状态,所以CPU与内存直接打交道是完全不影响速度的。

近年来CPU时钟频率的发展速度远远超过DRAM,几年内CPU的时钟周期从100 ns加速到几ns,而DRAM经历了FPM、EDO、SDRAM几个发展阶段,速度只不过从几十ns提高到10 ns左右,DRAM和CPU之间的速度差,使得CPU在存储器读/写总线周期中必须插入等待周期;由于CPU与内存频繁交换数据,这极大地影响了整个系统的性能,使得存储器的存取速度已成为整个系统的瓶颈。

当然采用高速的静态RAM(SRAM)可以作为主存储器与CPU速度匹配,问题是SRAM结构复杂,不仅体积大而且价格高昂。因此,除了大力加快DRAM的存取速度之外,当前解决这个问题的最佳方案是采用Cache技术。Cache即高速缓冲存储器,它是位于CPU和DRAM主存之间的规模小、速度快的存储器,通常由SRAM组成。

Cache的工作原理是保存CPU最常用数据,当Cache中保存着CPU要读/写的数据时,CPU直接访问Cache。由于Cache的速度与CPU相当,CPU就能在零等待状态下迅速地实现数据存取,只有在Cache中不含有CPU所需的数据时CPU才去访问主存。Cache在CPU的读取期间依照优化命中原则淘汰和更新数据,可以把Cache看成是主存与CPU之间的缓冲适配器,借助于Cache可以高效地完成DRAM内存和CPU之间的速度匹配。

386以前的芯片一般都没有Cache,对于后来的486以及奔腾级甚至更高级芯片,已把Cache集成到芯片内部,称为片内Cache。片内Cache的容量相对较小,可以存储CPU最常用的指令和数据。别看容量小,片内Cache灵活方便,对系统效率有相当的提高,如果在BIOS中关掉CPU的内部Cache,会让系统性能下降一半甚至更多。

但是片内Cache容量有限,在CPU内集成大量的SRAM会极大地降低CPU的成品率,增加CPU的成本。在这种情况下,采取的措施是在CPU芯片片内Cache与DRAM间再加Cache,称为片外二级Cache(Secondary Cache)。片外二级Cache实际上是CPU与主存之间的真正缓冲。由于主板DRAM的响应时间远低于CPU的速度,如果没有片外二级Cache,就不可能达到CPU的理想速度。片外二级Cache的容量通常比片内Cache大一个数量级以上。

主板上的片外Cache工作在CPU的外频下,与CPU主频速度通常相差几倍。为了进一步提高系统性能,在CPU片内Cache和主板Cache之间加入真正的二级Cache,这就是片内二级Cache。它通常以CPU主频的半速或全速工作,容量一般为128～512 KB,新的至强处理器则达到2 MB以上。

全速的二级Cache可以极大地加速大型密集性程序的运行速度,带有同速Cache的Pentium II、Pentium Pro系列处理器是大型服务器的首选CPU。但集成高密度的二级Cache同样会加大CPU的成本,所以这一类的处理器都是价格高昂的产品。去掉二级Cache的处理器性能虽然有不少下降,但价格可以降得很多,市场上的赛扬处理器就是一个很好的例子。

第 3 章 单片机高级特性

3.2 总 线

总线的专业解释是一种描述电子信号传输线路的结构形式,是一类信号线的集合,是子系统间传输信息的公共通道。通过总线能使整个系统内各部件之间的信息实现传输、交换、共享和逻辑控制等功能。在单片机系统中,它是 CPU、内存、输入、输出设备传递信息的公用通道,MCU 的各个模块通过内部总线相连接,外部设备则通过相应的接口电路再与总线相连。

总线英文叫做"BUS",对应中文意思为"公交车",这是一个形象的比喻。为了更形象你可以将总线理解成一座独木桥,和常见的独木桥不同的是,这个独木桥中间有许多分支,每条分支都连接一座房子,房子里面可能只住一个人,也可能住着许多人。如果一个人想从一座房子到另外一座房子里面去,就要出来经过独木桥才可以到达,但独木桥同一时刻只能走一个人,一个人出来之前就应该先看看桥上有没有人在走,没有人才可以出发。

总线分类的方式有很多,下面是几种最常见的分类方法。

1) 按连接方式分

按连接方式可分为内部总线和外部总线。内部总线和外部总线在功能上可以完全相同,没有本质的区别,只是在速度、抗干扰能力等指标性能方面会存在不同。内部总线在芯片内部连接各功能模块,因为总线都在芯片内部,所以可以工作到相对更高的速度,外部总线通过引脚从芯片内部引出来,加上接口驱动电路后就可以连接接口功能一致的外部设备,因为外部引线会受到物理电气特性的限制,最高速度相对会慢一些。

内部总线的最高速度不是一定会高过外部总线,有一些芯片内部的工作主频比较低,这时外围的接口驱动电路最高限制速度就有可能高过总线可设置到的最高速度,此时外部总线的最高速度可以和内部总线相同。

单片机因为 CPU 只是芯片的一部分,所以除了在内部有内部总线连接各个功能模块,也会有不少单片机支持外部总线方式,这样可以让用户自行决定是否使用某些可选功能模块,外部总线加上接口驱动电路就可以和同样功能的其他设备进行通信。PC 的总线主要以外部总线方式在主板上体现,这是由 PC 的构架决定的,CPU 主要是完成运算处理功能,需要通过总线和其他模块交换数据。

2) 按功能分

最常见的是从功能上分为地址总线(Address Bus)、数据总线(Data Bus)和控制总线(Control Bus)。在有的系统中,数据总线和地址总线可以在地址锁存器控制下被共享,采用的是地址和数据复用方式,这种方式在一些简单的 MCU 中较为常见。

地址总线顾名思义是用来传送地址的,实际应用中最常见的是通过 CPU 地址总线来选用存储器的存储地址。地址总线的位数往往决定了存储器存储空间的大小,所支持的最大空间大小为 2 的总线位数次幂,像 8 位/16 位/32 位的地址总线对应的其最大可存储空间为 256 B/64 KB/4 GB。地址总线越宽芯片设计需要的体积越大,为了降低实现成本,一些简单的 MCU 会采用 8 位地址总线,但 8 位地址总线所支持的寻址空间只有 256 B,这些 MCU 会采用 PAGE/BANK 之类的技术来增大芯片的寻址空间(可参阅 1.12 节)。

数据总线用于传送数据信息,它又有单向传输和双向传输数据总线之分,双向传输数据总线通常采用双向三态形式的总线。数据总线的位数一般与 MCU 的字长一致,8 位的 MCU 字长 8 位,其数据总线宽度也是 8 位。在实际工作中,数据总线上传送的并不一定是完全意义上的数据,像 CPU 取指令操作就是先将地址总线设为指令所在地址,然后通过数据总线将具体指令取回,此时数据总线传送的是指令而不是数据。

控制总线用于传送控制信号和时序信号。像 MCU 对外部存储器 SDRAM 进行读/写操作就要先通过控制总线发出读/写信号、片选信号和读入中断响应信号等。控制总线一般是双向的,其传送方向由具体控制信号而定,其位数也要根据系统的实际控制需要而定。

另外,也有系统总线和非系统总线的分法,不过实际应用中很少使用这种分法。

3) 按传输方式分

按照数据传输的方式划分,总线可以被分为串行总线和并行总线。理论上并行传输方式要优于串行传输方式,传输速率会远远高过串行方式,但其成本上会有所增加。这一点比在以外部接口方式出现时更为明显,因为外部接口为了保证连接的可靠性,就需要采用性能良好的接头,在接头、插槽接触点位置,需要用镀金等技术保证接触良好。另外,并行方式接口过多的连接点会导致连接的可靠性下降,因为接头的每一个接触点出现故障的几率是等同的,随着触点增多可靠性自然就会低下来。

常见的串行总线有 SPI、I2C、USB、UART、CAN、SIO 等,并行总线则有 PCI、LPT、CSI、TFT、IDE 等。

4) 按时钟方式分

按照时钟信号是否独立,可以分为同步总线和异步总线。同步总线的时钟信号独立于数据,也就是说,要用一根单独的线来作为时钟信号线;而异步总线没有独立的时钟信号,通常是在信号中约定一个同步触发信号,这个同步触发信号被当作时间基点,然后总线上的各个模块用自己内部的时钟信号得出总线控制时序的时间轴。

因为同步总线有专门的时钟信号线,所以同步总线进行通信时每一步都由该时钟信号线进行同步,所以同步总线的通信时序上任意时刻各模块间的同步性是一致的。异步总线由于没有时钟信号线,各个模块的内部时钟不可能做到绝对一致,相互之间会存在误差,这个误差会在控制时序的时间轴上进行累加,累加到一定程度就有可能出错,所以异步方式每隔一段时间都需要重新同步。

1. 总线技术指标

评价总线的主要技术指标是总线的带宽(即传输速率)、数据位的宽度(位宽)、工作频率和传输数据的可靠性、稳定性等。

总线的带宽指的是单位时间内总线上传送的数据量,即每秒可以传送最大数据传输率。

第3章 单片机高级特性

总线的位宽指的是总线能同时传送的二进制数据的位数,或数据总线的位数,即16位、32位等总线宽度的概念;总线的位宽越宽,数据传输速率越大,总线的带宽就越宽。总线的工作时钟频率以MHz为单位,它与传输的介质、信号的幅度大小和传输距离有关。在同样硬件条件下,我们采用差分信号传输时的频率常常会比单边信号高得多,这是因为差分信号的幅度只有单边信号的一半,有很好的抗共模干扰性能。

MCU有最高工作频率限制,所以对于任何MCU其内部总线的带宽也是有限度的,有的MCU内部可能包含许多功能模块,大多数应用只会用到部分功能模块,为了降低芯片成本,芯片厂商在设计总线的时候会尽量降低最高工作频率,这种情况如果将所有模块都设置到极限工作状态,就会出现总线速率跟不上的情况,从外部看是MCU的整体性能急剧下降。

2. 总线信号复用方式

依据前面对总线的定义可知总线的基本作用就是用来传输信号,为了各模块的信息能及时有效地被传送,就需要避免各模块彼此间的信号相互干扰和物理空间上过于拥挤,解决此问题最好的办法是采用多路复用技术。所谓多路复用就是指多个用户共享公用信道的一种机制,目前最常见的主要有时分复用、频分复用和码分复用等。

时分复用(TDMA)是将信道按时间分割成多个时间段,不同来源的信号会要求在不同的时间段内得到响应,彼此信号的传输时间在时间坐标轴上不会重叠。

频分复用(FDMA)就是把信道的可用频带划分成若干互不交叠的频段,每路信号经过频率调制后的频谱占用其中的一个频段,以此来实现多路不同频率的信号在同一信道中传输。而当接收端接收到信号后将采用适当的带通滤波器和频率解调器等来恢复原来的信号。

码分复用(CDMA)是被传输的信号都会有各自特定的标识码或地址码,接收端将会根据不同的标识码或地址码来区分公共信道上的传输信息,只有标识码或地址码完全一致的情况下传输信息才会被接收。

总线并不是一项陌生的技术,单片机诞生的那一天它就一直存在于单片机之中,只不过在很长的一段时间内单片机都只采用总线技术最简单的部分,这一阶段对工程师来说只要知道总线的存在就行,完全不需要了解其中的技术细节。直到32 bits的MCU成为市场的一大主力,总线技术从幕后跃居台前,实现技术也从简单变得复杂,编写底层驱动程序的时候也逐渐需要工程师去了解总线的工作方式,甚至是设定总线的控制模式。

接下来看一看一个16位MCU和另外一个32位MCU的总线连接示意图,16位MCU单片机总线实现可以说非常简单,而32位MCU则相对要复杂一些。

如图3.3所示16位MCU所用的总线比较简单,中央处理器(CPU)通过总线与存储器(RAM和ROM)、中断控制器、时钟控制器、I/O控制器和声音输出控制器(SPU)相连,其中中央处理器和声音输出控制器可以独立访问存储器RAM和ROM,中断控制器、时钟控制器、I/O控制器只能由中央处理器进行控制访问。

不同模块间的访问通过总线实现,存储器、中断控制器、时钟控制器、I/O控制器和声音输

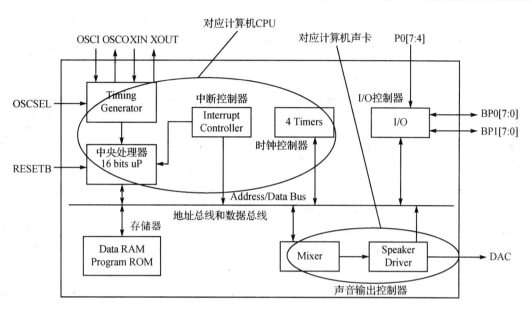

图 3.3　16 位 MCU 总线示意图

出控制器各自都有自己的空间地址段，不同模块间的地址段相互独立且不重复，图 3.3 中的 MCU 提供 24 位地址总线，所以其支持范围为 0x000000～0xFFFFFF 的 16 MB 寻址空间，显然该 MCU 的应用程序不会有 16 MB 这么大，之所以支持这么大的范围是为了给声音输出控制器提供足够多的声音数据。

来看一下这个 MCU 的地址空间映射关系：

0x000000　　0x007FFF　　内部 32 KB 的 RAM 空间
0x008000　　0x008FFF　　系统控制寄存器空间
0x009000　　0x009FFF　　中断控制寄存器空间
0x00A000　　0x00AFFF　　时钟控制寄存器空间
0x00B000　　0x00BFFF　　I/O 控制寄存器空间
……
0x010000　　0x1FFFFF　　内部 ROM 空间（接近 2 MB）
0x200000　　0xFFFFFF　　外部可扩展存储器空间（ROM 或 RAM）

当中央处理器执行程序时，先通过地址总线设定相应地址从存储器中得到指令和数据，然后执行相应指令，如果指令的操作对象是其他控制寄存器时，基本流程和存储器中读/写数据过程相同，只是需要设定不同的地址。

如果指令和数据共用同一套地址总线，取指令和操作数需要对地址总线设定相应地址，如果操作对象为 RAM 变量或寄存器，则还需要对地址总线设定另外的地址以读取或存储 RAM

第3章 单片机高级特性

数据,这样一条指令就有可能需要对地址总线进行多次设定,中央处理器每执行一步操作至少需要一个系统时钟周期,所以难以得到高的代码执行效率。针对这种问题有的 MCU 地址总线有两套,一套专门用于取指令操作,另外一套则用于数据读/写,这样做理论上可以让代码执行效率提高将近一倍,但内部结构和成本会略有上升。

声音输出控制器也能独立从存储器空间读取数据,具体方法是在声音输出控制器提供一系列的寄存器供中央处理器进行设置,这些寄存器包含有声音输出开始和结束地址等信息,当程序设置好这些寄存器后,声音输出控制器就开始自主工作,按规定的间隔从存储器读取数据并通过 DAC 输出,这样不需要中央处理器再进行干预就能将指定的声音输出。

中央处理器会占用总线,那声音输出控制器如何通过总线得到声音数据呢?答案很简单,总线并不是时刻都被中央处理器占用,如果不是 RISC 结构的 MCU,至少在指令被执行的那一个系统时钟周期内中央处理器是不会占用总线的,这样在任意一条指令执行过程中都至少存在一个系统时钟周期中央处理器不占用总线,声音输出控制器就可以在这个时间间隙内使用总线完成数据读取。

那如果 MCU 是 RISC 结构怎么办?这个问题涉及总线管理一些更复杂的技术,这里我们先不进行讨论,留到后面 32 位 MCU 例子中再作解释。这个 16 位 MCU 的总线控制方法相对比较简单,能够主动申请总线操作的只有中央处理器和声音输出控制器,只需类似时分复用的简单方法就可以实现总线的管理。

如图 3.4 所示的 32 位 MCU 与 16 位 MCU 相比内部总线连接明显要复杂,首先是总线有了高速和低速之分,其次多了总线控制器(总线连接桥),另外还多了和总线控制器融合在一起的 DMA 控制器。DMA 控制器我们在 3.3 节中会详细讲述,这里只需知道 DMA 可以独立于 CPU 之外自主完成数据传输功能。

这个 16 位 MCU 只有中央处理器和声音输出控制器会主动去申请总线传送数据,例子中的 32 位 MCU 会申请总线操作的内部模块远多于 16 位 MCU。从图 3.4 可知下列操作都会主动申请总线,为简化说明这里将存储器全当作 RAM,实际上所有读 RAM 操作对于读 ROM 一样可行。

- CPU 总线双向读/写 RAM 操作,完成 CPU 取指令、读/写数据等操作。
- CSI 总线单向写 RAM 操作,将摄像头的数据自动填入相应的 RAM buffer。
- PPU 总线双向读/写 RAM 操作,将各个虚拟屏的数据自动读出合成到输出 RAM buffer。
- LCD 总线单向读 RAM 操作,自动读取 PPU 输出的数据并通过 LCD 接口输出给液晶屏。
- TVE 总线单向读 RAM 操作,自动读取 PPU 输出的数据并通过 TV 接口输入到电视。
- SPU 总线单向读 RAM 操作,自动读取 RAM 中的声音数据并通过 Audio 接口输出。
- DMA 申请总线 RAM 与 RAM 间传送操作,自动完成 RAM 到 RAM 间的数据块传送。

第3章 单片机高级特性

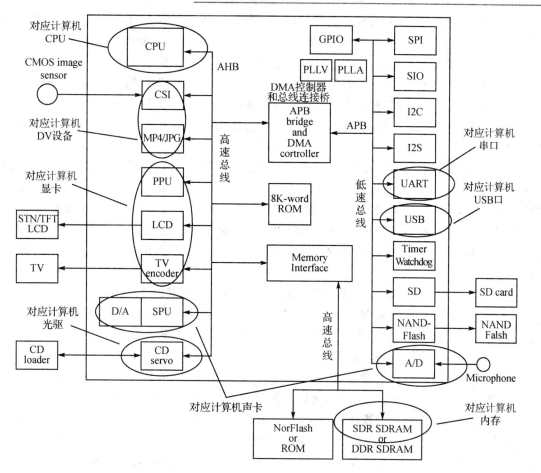

图 3.4 32 位 MCU 总线示意图

- DMA 申请总线 RAM 与接口模块间传送操作,可以自动完成 SPI、SIO、I^2C、I^2S、UART、USB、SD、NAND 这些接口模块的输入/输出操作,另外可以自动完成 CD、ADC 接口模块的输入操作。

既然 32 位 MCU 可以主动申请总线操作的模块源远不止两种,继续采用类似前面 16 位 MCU 的总线管理方法肯定行不通,所以在该 MCU 出现了用于总线管理的 DMA 控制器和总线连接桥。需要留意的是,DMA 控制器并不只是限于管理所列出的 DMA 申请类别,对于 CSI、PPU、LCD、TVE、SPU 这些模块,它们内部隐藏有自己专用的 DMA 通道,不可以被其他模块使用,这些私有 DMA 通道同样也需要经过 DMA 控制器进行管理。最后两种 DMA 申请是几个公用 DMA 通道供所列出的模块共享,当某个模块需要使用 DMA 时,需要从这些公用 DMA 通道中申请一个空闲通道使用,如果没有空闲通道则申请失败,必须等待别的模块释放出通道或者停止一个正在使用的通道才能使用。

第 3 章 单片机高级特性

像 CSI、PPU、LCD、TVE、SPU 这些模块需要传送的数据量都相当大,而 CPU 也是随时需要使用总线,这样相互间同时申请总线的几率自然就会高,于是总线申请冲突产生。从原理上讲,这种冲突是无法避免的,总线控制器就是用于总线调度管理,以消除这些冲突。通常总线控制器不允许某个模块独自长时间占用总线,会轮流查询有总线申请的各个模块,然后让这些模块分时使用总线。如果模块需要连续传送数据,总线控制器会将这一过程分割成许多小段,每段传送一小块数据,这样就可以让所有产生总线申请的模块分时共享总线完成数据传送。

即便是总线控制器采用轮巡方法让各个模块分时共享总线,也还存在问题。如果是高速运行的程序在时间上偶然产生一个细小的延迟,用户可能很难察觉到,但对于 PPU、SPU 输出的图像和声音就不一样,可能数据传送的一个小小延迟就会让图像和声音出现噪点和杂音。这样就要求对于这些模块同时对总线产生的申请应该由总线控制器制定出优先次序,同时产生的申请先响应优先级高的模块,将冲突导致的时间延迟尽量加到用户不容易察觉的申请类型中。

通常 MCU 会依据各模块对数据实时性依赖的程度,在内部建立有不同模块对总线申请的优先级表,少数功能强大的 MCU 还会允许程序员对优先级进行配置,对于这类 MCU 需要程序员对模块功能和总线管理非常熟悉,一般建议采用 MCU 的默认模式。

很显然,只要采用分时轮巡加优先级表的方法,可以解决前面 16 位 MCU 简单总线控制方法 RISC 结构 MCU 无法释放总线的问题,当然实际中的总线管理并不是我所说的那么简单,还需要许多复杂的技术才能实现,比如当延迟产生后如何让申请总线的模块等待延迟结束、如何让总线传输和模块的操作同步等,这里就不一一细述了。

再来看一下总线带宽的极限情况,假定该 32 位 MCU 最高工作频率为 100 MHz,总线位宽为 32 位,其 PPU 支持 4 层虚拟屏。如果我们将这 4 层虚拟屏全部打开、屏幕为 VGA(640×480)、16 位颜色、同时输出到 LCD 和 TV、打开摄像头(VGA 模式),看看每秒输出 30 帧的时候显示功能会占用总线多少资源。

每层虚拟屏需要 640×480×2=614 400 B。

4 层虚拟屏、LCD/TV 输出和摄像头输入共需要 614 400×7=4 300 800 B。

每秒 30 帧则需要 4 300 800×30=129 024 000 B(约为 129 MB)。

MCU 最高工作频率为 100 MHz,总线位宽为 32 位,带宽=最高工作频率×总线位宽/8=400 MB。但是实际应用中虽然 MCU 内核为 32 位,为降低成本外部只接一片 SDRAM,此时总线访问外部 SDRAM 实际上是 16 位模式,所以带宽还需要除以 2 为 400 MB/2=200 MB。另外,总线控制器在不同模块间进行管理切换需要时间,需要通过总线向 SDRAM 发送一些控制指令等,所以实际上有效带宽大概只有 200 MB×70%=140 MB。

这个数值和 129 MB 已经相差不大,也就是说,此时显示功能几乎耗尽了 MCU 的总线带宽,已经难以为程序提供正常运行所需带宽。实际测试结果也验证了这一分析结果,当 MCU

工作在此种状态下摄像头的图像在屏幕上显示出现许多小彗星一样的飞点；如果减少一个虚拟屏或者将 LCD/TV 输出关闭一个，飞点消失；飞点消失后如果将主频减半，飞点重新出现，而且更加严重。

总线的通信协议如下。

总线除了从电气层面定义接口方式外，通信协议也非常重要，任何一种总线都会有通信协议与之对应，相关文档白皮书则会从最基本的模型开始介绍总线的实现方式。就单片机应用来说，了解总线协议并不需要过多探究七层协议之类的理论，重要的是了解总线传送数据的时序，知道总线是如何传递数据就可以完全满足应用需求。

图 3.5 是常见的 I^2C 总线上传输的一字节数据的数据帧，其总线形式是由数据线 SDA 和时钟 SCL 构成的双线制串行总线，并联在总线上的各个设备既可作为发送器(主机)也可作为接收器(从机)。帧数据中除了控制码(包括从机标识码和访问地址码)与数据码外，还包括起始信号、结束信号和应答信号。

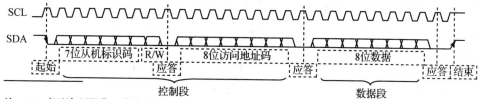

注：R/W 表示读/写操作，该位为"1"时表示读数据，"0"时表示写数据。

图 3.5 I^2C 总线时序图

起始信号：SCL 为高电平时，SDA 由高电平向低电平跳变。

控制码：也叫做地址码，用来选择操作目标，只有内部地址码与之相同的从设备才会继续响应后面数据。

数据码：是主机向从机发送的具体的有用数据。

应答信号：接收方收到 8 bits 数据后，向发送方发出低电平作为确认信号。

结束信号：SCL 为高电平时，SDA 由低电平向高电平跳变表示数据帧传输结束。

按协议规定在 SDA 和 SCL 上应该接 4.7 kΩ 上拉电阻，这一要求和应答信号与结束信号的定义相一致。应答信号为低是接收方收到数据后主动将 SDA 拉低，如果没有响应上拉电阻会将 SDA 拉高。结束信号表示总线操作结束，总线会被释放掉，所以定为从低变为高不会与总线释放变为高产生冲突。

3.3 DMA

DMA 是 Direct Memory Access(存储器直接访问)的缩写，它是一种高速的数据传输操作，允许在外部设备和存储器之间直接读/写数据，既不通过 CPU，也不需要 CPU 干预。数据传输过程的操作管理通过 DMA 控制器实现，当其进行数据传输时，只需要 CPU 在数据传输

第 3 章 单片机高级特性

开始和结束时对 DMA 控制器进行相关设定，然后 DMA 控制器自行完成指定的数据传输工作，在传输过程中 CPU 可以解放出来进行其他工作。

这样设计实质上就是将某些数据搬运工作由硬件完成，不需要消耗 CPU 的软件资源，能这样设计是因为实际应用程序 CPU 大部分时间并不占用总线，在这部分时间段内 MCU 实际上是可以通过总线来间隔传输数据的，所以可以将 DMA 控制器与 CPU 对总线的操作设计为并行状态，两者相互交替使用总线，这样就可以将 CPU 没有占用总线的那段空余时间利用起来，使整个系统的效率大为提高。

单单这样口头说效率可大大提高并没有说服力，相信不少人还是会疑惑效率到底提高在什么地方呢？现在手机大都带有照相功能，也可以摄录一些视频短片，只要手机工作到照相机模式，就会将摄像头的实时画面显示在屏幕上，假如现在你是开发手机的工程师，对于这项功能你会怎样实现？

如果没有 DMA 功能，我想只能是编写程序从摄像头（CMOS Sensor）将实时画面的图像数据取回来，然后将这些数据通过 LCD 显示，图像数据从 CMOS Sensor 搬运到 LCD 的工作需要由程序来完成。假定我们每次搬运一个点的颜色数据，就算是完成 QVGA/30 帧这样的效果，也需要一秒搬运 2 304 000（320×240×30）个点。

那完成一个点的数据搬运需要 CPU 做多少事情呢？最少需要下面这些步骤。

（1）依据当前点位置判断是否向 CMOS Sensor 给出行场同步脉冲信号；

（2）向 CMOS Sensor 给出时钟信号；

（3）读当前点的颜色数据；

（4）依据当前点位置判断是否向 LCD 给出行场同步脉冲信号；

（5）向 LCD 给出时钟信号；

（6）写当前点颜色数据到 LCD；

（7）更新下一点的位置继续循环。

就算每一步平均需要两条指令，一个点就会耗费 14 条指令，完成实时图像数据的搬运每秒需要执行 32 256 000（2 304 000×14）条指令，实际情况比这个数会更大，无疑占用了太多的 CPU 资源。

有了 DMA 情况会截然不同，这每秒 32 256 000 条用来搬运数据的指令可以全部省掉，这类手机为了支持 CMOS Sensor 和 LCD，芯片会提供相应专用接口，接口能自动完成同步信号和时钟信号的处理，同时将输入数据写进指定位置或者从指定位置读出并输出。可能在 MCU 的内部结构图或数据手册上并没有明确指出这些数据的传送是由 DMA 完成，从实质上讲这类操作都可以归纳为 DMA 操作，只是表现形式有所不同。

现在只要程序通过 CPU 设定好 CMOS Sensor 和 LCD 的工作参数，让摄像头和屏幕工作起来，这些参数包含有 CMOS Sensor 和 LCD 需要设定数据缓冲区的起始地址、图像的宽和高以及图像的颜色深度等信息。有了这些设定，当 CMOS Sensor 开始工作时就会由硬件自动将数据填入所设定的数据缓冲区地址，LCD对应数据缓冲区的数据则会由硬件自动读出并输出给液晶屏，如图3.6所示。只要两者参数相互适应且数据缓冲区地址相同，CMOS Sensor的实时画面就可以不受CPU干预自动在屏幕显示出来。

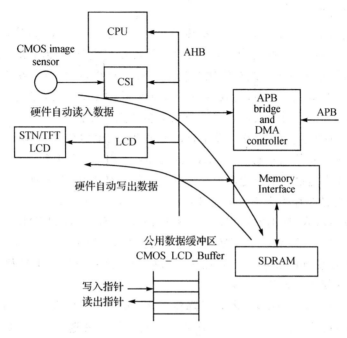

图 3.6　DMA 操作示意图

在讲 Cache 时曾提到 DMA 传输数据不经由 CPU，从图 3.6 可以看出，从 CMOS Sensor 进来的数据直接由 DMA 通过 AHB 高速总线传进 SDRAM，确实不需要经过 CPU 进行传递，LCD 显示也是同样的情况，DMA 控制器通过 AHB 高速总线将 SDRAM 中的数据直接传递给 LCD 显示。

那 DMA 是不是可以完成任意方式的数据搬运操作呢？答案是否定的。DMA 控制器不能设计得使用起来很复杂，基本上只要设定好起始地址和所需搬运数据的长度与方式，就可以自动开始进行传输，每完成一次传输硬件会自动将地址递增或递减。这样 DMA 的传输过程实际上就只适合地址连续的数据块传输，间隔传输就无法实现，更不用说随机地址传输。

对于例子中的 CMOS Sensor 和 LCD 的 DMA，只能由这两个模块专用，因此在设定上更为简单，只需要设定传输地址和传输数据大小，其他传输数据宽度等设定都不用管。通用的 DMA 不能设计得太过死板，应允许用户自己设定传输数据位宽、传输模式等，这样同一个通用 DMA 通道可以依据实际情况进行配置，以期达到最佳效果。

比如现在想让 RAM 之间的 DMA 数据传输速度最快，就可以将 DMA 的传输数据位宽和传输数据块长度设大。如果设置成传输数据位宽 32 bits、传输模式为块传输且每次传 32 次，那么总线每让 DMA 占用一次就可以传送 128(4×32)字节；要是设置成传输数据位宽 8 bits、传输模式为单点传输且每次传 1 B,总线每让 DMA 占用一次则只能传送 1(1×1)字节。显然前一种设置速度会更快,既然前一种速度要快,而 DMA 的设计目的也是更快传输数据,为什么还会出现后一种设置呢?

前一种设置速度虽然有优势,但每一次传输实际上传送了 128 字节,这样 DMA 传输的长度必须是 128 的整数倍,否则设定会出错,而后一种可以设置任意传输长度。另外,DMA 的块传输是 DMA 占用总线后要完成规定次数传输才释放总线,块传输每次 DMA 占用总线时间都是单点传输的 32 倍,这样如果有其他模块需要使用总线,块传输方式就需要等更长的时间才会切换总线,对数据实时性要求很高的应用就会产生不良影响。

通常 DMA 会包括这些组成功能：设定传输数据地址、设定传输数据数量、设定 DMA 的控制/状态逻辑、DMA 总线请求触发、DMA 数据缓冲、管理 DMA 中断。对 DMA 的设计并没有固定模式,只是要求通过简单设定就能完成地址连续的数据块传输,所以不同的 MCU 设计 DMA 往往会依据自己芯片的应用方向而各具特色。

前面例子中图像输入/输出的数据格式没有统一标准,像 LCD 和 CMOS Sensor 有的支持 YUV 格式,有的支持 RGB 格式。YUV 格式显示效果要好,但 RGB 格式对于程序员直观,可以直接知道图像中任意点的颜色。如果程序员希望处理这些数据,YUV 格式需要编写程序转换成 RGB 格式才便于了解各点颜色信息。

对于 LCD 和 CMOS Sensor,厂家为了降低成本,可能只支持 YUV 和 RGB 格式中的一种,虽然 MCU 大都同时支持 YUV 和 RGB 格式,但如果产品选用的 CMOS Sensor 只支持 YUV 格式而 LCD 只支持 RGB 格式同样存在问题,需要编写程序转换数据格式才能正确显示。可是软件转换需要逐点转换,转换公式是一个 3×3 的矩阵计算,需要非常多的 CPU 指令才可以完成,所以软件转换的效率不高。

台湾一些芯片设计公司发现了视频图像数据传输处理方面这一特殊需求,于是他们在设计一些芯片 DMA 功能的时候加入了特殊功能,像针对电视游戏机市场的一些 MCU,他们让 DMA 完成数据传输的同时支持格式转换。因为 YUV 和 RGB 格式转换的公式是恒定的,用程序转换耗费 CPU 资源多是因为需要将所有的点都按转换公式计算一遍,如果在芯片内部设计有专门的计算电路就可以省去软件计算矩阵所耗费的时间。具有格式转换功能的 MCU 在进行 DMA 数据传输时,可以由程序员选择是否同时由硬件进行数据转换,从而解决了软件转换效率低下的问题。

武侠影视剧中常看到大侠在空中飞来飞去,对于这种场景喜欢问为什么的人会疑惑,这不是违背了牛顿三大定律吗?是否违背牛顿三大定律我不管,影视剧嘛能带给观众良好的视听享受就行,没必要和科学较真,但我们可以了解这些场景到底是怎么拍出来的。飞来飞去大家都知道,是用细钢丝绳将演员吊起来拉来拉去,钢丝绳细,距离远一点摄像机就不会拍出来。但一些在悬崖之类的危险地方飞来飞去难道也是吊几条钢丝绳在悬崖上?肯定不是,要是那样做太危险,大都是让演员先吊在摄影棚里拍,然后拍后面的背景,再把两个场景合成在一起。

如何把两个场景合成在一起好像是一件挺奇妙的事情,娱乐新闻里面常会看到这样的场景:演员吊在一面蓝色(或其他颜色)的背景墙之前做各种动作,但最后出来的影视作品演员就变成了在悬崖、沙漠中,着实让人有点不可思议。其实刚才我所说的那些台湾芯片公司设计的DMA附加功能也能实现场景合成这么奇妙的工作,我们知道,颜色是由三基色构成,任何颜色都可以由RGB三原色组合而成,这些芯片可以由程序员定义一种颜色,在该颜色三基色附近的颜色当成透明色,当DMA传输的时候就会把这些颜色数据过滤掉。例如,24位色为了滤掉蓝色背景,我们就可以定义红色和绿色分量都小于10、蓝色分量大于245的颜色为透明色,只要背景的蓝够蓝,用这种DMA传输出来的数据就能将蓝色背景过滤掉。

要想用好DMA,就要熟悉总线的运作方式,DMA和总线两项技术是相辅相成的,总线提供可以进行数据快速传递的前提条件,DMA则是总线实现数据快速传递的具体方式。

3.4 存储器管理

单片机上电后PC指针会自动指向一个固定地址,通常这个地址为0,然后从该地址开始执行具体程序。简单的单片机的地址分配都很简单,MCU自身内部所带的ROM/RAM会占用固定的地址空间,如果外部可以扩展也一般只支持单片存储器扩展,所扩展的地址空间也都是从特定位置开始,大小不超过外部扩展存储器容量的空间。

当然也可以通过一些特殊方法实现外部多片存储器的扩展,比如用不同I/O口去选择外部不同存储器的CS脚,以实现对扩展接口的地址和数据总线的共享。但这么做需要软件作出相应处理,这些存储器就MCU来说是相同的地址空间,类似于一些小单片机为了增大存储空间所采用的PAGE、BANK方法。

简单的单片机程序都是在ROM中直接运行,程序所需的ROM和RAM空间一般不会太大,所以这些简单的单片机大都提供出容量一定的存储空间给用户使用,如果空间不够就只能选择另外的单片机进行开发。随着32位单片机和嵌入式系统的兴起,不同产品程序所需的ROM和RAM空间可能相去甚远,小的程序只需要几十KB的空间就够用,而大的可能需要几十MB甚至上百MB才够用,这样32位的单片机为了有更好的适用性,改成了自身所带存储器空间比较小、主要由外部存储器扩展的方式。这样做的好处是有利于降低产品成本,可以由用户自行决定所需存储器的大小,避免出现成本过高或者空间浪费的情况。

为了支持大容量的存储空间,这些单片机往往可以支持多片外部存储器扩展,和简单单片机不同之处在于,这些单片机外部有多条用于存储器扩展的CS脚,每一条CS脚都映射有一段空间,这样单片机硬件自己就可以通过这些CS脚的选择自动访问外部不同的存储器,不需要像简单单片机一样通过程序改变外部存储器的选择。

图3.7中的MCU最多可以扩展6片外部存储器,从图3.7看,该MCU支持的地址总线为32位,不过其地址总线的最高位有其他用途,所以实际有效地址总线为31位,也就是说,只

第3章 单片机高级特性

有 bit31 不同的两个地址实际上指向相同的空间。在图 3.7 中每条 CS 对应高、低两段空间，像 SDRAM CS0 就对应 0x20000000 和 0xA0000000 两段空间，这两段空间其实是同一片外部 SDRAM。当程序访问 0x20000000 或 0xA0000000 时，硬件就会自动访问由 SDRAM CS0 选择的外部 SDRAM，不需要程序再作其他任何控制。

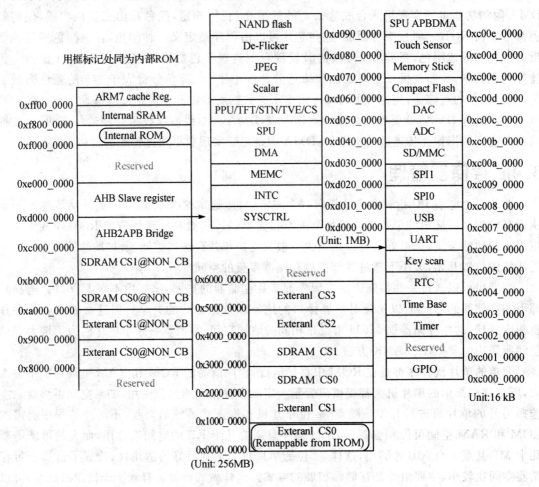

图 3.7　MCU 存储器空间地址表

对于外部存储器的扩展并没有连接次序或数目的限制，SDRAM 可以从 SDRAM CS0 和 SDRAM CS1 中自由选择组合，只扩展一片可以选 SDRAM CS0，同样也可以选 SDRAM CS1，只需工程师自己知道所对应的地址空间。外部扩展存储器的空间大小和总片数也只要不超过图 3.7 中的限制就行，像 SDRAM CS0 扩展一片 16 MB 的 SDRAM，而 SDRAM CS1 却扩展一片 32 MB 的 SDRAM 都是可以的，只是从 0x20000000 起是 16 MB 空间有效，从 0x30000000 起是 32 MB 空间有效。

既然这类 MCU 可支持的存储器空间急剧增加，空间大小分布又不是必须满足等大小和连续的规则，如果还要求程序员先去了解系统的存储器空间分配和具体硬件实现，然后再去写程序，显然不太方便，所以最好 MCU 自身能提供出一整套完备的存储器管理的方法，设定好以后由硬件自动完成相关管理，程序员只需知道他可以使用的存储器空间大小就可以编写应用程序。

当然 MCU 不提供硬件对存储器空间管理功能也还是可以编写程序的，来看看这样对程序员编程会造成多大的麻烦。作者以图 3.7 中 MCU 设计一种极端情况，6 个 CS 分别扩展 1 MB/2 MB/4 MB/8 MB/16 MB/32 MB 的存储器，这种情况得到的实际有效存储器空间如表 3.1 所列。

表 3.1 外部存储器扩展表

按 1 MB/2 MB/4 MB/8 MB/ 16 MB/32 MB 顺序扩展	按 32 MB/16 MB/8 MB/ 4 MB/2 MB/1 MB 顺序扩展
0x50000000～0x51FFFFFF	0x50000000～0x500FFFFF
0x40000000～0x40FFFFFF	0x40000000～0x401FFFFF
0x30000000～0x307FFFFF	0x30000000～0x303FFFFF
0x20000000～0x203FFFFF	0x20000000～0x207FFFFF
0x10000000～0x101FFFFF	0x10000000～0x10FFFFFF
0x00000000～0x000FFFFF	0x00000000～0x01FFFFFF

对于这种地址的分布，程序员需要时刻防止自己的程序进入到无效空间，一旦外部扩展方式改变，就需要重新编写整个程序。MCU 提供的硬件存储器空间管理功能可以让这些烦恼一扫而空，即便是外部扩展方式改变，也只需在系统底层作少量修改，完全可以做到不更改应用程序，接下来看 MCU 是如何做到这一点的。

1) MMU(Memory Management Unit)

MMU 字面意思为存储器管理单元，其主要功能就是解决前面所提出的应用程序和实际地址空间如何协调的问题。先提出两个名词：物理地址和虚拟地址（也可将虚拟地址称为逻辑地址）。物理地址就是在硬件层面看存储器所处的空间位置，物理地址等于访问存储器的地址总线上的地址内容，表 3.1 中的地址均为物理地址。虚拟地址（逻辑地址）则是站在应用程序层面看的存储器的空间位置，它可以等同于物理地址，也可以与之不同。

MMU 的做法是将其所能支持的物理地址空间分成许多小块，然后以这些小块为单位将其实际物理地址映射成另外一个地址。例如，物理起始地址为 0x00000000 的 64 KB 空间，MMU 可以将其映射到起始地址为 0x10000000 或 0x20080000 的位置。CPU 程序需要访问存储器时，先不将需要访问的地址写入地址总线，而是交给 MMU 的一个转换器，这个转换器先进行虚拟地址到物理地址的转换，然后依照转换出来的实际物理地址访问存储器。例如，MMU 将物理地址为 0x00000000 的 64 KB 空间映射成逻辑地址 0x20080000，当 CPU 访问地址 0x20080000 开始的 16 KB 空间时，实际访问的物理地址并不是 0x2008XXXX，而是 0x0000XXXX。

需要留意的这个地址转换是以某个大小为单位的块为基本单位，MMU 不可能做到将所有的地址单个一一对应，芯片设计人员希望 MMU 的内部转换器越小越好，这样可以节省芯片空间。所以通常块大小都大于 4 KB，而且允许用户自行选择设定块的大小，最终可以将所有的物理地址空间都映射到一个连续的虚拟地址空间，如表 3.2 所列。

表 3.2 外部存储器虚拟地址映射表

按 1 MB/2 MB/4 MB/8 MB/ 16 MB/32 MB 顺序扩展	虚拟地址（逻辑地址）
0x50000000～0x51FFFFFF	0x01F00000～0x01FFFFFF
0x40000000～0x40FFFFFF	0x00F00000～0x00FFFFFF
0x30000000～0x307FFFFF	0x00700000～0x00EFFFFF
0x20000000～0x203FFFFF	0x00300000～0x006FFFFF
0x10000000～0x101FFFFF	0x00100000～0x002FFFFF
0x00000000～0x000FFFFF	0x00000000～0x000FFFFF

在系统启动的时候先运行固化在系统板上的启动配置程序，完成对表 3.2 的相关设定，启动起来后再装载应用程序就可以按虚拟地址访问存储器，如果系统存储器硬件有改变，也只需更改这部分启动配置代码，完全可以做到应用程序不作任何修改。

2）Remap

嵌入式系统和通用单片机的程序运行方式不一样，通用单片机的程序大都是在 ROM 中直接执行，虽然有少数应用会将程序放在 RAM 中执行，但都是特殊实现方式，通用单片机的设计思想就是让程序在 ROM 中直接执行。而嵌入式不同，几乎所有的应用程序都是放在 RAM 中执行的，这就存在一个问题，单片机断电后 RAM 里面的内容不会被保存，所以嵌入式系统需要解决断电后可重新运行程序这一问题。

要想保存 RAM 中的内容不丢失，只有在断电后继续保持 RAM 供电，方法无非就是用备用电池，这样做对于第一次上电和取走电池的情况无效，所以用电池的方法行不通。于是 MCU 采用了另外一种方法，即在芯片内部自带一小片内部 Flash，另外还有一小片内部 SRAM，上电时这片内部 ROM 的地址会映射到 0x00000000 位置，图 3.7 用方框标识的 IROM 就是它，在地址映射中对应到地址 0x00000000 位置，它自己的真实物理地址是在 0xF0000000。芯片上电后会从固定地址 0x00000000 执行程序，这样就会执行 IROM 中的程序。

不过内部 ROM 中的程序编写存在一些特殊限制，通常这段代码（常被称为 bootloader）是由汇编代码写成，为什么要用汇编？是因为如果用 C 无法确保代码中不使用 RAM 变量，而在刚上电的时候物理地址和虚拟地址之间的映射关系还没有建立，只能是通过绝对物理地址来访问存储器。而且外部扩展的存储器不是接上去就可以使用的，还需要对接口进行一些设定才能可靠访问。用汇编则可以保证不使用 RAM 变量,如果非用 RAM 变量不可,可以直接在内部的 SRAM 中按绝对物理地址进行读/写。

这段汇编代码需要完成系统时钟、中断等资源的初始化,另外还需要配置好外部扩展存储器的接口参数,到这一步系统可以使用外部扩展的存储器,不过还需要按绝对物理地址进行访问。接下来的工作是将真正的程序装载进来,程序的位置和大小等信息事先需要约定好,汇编代码按照约定将真正的程序装载到 SDRAM 的指定物理地址。为了加快程序的装载速度,这里会要求打开 Cache,如果不打开速度可能相差数倍。

装载完程序启动代码的工作基本完成,接下来应该开始执行所装载的程序,只需要把程序指针指向所装载程序的入口地址即可。但现在所装载的程序物理地址可能并不等于程序层面所需的虚拟地址,所以跳转前还需要执行一个重要操作,就是 Remap,这步操作其实很简单,将某个寄存器的一个控制位上,在此之前需要先设定好 MMU 的映射表,此后 MMU 就开始工作。

这里对程序还有一个特殊要求,因为在 Remap 之前程序是以物理地址为基准,Remap 之后变成虚拟地址,实际上程序已经转到另外的物理空间去,所以需要保证新的逻辑地址中后一条指令依然相同。这个特殊要求可以这样用小技巧实现,启动程序和所装载的程序都按一定格式进行编写,比如按照后面的固定格式定义从地址 0x00000000 开始的代码内容与结构,这样启动程序和所装载的程序开始一段代码的格式是一样的,每个位置对应的都是相同信息,所以 Remap 之后就能得到正确的跳转指令。

```
.org 0x0
ROMbase:
  b   Reset_Handler
  ldr  pc, = mmUndefinedInstructionEntry
  ldr  pc, = mmSWIEntry
  ldr  pc, = mmInstructionAbortEntry
  ldr  pc, = mmDataAbortEntry
  nop
  ldr  pc, = mmInterruptEntry
  ldr  pc, = mmFastInterruptEntry
.org 0x40
__mmUndefinedInstructionEntry:
  .long  mmUndefinedInstructionEntry
__mmSWIEntry:
  .long  mmSWIEntry
__mmInstructionAbortEntry:
  .long  mmInstructionAbortEntry
__mmDataAbortEntry:
```

第3章 单片机高级特性

```
        .long    mmDataAbortEntry
__mmInterruptEntry:
        .long    mmInterruptEntry
__mmFastInterruptEntry:
        .long    mmFastInterruptEntry
.globl  Reset_Handler
.type   Reset_Handler, function
Reset_Handler:
    bl   _kmc_asm_init       /*初始化系统*/
    bl   _init_cache_mmu     /*开Cache*/
    bl   _copy_text_data     /*装载程序*/
    bl   _fill_bss           /*初始化变量区*/
    ldr  pc, = start         /*跳转到程序入口*/
```

不是所有MCU都有内部FLASH，有的MCU会省掉内部FLASH，直接用外部扩展的FLASH来启动，这种设计存在某些FLASH不可以使用的可能，因为芯片上电后扩展接口工作在默认状态，如果选用的FLASH不支持该工作，设定就可能不能使用，这一点需要注意，不过一般不会发生。图3.7中的例子也可以不用内部FLASH启动，该MCU有一条引脚选择内部ROM还是外部ROM，所以在图3.7中可以看到IROM在0x00000000位置和一组扩展CS位置重叠，实际应用中为二选一，并不矛盾。

3）MPU（Memory Protection Unit）

MPU字面意思为存储器保护单元，嵌入式系统的程序需要一个基础框架来支撑，就好比计算机的Windows程序需要在Windows支撑一样，这个基础框架就是操作系统，应用程序是不允许对系统所在的位置进行读/写操作的，否则可能导致系统崩溃，这就需要对系统所在空间进行保护，MPU就是提供这类功能的。

保护可以通过软件来实现，但这样做需要对软件的编写提出额外的保护要求，而且所写的软件如果出错保护就无法实现，所以软件保护不是一个方便可靠的方法。MPU所提供的是硬件保护，系统由专门的硬件来检测和限制系统资源的访问，当程序去访问一个地址之前，MPU会依照所制定的访问权限控制规则检查当前程序是否有权限进行访问。

如果没有相应权限而程序试图进行访问操作，MPU会产生一个异常信号，该信号会触发处理器执行异常中断处理程序，这是嵌入式系统常常产生异常中断的一个重要原因，程序试图访问一个它没有权限的地址。当然MPU的保护对于此类错误并不能避免或者从错误中恢复，只能告诉调试的程序员当前发生了超越权限的访问，要完全解决错误还需程序员自己查找出超越权限代码的位置。

来看一个带MPU的MCU的存储器映射例子，该芯片内部自带256 KB的RAM，地址范围为0x00000～0x3FFFF，外部可扩展的存储器为0x10000000～0x12000000的32 MB空间。

该例子具备以下特点：
- 系统小于 64 KB，向量表、异常处理程序位于此空间内，系统软件空间用户模式下的程序不可访问，以免应用程序破坏系统。
- 有一个不超过 64 KB 的共享系统空间，用于存放系统提供的通用库以及用户任务间的数据传递。
- 最多支持 3 个独立功能的用户任务，每个任务占用的空间最多 32 KB，任务间完全独立，不可以相互访问。

表 3.3 中区域表示空间处于访问控制权限表中的位置，不同 MPU 映射关系会不同，例子中的 MPU 总共支持 16 级权限控制区域供程序员设定。

系统软件空间只允许管理员进行读/写，用户编写的应用程序是不可进行任何读/写操作的；系统共享空间因为要给应用程序提供库函数，所以应用程序具有读权限，但是不可以写，如果任务间需要传递数据必须调用相应系统函数才能完成；3 个用户任务各自拥有一段空间，这段空间对于任务自己和管理员是完全敞开的，可以进行读/写操作。外部扩展空间定义成不可预知是现在不知道外部所接存储器的类型，如果是 SDRAM 则读/写操作都是允许的，如果是 NOR FLASH 显然不可以进行写操作，所以只能定义成不可预知。

表 3.3 MCU 存储器访问权限表

管理员	用户	区域编号
不可访问	不可访问	0
读/写	不可访问	1
读/写	只读	2
读/写	读/写	3
不可预知	不可预知	4
只读	不可访问	5
只读	只读	6
不可预知	不可预知	7
不可预知	不可预知	8～15

如何设定存储器的保护不同 MCU 在数据手册的 MPU 部分会有详细描述，主要是通过设定一系列特殊寄存器来实现。通过这些寄存器可以依照特定的地址、空间大小转换规则建立一张映射表，如表 3.4 所列，然后 MPU 依照映射表进行保护。如果用户不需要 MPU 功能，可以选择关闭 MPU 功能。

表 3.4 MCU 存储器空间权限分配表

功 能	访问级别	起始地址	大 小	区 域
外部扩展空间	系统	0x10000000	32 MB	4
受保护的系统	系统	0x00000000	4 GB	1
共享的系统	用户	0x00010000	64 KB	2
用户任务 1	用户	0x00020000	32 KB	3
用户任务 2	用户	0x00028000	32 KB	3
用户任务 3	用户	0x00030000	32 KB	3

3.5 嵌入式与操作系统

单片机发展到今天,嵌入式和操作系统已经成为单片机产品开发的一大主流趋势,一名电子工程师被要求必须掌握一定的嵌入式系统知识,这一节我们一起来谈谈嵌入式操作系统。嵌入式操作系统可以说是目前单片机技术在软件方面所发展到的最高层面,不要想三言两语就能说清楚,所以这一节中只是简单地讲一点我个人对嵌入式系统的理解,如果你想深入了解嵌入式核心,那还得靠你自己多找一些嵌入式的资料进行钻研。

什么是嵌入式

什么是嵌入式?看似简单的一个问题,实际却没几个人能回答得清晰透彻,即便是一些在嵌入式领域有着丰富经验的人也说不出个所以然来,不能肯定具体指的是什么。我自己认为嵌入式是一个含糊的概念,它渗透在电子产品开发之中,与传统单片机没有严格明晰的界限。

IEEE(国际电气和电子工程师协会)对嵌入式系统的定义是:Devices Used to Control, Monitor or Assist the Operation of Equipment, Machinery or Plants,意思为用于控制、监视或者辅助操作机器和设备的装置。这个定义相对比较抽象,从字面意思理解为所有电子控制设备都属于嵌入式,哪怕就是一个振荡器控制 LED 闪烁的电路都是,这种理解显然过于广泛。

目前国内普遍认同的嵌入式系统定义为:以应用为中心,以计算机技术为基础,软、硬件可裁剪,适应应用系统对功能、可靠性、成本、体积、功耗等严格要求的专用计算机系统。

嵌入式系统(Embedded System)一般由嵌入式微处理器、外围硬件设备、嵌入式操作系统以及用户的应用程序 4 个部分组成,用于实现对其他设备的控制、监视或管理等功能。和传统单片机电子产品相比,嵌入式更能体现功能细分的时代特性。

传统单片机产品是工程师在特定硬件平台下需要完成所有的代码工作,即便是芯片厂商提供有代码样例,也只是适用于与之相适应的硬件,如果更换硬件则需要重新编写代码。不同的厂商芯片代码编写没有统一规程,每家都是按自己的意愿设计样例代码,各种接口的驱动代码也是同样的境况。如果想把一个基于 A 家 MCU 的产品程序移植到 B 家 MCU 上,基本上可以移植的只有程序流程和框架,原来的代码只有参考意义。

传统单片机厂商为了便于工程师迅速开始编写程序会提供工程样例,样例包含有中断、主循环等关键组成单元,工程师只要在上面填写自己的代码就可以正式开始程序编写,可以省掉学习如何搭建程序架构的过程。

传统单片机程序构架样例如下:

```
#include <HT46R01C.H>
#pragma vector isr_4 @ 0x4
#pragma vector isr_8 @ 0x8
```

```
#pragma vector isr_c @ 0xc
//中断服务函数定义,如果需要中断在对应函数内添加相应代码
void isr_4(){} //external ISR
void isr_8(){} //timer/event0
void isr_c(){} //ADC convert
//--------------------------------------------------
//安全初始化,可以去掉此函数本身初始化系统
//--------------------------------------------------
void safeguard_init()
{
  _wdts = 0x00;
  _intc0 = 0x00;
  _tmr0c = 0x00;
  _tmr1c = 0x00;
  _ctrl0 = 0x00;
  _adcr = 0x00;
}
//--------------------------------------------------
//主程序
//--------------------------------------------------
void main()
{
  safeguard_init();
  while(1)
  {
    //添加用户代码
  }
}
```

有了这样的样例工程师就可以在此基础上编写自己的代码,即便改变芯片型号,只要是同公司、同一系列的芯片,也都很容易用照葫芦画瓢的方式建立自己的新项目工程。

嵌入式系统实际上起类似样例框架代码作用,一些专业公司针对某些硬件平台设计出基本程序框架,框架本身不包含实际的具体的功能实现,但要求尽可能地支持硬件平台的所有功能,也就是说,其他工程师在此框架基础之上通过接口驱动函数可以使用硬件平台的所有功能。既然嵌入式系统由专业公司提供,所提供的功能自然相当强大,除了支持硬件所具备的各项特性外,还在软件方面作出了许多功能扩展,比如多任务控制管理等。

嵌入式系统要做到支持全部硬件功能,势必需要一定数量的代码方可实现,对于任意一个实际产品可能只是用到硬件平台的部分功能,这样会造成程序空间的浪费,所以嵌入式系统除

第3章 单片机高级特性

了功能支持外还需要支持功能的可选择,对于不需要的功能,可以通过规定的方法从系统中将相应代码移除掉,这就是嵌入式系统的可裁剪性。像 UC/OS 裁剪出最小内核只需要 2 KB 的空间,而如果加上对硬件平台的功能支持、TCP/IP 等通信协议的实现则需要几百 KB,如果是自己设计一个最简单支持多任务控制的操作系统模型,100~200 B 都可以实现。

提示:可以将嵌入式系统理解为带操作系统的单片机。

嵌入式操作系统大都支持多任务,所以将嵌入式操作系统称为多任务操作系统也是可以的。如果用计算机来打比方的话,传统的单片机程序就是早期的 MSDOS,单任务,所有的系统资源都可归当前任务所有;嵌入式系统则是现在的 Windows,多任务,系统资源需要经由 Windows 来统一进行调度。

在我看来,多任务可以说是嵌入式操作系统最重要的特点,可能有人对多任务的实现方法不太了解,相信经过我的解释你会明白其中的奥秘。有一点可以肯定,目前的单片机同一个时刻只能执行一条程序指令,绝对不可能同时执行两条或更多的程序指令。注意我说的是执行指令,没有说只能做一件事,单片机硬件是可以同时做多件事的,比如执行当前指令的同时定时器在进行计数处理。

我们所说的多任务都是指程序代码,传统的单片机程序是单任务,只有一个主循环持续运行,嵌入式操作系统则可以同时支持多个这样的循环,每个循环都像是单任务的主循环。可是刚才我已经说过单片机同一时刻只能执行一条指令,并不能分身同时处理不同循环中的指令,什么方法才让这些循环同时运转呢?

来看看传统的单任务,虽然只有一个主循环,并不代表程序只能处理一件事情。例如,我们现在要用单片机控制两个灯闪烁,我们可以把每个灯的控制都当作一件事情,如果我们把一个灯的控制放在主循环,另一个放到定时中断,从宏观上看就可以当成单片机同时在处理两件事情,而且这两件事情的处理看起来是相互独立的。

其实单片机中断就是硬件的多任务处理,操作系统的多任务也是参考此机制得以实现,虽然单片机同一时刻只能执行一条代码,但可以通过某种控制管理,先执行第一个任务的代码一段时间,然后暂停第一个任务代码的执行,转去执行第二个任务的代码,依次类推,只要切换的频率足够快,从宏观上看就好像是多个任务在同时被执行。

对任务切换的控制管理方法有许多,最简单的就是时间分片,每个任务执行一段时间,然后进行切换。现在假定有 3 个任务,每个任务执行 10 ms 就进行切换,看看这 3 个任务的代码的执行结果。

```
void task_1(void)
{
    ...
    while(1)              //死循环无法退出
    {
```

```c
        task_1_10ms();
        task_1_20ms();
        task_1_30ms();
        task_1_40ms();
        task_1_50ms();
    }
}
void task_2(void)
{
    ...
    while(1)            //死循环无法退出
    {
        task_2_10ms();
        task_2_20ms();
    }
}
void task_3(void)
{
    ...
    while(1)            //死循环无法退出
    {
        task_3_10ms();
        task_3_20ms();
        task_3_30ms();
    }
}
```

代码的执行次序如下:

task_1_10ms()→task_2_10ms()→task_3_10ms()→
task_1_20ms()→task_2_20ms()→task_3_20ms()→
task_1_30ms()→task_2_10ms()→task_3_30ms()→
task_1_10ms()→task_2_20ms()→task_3_10ms()→
task_1_20ms()→task_2_10ms()→task_3_20ms()→……

虽然每个任务中的代码都是死循环,只要解决 task_1_10ms()(task_2_10ms()这样的代码切换过程,就可以让运行结果看上去是这3个任务各自在独立循环执行。

嵌入式操作系统的处理方法是另外有一个用于任务管理的 root_task(),它的作用就是对任务进行管理。这里不对真正的嵌入式操作系统进行具体分析,让我们自己想想看有没有什么简单的方法就实现切换,如果我们能做到,设计嵌入式操作系统的公司自然也能做到。

第3章 单片机高级特性

单片机有定时中断,我们设置一个 10 ms 的定时中断,这样每 10 ms 就会进入中断程序一次,现在我们来看看进入定时中断程序时单片机的情况。

第一次定时中断产生,单片机刚执行完 task_1_10ms(),如果不作任何处理从中断返回,单片机会接着执行 task_1_20ms(),如果我们通过某种方法让此时中断返回的位置改变,情况就有所不同。中断返回的位置是保存在堆栈里面,现在地址是 task_1_20ms,只要我们在中断程序里将其修改为 task_2_10ms,中断返回就会改为执行 task_2_10ms()。哈,是不是已经实现了任务的切换?

依次类推,每次中断都进行一次切换,就可以让程序按前面的次序执行。虽然切换实现了,但有问题,当单片机切换回 task_1_20ms() 时,因为单片机额外做了好多其他事情,单片机的工作状态已经和执行完 task_1_10ms() 时大不一样,继续执行 task_1_20ms() 可能会得到不同结果。这就引入了任务工作现场的保护和恢复的需求,这些工作是由任务管理的 root_task() 来完成的,这里我不作进一步的解释,只要大家明白任务切换大概通过这种方法就可以实现,不然解释得越多可能你越迷糊。

中断对嵌入式操作系统有着非常重要的作用,如果你手头刚好有嵌入式平台,你可以做这样一个实验,即在不同任务中设置断点或输出提示信息,运行起来你会发现单片机在切换任务。现在你将中断关掉,最简单的就是将 MCU 的总中断使能位关掉,你会发现任务停止切换,只是继续最后所在任务中的循环。

嵌入式系统的设计思想大体与 Windows 相同,为了便于程序员理解系统以及进行程序开发,所以在驱动程序设计方面也是尽量与计算机方式一致,当程序员针对嵌入式系统进行开发或者移植工作时,会感觉到许多地方程序的规则、结构和风格与计算机非常相似。WinCE 是微软公司针对电子产品推出的嵌入式操作系统,如果将 WinCE 放在一个有键盘和屏幕显示的电子产品上,会让使用者觉得这完全就是一个装了 Windows 的小计算机,甚至计算机上的程序只要作少量修改用 WinCE 的开发工具编译后就能直接在上面运行,有兴趣的朋友可以拿使用 WinCE 的多普达等智能手机试一试。

嵌入式系统为了便于扩展和平台移植,通常都是使用分层的方法设计系统,图 3.8 是 eCos 的构架图,该图在 eCos 官方示意图的基础上根据实际情况作出了一点修改,官方示意图左边的"设备驱动程序"并不与"目标硬件平台"相邻,这里改成了同时与"目标硬件平台"和"硬件抽象层"相邻(相邻表示相互之间可以进行通信)。

如果严格遵循嵌入式操作系统的要求,应用程序应尽量避免直接操作硬件,而是要求按照统一规则编写驱动函数,应用程序通过这些驱动函数操作硬件。来看一下 eCos 所提供的标准驱动函数是什么样子。

cyg_io_lookup(const char * name, cyg_io_handle_t * handle)

lookup 函数用来在设备表中查找 name 参数指定的设备,并在参数 handle 中返回句柄指针,如果没有找到指定设备,函数返回设备未找到的错误信息。

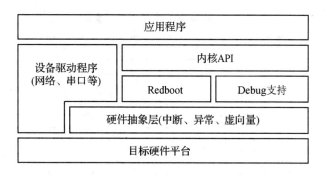

图3.8 eCos 操作系统构架示意图

name 通常为"/dev/serial0"这种形式。

cyg_io_write(cyg_io_handle_t handle, void * buf, cyg_uint32 * len)

cyg_io_read(cyg_io_handle_t handle, void * buf, cyg_uint32 * len)

write 和 read 函数是对句柄所对应的设备进行读/写操作,buf 和 len 分别是数据缓冲区和数据长度,如果操作失败函数返回相应错误信息。

cyg_io_set_config(cyg_io_handle_t handle, cyg_uint32 key, void * buf, cyg_uint32 * len)

cyg_io_get_config(cyg_io_handle_t handle, cyg_uint32 key, void * buf, cyg_uint32 * len)

set 和 get config 函数对句柄对应的设备进行配置,其中 key 表示配置的具体类型,另外两个指针参数存放配置的具体参数。

如果对 VC 熟悉就会发现这几个函数和 VC 里的 CreateFile()、ReadFile()和 WriteFile() 去控制串口等外设的方式非常相似,都是通过设备名得到一个句柄,然后对句柄进行相应读/写操作。

假定现在我们用 eCos 的系统函数控制硬件串口,在底层系统串口名被定义为"/dev/serial0",该名称在底层系统是独立唯一的,与之对应有一系列的底层函数,这些底层函数可以直接完成对串口硬件的任意操作,但对于应用程序来说这些底层函数是不公开的,所以应用程序不能直接调用底层函数,只能通过前面的 eCos 标准接口函数来间接调用。

eCos 在内部建立有几张表,应该包含表 3.5 和表 3.6 的内容(和实际有区别)。

表 3.5 eCos 设备名关系示意表

设备名	/dev/serial0	/dev/serial1	/dev/spi	/dev/i²c	…
实际设备	硬件串口一	硬件串口二	硬件 SPI 口	硬件 I²C 口	…

第 3 章　单片机高级特性

表 3.6　eCos 串口底层函数示意表

key 值	函数名	功　能
0	uart_set_bandrate()	设置波特率
1	uart_set_length()	设置数据位长度
2	uart_set_check_bit()	设置校验位方式
3	uart_set_stop_bit()	设置停止位方式
...	...	...

当应用程序调用 eCos 所带的标准接口函数时,会先从设备名表中找到设备名"/dev/serial0"对应的设备为硬件串口一,然后依据 key 值知道所需要进行的具体操作,参数则通过接口函数中的指针传递进来,只需要应用程序和底层函数都按统一格式传递参数就可保证参数正确。

将这些底层函数融合到操作系统的过程叫做驱动程序编写,任何一个操作系统推出时本身都只会支持某几种型号的 MCU,如果想要操作系统可以在新的 MCU 上运行就需要编写针对新 MCU 的驱动程序,常见做法是以一个操作系统支持的 MCU 为蓝本,在其基础之上实现对新 MCU 的支持,这个工作被称为操作系统平台移植。

操作系统平台移植不是一项简单的工作,这一过程需要严格遵循操作系统制定的各项规则,参与移植工作的人不但需要对操作系统了解透彻,还要对新的 MCU 的各种硬件特性了如指掌,所以平台移植是一件费时费力的事情,少则三五个月,稍微慢点就可能需要一年半载,对于大多数公司来说这无法接受。

正是基于这个原因前面 eCos 系统的构架图我作了修改,目的是满足公司产品开发时间紧迫的要求,如果应用程序不需要调用其他软件公司针对操作系统提供的第三方软件,底层驱动就不一定必须完全按照操作系统的规则进行编写。

第三方软件是软件公司针对某一类功能提供的专业软件包,也就是适用于应用层的上层驱动。为了通用起见,第三方软件所调用的接口函数必须完全满足操作系统所制定的规则。例如,现在有一家第三方公司针对 eCos 编写了上层图形显示的 API,用户通过其提供的 API 可以非常方便地显示各种图形,第三方公司并不知道图形显示的具体方式,只是将处理好的数据通过 cyg_io_write() 交给用 cyg_io_lookup() 得到的显示设备句柄,如果第三方公司的 API 需要知道显示设备所能支持的数据格式、显示宽高等信息,可以通过 cyg_io_get_config() 得到。要支持这家公司的 API 显示驱动程序就必须按照 eCos 的要求编写,显示设备可以是"/dev/lcd",也可以是"/dev/tv",但都必须封装成 eCos 的标准形式。

不是所有的应用程序都需要使用此类第三方软件,这时可以采用一种简化方法。因为操作系统对任务调度、中断管理这些操作主要是以软件为主,硬件只提供少量最基本的支持,所以这部分移植工作量相对要少一些,我们只是将这部分代码按操作系统要求进行移植,对设备驱动程序不进行移植。设备驱动程序还是按照传统的方法编写代码,提供下面的驱动函数:

lcd_init()

lcd_set_config()

lcd_get_con()

lcd_write_data()

应用程序需要显示的时候直接调用这些驱动函数,不过编写这些驱动函数时要留意防止不同任务同时调用同一个驱动函数,在函数内部需要有保护代码。这种方式可以将开发时间大为缩短,不足是不满足操作系统的通用性原则,像第三方公司提供的 API 就无法使用。

总体说掌握嵌入式操作系统还是一件有难度的事,单凭一两篇文章就想弄清楚操作系统是不现实的,理解操作系统细节唯一的方法是阅读理解其提供的源代码,有一定基础知识之后自己再尝试移植一个简单的系统,并写出一两个符合操作系统要求的驱动程序,当做完这些事情后你就会发现嵌入式操作系统已经"嵌入"到你的头脑之中。

嵌入式误区之不死机

嵌入式系统一词在国内流行开的时间并不长,刚开始并不叫嵌入式,我记得20世纪90年代末还习惯被称为 RTOS(实时多任务操作系统)。自我第一次接触到 RTOS,给我印象最深刻的是其宣称的高可靠性不死机的超强特性,培训中无论是 RTOS 软件公司的市场和技术人员还是本公司的前辈都一再强调这一点,使得刚参加工作的我虽然有些不理解但不敢提出质疑。

记得当时讲解的如何实现不死机这一特性主要是依靠 RTOS 公司的专业性和 RTOS 的多任务机制得以实现。

首先,RTOS 是由专业软件公司开发完成的,这样的公司技术人员具有丰富的经验,所以写出来的程序可靠性高,出错的几率小,而我们这样的技术人员尤其是刚参加工作的,经验欠缺,所写的程序自然容易出错,这一点想想确实如此,没有可质疑的地方。

其次,RTOS 在推出之前经过了严格的测试,进一步降低了出错的几率,一般公司编写的程序都没有经过如此严格的测试,这一点好像也是那么回事。

最后,不用 RTOS 写的程序为单任务模式,通常程序需要完成键盘扫描、显示和功能控制等操作,这些功能模块是串联模式,一旦有一个模块异常死循环,整个循环就会一同死掉,如果是多任务可以将这些功能分别放在不同任务当中,即使有死循环产生其他任务还能继续工作,不至于死掉,好像说得也有道理。

解释完这些负责培训的人员还会列举使用 RTOS 的用户例子:美国的航天飞机控制程序必须采用 RTOS,美国军方的一些控制设备也要求使用 RTOS,意思就是世界上使用技术最先进、对产品质量要求最高的地方都是要用 RTOS。到这个时候就是再多的半信半疑也只能是

第3章 单片机高级特性

咽到肚子里去,总不能跑到美国去求证真伪吧。

我的记忆可能不准确,就算没有记错也有可能是当时培训的人员为了推荐产品自己有一些夸大其词,或者是他自己理解不够准确,所以我前面的叙述并不能肯定RTOS不死机的说法真的存在。这里我从网络中摘录了一些关于RTOS的概念陈述,发现大都同样提到不死机的特性,看来这一说法确实存在。

1. 实时多任务操作系统(RTOS)

1) 更加面向硬件系统,而不是操作者

嵌入式系统处理器一般都是独立工作的,没有人的直接参与;即使参与,也没有大量的文字信息输出,这是和桌面计算机有所不同的。因此,RTOS着重面向的是硬件,而不是具有完整的人机界面。

2) 实时性

单片机系统的监测、控制、通信等工作都要求实时性,一旦出现有关情况,CPU能够及时响应,刻不容缓。为此,一个实用的RTOS都应具有完善的中断响应机制,保证中断响应潜伏时间足够短。

3) 多任务

半导体技术的发展和应用复杂性的增长促使CPU的处理能力越来越高,当今的一片16位或32位单片机,在运算速度、寻址能力等方面可以相当于8位单片机的几十片之和。在这样强大的处理器上运行应用程序,必然不是整块,而是根据所要实现的若干方面功能,划分为数个任务,这样有利于软件的开发和维护。

因此,单片机系统中采用的RTOS必然是支持多任务的,并能够根据各个任务的轻重缓急,合理地在它们之间分配CPU和各种资源的占用时间。

4) 不同的典型外设驱动支持

单片机的典型片内外设为定时器、A/D、PWM、D/A、串行口、LCD/LED接口,以及CAN-bus、IC-bus等。根据处理器类型的不同,RTOS在出厂时一般附带若干上面硬件接口的驱动程序,而网卡等片外设备的驱动程序,以及其他一些高级驱动函数,如兼容DOS的文件系统、TCP/IP协议等,则需要另行选购。以RTOS为基础和接口标准,可以设计出大量的库函数驱动模块,并根据实际需要选择或裁剪。

5) 高可靠性

一般计算机的操作系统出现问题,如死机,除数据丢失等外,不会有太大的问题;而单片机系统一般都是和工业控制、交通工具、医用器械等机电系统密切相关,不适当的输出甚至不及时的输出都可能会带来财产损失和安全问题。因此,嵌入式系统中的RTOS要求高可靠性,发行之前必须经过严格的测试。这是一个耗费时间和精力的过程,也是RTOS价格普遍高于一般操作系统的原因之一。

2. RTOS 是一个内核

典型的单片机程序在程序指针复位后,首先进行堆栈、中断、中断向量、定时器、串行口等接口设置、初始化数据存储区和显示内容,然后就执行一个监测、等待或空循环,在这个循环中,CPU 可以监视外设、响应中断或用户输入。

这段主程序可以看作是一个内核,内核负责系统的初始化和开放、调度其他任务,相当于 C 语言中的主函数。

RTOS 就是这样的一个标准内核,包括了各种片上外设初始化和数据结构的格式化,不必也不推荐用户再对硬件设备和资源进行直接操作,所有的硬件设置和资源访问都要通过 RTOS 核心。硬件这样屏蔽起来以后,用户不必清楚硬件系统的每一个细节就可以进行开发,这样就减少了开发前的学习量。

一般来说,对硬件的直接访问越少,系统的可靠性越高。RTOS 是一个经过测试的内核,与一般用户自行编写的主程序内核相比,更规范,效率和可靠性更高。对于一个精通单片机硬件系统和编程的"老手"而言,通过 RTOS 对系统进行管理可能不如直接访问更直观、自由度大,但是通过 RTOS 管理能够排除人为疏忽因素,提高软件可靠性。

另外,高效率地进行多任务支持是 RTOS 设计自始至终的一条主线,采用 RTOS 管理系统可以统一协调各个任务,优化 CPU 时间和系统资源的分配,使之不空闲、不拥塞。针对某种具体应用,精细推敲的应用程序不采用 RTOS 可能比采用 RTOS 能达到更高的效率;但是对于大多数一般用户和新手而言,采用 RTOS 是可以提高资源利用率的,尤其是在片上资源不断增长、产品可靠性和进入市场时间更重要的今天。

3. RTOS 是一个平台

RTOS 建立在单片机硬件系统之上,用户的一切开发工作都进行于其上,因此它可以称作是一个平台。采用 RTOS 的用户不必花大量时间学习硬件,和直接开发相比起点更高。

RTOS 还是一个标准化的平台,它定义了每个应用任务和内核的接口,也促进了应用程序的标准化。应用程序标准化后便于软件的存档、交流、修改和扩展,为嵌入式软件开发的工程化创造了条件、减少了开发管理工作量。嵌入式软件标准化推广到社会后,可以促进软件开发的分工,减少重复劳动,近来出现的建立于 RTOS 上的文件和通信协议库函数产品等就是实例。

RTOS 对于开发单位和开发者个人来说也是一种提高。引入 RTOS 的开发单位,相当于引入了一套行业中广泛采用的嵌入式系统应用程序开发标准,使开发管理更简易、有效。基于 RTOS 和 C 语言的开发,具有良好的可继承性,在应用程序、处理器升级以及更换处理器类型时,现存的软件大部分可以不经修改地移植过来。

对于开发人员来说,则相当于在程序设计中采用一种标准化的思维方式,提高知识创造的效率;同时因为具有类似的思路,可以更快地理解同行其他人员的创造成果。

4. RTOS 产生并得到迅速发展的原因

单片机处理器能力的提高和应用程序功能的复杂化、精确化，迫使应用程序划分为多个重要性不同的任务，在各任务间优化地分配 CPU 时间和系统资源，同时还要保证实时性。靠用户自己编写一个实现上述功能的内核一般是不现实的，而这种需求又是普遍的。在这种形势之下，由专业人员编写的、满足大多数用户需要的高性能 RTOS 内核就是一种必然结果了。

对程序实时性和可靠性要求的提高也是 RTOS 发展的一个原因。此外，单片机系统软件开发日趋工程化，产品进入市场时间不断缩短，也迫使管理人员寻找一种有利于程序继承性、标准化、多人并行开发的管理方式。从长远的意义上来讲，RTOS 的推广能够带来嵌入式软件工业更有效、更专业化的分工，减少社会重复劳动、提高劳动生产率。

5. RTOS 的基本特征

1) 任 务

任务(Task)是 RTOS 中最重要的操作对象，每个任务在 RTOS 的调用下由 CPU 分时执行。激活或当前的任务是 CPU 正在执行的任务，休眠的任务是在存储器中保留其执行的上下文背景、一旦切换为当前任务即可从上次执行的末尾继续执行的任务。任务的调度目前主要有时间分片式(TimeSlicing)、轮流查询式(Round-Robin)和优先抢占式(Preemptive) 3 种，不同的 RTOS 可能支持其中的一种或几种，其中优先抢占式对实时性的支持最好。

2) 任务切换

RTOS 管理下的系统 CPU 和系统资源的时间是同时分配给不同任务的，这样看起来就像许多任务在同时执行，但实际上每个时刻只有一个任务在执行，也就是当前任务。任务的切换有两种原因。当一个任务正常地结束操作时，它就把 CPU 控制权交给 RTOS，RTOS 则检查任务队列中的所有任务，判断下面哪个任务的优先级最高，需要先执行。另一种情况是在一个任务执行时，一个优先级更高的任务发生了中断，这时 RTOS 就将当前任务的上下文保存起来，切换到中断任务。RTOS 经常性地整理任务队列，删除结束的任务，增加新的待执行任务，并将其按照优先级从大到小的顺序排列起来，这样可以合理地在各个任务之间分配系统资源。

3) 消息和邮箱

消息(Message)和邮箱(Mailbox)是 RTOS 中任务之间数据传递的载体和渠道，一个任务可以有多个邮箱。通过邮箱，各个任务之间可以异步地传递信息，没有占用 CPU 时间的查询和等待。当 RTOS 包含片上总线接口驱动功能时，各个单片机之间的通信也通过邮箱的方式来进行，用户并不需要了解更深的关于硬件的内容。

4) 旗 语

旗语(Semaphore)相当于一种标志(Flag)，通过预置，一个事件的发生可以改变旗语。一个任务可以通过监测旗语的变化来决定其行动，在监测旗语变化的时候不消耗 CPU 时间，旗语对任务的触发是由 RTOS 来完成的。通过使用旗语，一个任务在等待事件变化的时候就可以不必不断查询，而把 CPU 时间出让给其他任务。

5）存储区分配

RTOS对系统存储区进行统一分配，分配的方式可以是动态的或静态的，每个任务在需要存储区时都要向RTOS内核申请。RTOS通过使用存储分配类核心对象管理数据存储器，在动态分配时能够防止存储区的零碎化。

6）中断和资源管理

RTOS提供了一种通用的设计用于中断管理，有效率而灵活，这样可以实现最小的中断潜伏时间和最大的中断响应度。RTOS内核中的资源对象类则实现了对系统实体资源或虚拟资源的独占式访问，一个任务可以取得对资源的唯一访问权，其他任务在资源释放以前无法访问，这样可以避免资源冲突。设计完善的RTOS具有检查可能导致系统死锁的资源调用设计。

阅读完这段陈述除了知道RTOS强调自己的高可靠性、不死机外，还表明它实际上就是嵌入式操作系统，只是表述方法不同而已。

那RTOS到底有没有具备不死机的超强特性呢？这种说法在我看来是错误的，至少可以说不够严谨。可以说无论是硬件还是软件，目前还不存在完全解决死机问题的方法，所有产品都只是尽可能地降低死机的几率，不可能将死机的几率降到零。

死机的原因五花八门，可能是硬件导致的，也可能是软件导致的。如果是硬件原因导致，单纯依靠软件是无法解决的，而RTOS只是软件方面的产品，凭这一点就可以说RTOS不死机言过其实。在软件层面，RTOS只是提供了一个程序框架，并不包含有实际功能的应用程序，要用到产品中就需要工程师在此框架基础上编写相应的应用程序，就算RTOS自我非常完善，可应用程序的内容还是由应用工程师决定，如果应用程序出错RTOS同样无能为力。

虽然RTOS可以采用某些方式对系统自身进行保护，但程序运行起来后始终会出现CPU完全由应用程序控制的状态，这个时候RTOS如果没有硬件特殊功能（MPU）的支持，在有问题的应用程序面前同样如同"一只任人宰割的羔羊"。

```
UINT32 *p,i;
i = 0x00000000;              //i进行这样一段复杂的运算是为了避免编译器优化
i = i + 0x00001234;
i = i + 0x56780000;
i = i&0x0000C1C1;            //到这里i的实际结果等于0
p = (UINT32 *)i;             //所以p这里也指向地址0
for(i = 0;i<0x00100000;i ++) //将从地址0开始的4 MB空间清0
{
   *p = 0x00000000;
   p ++ ;
}
```

通常OS都位于存储器从地址0开始的一段区域，如果执行这段代码会将OS所在区域清

第3章　单片机高级特性

0，也就是 OS 自身被应用程序破坏掉，试想 RTOS 面对这样的代码何以保证高可靠性？当然这样的代码是不允许存在的，但可以说明一个问题，应用程序在使用指针时如果指针出错，就存在将整个 RTOS 摧毁的可能。

对于编写应用程序的工程师，如果是在 RTOS 上进行编程，就应用程序本身来说，出错的几率和不使用 RTOS 是相同的，程序的质量主要靠工程师的素质来把握，和 RTOS 关系不大。因为 RTOS 多少对程序编写存在一些限制，所以对于工程师实际上会增加一些额外的负担，需要了解 RTOS 的相关知识，而且程序调试会因为 RTOS 的存在要麻烦一些。

所以 RTOS 高可靠性、不死机的说法是不正确的。实际上 RTOS 是适合逻辑流程相对复杂而且需要同时处理多项事情的程序，如果是单任务方式，程序就需要非常多的判断、跳转操作，即便是经验丰富的工程师也可能会因过多的逻辑流程控制把自己绕晕，有了 RTOS 可以将不同的事情处理分离到独立的任务当中，任务之间通过 RTOS 传递交换数据，逻辑流程自然就明晰起来。

我们不用 RTOS 也可以实现 RTOS 类似的工作，比如可以将每一个事项的处理分成许多小段程序，然后利用定时中断来依次执行每个事项的分段程序。这样做需要中断程序具备管理功能，以保证每次中断正确调用相应程序分段，这里的中断程序相当于一个功能最简的 RTOS。虽然中断程序只是实现简单的管理功能，实际要做好并不容易。现有的 RTOS 正是解决了这个问题，将任务的管理工作很稳定地实现，高可靠性指的是这一点。

RTOS 不但在任务管理方面可靠性高，所提供的功能也是相当强大，几乎考虑了所有的用户需求，另外模块式的程序结构可以让用户自由进行功能裁剪，让用户制定出适合自己且经济高效的系统，应用层标准化接口更加有利于技术的分工合作，使得软件公司开发基于 RTOS 的标准功能库成为现实。

所以不要因为我反对了 RTOS 的某一个宣传说法有所夸大就全面否定 RTOS，它的优点是符合技术发展的潮流趋势的，现在不少产品都不能全靠自己的力量完成，适当引用其他公司的现有技术可以让产品开发周期和质量都得到提升。RTOS 确实是一个好东西，就好比 Windows，和 MSDOS 相比虽然复杂许多，而且需要功能更强的硬件支持，但能给用户带来完全不一样的感受。

使用 RTOS，就如同站在巨人的肩膀上看世界，只是爬上巨人的肩膀需要多花一些力气。

嵌入式效率

嵌入式系统一贯宣称自己的实时、高效，在我看来这一点也是不正确的，最高效率是由硬件决定的，一旦硬件平台确定，任何软件都无法突破其最高效率。

也许有人会说软件高手编写的程序效率会比普通软件人员编写的效率高，嵌入式操作系统都是软件高手来完成的，说效率高很正常啊。这种说法采用的是概念转移的伪证法，将一个硬件平台所能达到的软件最高效率问题转换成不同程序员编写的代码效率高低。我们很容易将这种说法辩驳倒，让同一个写操作系统的程序员用两种方法来完成产品代码的编写，一种是程序员在操作系统之上编写，另外一种是程序员直接针对硬件编写，显然后一种方法得到的程序效率要高。

嵌入式操作系统是软件，软件的运行就要消耗 CPU 资源，同一个 CPU 其能提供的资源是恒定的，既然嵌入式操作系统运行耗费了部分资源，对于应用程序来说可用的资源就要减少，所以能达到的最大效率也自然要相应降低。另外，操作系统为了实现自己的管理功能，需要打开 TIMER 中断为整个操作系统提供同步时钟信号，这些中断程序可能对产品实际功能并无多大作用，但要占用 CPU 运行时间，如果不用操作系统可以关闭掉。所以同样功能的软件，带操作系统的效率肯定要低过带操作系统的版本。

同样的道理，硬件平台对于事件的最快响应时间也是恒定的，嵌入式操作系统在快速、实时性方面实际上并不理想，操作系统的构架方式对事件的响应会明显慢于硬件所支持的速度。因为中断是操作系统直接管理的资源，操作系统在中断向量表中放置的并不是中断服务程序的地址，而是操作系统的中断管理函数入口地址，当硬件中断信号产生后，CPU 不是直接执行相应中断服务程序，而是先执行操作系统的总中断管理函数，在该函数中再由软件决定何时执行中断服务程序。这种模式使得操作系统对中断的响应效率大打折扣。操作系统为了实现通用，所提供的接口都是 C 语言形式，C 语言一般来说代码效率没有汇编高，所以操作系统编程语言的选择又使得系统对中断的响应速度更慢了一些。

因此，单纯从代码执行效率来看，嵌入式系统并没有高效的特点，这个方面反而是嵌入式系统的不足。但如果从另外一个角度来理解，也还是可以承认这种说法的。现在硬件的速度越来越快，硬件速度的提升弥补了嵌入式系统运行效率的不足。嵌入式系统对多任务的支持，可以让原本复杂的逻辑流程变简单，加上基于操作系统的大量第三方标准软件的出现，许多工作都可以直接使用别人的现有成果，从整个产品的开发角度来说无疑是更加高效的方法。

第 4 章
单片机 C 语言

这一章要轻松不少,相信就算是刚走出校门的"雏鸟",多少都有一定的 C 语言基础,这一章讲述的内容都是 C 语言在单片机上应用会遇到的一些有意思的现象,让你明白 C 语言在单片机上是怎么工作的。

当然也会告诉你一些 C 语言的经验技巧,这些对提升你的单片机编程能力会有一定帮助。

4.1 单片机 C 语言简介

早期单片机编程是没有 C 语言支持的,都是汇编语言甚至是二进制的机器码,随着计算机技术的突飞猛进,单片机编程不再"安分"于汇编的"一亩三分地",也向 C 语言的方向迈进。理论上讲单片机实现 C 语言编程不存在任何问题,毕竟和计算机是"同根生",于是一批专业或非专业、有着利益目的或无利益目的的工程师开始了这方面的努力。

和计算机最大的不同是单片机种类繁多,不像计算机只有那么几种芯片,另外计算机 CPU 的发展遵循着一定的规则,不同 CPU 要求做到指令兼容,对单片机作这样的要求显然不现实,厂商不可能接受遵循特定标准设计 MCU 的要求。虽然单片机种类繁多,但大部分单片机还是会采用通用构架进行设计,毕竟遵循一定标准可以不用厂商自己去完成指令系统、编译工具等繁琐工作,所以市面上流行的单片机内核其实并不多,不少 8 位的单片机都采用 51 内核,高端的 MCU 内核更是集中在 ARM/MIPS…这几种当中。

厂商设计的 MCU 通常都会沿用某一种构架,也就是厂商产品目录中的 xx 系列,这样做厂商可以节省开发成本,一套编译器可以为一个甚至多个系列的 MCU 所用,当新设计的 MCU 或编译器有问题时也可以在日后进行改进,如果弄成一种 MCU 就对应一套编译器的方式,神仙也会疯掉。厂商为了占领更多的市场,会依据市场需求针对 MCU 推出 C 编译器,毕竟 C 语言编程要比汇编语言方便不少。不过这些厂商所推出的 C 编译器质量会受他们的技术能力所限制,通常这类编译器可以用,但可能有不少问题,更不要期望有着很高的效率。

如果是流行面广的内核，会有另外一种方式，就是专业的软件公司针对这种内核的指令系统开发 C 编译器，像 KEIL C 就是一例。这种软件公司在编译方面经验丰富，所以他们做出来的编译器效率方面相当不错，只要是他们的编译器支持的内核，就很容易让编译器支持。软件公司推出的 C 编译器虽然好，但要钱，有免费的版本可限制太多，不过技术世界从来不缺少"活雷锋"，GCC 这样的组织让免费获取 C 编译器成为了现实，但这类组织所支持的对象只能是内核为 ARM/MIPS…的高端通用 MCU。

想要做好单片机的 C 编译器则必须具备两个条件：一是熟悉 MCU 的硬件资源和指令系统，二是精通 C 语言，二者缺一不可，否则是做不出一个优质高效的单片机 C 编译器的。编译器的工作就是将用 C 语言编写的代码按一定规则转换成汇编指令，这样程序员面对的是接近自然语言的 C 代码，对程序的结构控制、含义理解等会简单许多。由于转换操作依赖编译器，即便一个编译器需要经过大量测试才会正式推出，测试也无法涵盖所有的编程可能，这样编译器并不能保证可靠性为百分之百，一旦有错误产生，调试会麻烦许多。因为错误不是程序员而是编译器产生的，在 C 语言层面会让这种错误弄得一头雾水，当然程序员对 C 语言和汇编语言都很熟悉的话还是可以通过查看汇编代码的方式找出错误原因的。

同计算机的 C 语言相比，单片机的 C 语言编程有着自己的特点。计算机的 C 语言程序奉行硬件无关的原则，程序员只要了解 C 语言的语法就可以，即使深入到驱动层面也只需要了解驱动程序的接口。单片机则不然，C 语言只是让程序员面对的代码不再是汇编格式，将原本汇编语言编写的硬件控制代码改成了 C 语言的语法格式，程序编写依然还是要了解硬件特性。为了最大程度地利用单片机的各种指令，单片机的 C 编译器同计算机的 C 编译器相比可能会存在一些不同，比如对某些 C 语言语法作出修改，像 KEIL C 对 51 系列的单片机就多出了位变量的定义和操作的语法。单片机结构要比计算机简单，所提供的资源也要少许多，支持 C 语言编程主要是为了让程序结构简单明晰，所以 C 语言的控制流程语法就已经够用，并不需要像计算机一样在标准 C 语言的基础上继续类似 C++各种改进。但这些也不是绝对，现在各种嵌入式平台是尽量向计算机方向靠拢，应用程序也逐渐可以做到硬件无关，这样做我的理解是"众人拾柴火焰高"，嵌入式已经发展到了需要许多人合作才能实现的阶段。

单片机用 C 语言编程便捷性无疑是大为提高，可用 C 语言实现对单片机的支持后新问题出现了。这就是目前的现状，即做单片机的大多是电子信息类的专业出身，在学习阶段以电子方面的知识为主，C 语言只是作为辅助课程出现，没有强调软件工程之类的课程。当这部分人由学生转入工作时就容易写出汇编式 C 代码，语法是 C 语言而程序风格和思路是汇编语言，在计算机专业出身的人眼里看为"垃圾代码"。如果计算机专业出身的程序员去写单片机 C 语言程序，又会有电子专业基础知识不足的问题。这一章我会告诉习惯汇编语言编程的单片机程序员一些 C 语言方面的经验和技巧，相信通过本章的学习会让你对单片机的 C 语言编程有更深的认识。

第4章 单片机 C 语言

4.2 for()/while()循环

不同程序员都有自己的编程风格,让一个程序员用代码实现死循环,C 语言出身的程序员习惯会用 for(;;)和 while(1),而汇编语言出身的程序员则习惯用 goto loop_label,程序风格上的差异无关紧要,但如果深入到代码效率层面会发现不同的循环方式效率会存在不同,让我们来看一下这些循环方式对应汇编代码的区别。

这里我用 C 语言做了循环 100 次的 9 种不同实现方式。

```
void MCU_CTest(void)
{
    unsigned long i;
    unsigned long vTemp;
    //------loop mode 1------
    //------loop mode 2------
    //------loop mode 3------
    //------loop mode 4------
    //------loop mode 5------
    //------loop mode 6------
    //------loop mode 7------
    //------loop mode 8------
    //------loop mode 9------
    //------end flag------
    vTemp = 0;
}
```

方式一 C 代码:

```
vTemp = 0;
for(i = 0; i<100; i++)
{
    vTemp = vTemp + i;
}
```

方式一汇编代码说明:

```
0x1dc0:   MOV    R1,#0            ;vTemp = 0,第一种循环
0x1dc4:   MOV    R0,#0            ;i = 0,循环次数清零
0x1dc8:   CMP    R0,#0x64         ;将 i 和 100 作比较
0x1dcc:   BCS    0x1de4           ;i 大于或等于 100 则跳到地址 0x1de4,结束循环
0x1dd0:   B      0x1ddc           ;跳转到地址 0x1ddc 好进行 vTemp = vTemp + i
0x1dd4:   ADD    R0,R0,#0x1       ;i++
```

0x1dd8：	B	0x1dc8	;跳转到地址 0x1dc8 好判断 i 是否小于 100
0x1ddc：	ADD	R1,R1,R0	;vTemp = vTemp + i
0x1de0：	B	0x1dd4	;跳转到地址 0x1dd4
0x1de4：	MOV	R1,#0	;vTemp = 0,第二种循环开始

方式一汇编代码执行流程（见图 4.1）：

0x1dc0：	MOV	R1,#0	;vTemp = 0,第一种循环
0x1dc4：	MOV	R0,#0	;i = 0,循环次数清零
0x1dc8：	CMP	R0,#0x64	;将 i 和 100 作比较,此时 i 为 0,第一次循环
0x1dcc：	BCS	0x1de4	;比较结果不用跳转
0x1dd0：	B	0x1ddc	;跳转到地址 0x1ddc
0x1ddc：	ADD	R1,R1,R0	;vTemp = vTemp + i
0x1de0：	B	0x1dd4	;跳转到地址 0x1dd4
0x1dd4：	ADD	R0,R0,#0x1	;i ++
0x1dd8：	B	0x1dc8	;跳转到地址 0x1dc8
0x1dc8：	CMP	R0,#0x64	;将 i 和 100 作比较,此时 i 为 1,第二次循环
0x1dcc：	BCS	0x1de4	;比较结果不用跳转
0x1dd0：	B	0x1ddc	;跳转到地址 0x1ddc
0x1ddc：	ADD	R1,R1,R0	;vTemp = vTemp + i
0x1de0：	B	0x1dd4	;跳转到地址 0x1dd4
0x1dd4：	ADD	R0,R0,#0x1	;i ++
0x1dd8：	B	0x1dc8	;跳转到地址 0x1dc8
0x1dc8：	CMP	R0,#0x64	;将 i 和 100 作比较,此时 i 为 2,第三次循环

……

方式一执行一次循环需要 7 条指令,其中跳转 3 次。

方式二 C 代码：

```
vTemp = 0;
i = 0;
while(i<100)
{
  vTemp = vTemp + i;
  i ++ ;
}
```

方式二汇编代码说明：

0x1de4：	MOV	R1,#0	;vTemp = 0,第二种循环
0x1de8：	MOV	R0,#0	;i = 0,循环次数清零
0x1dec：	NOP		;空操作

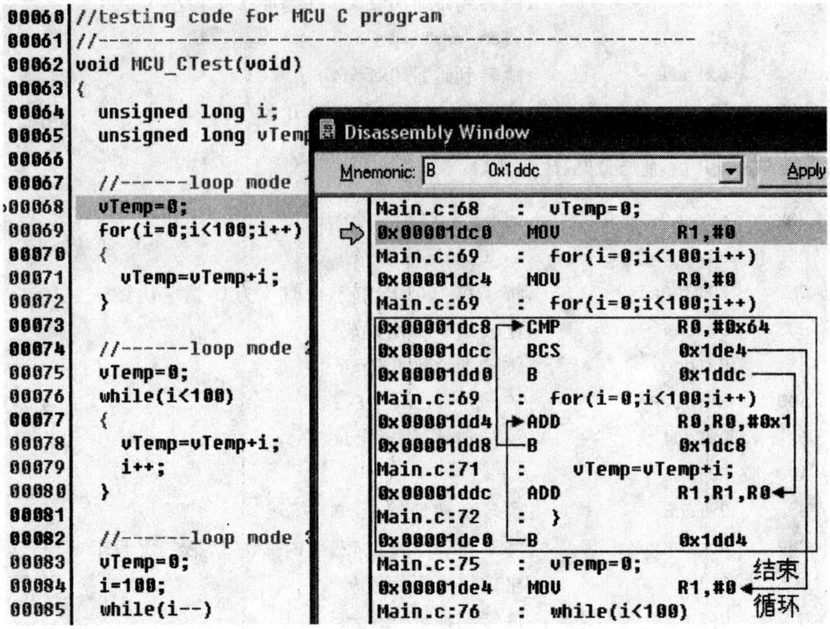

第 4 章 单片机 C 语言

```
00060 //testing code for MCU C program
00061 //-----------------------------------------------
00062 void MCU_CTest(void)
00063 {
00064   unsigned long i;
00065   unsigned long vTemp;
00066
00067   //------loop mode 1
00068   vTemp=0;
00069   for(i=0;i<100;i++)
00070   {
00071     vTemp=vTemp+i;
00072   }
00073
00074   //------loop mode 2
00075   vTemp=0;
00076   while(i<100)
00077   {
00078     vTemp=vTemp+i;
00079     i++;
00080   }
00081
00082   //------loop mode 3
00083   vTemp=0;
00084   i=100;
00085   while(i--)
```

```
Disassembly Window
Mnemonic: B   0x1ddc                    Apply

Main.c:68   :   vTemp=0;
0x00001dc0      MOV      R1,#0
Main.c:69   :   for(i=0;i<100;i++)
0x00001dc4      MOV      R0,#0
Main.c:69   :   for(i=0;i<100;i++)
0x00001dc8      CMP      R0,#0x64
0x00001dcc      BCS      0x1de4
0x00001dd0      B        0x1ddc
Main.c:69   :   for(i=0;i<100;i++)
0x00001dd4      ADD      R0,R0,#0x1
0x00001dd8      B        0x1dc8
Main.c:71   :   vTemp=vTemp+i;
0x00001ddc      ADD      R1,R1,R0
Main.c:72   :   }
0x00001de0      B        0x1dd4
Main.c:75   :   vTemp=0;
0x00001de4      MOV      R1,#0      结束循环
Main.c:76   :   while(i<100)
```

图 4.1 ARM 汇编结果示意图一

```
0x1df0:  CMP   R0,#0x64      ;将 i 和 100 作比较
0x1df4:  BCS   0x1e04        ;i 大于或等于 100 则跳转到地址 0x1e04,结束循环
0x1df8:  ADD   R1,R1,R0      ;vTemp = vTemp + i
0x1dfc:  ADD   R0,R0,#0x1    ;i++
0x1e00:  B     0x1df0        ;跳转到地址 0x1df0
0x1e04:  MOV   R1,#0         ;vTemp = 0,第三种循环开始
```

方式二汇编代码执行流程如图 4.2 所示,比方式一要简单,执行阴影部分循环只需要 5 条指令,其中跳转 1 次。

为节约篇幅,其他方式只将汇编代码整理出来,不贴图加以说明。

方式三 C 代码:

```
vTemp = 0;
i = 0;
while((i++)<100)
{
   vTemp = vTemp + i;
}
```

方式三汇编代码说明:

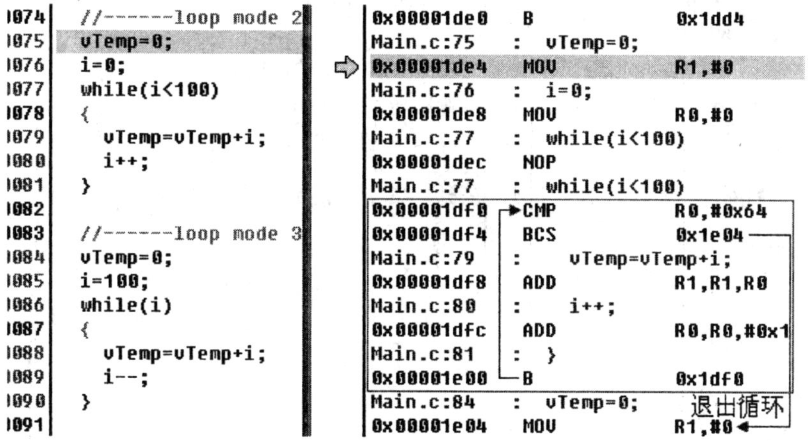

第 4 章 单片机 C 语言

```
1074  //------loop mode 2         0x00001de0   B              0x1dd4
1075  vTemp=0;                    Main.c:75  :  vTemp=0;
1076  i=0;                     ⇒  0x00001de4   MOV            R1,#0
1077  while(i<100)                Main.c:76  :    i=0;
1078  {                           0x00001de8   MOV            R0,#0
1079    vTemp=vTemp+i;            Main.c:77  :  while(i<100)
1080    i++;                      0x00001dec   NOP
1081  }                           Main.c:77  :  while(i<100)
1082                              0x00001df0  ┌CMP            R0,#0x64
1083  //------loop mode 3         0x00001df4  │BCS            0x1e04
1084  vTemp=0;                    Main.c:79  :  vTemp=vTemp+i;
1085  i=100;                      0x00001df8  │ADD            R1,R1,R0
1086  while(i)                    Main.c:80  :    i++;
1087  {                           0x00001dfc  │ADD            R0,R0,#0x1
1088    vTemp=vTemp+i;            Main.c:81  :  }
1089    i--;                      0x00001e00  └B              0x1df0
1090  }                           Main.c:84  :  vTemp=0;       退出循环
1091                              0x00001e04   MOV            R1,#0
```

图 4.2　ARM 汇编结果示意图二

```
0x1e04：  MOV    R1,#0        ;vTemp = 0,第三种循环
0x1e08：  MOV    R0,#0        ;i = 0,循环次数清零
0x1e0c：  NOP                 ;空操作
0x1e10：  MOV    R2,R0        ;将 i 的值用中间变量保存起来
0x1e14：  ADD    R0,R0,0x1    ;i++
0x1e18：  CMP    R2,#0x64     ;未加之前的 i 和 100 进行比较
0x1e1c：  BCS    0x1e28       ;大于或等于 100 则跳转到地址 0x1e28,结束循环
0x1e20：  ADD    R1,R1,R0     ;vTemp = vTemp + i
0x1e24：  B      0x1e10       ;跳转到地址 0x1e10
0x1e28：  MOV    R1,#0        ;vTemp = 0,第四种循环开始
```

方式三汇编代码执行阴影部分循环需要 6 条指令,其中跳转 1 次。

方式四 C 代码：

```
vTemp = 0;
i = 0;
do
{
   vTemp = vTemp + i;
}while((i++)<100);
```

方式四汇编代码说明：

```
0x1e28：  MOV    R1,#0        ;vTemp = 0,第四种循环
0x1e2c：  MOV    R0,#0        ;i = 0,循环次数清零
0x1e30：  NOP                 ;空操作
0x1e34：  ADD    R1,R1,R0     ;vTemp = vTemp + i
```

```
0x1e38:   MOV   R2,R0            ;将 i 未加之前的值保存起来
0x1e3c:   ADD   R0,R0,#0x1       ;i++
0x1e40:   CMP   R2,#0x64         ;将未加之前的 i 和 100 进行比较
0x1e44:   BCC   0x1e34           ;小于 100 则跳转到地址 0x1e34
0x1e48:   MOV   R1,#0            ;vTemp = 0,第五种循环开始
```

方式四汇编代码执行阴影部分循环需要 5 条指令,其中跳转 1 次。

方式五 C 代码:

```
vTemp = 0;
i = 0;
do
{
    vTemp = vTemp + i;
    i++;
}while(i<100);
```

方式五汇编代码说明:

```
0x1e48:   MOV   R1,#0            ;vTemp = 0,第五种循环
0x1e4c:   MOV   R0,#0            ;i = 0,循环次数清零
0x1e50:   NOP                    ;空操作
0x1e54:   ADD   R1,R1,R0         ;vTemp = vTemp + i
0x1e58:   ADD   R0,R0,#0x1       ;i++
0x1e5c:   CMP   R0,#0x64         ;将未加之前的 i 和 100 进行比较
0x1e60:   BCC   0x1e54           ;小于 100 则跳转到地址 0x1e54
0x1e64:   MOV   R1,#0            ;vTemp = 0,第五种循环开始
```

方式五汇编代码执行阴影部分循环需要 4 条指令,其中跳转 1 次。

方式六 C 代码:

```
vTemp = 0;
i = 100;
while(i--)
{
    vTemp = vTemp + i;
}
```

方式六汇编代码说明:

```
0x1e64:   MOV   R1,#0            ;vTemp = 0,第六种循环
0x1e68:   MOV   R0,#0x64         ;i = 100,循环次数设置为 100
0x1e6c:   NOP                    ;空操作
```

0x1e70：	SUB	R2,R0,♯0x1	;i－－,减的结果放到中间变量中
0x1e74：	MOV	R0,R2	;i－－,将减得的结果取回
0x1e78：	CMN	R2,♯0x1	;将 i 和 1 进行比较
0x1e7c：	BEQ	0x1e88	;比较结果相等则跳转到地址 0x1e88,结束循环
0x1e80：	ADD	R1,R1,R0	;vTemp = vTemp + i
0x1e84：	B	0x1e70	;跳转到地址 0x1e70
0x1e88：	MOV	R1,♯0	;vTemp = 0,第七循环开始

方式六汇编代码执行阴影部分循环需要 6 条指令,其中跳转 1 次。

方式七 C 代码：

```
vTemp = 0;
i = 100;
while(i)
{
    vTemp = vTemp + i;
    i－－;
}
```

方式七汇编代码说明：

0x1e88：	MOV	R1,♯0	;vTemp = 0,第七种循环
0x1e8c：	MOV	R0,♯0x64	;i = 100,循环次数设置为 100
0x1e90：	NOP		;空操作
0x1e94：	CMP	R0,♯0x0	;将 i 和 0 作比较
0x1e98：	BEQ	0x1ea8	;比较结果相等则跳转到地址 0x1ea8,结束循环
0x1e9c：	ADD	R1,R1,R0	;vTemp = vTemp + i
0x1ea0：	SUB	R0,R0,♯0x1	;i－－
0x1ea4：	B	0x1e94	;跳转到地址 0x1e94
0x1ea8：	MOV	R1,♯0	;vTemp = 0,第八种循环开始

方式七汇编代码执行阴影部分循环需要 5 条指令,其中跳转 1 次。

方式八 C 代码：

```
vTemp = 0;
i = 100;
do
{
    vTemp = vTemp + i;
}while(i－－);
```

方式八汇编代码说明：

第4章 单片机C语言

```
0x1ea8： MOV   R1,#0         ;vTemp=0,第八种循环
0x1eac： MOV   R0,#0x64      ;i=100,循环次数设置为100
0x1eb0： NOP                 ;空操作
0x1eb4： ADD   R1,R1,R0      ;vTemp=vTemp+i
0x1eb8： SUB   R2,R0,#0x1    ;i--,减的结果放到中间变量中
0x1ebc： MOV   R0,R2         ;i--,将减得的结果取回
0x1ec0： CMN   R2,#0x1       ;将i和1作比较
0x1ec4： BNE   0x1eb4        ;不相等则跳转到地址0x1eb4
0x1ec8： MOV   R1,#0         ;vTemp=0,第九种循环开始
```

方式八汇编代码执行阴影部分循环需要5条指令,其中跳转1次。

方式九C代码：

```
vTemp = 0;
i = 100;
do
{
    vTemp = vTemp + i;
    i--;
}while(i);
```

方式九汇编代码说明：

```
0x1ec8： MOV   R1,#0         ;vTemp=0,第九种循环
0x1ecc： MOV   R0,#0x64      ;i=100,循环次数设置为100
0x1ed0： NOP                 ;空操作
0x1ed4： ADD   R1,R1,R0      ;vTemp=vTemp+i
0x1ed8： SUB   R0,R0,#0x1    ;i--
0x1edc： CMP   R0,#0         ;将i和0作比较
0x1ee0： BNE   0x1ed4        ;比较结果不相等则跳转到地址0x1ed4
0x1ee4： MOV   R1,#0         ;vTemp=0,所有循环结束
```

方式九汇编代码执行阴影部分循环需要4条指令,其中跳转1次。

对比9种不同循环方式的汇编结果,可以看出方式一的汇编指令最多,执行一次循环所耗费的时间最长;方式五和方式九的汇编指令最少,执行一次循环所耗费的时间也最短。这些循环方式效率满足 do while() > while() > for()的规律,而在实际中这3种C语言循环控制方式使用频率刚好相反,是 do while() < while() < for()。刚接触C语言编程的人,最喜欢用的就是for()方式,殊不知这种方式效率最低,所以如果是用C语言进行单片机编程,进入到熟练阶段后一定注意循环方式对代码效率的影响。

注：这里的结果只适用于GCC对ARM内核编译,其他编译器不一定满足此规律。

有兴趣的朋友可以仔细对比这几种方式的汇编代码,从中可以找出编译器对 C 代码进行编译的规律:基本上按照 C 语言的顺序对应编译,对 i++/i-- 这类先用再加的特殊语句是先将 i 的值取出来放到中间变量里面,然后将 i 进行加减处理,循环体中的 i 用中间变量进行替代。

4.3 循环里的 i++ 与 i--

循环里面 i++ 和 i-- 在使用效果上也会有一些区别,上一节中我们列举了 9 种 C 语言的循环实现方式,其中方式五和方式九的效率最高。这两种方式一个采用的是 i++,另一个采用 i--,从产生的汇编指令看两者有着相同的效率,好像没有什么区别,实际上两者是有区别的,接下来我让你相信确实有区别,而且要弄明白区别是什么原因造成的。

方式五:

```
vTemp = 0;
i = 0;
do
{
  vTemp = vTemp + i;
  i++;
}while(i<100);
```

循环部分汇编代码:

```
0x1e54:  ADD   R1,R1,R0       ;vTemp = vTemp + i
0x1e58:  ADD   R0,R0,#0x1     ;i++
0x1e5c:  CMP   R0,#0x64       ;将未加之前的 i 和 100 进行比较
0x1e60:  BCC   0x1e54         ;小于 100 则跳转到地址 0x1e54
```

方式九:

```
vTemp = 0;
i = 100;
do
{
  vTemp = vTemp + i;
  i--;
}while(i);
```

循环部分汇编代码:

```
0x1ed4:  ADD   R1,R1,R0       ;vTemp = vTemp + i
0x1ed8:  SUB   R0,R0,#0x1     ;i--
```

第4章 单片机C语言

```
0x1edc:   CMP   R0,#0        ;将 i 和 0 作比较 *这条指令可以不要
0x1ee0:   BNE   0x1ed4       ;比较结果不相等则跳转到地址 0x1ed4
```

对于方式五代码已经没有可以更精简的空间,而方式九我们从图4.3中可以看出循环部分的第三条汇编指令不是必需的,因为前一条代码是执行 i-1 操作,当相减的结果等于 0 的时候会将 CPU 的状态寄存器里的 Z 状态标志位置上,表示当前相减结果等于0,而 BNE 指令是通过对 Z 状态标志位来进行判断,当 Z 状态标志位被置位就跳转到后面所带的地址,否则执行下一条指令,这样我们将第三条汇编指令去掉后还可以同样得到正确的程序执行结果。

图4.3 ARM 汇编结果示意图三

那编译器能不能去掉第三条汇编指令呢?答案是肯定的,这里我暂时先不展示编译器可以去掉它的结果,因为用我现在的编译器要得到这样的结果需要使用到 C 语言编译的优化功能,下一节我会专门对优化进行讲述,到时再为大家展示。

可以不要第三条汇编指令的原因是利用了单片机指令系统的一个规律,即当 CPU 进行运算处理后会将状态寄存器里的 Z/C/DC/S 等标志位置位或清零来表示进位、借位、等零状态,条件跳转指令都是依据这些状态位来决定是否进行跳转。

进行循环控制如果没有特殊的循环控制指令(某些单片机会提供循环控制指令,只要设定循环寄存器就可以让指定的代码循环执行想要的次数),就需要用一个变量进行加减来计算循环次数,通常在 C 语言里面会用 i++/i-- 方式来实现。

如果是 i++ 方式,每循环一次都要和需要循环的次数进行比较,然后依据比较结果才知道是否还需要继续循环;但采用 i-- 则不一样,当达到想要的循环次数时 i 自减的结果为零,这时可以直接利用状态寄存器里等零成立这一条件,选用合适的条件跳转指令来实现跳转,比如 BNE/BEQ 就是通过判断状态寄存器里等零是否成立来决定是否跳转的。

采用 i++ 方式也并不是不能达到与 i-- 同样的效果。

```
signed long i = -100;
```

```
do
{
    i++;
}while(i);      //这里一样可以在i加到0的时候退出循环
```

但这种负数往上加的方式和日常习惯不一致,会让人们觉得别扭,所以在进行循环控制的时候,建议多用i－－的方式,会在符合人们日常习惯的同时得到更高的代码效率,请记住i－－比i＋＋效率高这一结论。

但从程序可靠性方面来说,i－－会不如i＋＋。

```
i = 100;
while(i)        //当i不为0时则继续循环
{
    i--;
}
i = 0;
while(i<100)    //当i小于100时则继续循环
{
    i++;
}
```

如果在循环过程中i因为意外因素导致内容被改变,比如循环了一半时i被意外地改成了10 000,i－－方式还要循环10 000次才能退出循环,而i＋＋方式即刻退出循环,对于此类错误i＋＋与i－－相比,i＋＋能早一些从错误中返回。

4.4 优化的方法与效果

用C语言编程很方便的一点是代码容易模块化、循环和跳转之类的操作很好实现,免去了汇编语言需要用许多标号来标识程序结构以实现循环或跳转。C语言采用大括号{}将代码进行分块,除了可以用大括号来标识循环、选择等块外,函数也是用大括号前后标识成一个整体。C语言将变量分为全局变量和局部变量两类,局部变量的作用域被限定在一个函数之内;全局变量的作用域要大,可以在不同函数中使用。

和汇编语言相比,C语言程序直观易懂,但这个直观易懂建立在C语言语法规则基础之上,会受到语法的制约,用C语言编程会要求程序员尽量让程序结构层次分明,这样才能更好地体现C语言的优点。C语言的这个特性存在一个不足,就是这一要求会让C代码效率和空间方面的性能下降,因为用C语言编写程序需要转换成与MCU指令对应的汇编代码才能被解释执行,转换的过程是按照一定规则进行的,所以转换出来的代码不一定能达到直接用汇编代码编写那么简洁的程度,加上C代码对程序结构和层次要求间隔清晰,在编程时容易产生一些冗余代码。

第4章 单片机C语言

看下面一段C代码,对于代码作用一目了然的位置没有添加注释。

```
行01：void MCU_CTestFunc(void)
行02：{
行03：    unsigned char vAdcX,vAdcY;
行04：    ...
行05：    vAdcX = getAdcX()      //将ADC得到的电压值存入中间变量
行06：    if(vAdcX>100)
行07：        printf("X_Voltage>100");
行08：    else if(vAdcX>50)
行09：        printf("X_Voltage>50");
行10：    else
行11：        printf("X_Voltage<=50");
行12：    vAdcY = getAdcY()      //将ADC得到的电压值存入中间变量
行13：    if(vAdcY>100)
行14：        printf("Y_Voltage>100");
行15：    else if(vAdcY>50)
行16：        printf("Y_Voltage>50");
行17：    else
行18：        printf("Y_Voltage<=50");
行19：    ...
行20：}
```

行05和行12先将ADC转换得到电压值存入中间变量,以免在行06、08、13、15位置再次进行ADC转换操作,可以减少代码执行时间;行05和行12分别用vAdcX和vAdcY来保存电压值,目的是让程序结构清晰,使X和Y两部分代码更为直观。其实我们可以将代码中vAdcX和vAdcY合并为vADC,这样合并的结果并不影响程序功能,还能节省出一个RAM空间。所以这里用vAdcX和vAdcY两个变量在代码空间上就产生了冗余。

在用汇编语言进行编程时,程序要求会发生变化,因为汇编语言非常不直观,需要在代码里面尽可能多地加入注释,加上使用汇编语言编程时程序员会重视代码的空间和效率,从而形成C语言编程中vAdcX和vAdcY代码空间冗余的几率会降低。

```
行01：   vADC   EQU 0x40     ;RAM 0x40用来存放ADC转换得到的电压值
行02：   ...
行03：getADCX：                ;对X方向电压进行ADC转换函数
行04：   ...
行05：   LDA ADC_REG          ;将ADC转换结果读入累加器
行06：   STA vADC             ;将累加器中的值存入vADC
行07：   RET                  ;函数返回,此时vADC存放ADC转换结果
行08：   ...
```

```
行 09：MCU_ASMTestFunc：
行 10：    ...
行 11：    CALL getADCX        ;调用 X 电压转换函数,执行完 vADC 为 X 电压
行 12：    ...                 ;其他代码显示 X 电压区域
行 13：    CALL getADCY        ;调用 Y 电压转换函数,执行完 vADC 为 Y 电压
行 14：    ...                 ;其他代码显示 Y 电压区域
行 15：    ...
行 16：    RET
```

通过汇编代码与 C 代码的对比,可以看出如果汇编语言不加上注释会很难看懂代码的意思,这些注释的存在可以不用像 C 代码那样用 vAdcX 和 vAdcY 两个变量名,只用 vADC 就可以依靠注释让代码段功能明晰。

我们可以将 C 代码中的 vAdcX 和 vAdcY 合并为 vADC,但这样做需要 C 语言程序员改变习惯的程序风格。实际上我们不改变 C 代码也同样能实现 vAdcX 和 vAdcY 合并,编译器通过对程序的扫描可以知道在函数 MCU_CTestFunc() 内 vAdcX 和 vAdcY 只用来临时存放电压值,而且两个电压值不会同时出现,这样就可以在编译的时候给 vAdcX 和 vAdcY 分配同一个 RAM,程序前半段给 vAdcX 用,后半段给 vAdcY 用,这种做法就是编译器的优化。

编译器对 C 代码编译最简单的方法就是将每一条 C 代码都转换成相应汇编指令,这种处理方法得到的汇编指令从结构层次上和原始 C 代码基本上一致,只要 RAM 等资源够用,就能比较容易地做到编译出的汇编代码功能和 C 代码一样。优化则是编译器依据自己的经验,将 C 代码编译转换成汇编指令时在保证代码执行结果正确的前提下作出一些特殊调整来改良代码空间和效率。

编译器进行优化最基本的方法就是分析 C 代码的结构,将 C 语言的每个函数看成一个独立结构体,然后以函数为基本单位来分析所用到的变量等信息,如果要对变量空间进行优化就在函数内检查所有用到变量的位置,查看变量的使用关系和作用区域,然后判断是否可以作出一些优化动作。如何优化完全是靠经验来进行的,为了方便理解,在此还是通过一些实例来演示优化是如何进行的。

选用的编译器是 ADS1.2,它提供时间和空间两种方式,另外可以选择 3 种不同的优化级别,如图 4.4 所示。

用一段简单的代码来看看优化和不优化的区别。

```
void MCU_CTest(void)
{
    unsigned long i;
    unsigned long vTemp;
    vTemp = 0;
    for(i = 0;i＜100;i++)
```

第 4 章　单片机 C 语言

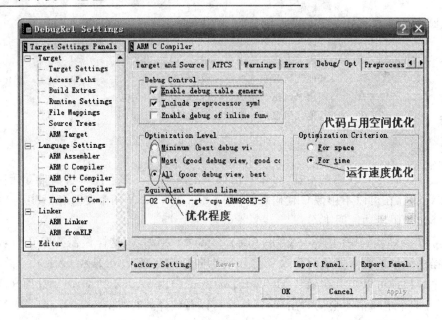

图 4.4　ADS 优化选择图

```
    {
        vTemp++;
    }
    for(i=0;i<100;i++);
}
```

没有进行优化的情形，图 4.5 可以看到 MCU_CTest() 能正常执行，里面的每一条 C 代码也都有效（前面行号不是黑色表示所在行代码为有效代码，C 代码为灰色表示已被优化掉，C 代码为黑色表示未被优化掉）。

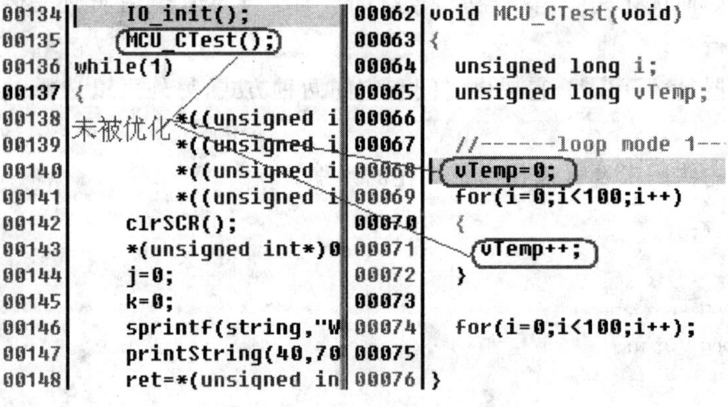

图 4.5　ADS 优化结果示意图一

选用时间方式最大优化,图 4.6 左侧 135 行调用函数 MCU_CTest(),代码为灰色表示已经被优化掉,不能执行函数 MCU_CTest()。在函数 MCU_CTest()内部同样也存在被优化的情况,和变量 vTemp 有关的 C 代码也被优化掉,如图 4.6 所示右侧 068 和 071 行。注意这里函数 MCU_CTest()并不是被优化操作完全去除掉,是直接将内部代码嵌入到调用函数的位置,这样可以省下跳入函数和从函数返回的时间。

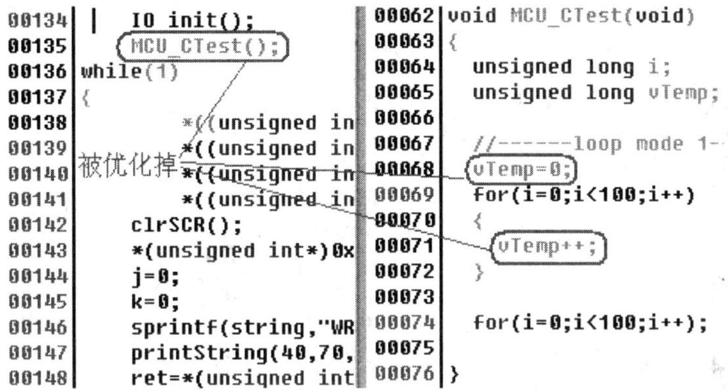

图 4.6　ADS 优化结果示意图二

来看看函数 MCU_CTest()内部的变量 vTemp,vTemp 是局部变量,其有效作用区域只是在函数 MCU_CTest()内,这样 vTemp 不会对外部其他函数产生影响,在函数内 vTemp 只是有赋值 0 和自加的操作,另外再无其他操作,也就是 vTemp 不会对函数内的其他代码的逻辑控制产生影响,为了得到更快的运行速度,编译器将其优化掉。

那如果 vTemp 对函数内的其他代码产生作用是不是就不会被优化掉呢？我们将程序作一个小的修改,最后的 for(i=0;i<100;i++)改为 for(i=0;i<vTemp;i++),修改后的程序由 vTemp 来控制其循环次数,图 4.7 为优化的结果。

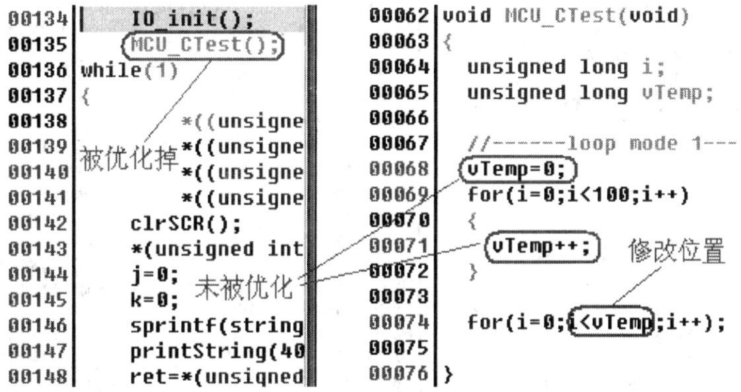

图 4.7　ADS 优化结果示意图三

第4章 单片机C语言

　　同样用时间方式最大优化，现在函数 MCU_CTest() 内部和变量 vTemp 有关的代码都没有被优化掉，因为修改后的程序最后会用到 vTemp 来控制循环次数，也就是前面 vTemp 计算得到的值会对后面的循环次数产生影响，所以编译器此时判断出 vTemp 不能被优化掉。

　　像 while(1) 这样的死循环会让其后面的所有代码被优化掉，编译器判断这是死循环，无法执行到后面的代码，所以将后面的代码全部优化掉。图 4.8 右侧 067 行为 while(1)，后面的代码都变成灰色表示已经被优化掉。图 4.8 左侧 132 行因为调用 MCU_CTest() 后不能返回，后面的代码也都为灰色表示被优化掉。

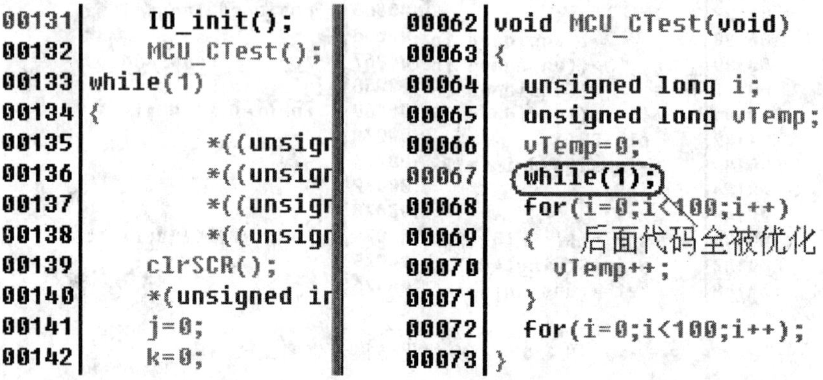

```
00131        IO_init();                00062  void MCU_CTest(void)
00132        MCU_CTest();              00063  {
00133  while(1)                        00064      unsigned long i;
00134  {                               00065      unsigned long vTemp;
00135       *((unsign                  00066      vTemp=0;
00136       *((unsign                  00067      while(1);
00137       *((unsign                  00068      for(i=0;i<100;i++)
00138       *((unsign                  00069      {     后面代码全被优化
00139        clrSCR();                 00070          vTemp++;
00140       *(unsigned i               00071      }
00141        j=0;                      00072      for(i=0;i<100;i++);
00142        k=0;                      00073  }
```

图 4.8　ADS 优化结果示意图四

　　函数内部有多个局部变量，如果这些局部变量不会同时被使用，就会被优化为使用同一个变量来表示，样例中 i 和 j 就是被 ARM 的 R0 寄存器分时段来表示的，如图 4.9 所示。哈！是不是可以用来解释前面编译器能让 vADCX 和 vADCY 共用一个变量的说法？

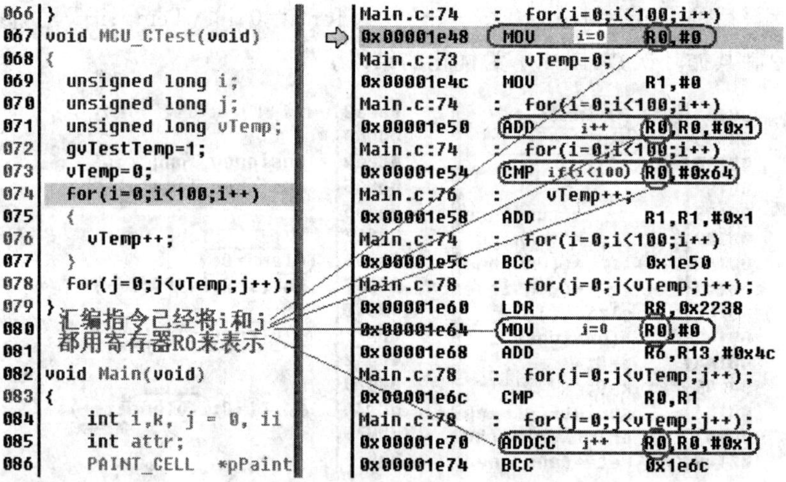

```
066  }                                  Main.c:74  : for(i=0;i<100;i++)
067  void MCU_CTest(void)            ⇨ 0x00001e48   MOV    i=0     R0,#0
068  {                                  Main.c:73  : vTemp=0;
069      unsigned long i;               0x00001e4c   MOV            R1,#0
070      unsigned long j;               Main.c:74  : for(i=0;i<100;i++)
071      unsigned long vTemp;           0x00001e50   ADD    i++     R0,R0,#0x1
072      gvTestTemp=1;                  Main.c:74  : for(i=0;i<100;i++)
073      vTemp=0;                       0x00001e54   CMP  if(i<100) R0,#0x64
074      for(i=0;i<100;i++)             Main.c:76  : vTemp++;
075      {                              0x00001e58   ADD            R1,R1,#0x1
076         vTemp++;                    Main.c:74  : for(i=0;i<100;i++)
077      }                              0x00001e5c   BCC            0x1e50
078      for(j=0;j<vTemp;j++);          Main.c:78  : for(j=0;j<vTemp;j++);
079  }   汇编指令已经将 i 和 j          0x00001e60   LDR            R8,0x2238
080      都用寄存器R0来表示             0x00001e64   MOV    j=0     R0,#0
081                                     0x00001e68   ADD            R8,R13,#0x4c
082  void Main(void)                    Main.c:78  : for(j=0;j<vTemp;j++);
083  {                                  0x00001e6c   CMP            R0,R1
084      int i,k, j = 0, ii             Main.c:78  : for(j=0;j<vTemp;j++);
085      int attr;                      0x00001e70   ADDCC  j++    R0,R0,#0x1
086      PAINT_CELL  *pPaint            0x00001e74   BCC            0x1e6c
```

图 4.9　ADS 优化结果示意图五

图 4.10 是以时间方式优化的结果,可以看出是将函数 MCU_CTest() 内的代码直接插入到调用函数位置,这样可以节省函数调用和返回所需要的时间,但如果函数在程序中多次调用,就会使得代码量明显增加。空间方式优化不会优化掉函数 MCU_CTest(),和时间方式相比,每调用一次函数至少会多出函数调用和返回所耗费的时间。

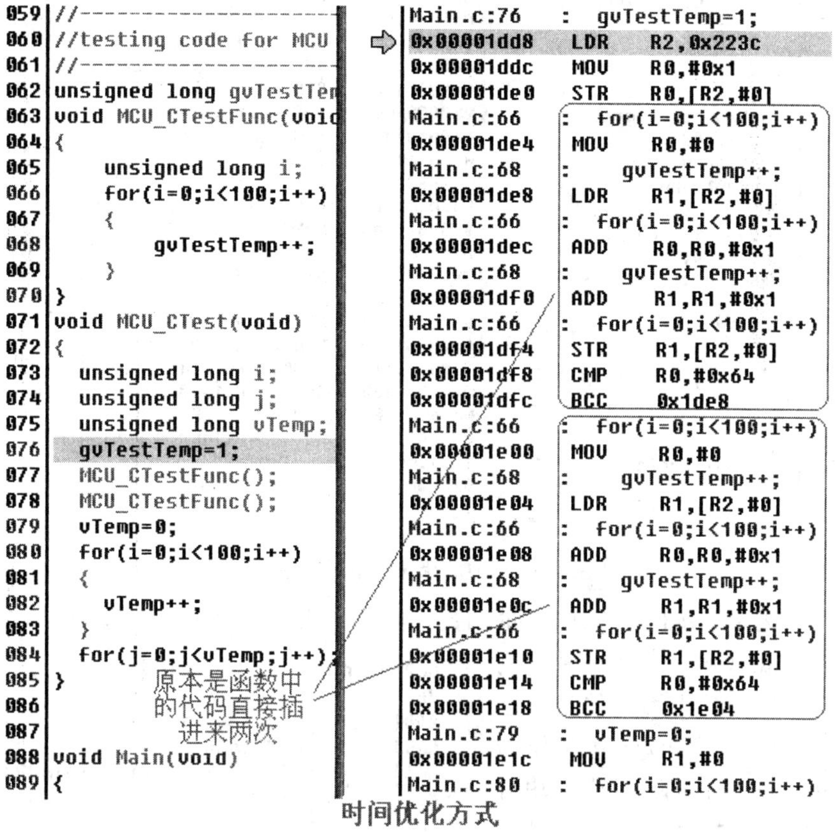

```
059  //--------------------
060  //testing code for MCU
061  //--------------------
062  unsigned long gvTestTem
063  void MCU_CTestFunc(void
064  {
065      unsigned long i;
066      for(i=0;i<100;i++)
067      {
068          gvTestTemp++;
069      }
070  }
071  void MCU_CTest(void)
072  {
073      unsigned long i;
074      unsigned long j;
075      unsigned long vTemp;
076      gvTestTemp=1;
077      MCU_CTestFunc();
078      MCU_CTestFunc();
079      vTemp=0;
080      for(i=0;i<100;i++)
081      {
082          vTemp++;
083      }
084      for(j=0;j<vTemp;j++)
085  }
086
087
088  void Main(void)
089  {
```

```
Main.c:76    : gvTestTemp=1;
0x00001dd8   LDR  R2,0x223c
0x00001ddc   MOV  R0,#0x1
0x00001de0   STR  R0,[R2,#0]
Main.c:66    : for(i=0;i<100;i++)
0x00001de4   MOV  R0,#0
Main.c:68    : gvTestTemp++;
0x00001de8   LDR  R1,[R2,#0]
Main.c:66    : for(i=0;i<100;i++)
0x00001dec   ADD  R0,R0,#0x1
Main.c:68    : gvTestTemp++;
0x00001df0   ADD  R1,R1,#0x1
Main.c:66    : for(i=0;i<100;i++)
0x00001df4   STR  R1,[R2,#0]
0x00001df8   CMP  R0,#0x64
0x00001dfc   BCC  0x1de8
Main.c:66    : for(i=0;i<100;i++)
0x00001e00   MOV  R0,#0
Main.c:68    : gvTestTemp++;
0x00001e04   LDR  R1,[R2,#0]
Main.c:66    : for(i=0;i<100;i++)
0x00001e08   ADD  R0,R0,#0x1
Main.c:68    : gvTestTemp++;
0x00001e0c   ADD  R1,R1,#0x1
Main.c:66    : for(i=0;i<100;i++)
0x00001e10   STR  R1,[R2,#0]
0x00001e14   CMP  R0,#0x64
0x00001e18   BCC  0x1e04
Main.c:79    : vTemp=0;
0x00001e1c   MOV  R1,#0
Main.c:80    : for(i=0;i<100;i++)
```

原本是函数中的代码直接插进来两次

时间优化方式

图 4.10　ADS 优化结果示意图六

图 4.10 采用时间优化方式,源代码在函数 MCU_CTest() 中连续调用了两次 MCU_CTestFunc(),具体在图 4.10 中 077 和 078 行,这两行中的代码都显示为已经被优化的灰色,图 4.10 右边是优化所得的汇编代码,可以看出不是调用函数,而是将 MCU_CTestFunc() 中 C 代码对应的汇编代码直接嵌进来。

图 4.11 采用空间优化方式,现在函数 MCU_CTest() 中两次调用 MCU_CTestFunc() 都没有被优化掉,图 4.11 中 077 和 078 行 C 代码都是未被优化的黑色,图右边优化所得的汇编代码则变成了函数调用指令。

地址 0x1dd0 为函数 MCU_CTestFunc() 入口地址。

第4章 单片机C语言

```
062 unsigned long gvTestTemp=0;
063 void MCU_CTestFunc(void)
064 {
065     unsigned long i;
066     for(i=0;i<100;i++)
067     {
068         gvTestTemp++;
069     }
070 }
071 void MCU_CTest(void)
072 {
073     unsigned long i;
074     unsigned long j;
075     unsigned long vTemp;
076     gvTestTemp=1;
077     MCU_CTestFunc();
078     MCU_CTestFunc();
079     vTemp=0;
080     for(i=0;i<100;i++)
081     {
082         vTemp++;
083     }
084     for(j=0;j<vTemp;j++);
085 }
086
087
088 void Main(void)
089 {
```

```
Main.c:66      :   for(i=0;i<100;i++)
0x00001db0    LDR   R2,0x21a8
0x00001db4    MOV   R0,#0
Main.c:68      :   gvTestTemp++;
0x00001db8    LDR   R1,[R2,#0]
Main.c:66      :   for(i=0;i<100;i++)
0x00001dbc    ADD   R0,R0,#0x1
Main.c:68      :   gvTestTemp++;
0x00001dc0    ADD   R1,R1,#0x1
Main.c:66      :   for(i=0;i<100;i++)
0x00001dc4    STR   R1,[R2,#0]
0x00001dc8    CMP   R0,#0x64
0x00001dcc    BCC   0x1db8
Main.c:70      :}  调用函数
0x00001dd0    BX    R14        函数返回指令
Main.c:76      :   gvTestTemp=1;
0x00001dd4    LDR   R1,0x21a8
Main.c:72      :{
0x00001dd8    STR   R14,[R13,#-0x4]!
Main.c:76      :   gvTestTemp=1;
0x00001ddc    MOV   R0,#0x1
0x00001de0    STR   R0,[R1,#0]
Main.c:77      :   MCU_CTestFunc();
0x00001de4    BL    0x1db0 MCU_CTestFunc
Main.c:78      :   MCU_CTestFunc();       调用函数
0x00001de8    BL    0x1db0 MCU_CTestFunc   方式
Main.c:79      :   vTemp=0;
0x00001dec    MOV   R1,#0
```

空间优化方式

图 4.11　ADS 优化结果示意图七

BL 0x1dd0 表示调用位于 0x1dd0 的函数,也就是调用函数 MCU_CTestFunc()。

编译器会依据代码的前后关系来判断代码是否有用,判断为无用的代码会被优化掉。图 4.12 中 vTemp 在作为 while() 循环的判断条件,在 while() 中有效,但在后面的 for() 循环中,只是单纯地执行自加操作,并不对其他任何对象产生作用,所以在 for() 循环中被优化为无效,图 4.12 中的 076 行的 vTemp++ 已经被优化掉。

限于篇幅这里只给大家分析讲解这几种优化方法,实际中的优化方法远不止这些,优化基本是靠经验来实现的,不同的人会提出各不相同的方法,准则只有一条,即在保证功能不改变的前提下

```
062 void MCU_CTest(void)
063 {
064     unsigned long i;
065     unsigned long vTemp,*p;
066     p=(unsigned long *)0x11118000;
067     *p=1;          vTemp是*p的内容,可以直接用*p判断
068     vTemp=*p;
069     while(vTemp)
070     {
071         vTemp=*p;     vTemp在这部分没有实际作用
072     }
073     vTemp=0;
074     for(i=0;i<100;i++)
075     {
076         vTemp++;
077     }
078     for(i=0;i<100;i++);
079 }
```

图 4.12　ADS 优化结果示意图八

实现代码的精简和高效。要完全理解优化还需要大家在这些例子的基础上自己去领悟，要通过大量的实际代码去学习了解别人的方法，理解了优化就说明你对单片机的 C 语言理解更深了一层。

虽然优化可以让代码更加简洁高效，要求在保证功能不改变的情况下再实现代码的精简和高效，但其实际结果并不完全可靠，因为优化的方法只是基于软件层面，也就是只是对 C 代码从 C 语言的角度去分析程序的控制流程，而单片机的 C 语言流程除了由 C 语言本身决定外还和硬件平台特性有关，这样某些时候优化就会产生错误。

对于这样一种情况，一款单片机地址为 0x111180000 的寄存器 bit0 为 1 代表启动 UART 发送一个字节，当 UART 发送完后 bit0 会被硬件自动清 0。

```
行 01:void MCU_CTest(void)
行 02:{
行 03:    unsigned long i;
行 04:    unsigned long vTemp,* p;
行 05:    p = (unsigned long * )0x11118000;    //控制 UART 发送的寄存器地址
行 06:    * p = 1;                             //bit0 设为 1 启动发送,发送完硬件自动清 0
行 07:    vTmep = * p;                         //读寄存器状态
行 08:    while(vTemp)                         //读回的值不为 0 表示发送未结束,继续循环
行 09:    {
行 10:        vTemp = * p;                     //读寄存器状态
行 11:    }
行 12:    vTemp = 0;                           //当 UART 发送完毕后程序就会执行到此处
行 13:    for(i = 0;i<100;i ++ )
行 14:    {
行 15:        vTemp ++ ;
行 16:    }
行 17:    for(i = 0;i<100;i ++ );
行 18:}
```

不优化程序会在 07 和 10 行的位置读寄存器，一旦硬件发送完将该寄存器清 0 就能退出 08 行所控制的循环。

优化的结果非常糟糕，编译器并不知道 0x11118000 所在位置的寄存器特性，只是将这个地址当成普通的存储器。编译器通过对 06 到 11 行的 C 代码分析发现,0x11118000 位置在最初写入 1 后就没有再被写入新的值，vTmep 也是重复读 0x11118000 位置的内容，编译器由于不知道该地址内容会被硬件自动修改，所以将 07 和 10 行的代码优化掉，将 06 和 08 行的代码优化合并。图 4.13 为优化所得的结果，汇编指令不是循环读 0x11118000 里面的内容来进行比较，结果形成一个死循环，产生致命错误。

还有一种错误比较常见，这种错误没有前面的例子那么严重，有时候程序员会用循环代码

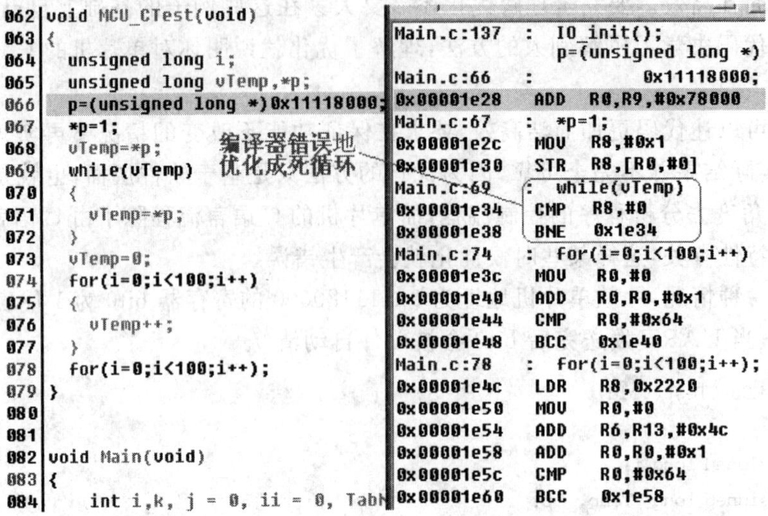

第 4 章 单片机 C 语言

```
062 void MCU_CTest(void)
063 {
064     unsigned long i;
065     unsigned long vTemp,*p;
066     p=(unsigned long *)0x11118000;
067     *p=1;
068     vTemp=*p;          编译器错误地
069     while(vTemp)       优化成死循环
070     {
071         vTemp=*p;
072     }
073     vTemp=0;
074     for(i=0;i<100;i++)
075     {
076         vTemp++;
077     }
078     for(i=0;i<100;i++);
079 }
080
081
082 void Main(void)
083 {
084     int i,k, j = 0, ii = 0, TabN
```

```
Main.c:137  :   IO_init();
                p=(unsigned long *)
Main.c:66   :          0x11118000;
0x00001e28  ADD  R0,R9,#0x78000
Main.c:67   :   *p=1;
0x00001e2c  MOV  R8,#0x1
0x00001e30  STR  R8,[R0,#0]
Main.c:69   :   while(vTemp)
0x00001e34  CMP  R8,#0
0x00001e38  BNE  0x1e34
Main.c:74   :   for(i=0;i<100;i++)
0x00001e3c  MOV  R0,#0
0x00001e40  ADD  R0,R0,#0x1
0x00001e44  CMP  R0,#0x64
0x00001e48  BCC  0x1e40
Main.c:78   :   for(i=0;i<100;i++);
0x00001e4c  LDR  R8,0x2220
0x00001e50  MOV  R0,#0
0x00001e54  ADD  R6,R13,#0x4c
0x00001e58  ADD  R0,R0,#0x1
0x00001e5c  CMP  R0,#0x64
0x00001e60  BCC  0x1e58
```

图 4.13　ADS 优化出错示意图

来实现延时，为了让单次循环时间长一点会在循环体中加入一些没有实际意义的代码来增加延时，优化会把这部分代码优化掉，如图 4.14 所示。这样优化后的程序延时时间比程序员预期的要短，程序员设计的是延时 1 s 可能就变成了 0.8 s，如果程序员是通过这个延时来等待某个操作完成就有可能出错。

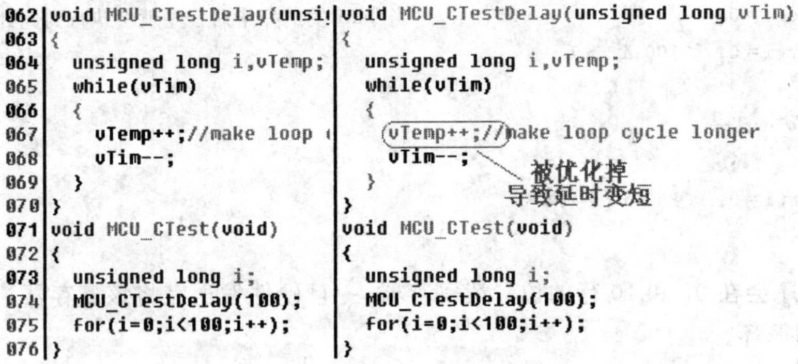

```
062 void MCU_CTestDelay(unsi     void MCU_CTestDelay(unsigned long vTim)
063 {                            {
064     unsigned long i,vTemp;       unsigned long i,vTemp;
065     while(vTim)                  while(vTim)
066     {                            {
067         vTemp++;//make loop          vTemp++;//make loop cycle longer
068         vTim--;                      vTim--;      被优化掉
069     }                            }            导致延时变短
070 }                            }
071 void MCU_CTest(void)         void MCU_CTest(void)
072 {                            {
073     unsigned long i;             unsigned long i;
074     MCU_CTestDelay(100);         MCU_CTestDelay(100);
075     for(i=0;i<100;i++);          for(i=0;i<100;i++);
076 }                            }
```

图 4.14　ADS 优化改变延时时间示意图

优化会让调试变得复杂，因为优化出来的汇编指令不能与原始的 C 代码保证结构一致，调试时会常常遇到汇编指令无法和 C 代码对应的情况，程序员这时就会因为程序并未按他的编程思路顺序运行而难以进行跟踪调试。

正是优化存在优化出错和调试困难的问题，我个人并不建议使用优化功能，尤其是接触单片机开发工作不久的人更要注意这一点。如果实际应用中一定要使用优化，应该由工作经验非常丰富的工程师来做，对一些容易优化出错的地方必须采取相应的保护措施，比如变量使用 volatile 进行声明，对关键位置的代码还需要查看汇编指令以确定优化结果是否正确。

4.5　全局变量的风险

不少单片机程序员喜欢用全局变量传递控制信息，比如中断标志什么的，这样做的优点是简单方便，程序员可以灵活地设定自己想传递的控制信息内容。不过用全局变量传递控制信息不能随心所欲，需要遵循一些规则，最基本的是不要让多方同时进行写操作的可能性存在。例如，一个全局变量 x，在主程序和中断程序中都会对其进行写操作，这是风险系数非常高的操作，因为这样有可能刚好在主程序在更改 x 内容的时候中断产生，中断程序又对 x 写入另外的内容，从而导致程序判断出错，这一点稍有经验的工程师都会知道。但实际开发中工程师有可能知道这种风险但不能很好地避免其产生，接下来我会通过两个例子来介绍两种常见的风险疏忽。

例一：变量宽度与单片机位宽不一致时中断使用全局变量导致出错。

假定现在有一款 8 位的单片机，我们用一个周期为 1 ms 的 timer 中断作为系统时钟，timer 每中断一次会将一个 32 位的变量加一，程序通过这个变量知道单片机上电后已经运行的时间。

假定用 C 语言编程，单片机指令系统为 6502 汇编指令。

```
unsigned long last_time;
unsigned long ms_counter;
unsigned long get_msCounter(void)
{
  return ms_counter;
}
void main(void)
{
  ...
  ms_counter = 0;
  init_timer0_irq();
  enable_irq();
  while(1)
  {
    last_time = get_msCounter();
    ...
    while(get_msCounter()<(last_time+100));
  }
}
```

```c
void timer0_irq(void)
{
  CLR_TIMER0_INT_FLAG;
  ms_counter ++ ;
}
```

C 代码汇编指令执行示意如下:

```
unsigned long last_time;
//汇编指令用来存储变量 last_time 的 4 字节 RAM 变量
//DB LAST_TIME_BYTE1
//DB LAST_TIME_BYTE2
//DB LAST_TIME_BYTE3
//DB LAST_TIME_BYTE4
unsigned long ms_counter;
//汇编指令用来存储变量 ms_counter 的 4 字节 RAM 变量
//DB MS_COUNTER_BYTE1
//DB MS_COUNTER_BYTE2
//DB MS_COUNTER_BYTE3
//DB MS_COUNTER_BYTE4
//汇编指令用来存储函数返回参数的 4 字节 RAM 变量
//DB FUNC_RETURN_BYTE1
//DB FUNC_RETURN_BYTE2
//DB FUNC_RETURN_BYTE3
//DB FUNC_RETURN_BYTE4
//汇编指令用于计算处理的 4 字节 RAM 变量
//DB CALC_TEMP_BYTE1
//DB CALC_TEMP_BYTE2
//DB CALC_TEMP_BYTE3
//DB  CALC_TEMP_BYTE4
unsigned long get_msCounter(void)
{
  return ms_counter;
  //将 ms_counter 的内容存放到函数返回参数的 4 字节 RAM 变量中
    //LDA MS_COUNTER_BYTE1        ;A = MS_COUNTER_BYTE1
    //STA  FUNC_RETURN_BYTE1      ;FUNC_RETURN_BYTE1 = A
    //LDA  MS_COUNTER_BYTE2       ;A = MS_COUNTER_BYTE2
    //STA  FUNC_RETURN_BYTE2      ;FUNC_RETURN_BYTE2 = A ----------------③
    //LDA MS_COUNTER_BYTE3        ;A = MS_COUNTER_BYTE3
    //STA FUNC_RETURN_BYTE3       ;FUNC_RETURN_BYTE3 = A
```

```
    //LDA   MS_COUNTER_BYTE4       ;A = MS_COUNTER_BYTE4
    //STA FUNC_RETURN_BYTE4        ;FUNC_RETURN_BYTE4 = A
    //RTS                          ;函数返回
}
void main(void)
{
    ...
    ms_counter = 0;
    //将 ms_counter 清零
    //LDA   #0                     ;A = 0
    //STA MS_COUNTER_BYTE1         ;MS_COUNTER_BYTE1 = A
    //LDA   #0                     ;A = 0
    //STA MS_COUNTER_BYTE2         ;MS_COUNTER_BYTE2 = A
    //LDA   #0                     ;A = 0
    //STA MS_COUNTER_BYTE3         ;MS_COUNTER_BYTE3 = A
    //LDA   #0                     ;A = 0
    //STA MS_COUNTER_BYTE4         ;MS_COUNTER_BYTE4 = A
    init_timer0_irq();
    //对 timer0 中断进行设置,不示意汇编指令
    enable_irq();
    //开中断,不示意汇编指令
    while(1)
    //ADDRESS_1 为 while(1)死循环地址
    //ADDRESS_1:                   ;地址 1
    {
        last_time = get_msCounter();  ----------------------------------①
        //得到当前循环的起始时间
        //JSR   get_msCounter          ;调用函数 get_msCounter
        //LDA FUNC_RETURN_BYTE1        ;A = FUNC_RETURN_BYTE1
        //STA LAST_TIME_BYTE1          ;LAST_TIME_BYTE1 = A
        //LDA FUNC_RETURN_BYTE2        ;A = FUNC_RETURN_BYTE2
        //STA LAST_TIME_BYTE2          ;LAST_TIME_BYTE2 = A
        //LDA FUNC_RETURN_BYTE3        ;A = FUNC_RETURN_BYTE3
        //STA LAST_TIME_BYTE3          ;LAST_TIME_BYTE3 = A
        //LDA FUNC_RETURN_BYTE4        ;A = FUNC_RETURN_BYTE4
        //STA  LAST_TIME_BYTE4         ;LAST_TIME_BYTE4 = A
        ...
        while(get_msCounter()<(last_time+100));  -------------------------②
        //如果循环时间达到 100 ms 则开始下一次循环,未考虑溢出问题
```

第4章 单片机C语言

```
        //ADDRESS_2:                  ;地址2
        //JSR    get_msCounter        ;调用函数get_msCounter
        //CLC                         ;清C进位标志位
        //LDA LAST_TIME_BYTE1         ;A = LAST_TIME_BYTE1
        //ADC  #100                   ;A = A + 100 + C,如果有进位则C置1
        //STA  LAST_TIME_BYTE1        ;LAST_TIME_BYTE1 = A,不影响C状态
        //LDA LAST_TIME_BYTE2         ;LAST_TIME_BYTE2,不影响C状态
        //ADC #0                      ;A = A + 0 + C,如果有进位则C置1
        //STA  LAST_TIME_BYTE2        ;LAST_TIME_BYTE2 = A,不影响C状态
        //LDA  LAST_TIME_BYTE3        ;LAST_TIME_BYTE3,不影响C状态
        //ADC #0                      ;A = A + 0 + C,如果有进位则C置1
        //STA LAST_TIME_BYTE3         ;LAST_TIME_BYTE3 = A,不影响C状态
        //LDA LAST_TIME_BYTE4         ;LAST_TIME_BYTE4,不影响C状态
        //ADC #0                      ;A = A + 0 + C,如果有进位则C置1
        //STA LAST_TIME_BYTE4         ;LAST_TIME_BYTE4 = A,忽略溢出情况
        //LDA FUNC_RETURN_BYTE4       ;A = FUNC_RETURN_BYTE4
        //CMP LAST_TIME_BYTE4         ;比较A和LAST_TIME_BYTE4
        //BCS ADDRESS_3               ;如果A小于LAST_TIME_BYTE4则跳转到地址3
        //LDA FUNC_RETURN_BYTE3       ;A = FUNC_RETURN_BYTE3
        //CMP LAST_TIME_BYTE3         ;比较A和LAST_TIME_BYTE3
        //BCS ADDRESS_3               ;如果A小于LAST_TIME_BYTE3则跳转到地址3
        //LDA FUNC_RETURN_BYTE2       ;A = FUNC_RETURN_BYTE2
        //CMP LAST_TIME_BYTE2         ;比较A和LAST_TIME_BYTE2
        //BCS ADDRESS_3               ;如果A小于LAST_TIME_BYTE2则跳转到地址3
        //LDA FUNC_RETURN_BYTE1       ;A = FUNC_RETURN_BYTE1
        //CMP LAST_TIME_BYTE1         ;比较A和LAST_TIME_BYTE1
        //BCS ADDRESS_3               ;如果A小于LAST_TIME_BYTE1则跳转到地址3
        //JMP ADDRESS_2               ;跳转到地址2
        //ADDRESS_3:                  ;地址3
        //JMP ADDRESS_1               ;跳转到地址1
    }
    //RTS                             ;函数返回
}
void timer0_irq(void)
{
    CLR_TIMER0_INT_FLAG;
    //清中断标志位操作,不示意汇编指令
    ms_counter ++ ;
    //将ms_counter加一
```

```
//CLC                          ;清 C 进位标志位
//LDA MS_COUNTER_BYTE1          ;A = MS_COUNTER_BYTE1
//ADC #1                        ;A = A + 1 + C,如果有进位则 C 置 1
//STA MS_COUNTER_BYTE1          ;MS_COUNTER_BYTE1 = A,不影响 C 状态
//LDA MS_COUNTER_BYTE2          ;A = MS_COUNTER_BYTE2,不影响 C 状态
//ADC #0                        ;A = A + 0 + C,如果有进位则 C 置 1
//STA MS_COUNTER_BYTE2          ;MS_COUNTER_BYTE2 = A,不影响 C 状态
//LDA MS_COUNTER_BYTE3          ;A = MS_COUNTER_BYTE3,不影响 C 状态
//ADC #0                        ;A = A + 0 + C,如果有进位则 C 置 1
//STA MS_COUNTER_BYTE3          ;MS_COUNTER_BYTE3 = A,不影响 C 状态
//LDA MS_COUNTER_BYTE4          ;A = MS_COUNTER_BYTE4,不影响 C 状态
//ADC #0                        ;A = A + 0 + C,如果有进位则 C 置 1
//STA MS_COUNTER_BYTE4          ;MS_COUNTER_BYTE4 = A,忽略溢出情况
//RTI                           ;中断函数返回
}
```

注：汇编代码和 C 代码只是示意用,不能直接理解成实际情况。

来看看前面代码什么情况下会出错,在位置①和位置②,程序都调用了函数 get_msCounter(),如果在位置①调用函数时 ms_counter 的值为 0x0000FFFF,当函数 get_msCounter() 运行到汇编指令的位置③的时候 timer 中断产生,ms_counter 的值加一变为 0x00010000,正确的结果应该是调用函数 get_msCounter() 后 last_time 的值为 0x0000FFFF 或 0x00010000,但现在结果变成了另外的值 0x0001FFFF。

程序运行到位置①时:

MS_COUNTER_BYTE1=0xFF

MS_COUNTER_BYTE2=0xFF

MS_COUNTER_BYTE3=0x00

MS_COUNTER_BYTE4=0x00

程序运行到位置③时:

LAST_TIME_BYTE1=MS_COUNTER_BYTE1=0xFF

LAST_TIME_BYTE2=MS_COUNTER_BYTE2=0xFF

MS_COUNTER_BYTE3=0x00

MS_COUNTER_BYTE4=0x00

LAST_TIME_BYTE3 和 LAST_TIME_BYTE4 还未取得新的值。

此时 timer 中断产生,转去执行中断程序:

MS_COUNTER_BYTE1=0x00

MS_COUNTER_BYTE2=0x00

MS_COUNTER_BYTE3=0x01

MS_COUNTER_BYTE4＝0x00

中断返回后继续取 LAST_TIME_BYTE3 和 LAST_TIME_BYTE4 的新值：

LAST_TIME_BYTE1 保持 0xFF 不变

LAST_TIME_BYTE2 保持 0xFF 不变

LAST_TIME_BYTE3＝MS_COUNTER_BYTE3＝0x01

LAST_TIME_BYTE4＝MS_COUNTER_BYTE4＝0x00

于是 last_time 得到错误的值 0x0001FFFF。

当程序运行到位置②进行循环判断时，循环控制出错，原本 100 ms 的循环周期变成需要等待 65 s 才能继续下一次循环。

要避免此类风险的发生，需将变量位宽改为与单片机位宽一致，或者将中断修改的变量读回来后进行一次重复比较，满足前后读回的值一样的才当作有效值。

修改后的代码：

```
unsigned long last_time,current_time;
unsigned long ms_counter;
unsigned long get_msCounter(void)
{
  return ms_counter;
}
void main(void)
{
  ...
  ms_counter = 0;
  init_timer0_irq();
  enable_irq();
  while(1)
  {
    do              //连续两次读得的值一样才有效
    {
      last_time = get_msCounter();
    }while(last_time! = get_msCounter());
    ...
    do
    {
      do            //连续两次读得的值一样才有效
      {
        current_time = get_msCounter();
      }while(current_time! = get_msCounter());
```

```
    }while(current_time<(last_time+100));
  }
}
```

例二:中断和主程序修改同一个变量导致出错。

单片机依然为 8 bits,程序通过一个 8 bits 变量保护标志来对主程序的操作进行保护,当中断或主程序需要修改变量的时候,先查看变量保护标志,如果不为 0 暂不进行修改,如果为 0 则将变量保护标志设为非 0 值,然后进行修改变量操作,修改完相关变量再将该变量保护标志清 0 以允许主程序或中断继续修改变量。

假定用 C 语言编程,单片机指令系统为 6502 汇编指令,定时中断每 10 ms 产生一次,在定时中断中启动数据处理后需要 3 次中断才能处理完数据。

```
unsigned char ProtectFlag;
void main(void)
{
  ...
  init_timer0_irq();
  while(1)
  {
    if(ProtectFlag == 0)        //当 ProtectFlag 为 0 时主程序进行修改操作-----①
    {
      ProtectFlag = 1;          //将 ProtectFlag 设为 1 进行保护--------------②
      //LDA    #1               ;该条汇编指令运行时间为保护空档期----------(1)
      //STA    ProtectFlag_Addr--------------------------------------(2)
      ...
      ProtectFlag = 0;          //将 ProtectFlag 设为 0 保护结束---------------③
    }
    ...
    delay(100MS);
  }
}
void timer0_irq(void)
{
  CLR_TIMER0_INT_FLAG;
  if(ProtectFlag == 0)          //当 ProtectFlag 为 0 时中断进行修改操作-------④
  {
    ProtectFlag = 2;            //将 ProtectFlag 设为 2 进行保护--------------⑤
  }
  if(ProtectFlag == 2)
```

```
    {
        ...
        //假定需要进行定时中断多次才能处理完,这个假定很重要,否则逻辑不对
        if(中断处理完所有数据条件成立)
        {
            ProtectFlag = 0;          //将 ProtectFlag 设为 0 保护结束--------------⑥
        }
    }
}
```

这种保护方式有一个疏漏,即主程序在位置①判断 ProtectFlag 是不是为 0,当为 0 时在位置②才将 ProtectFlag1 设为 1,这样位置①和位置②之间就存在一个不能保护的空档,如果在此空档期内中断产生就会导致保护出错。

当主程序执行完位置①处的汇编指令时,此时还没有将 ProtectFlag 设为 1,这时中断产生,单片机转去执行中断程序,在位置⑤将 ProtectFlag 设为 2 启动数据中断处理流程,这一次中断返回后会继续执行主程序位置②处的汇编指令,该步操作将 ProtectFlag1 改写为 1,留意假定条件是需要 3 次中断才能处理完,这样主程序就将中断处理流程错误地中止。

用两个变量来进行保护可以避免这种疏漏。

```
unsigned char ProtectFlag1;
unsigned char ProtectFlag2;
void main(void)
{
    ...
    init_timer0_irq();
    while(1)
    {
        if(ProtectFlag1 == 0)         //第一次判断 ProtectFlag1 是否为 0
        {
            ProtectFlag2 = 1;         //注意这里先设 ProtectFlag2 为 1
            if(ProtectFlag1 == 0)     //再次判断 ProtectFlag1 是否为 0
            {
                ProtectFlag1 = 1;
                ...
                ProtectFlag1 = 0;
            }
            ProtectFlag2 = 0;
        }
        ...
```

```
        delay(100MS);
    }
}
void timer0_irq(void)
{
    CLR_TIMER0_INT_FLAG;
    if(ProtectFlag1 == 0)              //注意这里先判断 ProtectFlag1 是否为 0
    {
        if(ProtectFlag2 == 0)          //主程序设 ProtectFlag1 为 1 之前已经将 ProtectFlag2 设为 1
        {
            ProtectFlag1 = 2;
        }
    }
    if(ProtectFlag1 == 2)
    {
        ...
        if(中断处理完所有数据条件成立)
        {
            ProtectFlag1 = 0;
        }
    }
}
```

4.6 变量类型与代码效率

毋庸置疑,单片机处理和其宽度相等的数据效率最高,比如 16 位的单片机去处理 32 位宽数据,需要将 32 位数据分成 16 位高、低两部分后才能处理,效率自然要低不少。

采用 ARM 内核的单片机会有点特殊,ARM 内核本身是 32 位,但其支持 STRB/LDRB 这样的特殊指令,该指令可以直接读/写 8 位的数据,所以 ARM 处理 8 位数据的时候效率不一定比 32 位低,但同样去传递一块数据,显然还是用 32 位的要快,只是需要在数据块边缘用 8 位数据进行对齐处理。

既然处理数据的效率和单片机位宽有关,那么我们在用 C 语言对单片机编程时就需要考虑单片机位宽,只有这样才能保证程序具有良好的效率,假设现在有两个单片机,一个为 8 位,另外一个为 32 位,需要我们用这两款单片机编写一段程序,将一段数据复制到其他位置。

程序一:

```
void Copy_TestFunc(char * desBuf,char * srcBuf,unsigned long size)
```

第4章 单片机C语言

```c
    {
        while(size)
        {
            * desBuf = * srcBuf;        //复制1字节
            size -- ;                   //计数器减1
            desBuf ++ ;                 //目的地址加1
            srcBuf ++ ;                 //源地址加1
        }
    }
```

程序二：

```c
void Copy_TestFunc(char * desBuf,char * srcBuf,unsigned long size)
{
    long  * p1,* p2;                    //用于32位传送
    short * p3,* p4;                    //用于16位传送
    char  * p5,* p6;                    //用于8位传送
    if((((long)desBuf&0x3) == 0)&&(((long)srcBuf&0x3) == 0))
    {
        //32bits mode                   //目的地址和源地址都满足4字节对齐
        p1 = (long * )desBuf;           //得到目的地址long指针
        p2 = (long * )srcBuf;           //得到源地址long指针
        while(size>= 4)                 //还有不少于4字节的数据需要传送就循环
        {
            * p1 = * p2;                //源地址传送4字节到目的地址
            size -= 4;                  //计数器减4
            p1 ++ ;                     //目的地址long指针自加,实际上是加了4
            p2 ++ ;                     //源地址long指针自加,实际上是加了4
        }
        p5 = (char * )p1;               //目的地址改用char指针
        p6 = (char * )p2;               //源地址改用char指针
        while(size)                     //每次循环复制1字节到结束
        {
            * p5 = * p6;
            size -- ;
            p5 ++ ;
            p6 ++ ;
        }
    }
    else if((((long)desBuf&0x1) == 0)&&(((long)srcBuf&0x1) == 0))
```

```c
    {
        //16bits mode                      //目的地址和源地址都满足2字节对齐
        p3 = (short * )desBuf;             //得到目的地址 short 指针
        p4 = (short * )srcBuf;             //得到源地址 short 指针
        while(size>=2)                     //还有不少于2字节的数据需要传送就循环
        {
            * p3 = * p4;                   //源地址传送2字节到目的地址
            size -= 2;                     //计数器减2
            p1++;                          //目的地址 long 指针自加,实际上是加了4
            p2++.;                         //源地址 long 指针自加,实际上是加了4
        }
        if(size)
        {
            (char * )p3 = (char * )p4;     //此时只剩余1字节需要复制
        }
    }
    else
    {
        //8bits mode                       //目的地址或源地址不满足2字节对齐
        while(size)                        //每次循环复制1字节到结束
        {
            * desBuf = * srcBuf;
            size--;
            desBuf++;
            srcBuf++;
        }
    }
}
```

程序二与程序一相比程序结构要复杂一些,会根据源地址和目的地址的状态自动选择传送方式。对于8位的单片机,每次只能传一个8位的数据,所以无论程序一或者程序二单片机都是一个字节一个字节地传送,显然程序一的速度要快。对于32位的单片机结果会大不一样,如果只是传送几个字节,程序二和程序一相比并没有什么优势,甚至会更慢,但当传送的数据个数多而且起始地址满足4字节对齐时,程序二中一条指令就可以传送4个字节,传送的速度几乎可以达到程序一的4倍。

所以在用C语言对单片机编程时,同样的C代码用到不同的单片机上效率可能大相径庭,我们需要结合单片机的硬件特性进行编程才能得到高效代码。标准C语言提供了不少库函数,这些库函数功能完善而且高效,使用它可以让编程人员方便不少,但要留意这些库函数可能是基于32位平台作出了类似于前面程序二的特殊处理,在非32位的单片机上体现不出高效的特性。

单片机程序常常使用某个位来表示工作状态,如果是本身不支持位操作的单片机,在RAM空间允许的情况下最好不要这样做,建议直接用与单片机位宽等长的变量单独表示,否则汇编代码效率会比较低下。例如,不支持位操作的8位单片机,char x 的不同位表示不同的状态信息,现在需要对bit0进行位置1和清0操作,实际上是等效为 x=x|1 和 x=x&0xFE,效率远低于 x=1 和 x=0 这样的操作。

4.7 慎用int

现在用C语言编写的程序不计其数,提供软硬件服务的厂商、具有"雷锋精神"的程序爱好者写出了各种各样的C语言程序代码,以方便别人在他们所提供C代码的基础上更快地完成产品开发,纵观这些C代码,你会发现里面大量使用int进行数据定义,在我看来这不是一个好的做法。

早期的C语言有一个定义上的不足,对int的描述不够严谨,只是定义其为整型变量,单纯从语法上说这个定义不存在什么问题,可是C语言需要在相应的硬件平台上运行才有实际意义,而C语言没有进一步明确不同硬件平台下int位宽由硬件平台决定这一点,从而导致后面对int出现多种不同的理解。

不同的硬件平台所支持的数据位宽可能会不一样,在计算机技术发展过程中,主流的CPU经历了8位、16位、32位、64位这样的转变,不同的人在理解int时往往会基于当时流行的CPU加入自己的个人理解,我记得国内一本很知名的C语言教材早期版本里面对int的解释就是16位,正是这种教材的疏漏使得更多人将int理解成16位,后来随着32位处理器的流行,大家又错误地默认int为32位。

对int的这种理解不对,实际上int并没有具体的位宽限制,是由所用硬件平台(MCU)和编译器共同决定位宽为多少,通常情况下编译器会将int的位宽定为与所用MCU的位宽一致,这样MCU对定义为int的数据进行处理时因为刚好是整数不用取舍或拼凑而最为方便。

不同的MCU和所提供的编译器对int的解释各不相同,8位、16位、32位、64位都有可能,如果在程序中使用int来定义数据类型,就会将一些不确定因素引入程序中,使得程序的风险系数增高。

例如,编程人员忽视了编译器对int定义的位宽,习惯性地将int理解成现在大家所默认的32位。假设现在我们用一款MCU在C语言下开发了一款产品,所用的MCU和编译器为16位宽,产品需要显示开机后的时间,显示精度为秒,程序员在程序里用变量SecondCounter来记录开机时间,程序员将unsigned int错误地理解成了32位,认为用unsigned int定义的SecondCounter可以保证所记录的开机时间超过100年,这个时间完全满足任何用户的需求。

然而编译器实际是按 16 位来处理的，只能记录到 65 535/3 600≈18 h。这个产品大多数应用都只是在正常上班时段，早上上班时开机，晚上下班时关机，内部测试和用户试用都是按早开机晚关机模式进行，运行结果一切正常，于是开始量产。然而有客户在使用中发现了问题，该客户不是早开机晚关机模式，而是三班倒，需要一周甚至一个月才关机一次，产品根本无法满足该客户的需求，结果是只能将已经生产的机器当作问题机处理。

这种情况主要还是因为开发人员的疏忽所致，另外一种情况就和人为疏忽无关了。用 C 语言编程的一大优点就是移植容易，可以很快从一个硬件平台转换到另外一个硬件平台上。产品最初阶段是采用 32 位的 MCU，编译器解释 int 为 32 位，程序员理解没有错误也是 32 位，产品程序成功完成，运行一切正常。32 位的 MCU 价格比较高，成本上和其他同类产品不具竞争力，现发现有一款 16 位的 MCU 可以满足性能需求，而且价格要低不少，于是希望改用这款 16 位的 MCU。

先前已经写好的程序由于使用了大量的 int，直接移植到 16 位的 MCU 编译器就将原来解释为 32 位的 int 改解释为 16 位，显然存在数据溢出的风险，就需要我们对原程序中所有 int 都进行修订。如果我们将原来的 int 全部替换为 long 就可以避免数据溢出的风险，但这样做需要我们将程序里面所有的 int 定义逐个找出来进行替换，有一个遗漏都不算成功移植，虽然我们可以用编辑工具提供的替换功能，但替换功能会将所有"int"字符都替换掉，会将本不需要更改的地方改错。如果我们一开始就将 int 用 long 来定义，移植过程根本不需要担心数据类型解释不对的问题，使得移植程序的工作量会大为减少。

正是由于这些因素的存在，我的建议是尽量少在程序中使用 int 进行数据定义，C 语言提供更为精准的数据类别 char、short、long、long long 分别严格对应 8 位、16 位、32 位、64 位，绝大多数（不是所有）编译器编译出来的结果都满足这种对应关系，这样定义出来的数据宽度和硬件无关，在任何硬件平台上编译出来的宽度都一样，所以用它们定义数据类型会更好。

请记住：用 C 语言编写程序的时候，一定要谨慎使用 int，最好是不用。

4.8　危险的指针

刚接触 C 语言的人可能会不大明白指针到底是什么，从我的个人理解，指针就是存储器的地址，但不能完全地等同于地址，指针除了直接提供地址信息外，另外指针类型还间接告诉大家所指向的地址包含多少内容。

用一个例子来帮助大家理解指针，假设现在你是一个统领部队的指挥长，让手下的士兵成一列纵队站好，第一个士兵编号为 0，第二个编号为 1，依次类推，这里编号你就可以对应为存储器的地址。为了便于管理，你将士兵用班、排、连的组织来进行管理，一个班有 10 个士兵，一个排有 3 个班，一个连有 3 个排和另外一个独立的炊事班。

一连一排一班：士兵编号 0～9

一连一排二班：士兵编号 10～19

第4章 单片机C语言

一连一排三班:士兵编号 20~29
一连二排一班:士兵编号 30~39
一连二排二班:士兵编号 40~49
一连二排三班:士兵编号 50~59
一连三排一班:士兵编号 60~69
一连三排二班:士兵编号 70~79
一连三排三班:士兵编号 80~89
一连炊事班:士兵编号 90~99
二连一排一班:士兵编号 100~109
二连一排二班:士兵编号 110~119
二连一排三班:士兵编号 120~129
二连二排一班:士兵编号 130~139
……

这里的连、排、班以及士兵编号就可以理解成指针,每个士兵是最基本的组成单位,其对应的编号对应为存储器的地址,一连二排二班表示编号 40~49 的士兵,他们现在位于队伍中的第 40+1 个人的位置,一共 10 个人。现在需要一个班的士兵去执行任务,你就可以通过班号选择执行任务的班,下次需要一个排你又可以通过排号来选择执行任务的排,这种方式就类似于指针的操作。

前面例子也许还不能很好地解释指针,接下来直接回到 C 语言中对指针进行讲解,先从最基本的 char/short/long 类型说起(little endian 模式)。

```
char * p_char;           //定义一个类型为 char 的指针
short * p_short;         //定义一个类型为 short 的指针
long * p_long;           //定义一个类型为 long 的指针
```

在 C 语言里用"*"号来表示指针,这一点是当时定义 C 语言语法的人决定的,没有为什么可言,当初定义语法的人选用了"*"号而已,如果当时选用的是其他符号现在也就是其他符号。

```
p_char = (char *)0x1000;      //将指针指向地址 0x1000
p_short = (short *)0x1000;    //将指针指向地址 0x1000
p_long = (long *)0x1000;      //将指针指向地址 0x1000
* p_char = 0x12;              //地址 0x1000 内容为 0x12
* p_short = 0x1234;           //地址 0x1000 内容为 0x34,地址 0x1001 内容为 0x12
* p_long = 0x12345678;        //地址 0x1000 内容为 0x78,地址 0x1001 内容为 0x56,地址 0x1003
                              //内容为 0x34,地址 0x1004 内容为 0x12
```

可以看出指向同样地址的不同类型的指针所代表的内容并不相同,char 的指针为 1 个字节的内容,而 short 和 long 却分别为 2 个字节和 4 个字节,显然指针除了带有地址信息外还有所包含内容大小的信息,这就是指针与地址所不同的地方。

注意将指针指向一个地址的操作并不是使用 p_char=0x1000 这样的语句直接赋值,而是使用了(char *)进行强制转换,如果不加(char *)的话编译会报告错误。这里 C 语言使用指针时的一个限制是,所有对于指针的操作必须是同类型的指针才可以进行,对于 0x1000 这样一个数字,虽然我们可以当它是一个地址,但用作指针的时候需要表明指针类型才能使用,否则程序无法知道 * 0x1000 这样的操作表示的到底是一个字节的 char 类型还是两个字节的 short 类型,C 语言有这样的限制后就可以让指针和地址区分开。

C 语言编程变量的分配大都由编译器决定,也就是说,程序员可以不用理会所用变量究竟放在什么位置,而用 C 语言对单片机编程许多时候需要直接对某个地址进行读/写操作,引入指针就会使这类操作变得更简单直接。对于 char 类型的指针,每个指针只对应 1 个字节的内容,而 short 类型则是 2 个字节,C 语言为了提升效率对于这类指针作出了起始地址对齐的要求,比如 short 指针地址需要能被 2 整除,而 long 指针地址则需要能被 4 整除。

这里不想对什么是指针这样的概念性问题阐述过多,总之一点是指针让程序控制存储器空间变得非常简洁,但正是这个简洁打破了 C 语言的封闭性,让程序员可以随心所欲地去读写存储器空间,所以在便捷的同时也给程序带来了一定的风险性。

现在需要用程序来完成这样的功能:从地址 0x1000 开始将 0,1,2,…,255 依次写入头 256 字节,为了检验程序是否写入正确,还需要将写入内容回读回来进行校验。

正确的代码:

```
long i;
char * p1, * p2;           //这里指针类型是 char
p1 = (char *)0x1000;       //将指针 p1 地址指向 0x1000
p2 = (char *)0x1000;       //将指针 p2 地址指向 0x1000
for(i = 0;i<256;i ++ )
{
   * p1 = i;               //将指针内容依次写为 0,1,2,…,255
   p1 ++ ;                 //指针加 1,指针所指向地址随之加 1
}
for(i = 0;i<256;i ++ )
{
   if( * p2! = i)
   {
      while(1);            //如果校验出错则进入这个死循环
   }
   p2 ++ ;                 //指针加 1,指针所指向地址随之加 1
}
```

错误的代码:

第4章 单片机C语言

```
long i,*p1,*p2;          //这里指针类型是 long
p1 = (long *)0x1000;     //将指针 p1 地址指向 0x1000
p2 = (long *)0x1000;     //将指针 p2 地址指向 0x1000
for(i = 0;i<256;i++)
{
    *p1 = i;             //将指针内容依次写为 0,1,2,…,255
    p1 ++;               //指针加1,实际上指针所指向地址加4
}
for(i = 0;i<256;i++)
{
    if(*p2! = i)
    {
        while(1);        //如果校验出错则进入这个死循环
    }
    p2 ++;               //指针加1,实际上指针所指向地址加4
}
```

错误代码的原因是未能正确使用指针,对于 char 类型的指针,执行自加或者加 1 操作后指针地址同样是加 1,而 short 和 long 则不一样,分别加 2 和加 4。

```
char *p = 0x1000;   //char 类型指针 p 指向地址 0x1000
p ++;               //执行完该指令后指针 p 指向地址 0x1001,注意这里指针地址加 1
long *p = 0x1000;   //char 类型指针 p 指向地址 0x1000
p ++;               //执行完该指令后指针 p 指向地址 0x1004,注意这里指针地址加 4
```

正确写入的结果:

地址	内容
0x1000	0x00
0x1001	0x01
0x1002	0x02
…	
0x10FF	0xFF

错误写入的结果:

地址	内容	
0x1000	0x00	
0x1001	0x00	多写入的 0x00
0x1002	0x00	多写入的 0x00
0x1003	0x00	多写入的 0x00
0x1004	0x01	

0x1005	0x00	多写入的 0x00
0x1006	0x00	多写入的 0x00
0x1007	0x00	多写入的 0x00
...		
0x13FC	0xFF	
0x13FD	0x00	多写入的 0x00
0x13FE	0x00	多写入的 0x00
0x13FF	0x00	多写入的 0x00

可以看出错误是每写一个数据会在后面多写入 3 个 0x00，同时地址往后加 4，虽然代码也有进行回读校验的操作，但回读操作完全是写入操作的逆向过程，所以这个校验不会发现该错误，如果没有产生空间溢出，这个错误就会被隐藏起来而不被发现，从外表看程序运行一切正常，但内部的实际运行结果并不是程序员所预期的。

不要认为这种错误不严重，如果位于 0x1100～0x13FF 的空间有其他作用，前面的错误就会导致这部分空间的内容被错误修改，从而导致程序运行出错，严重的可以让程序崩溃。

使用指针最大的风险是容易产生空间溢出或者地址错误的问题，用 C 语言对数组或者变量进行读/写时，虽然程序员不清楚这些数组或者变量在存储器中的具体位置，但读/写操作是用数组或变量名来进行读/写的，所以很容易做到所需要进行读/写的对象不出错。如果在编写程序时因为书写等原因让名称出错，编译器也会报告名称错误，这样读/写到错误位置的几率会相当小，除非在代码中定义了名称非常相似的数组或变量名。而用指针来进行读/写则不一样，需要程序员自我对读/写的位置进行保护确认，只要有一点疏漏就可能导致错误的产生。

来看一个例子，这个例子因为其他用途定义了 4 个 64 字节的数组，现在想将 0～255 分别写到这 4 个数组里去，数组 Temp_BufA[] 写入 0～63，数组 Temp_BufB[] 写入 64～127，数组 Temp_BufC[] 写入 128～191，数组 Temp_BufD[] 写入 192～255。

```
char Temp_Byte;
char __align(256) Temp_BufE[256];    //__align(256)表示起始地址需要 256 字节对齐
char Temp_BufA[64];
char Temp_BufB[64];
char Temp_BufC[64];
char Temp_BufD[64];
char * p;
long i;
p = Temp_BufA;                       //指针地址指向数组 Temp_BufA[64]的首字节地址
for(i = 0;i<256;i++)
{
  * p++ = i;                         //依次写为 0,1,2,…,255
}
```

第4章 单片机C语言

可能不少人会认为这段程序没有问题,他们会说数组 Temp_BufA[] 到数组 Temp_BufD[] 是连续定义的,在程序里所占用的存储空间自然也连续,前面的程序只用一个指针循环就可以将这 4 个数组写入所需的值,所以程序不但没有问题,而且还是一段很精简的代码,值得大家学习。实际情况并不如此,我们并不能保证数组 Temp_BufA[] 到数组 Temp_BufD[] 占用连续的存储空间,有可能这 4 个数组是被间隔开的。

假定存储空间的分配是从地址 0x1000 开始的,编译器看到 Temp_Byte,于是将地址 0x1000 分配给 Temp_Byte 用,可接下来的是数组 Temp_BufE[],需要 256 字节对齐,显然不能再将 0x1001 分配为数组 Temp_BufE[] 的起始地址,而是分配 0x1100 才满足要求。这时编译器处理到数组 Temp_BufA[],因为地址 0x1001~0x10FF 区间还没有被分配出去,所以将 0x1001~0x1040 区间分配给数组 Temp_BufA[],而不是从地址 0x1200 开始分配。

与数组 Temp_BufA[] 一样,数组 Temp_BufB[] 和数组 Temp_BufC[] 会被分配到地址 0x1041~0x1080 和 0x1081~0x10C0 这两段区域。但处理到数组 Temp_BufD[] 时遇到新问题,显然数组 Temp_BufD[] 需要连续的 64 字节,而现在从地址 0x10C1 开始到 0x10FF 只有 63 个字节的剩余空间,所以数组 Temp_BufD[] 所分配的空间只好分配为地址 0x1200~0x123F 这一段,这样 4 个数组的空间并不连续,如果运行前面的代码自然就会得到错误的结果。

按前面假定编译器可以得出的存储器分配空间如下(实际情况不一定与此相同):

地址	内容
0x1000	变量 Temp_Byte
0x1001~0x1040	数组 Temp_BufA[64]
0x1041~0x1080	数组 Temp_BufB[64]
0x1081~0x10C0	数组 Temp_BufC[64]
0x10C1~0x10C3	空余区间
0x10C4~0x10C7	指针 *p
0x10C8~0x10CB	变量 i
0x10CC~0x10FF	空余区间
0x1100~0x11FF	数组 Temp_BufE[256]
0x1200~0x123F	数组 Temp_BufD[64]

指针有的时候会有地址对齐的要求,比如 short 和 long 类型的指针分别要求 2 字节和 4 字节对齐,有的编译器并不能对这些细节进行可靠的检查,稍有不慎就可能用错指针。

```
long * p;           //申明类型为 long 的指针,按要求需 4 字节对齐
p = (long *)0x1001; //这里将指针地址指向 0x1001
```

这样的代码有的编译器不会报告错误,而实际上类型为 long 的指针地址是必须 4 字节对

齐的，所以代码带有错误，执行这样的代码会导致错误发生，而程序员还以为自己已经成功将地址 0x1001 交给指针 p。

指针空间溢出的错误在实际中最容易发生，常常会遇到这样的情况，即变量没有被任何代码直接修改，但程序运行的结果发现变量内容被修改成程序员所不期望的内容，这种错误大都是使用指针空间溢出导致的。对于这种错误由于不能通过查看代码判断是否更改了变量，加上错误的产生是偶然的，需要在某些特定条件下才会出现，所以如果仿真调试工具功能不是很强大的话很难调试跟踪这种错误。

虽然这种错误经常会遇到，但形成的原因往往错综复杂，不大容易用一个简洁的例子就能说明清楚，这里给出一个例子，错误产生的根源也许并不能完全归于指针，但确实是和使用指针有关。我们通过 UART 收发数据，数据依照下面的格式进行传送，最大长度不超过 1 024 字节（例子代码是针对演示错误而特意写成下面的形式）。

Byte1	同步字 0xFF，用来标识数据包开始
Byte2～3	两个字节用来表示数据包长度
Byte4～N	数据内容，规定数据包中不可以包含 0xFF 以免与同步字冲突
ByteN+1	数据包内容校验码低位字节
ByteN+2	数据包内容校验码高位字节

接收端代码：

```c
unsigned short receive_count;           //数据接收计数器
unsigned short check_sum;               //用来计算数据包校验码
unsigned char receive_buf[1024], * p;   //数据存放缓冲区和接收存放指针
char receive_flag = 0;                  //数据接收状态标志
UART_RxInt()                            //每收到一个字节都会触发该中断函数
{
  unsigned char temp;
  temp = * UART_RX_DATA;                //将接收到的数据读到 temp 中
  …//其他代码
  if((receive_flag == 0)&&(temp == 0xFF))  //如果接收状态为 0 且当前收到同步字
  {
    receive_falg = 1;                   //接收状态转为 1
    p = receive_buf;                    //接收指针指向接收缓冲区首地址
  }
  else if(receive_flag == 1)            //如果接收状态为 1
  {
    receive_flag = 2;                   //接收状态转为 2
    receive_count = temp;               //保存数据包长度低位字节
  }
```

```c
        else if(receive_flag == 2)              //如果接收状态为 2
        {
            receive_flag = 3;                    //接收状态转为 3
            receive_count |= (temp << 8);        //保存数据包长度高位字节
        }
        else if(receive_flag == 3)               //如果接收状态为 3
        {
            if(receive_count>0)                  //保存数据直到数据接收计数器为 0
            {
                *p++ = temp;                     //保存数据到缓冲区,指针地址加 1
                receive_count--;                 //数据接收计数器减 1
            }
            else
            {
                receive_flag = 4;                //接收状态转为 4
            }
        }
        else if(receive_flag == 4)               //如果接收状态为 4
        {
            receive_flag = 5;                    //接收状态转为 5
            check_sum = temp;                    //得到校验码低位字节
        }
        else if(receive_flag == 5)               //如果接收状态为 5
        {
            receive_flag = 0;                    //接收状态转为 0
            check_sum |= (temp << 8);            //得到校验码高位字节
            ...                                  //数据处理代码
        }
    }
```

不能说上面的代码是错误的,正常情况下上面的代码运行结果都不会有什么问题,但这部分代码是用来接收另外设备通过 UART 发送过来的数据,这个收发过程可能会因为外部干扰等原因造成传输数据出错,当这种情况发生时,程序就会变得不再稳定可靠。实际上前面的代码也考虑到数据传输可能会出错,在数据包中加上校验码就是用来判断数据传输是否出错,如果数据传输出错,校验码会不对,这样程序就可以把所接收到的数据包作相应处理。

但这部分代码对传输出错的考虑不够周到,只是去判断数据包是否出错,并没有去考虑出错位置不同可能带来的不同影响。干扰是随机的,所以传输的错误可以产生在数据包的任意位置,如果果然刚好在传送数据包长度的时候导致数据传输出错,比如现在数据包长度原本是 0x200(512 字节),干扰导致这个长度变为 0x1200(4 608)字节,这时前面的代码面临的问题就非常严重,会从 receive_buf[]的起始位置开始存放 4 608 字节后才终止接收过程,而 receive_buf[]只有 1 024 字节的空间,也就是说,后面会有 3 584(4 608－1 024)字节的空间被指针错误修改。

像这种错误的调试跟踪会非常困难,因为它发生的概率本身就非常小,可以说连续产生两次的概率几乎为零,而这个错误一旦产生,很有可能让整个程序崩溃,即便当时想通过仿真调试工具去查看现场也是很困难的,可以说是无法通过调试的方法来找出这类错误根源,如果想避免这类错误出现,只能是在编写代码阶段就充分考虑到各种可能性,在代码中对各种异常作出相应保护而避免意外出错。

真可谓是指针虽好,可用起来并不简单,刚开始接触单片机 C 语言编程的朋友还是多用数组来编写代码比较好一些,当自己对 C 语言有一个良好的掌握程度后再去逐步使用指针,使用指针的时候一定要仔细确认指针是不是依照自己的想法在变动,最好在指针改变后查看一下地址是否正确。

4.9 循环延时

用 C 语言编写单片机程序时,常会遇到一些需要延时等待的情况,不少程序员为了图方便经常会用 for(i=0;i<1000;i++)这样的循环来实现延时,我自己有时候也都这么做,这不是一个好的方法。

首先,这样的循环代码写出来后程序员自己也不清楚这段代码到底延时有多久,还需要用仿真器观察对应汇编指令或者用仪器测试才知道延时时间的准确值。

其次,所得到的延时时间稳定性不够好,如果在延时循环中有中断产生就会使得延时变大,所以在实际程序运行时执行完这个循环所耗用的时间存在长短不一的可能。中断对循环延时的影响还不是最厉害的,因为其他方式实现延时也会受到中断的影响,比如我们想实现延时 100 μs,延时循环中一个需要耗时 200 μs 的中断产生,这样不管用什么方法,当响应完中断返回时时间就多出了 200 μs,也就是说,这时无论什么方法来实现的延时都不会少于 200 μs。对循环方式延时影响真正大的是编译优化、系统时钟改变这两种操作。

我们来看一下用 ADS 编译器在不同优化条件下对循环 for(i=0;i<1000;i++)的影响,先关闭优化功能,可以看出循环部分代码需要 4 条汇编指令,如图 4.15 所示。

再来看看打开优化功能后的情况,循环部分的代码从原来的 4 条变成了 3 条,如图 4.16 所示。也就是说,在硬件不作任何变动的情况下,优化就使得循环时间改变为原来的 3/4,优化带来的这个影响不小,很有可能造成延时不够的问题。

对于系统时钟改变的情况很容易理解,系统时钟被改变,每条指令执行的时间同样会相应发生变化。举个极端的例子,原本是用 8 MHz 的晶振现在改用 4 MHz,每条执行的时间就会增加一倍,循环所花的时间自然也就增加了一倍。有人可能有疑问,我们在实际应用中不会改用不同频率的晶振,那就不用担心这样的情况了吗？是的,大多数情况下是不用担心这个问

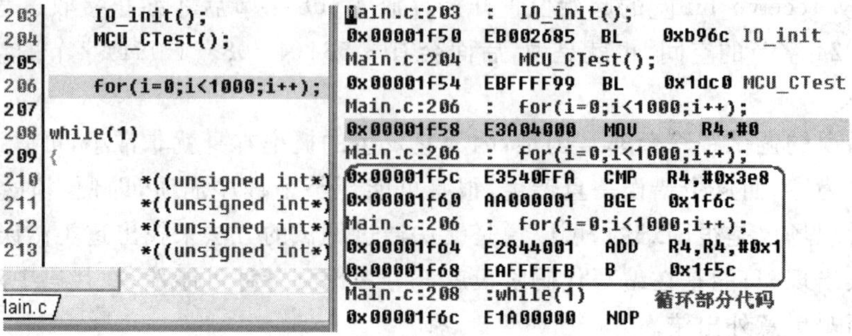

第 4 章　单片机 C 语言

图 4.15　ADS 对 for 循环无优化编译结果图

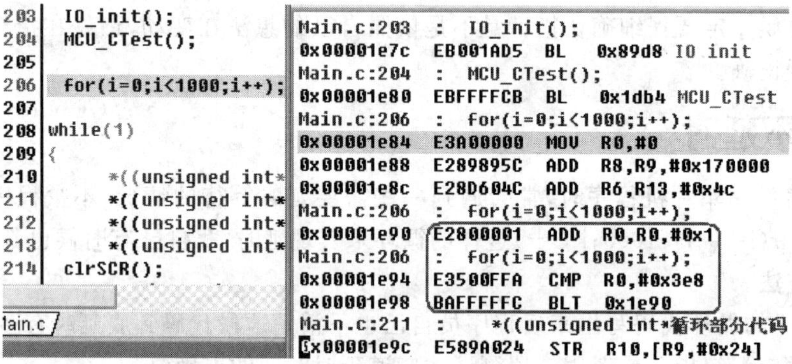

图 4.16　ADS 对 for 循环有优化编译结果图

题，但在某些特殊情况下就需要加以考虑。例如，功能强大一点的 MCU 可以通过 PLL 来设定系统时钟，这样即便不改变晶振频率也可以改变系统时钟，当系统时钟频率高的时候 MCU 处理速度快，但会有芯片发热量大、对外辐射增加、稳定性变差这些问题产生，所以有的产品在需要高速处理数据的时候就将 PLL 设为高频率以满足数据处理需求，当数据处理完又恢复为 PLL 低频率时得到一个稳定可靠的工作状态，对于这种情况循环延时就会存在问题。

　　如果想要避免因优化对循环延时产生的影响，建议用汇编指令来延时，编译器不会对汇编指令进行优化，所以编译器优化的选择与否不会影响汇编指令的那部分代码，汇编语言写的延时代码只要系统时钟不变就能保证延时恒定。通过查询 MCU 的编程手册，可以知道每条汇编指令所需要的机器周期数，汇编语言写的延时代码可以精确一个机器周期，程序员通过计算汇编指令数就能知道延时时间的长短，从而解决了用 C 语言写循环代码延时时间不透明的问题。

　　时钟改变的情况不容易处理，只能是在程序中依据硬件的实际情况提前作出预测，尽量做到延时时间不小于最低要求，从而保证程序的可靠执行，比如现在采用的是 RC 振荡器，经过分析预计其工作频率可能存在 2% 的误差，如果需要延时 100 μs，MCU 一个机器周期是

1/8 μs，我们就要保证延时代码的理论延时不小于 816(102×8) 个机器周期，否则可能有少量硬件延时达不到 100 μs，对于实际应用还需要留有足够的余量，我一般是将这个余量定为 20%，也就是说，应按 120 μs 来编写代码。

这段以 6502 指令为基础的 C 汇编延时代码可以用来帮助大家了解如何在 C 语言编程中实现汇编代码延时，假定指令周期等于机器周期，不考虑中断的影响。

```
void _delay_cycle(unsigned char n)
{
#ASM                    ;标识下面为嵌入到C代码中的汇编代码
    TAX                 ;执行该汇编指令需1个机器周期,C函数参数传入
DELAY_100LOOP:          ;循环体执行需要3X-1个机器周期
    DEX                 ;执行该汇编指令需1个机器周期
    BNE  DELAY_LOOP     ;跳转回去需2个机器周期,结束循环需1个机器周期
#ENDASM                 ;标识嵌入到C代码中的汇编代码结束
    //C语言函数返回需要2个机器周期
    //RTS
}
```

调用示例：

```
_delay_cycle(100);
//C语言函数输入参数n通过累加器A传入,将n写入累加器A需1个机器周期
//LDA   #100
//调用函数需2个机器周期
//JSR   _delay_cycle
```

可以看出该函数调用一次需要耗费 $1+2+[1+(n\times3-1)+2]=n\times3+5$ 个机器周期，参数 n 的取值范围为 $0\sim255$，这样通过调用该函数可以实现的延时为 $5\sim770$ 个机器周期，间隔单位为 3 个机器周期。如果系统时钟为 8 MHz，该函数的理论延时是 $0.625\sim96.25$ μs，间隔单位为 0.375 μs。

即便是用汇编语言进行编程，我个人也不提倡多用循环延时，因为循环延时的程序结构都不会太好，而且延时代码会影响整体程序的效率。好的做法应该是充分利用 MCU 所带的 timer 资源，用 timer 中断实现延时，这样做在计算延时时间方面要便捷不少，在不影响延时精准度的同时还能改良程序结构、提高程序效率。

本章最后用 C 语言的伪代码给大家示意如何通过 timer 中断实现精确延时，假定可以将 timer 中断设置到比较高的中断优先级，通过 timer 中断来停止在主程序中启动的 testing，这样的做法可以让延时非常精准。

```
void (*timer_callback)(void);        //定义一个函数指针
unsigned long timer_int_flag = 0;    //定义timer中断标志变量
```

第4章 单片机C语言

```c
    void timer_irq(void)                          //timer 中断函数
    {
      if(timer_callback! = NULL)
      {
        timer_callback();                         //如果函数指针不为空则执行对应函数
                                                  //如指针为 stop_testing 则执行 stop_testing()
      }
      DISABLE_TIMER_IRQ();                        //禁止 timer 中断,具体代码忽略
      timer_callback = NULL;                      //清函数指针为空
      timer_int_flag = 1;                         //置 timer 中断标志
    }
    void timer_delay(unsigned long us,void * callback)
                                                  //将第二输入参数的指针给函数指针
    {
      timer_callback = callback;                  //将第二输入参数的指针给函数指针
      set_timer_counter(us);                      //将 timer 相关寄存器设定为所需要的内容
                                                  //具体代码忽略
      ENABLE_TIMER_IRQ();                         //使能 timer 中断,具体代码忽略
    }
    void start_testing(void)                      //启动测试函数
    {
      ...                                         //启动测试的代码,具体代码忽略
    }
    void stop_testing(void)                       //停止测试函数
    {
      ...                                         //停止测试的代码,具体代码忽略
    }
    void main(void)
    {
      ...
      timer_int_flag = 0;                         //清 timer 中断标志
      start_testing();                            //调用启动测试函数
      timer_delay(10000,stop_testing);            //延时 10 000 μs 后产生 timer 中断停止测试
                                                  //在 timer 中断中会执行函数 stop_testing()
      while(time_int_flag == 0);                  //等待 timer 中断标志被置为 1
      ...
    }
```

上例中的伪代码没有考虑代码自身产生的延时,也没有考虑如果有优化时对全局变量应采取的相应保护措施。这里留一个问题给大家,为什么要将停止测试的函数 stop_testing()放在 timer 中断中,而不是在 while(time_int_flag==0)之后调用?

4.10 运算表达式

用 C 语言编程,少不了使用运算表达式,C 语言的运算表达式和日常生活中的数学表达式还是挺接近的,所以运算表达式对使用者来说非常直观,自然容易理解。数学里面一个数是正是负、是整数还是小数可以用负号和小数点来让人知道这个数的类型,知道了数的类型人们就可以按照数学法则进行运算。但 C 语言毕竟不是我们上小学就开始学习的数学,因为计算机技术的限制,当 C 语言程序中出现整数和小数、有符号数和无符号数混用等情况时,为了保证计算结果正确,C 语言对这些情况作出了一些自己的特性约定,让不同类型的数混用时按某一个规律自动进行转换。这样一来就出现同样的运算表达式 C 语言和日常生活中的数学运算结果不相同的情况。

在用 C 语言进行编程时,一定要留意它和日常生活中数学在处理运算表达式方面的不同,否则就会让程序出现一些本可以避免的错误。

我曾经就有过这样的经历,用 check_sum 对通信的数据进行一个简单的保护,保护的方法相当简单,就是将通信的数据累加求和,发送完数据后再将计算所得的和发送给接收方,接收方也同样将所接收的数据累加求和,然后与接收到的校验和相比,如果两者一致就认为数据传输没有问题。按说这个方法很简单,不大可能出错,可实际情况就是我所写的 C 语言程序出现了错误,会将原本传输正确的数据错误判断为传输出错。

出错的原因就是对 C 语言的运算表达式理解有误,C 语言在进行处理运算表达式的时候有一条基本法则:如果在运算表达式中有不同类型的变量,运算的时候是 signed 遇到 unsigned 会自动将 signed 转换成 unsigned,数据位宽小的自动转换成和大的数据位宽一致。

暂先不对这条基本法则作太多解释,看看我当时是如何出错的。接收方 C 代码将接收到的数据放到 unsigned char data_buf[]中,全部数据累加求和得出校验码,再与接收到的校验码进行比较。发送方采用汇编语言编写代码,这里不列出具体代码。

```
unsigned char buf[7];              //前面6个字节放数据,第7个字节为校验码
unsigned char receive_flag;        //用来表示校验结果的标志变量
if((buf[0] + buf[1] + buf[2] + buf[3] + buf[4] + buf[5]) == buf[6])
{
    receive_flag = DATA_CHECK_RIGHT;   //校验结果正确,认为传输可靠
}
else
{
    receive_flag = DATA_CHECK_ERROR;   //校验出错,认为传输有错误
}
```

传输的数据包长度不长,为节省代码,没有用循环语句直接将 6 个字节的数据相加求和。当时我的理解是 if((buf[0]+buf[1]+buf[2]+buf[3]+buf[4]+buf[5])==buf[6])表达

第4章 单片机C语言

式中全部是同一类型的 unsigned char 数组成员变量,那计算过程也应该是自动按 unsigned char 类型处理,如果相加所得的和溢出,也会将和自动转换成 unsigned char 类型。例如,现在这 6 个字节加起来的和为 0x0123,溢出的高位将被舍弃掉,自动处理成 0x23。

实际情况并不像我所想象的样子,假如现在 buf[7] = {0x11,0x22,0x33,0x44,0x55,0x66,0x65},人工计算 0x11+0x22+…+0x66=0x165,那么汇编计算出来的校验码应是 0x65,和数组最后一个字节一致,表明这次传输的数据是可靠的,但 C 代码执行的结果并不是这样,会报告数据校验出错。通过调试查看 C 代码对应的汇编指令知道错误原因,对数据相加的结果不是和我所想的那样会自动转换成 unsigned char 类型,这个时候是将加出来的结果按 MCU 的位宽来处理,所以校验出错,正确代码应如下所示。

将运算表达式的结果先进行强制转换。

```
if(((buf[0] + buf[1] + buf[2] + buf[3] + buf[4] + buf[5])&0xFF) == buf[6])
//或 if((unsigned char)((buf[0] + buf[1] + buf[2] + buf[3] + buf[4] + buf[5])) == buf[6])
{
    receive_flag = DATA_CHECK_RIGHT;   //校验结果正确,认为传输可靠
}
else
{
    receive_flag = DATA_CHECK_ERROR;   //校验出错,认为传输有错误
}
```

或者先将运算表达式的结果赋给指定变量。

```
unsigned check_sum;
check_sum = buf[0] + buf[1] + buf[2] + buf[3] + buf[4] + buf[5];
if(check_sum == buf[6])
{
    receive_flag = DATA_CHECK_RIGHT;   //校验结果正确,认为传输可靠
}
else
{
    receive_flag = DATA_CHECK_ERROR;   //校验出错,认为传输有错误
}
```

之所以产生这样的错误,是因为我对 C 语言的运算表达式的处理方式理解不够透彻,对运算结果用想当然的方法进行理解。接下来看看运算表达式中有不同类型的变量时 C 语言究竟是如何进行自动转换的,例子中的结果以 ADS 编译器结果为准,其他编译器可能得出不同结果。

```
signed char x;
```

```
unsigned char y;
unsigned short z;
x = -1;          //用十六进制表示为 0xFF(-1)
y = x;           //运行结果为 z = 0xFF(255)
z = x;           //运行结果为 z = 0xFFFF(65535)
```

当 y=x 时,y 和 x 都是 char 类型,直接将 x 的内容从有符号转换成无符号类型就赋给 y,但 z 和 z 除了无符号和有符号的区别外数据位宽也不一样,分别是 16 bits 和 8 bits 宽,x 自身为-1,但是 8 bits 类型,当将其赋给 z 时,比 y=x 需要多数据位数的扩展,这样就要将原本 8 bits 的-1(0xFF)转换成 16 bits 的-1(0xFFFF),所以最后 z 的值为 0xFFFF,和 x 的 0xFF 不同。图 4.17 是 ADS 对-1 和 0xFF 编译出来的结果,我们可以看出两者处理完全不同。

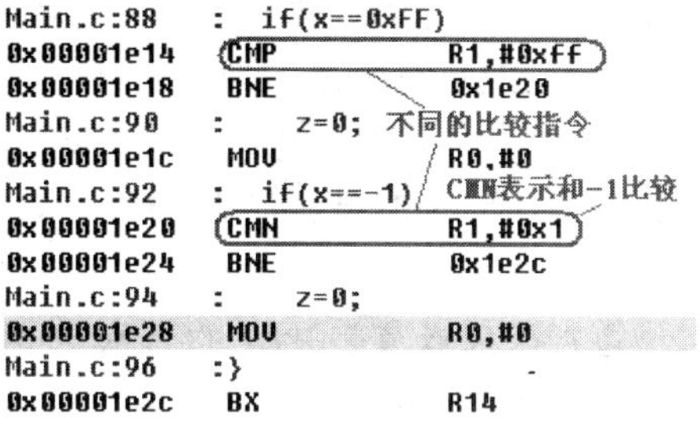

图 4.17 ADS 对-1 和 0xFF 编译对比结果图

注意:在 C 语言里不要将-1 和 0xFF 视为等同数据,大多数编译器会将 0xFF 当作 255 来处理。

```
signed char x;
x = -1;          //用十六进制表示为 0xFF(-1)
if(x == 0xFF)    //实际上这句等效于 if(x == 255)
{
  x = -1;        //程序不会进入此处
}
if(x == -1)
{
  x = 0;         //程序会进入此处
}
```

接下来是一段"奇妙"的代码,也许会给你一种不可思议的感觉,但实际结果确实如此,如果你理解了这段代码,我想你对 C 语言运算表达式中的自动转换规则已经是相当清楚。

```
signed char x;
x = 128;         //注意 signed char 有效范围为-128~127
if(x == 128)
{
  x = 128;       //程序不会进入此处
}
```

```c
if(x == -128)
{
  x = 0;              //程序会进入此处
}
```

是不是有点奇妙？明明用 C 代码给 x 的值是 128，在后面进行比较就变成了-128。如果你明白了计算机内部的数据表示方法后就不难理解其中的奥妙，我们知道计算机内部数据采用二进制表示方法，正数是多少就是对应的二进制数，负数则先将数的二进制数取反，然后加 1。十六进制是让人们对二进制数可以更直观表示的中间方法，数值自身的内容完全和二进制一致。来看看十六进制是如何表示 8 bits 数的：1 为 0x01，-1 为 0xFF（0x01 取反得到 0xFE 再加 1 得到 0xFF）。

C 语言在处理运算表达式的时候，如果表达式中有数字，通常会将这个数字默认为与 MCU 位宽一致的整型数，再用这个整型数的二进制数进行运算处理。例如，上面的 x=128，因为是 32 bits 平台的"便宜"环境，编译器会先将 128 转换成 0x00000080，因为是要将这个数给 signed char 类型的 x，所以在产生汇编指令的时候就只需要 0x80 作为操作数，另外 3 个字节在生成汇编指令阶段就给抛弃掉了。

```c
signed char x;
x = 0x1234;
if(x == 0x34)        //产生汇编指令的时候只将低位字节 0x34 给 x
{
  x = 0;             //程序会进入此处
}
```

```c
signed char x;
x = -129;            //-129 的十六进制为 0xFFFFFF7F
if(x == 0x7F)
{
  x = 0;             //程序会进入此处
}
```

到这里就能理解前面的奇妙代码。

```c
signed char x;
x = 128;             //实际上是将十六进制数 0x00000080 的低位字节 0x80 给 x
if(x == 128)         //实际上是将 x 和十六进制数 0x00000080 进行比较
                     //可以理解成 if((-128) == 128),也就是 if(0xFFFFFF80 == 0x00000080)
{
  x = 128;           //显然比较结果不相等程序不会进入此处
}
```

```
if(x == -128)        //实际上是将 x 和十六进制数 0xFFFFFF80 进行比较
                     //可以理解成 if((-128)==(-128)),也就是 if(0xFFFFFF80 == 0xFFFFFF80)
{
    x = 0;           //比较结果相等程序会进入此处
}
```

转换规律小结:

有符号类型和无符号类型混用时自动转换为无符号类型。

数字默认为与 MCU 位宽一致的整型数值。

不同位宽的数据(或变量)混用时自动转换成宽度更宽的类型。

不同宽度的数据进行赋值运算时自动进行高位扩展或截取。

还有一点同表达式有关,C 语言对于运算符自己有一张优先级表,不少人编写程序时可能是为了减少表达式长度或证明自己对 C 语言很熟悉,在代码中充分利用运算符的默认优先级。

```
if(a>b && b>0)
a = 10>4&&!(100<99)||3<=5
```

不能说这种写法错误,有些经典样例代码都有可能采用这种方式书写,我个人是绝不赞同这种写法的。即便是经典样例代码,也是基于艺高人胆大的基础之上,不值得推广。稳妥的做法是用括号将表达式的优先顺序括起来,这样做虽然代码会繁琐一些,但通用性和可读性强,就算是记不住各级运算符优先级的人也不会弄错运算的先后顺序,编译得到的汇编指令也不会变多。

```
if((a>b) && (b>0))
a = (10>4)&&(!(100<99))||(3<=5)
```

后一种写法是不是要清晰许多?如果你以前习惯采用 C 语言默认优先级的方式,来看一下你真的记住了所有的运算符优级顺序了吗?如表 4.1 所列。

表 4.1　标准 C 语言运算符优先级表

优先级	运算表达式
最高	()(小括号) [](数组下标) .(结构成员) ->(指针型结构成员)
↑	!(逻辑非) .(位取反) -(负号) ++(加1) --(减1) &(变量地址)
↑	*(指针所指内容) type(函数说明) sizeof(长度计算)
↑	*(乘) /(除) %(取模)
↑	+(加) -(减)
↑	<<(位左移) >>(位右移)

续表 4.1

优先级	运算表达式
↑	<（小于）<=（小于或等于）>（大于）>=（大于或等于）
↑	==（等于）！=（不等于）
↑	&（位与）
↑	^（位异或）
↑	|（位或）
↑	&&（逻辑与）
↑	||（逻辑或）
↑	?:（? 表达式）
↑	= += -=（联合操作）
最低	,（逗号运算符）

4.11 溢 出

在编写单片机程序时，程序员同样要面对数据溢出情况，如果在编写程序时不预先对数据溢出情况加以考虑，最终结果很可能是错误隐藏在程序之中，在特定条件下就会暴露出来导致程序出错。

实际上无论是汇编语言还是 C 语言，都需要面对数据溢出情况，只不过程序员在使用汇编语言时，因为没有 C 语言中的 char/short/long 这些数据类型，需要自己对数据的位宽进行处理，所以这个时候程序员往往会下意识地留意到数据溢出情况；而使用 C 语言时，数据类型的处理由 C 语言编译器完成，程序员关注的重点会放在程序结构方面，常常忽略数据类型这些细节，所以相较汇编语言使用 C 语言编程时更容易在数据溢出方面出问题。

我自己就有在数据溢出方面考虑不周差点让产品出大问题的经历，该产品是用一片小容量的 SPI FLASH 芯片来存储数据，数据存储采用自定义的文件系统，为了让存储的数据可靠性更高，我将文件系统的 FAT（文件分配表）的内容用 CHECK SUM 进行校验，只有校验正确的记录才会被当作有效数据。

FAT 的实现方式参照 DOS3.3 的 FAT16，对 FLASH 芯片进行分区然后以链表将文件存储位置标识出来。每个文件在 FAT 中的记录信息比如文件名、文件状态、存储入口位置、链表等都用 CHECK SUM 方式进行保护，我就是在进行 CHECK SUM 处理时在数据溢出处理方面因为一个疏忽导致错误产生。

```
extern int get_block_addr(char * filename,unsigned short block_num);
/*************************************************
```

get_block_addr 函数说明：
查找指定文件指定的逻辑 block 所对应的物理 block 号
filename： 文件名
block_num： 所要查找逻辑 block 号
return： 小于 0 出错
　　　　　大于 0,对应的物理 block 号
　　　　　等于 0,已经到达最后一个 block
***/
extern int get_check_sum_record(char * filename);
/**
get_check_sum_record 函数说明：
从指定文件的 FAT 表中取得相应 CHECK SUM 记录,该记录为 2 个字节
filename： 文件名
return： 小于 0 出错
　　　　　大于或等于 0 为从 FAT 表中取得的 CHECK SUM 记录值
***/
unsigned int check_sum;
int current_block;
int check_sum_record;
...
block_num = 0;
check_sum = 0;
do
{
　current_block = get_block_addr("file1.dat",block_num);
　block_num ++ ;
　if(current_block<0)
　{
　　check_sum = -1;　　　　　　　　　　　　　　　//查找物理 block 号出错
　　break;
　}
　check_sum += current_block;
}while(current_block>0);　　　　　　　　　　　　　//将所有的物理 block 号累加求和
check_sum_record = get_check_sum_record("file1.dat");　//取出文件对应的 CHECK SUM
if((check_sum! = check_sum_record)&&(check_sum_record> = 0))
{
　...　　　　　　　　　　　　　　　　　　　　　　//CHECK SUM 正确
}
else

{
　...
}   //CHECK SUM 错误

简单地看这段代码好像没有什么问题，其实不然，我为了直接使用函数 get_block_addr 所返回的参数，将 current_block 定义为 int 类型，当时我想着文件链表参照 FAT16 格式，每个 block 号只占用 12 bits，所以 current_block 不需要考虑符号位的问题，这样用定义成 unsigned int 的 check_sum 来累加每次得到的 current_block 也同样不会存在问题。

然而我忽略了另外一点，在 FAT 中的 CHECK SUM 是用 2 个字节来存放的，计算中却是按 32 bits 无符号长整型来进行处理的，在文件存储时因为只有 2 个字节的空间用来存放 CHECK SUM，程序自然而然地自动将计算出来的 4 字节 CHECK SUM 的两个高位字节舍弃，只保存两个低位字节，当下一次程序需要打开这个文件的时候对链表的计算还是按 32 bits 无符号长整型进行处理，如果计算出来的 check_sum 大于 0xFFFF（65 535），就会出现 CHECK SUM 正确但校验不能通过的情况。

来看看在什么样的情况下会导致这种情况产生。每个 block 号占用 12 bits，所以 block 号的范围为 0～4 095，如果把 block 号从 0 加到 4 095，累加所得的和为 0x7FF800，远超过 0xFFFF 的最大范围，实际上即便是从第一个 block 开始记录文件数据，也只要这个文件大约占用 360 个 block 累加所得 CHECK SUM 就会接近 0xFFFF 的极限。

本来前面程序所带的错误还是可以避免的，可接下来我又因为偷懒形成另一个疏忽，从而使得该错误随产品发放出去。当时的产品所用的 FLASH 芯片容量为 8 MB，写入的速度大约为 60 KB/s，通常情况下在芯片上存储的文件大小约为 100 KB，我所定义的一个 block 是 8 KB，占用 360 个 block 的文件大小为 2 880 KB。

当时我想着实际应用应该不大可能用到大文件，因为按照当时的设计没有地方需要存储到这么大的文件，另外按照写入速度计算写入一个 1 MB 的文件大约需要 17 s，用户是不会花这么长的时间去写大文件的。正常情况应该拿一个大小接近 8 MB 的文件来进行极限参数测试，可我最大只测到超过 2 MB 多一点，全都小于 2 880 KB，所以测试没有发现问题。而实际应用中不会用到这么大的文件，所以 QA 测试也不会发现该问题。就这样带着问题的程序被发放出去，我自己还认为程序安全可靠。

有一天一位同事需要测试他所写程序对 FLASH 卡的效果，于是写了一个 4 MB 多的文件进去测试，结果发现文件写操作提示成功，但是一读就报告 FAT 校验错误，这样问题才暴露出来。要知道当时已经固化了超过 200K 片的程序，如果产品日后进行功能扩展需要用到大文件那可就是"麻烦多多"，采用这个固化版本程序的机器会让老板彻底"发飙"，还好这个产品后来因为一个关键器件供货不足没有进行功能扩展，这样我才躲过一劫。

程序的问题在 if((check_sum!=check_sum_record)&&(check_sum_record>=0)) 时没有考虑溢出情况，当累加求和得到的 check_sum 值大于 0xFFFF 后就会出错，因为后面的

check_sum_record 在被保存到 FAT 记录中时已经自动将高两位字节丢弃,相当于由 check_sum_record&0xFFFF 操作,改成 if(((check_sum&0xFFFF)!= check_sum_record) && (check_sum_record>=0))后问题解决。

再看另外一个对溢出情况考虑不足的例子,该产品需要以毫秒为单位进行时序控制,也就是说,程序里面的各个操作步骤横向依次分布在毫秒为单位的时间轴上。最初的设计是利用 MCU 的一个 timer 提供时间轴的时间节拍,这个 timer 中断具有最高的优先级,而且是自动重载初始值,从硬件特性来讲确实可以提供出非常精准的系统时钟源。

下面是简化的程序框架:

```
行 01:unsigned short timer_count;              //一个 16 bits 的全局变量用来计时
行 02:void timer0_isr(void)                    //timer0 中断服务函数
行 03:{
行 04:    timer_count++;                       //计时变量加 1
行 05:}
行 06:unsigned short get_sys_tim(void)         //得到系统时钟函数
行 07:{
行 08:    return timer_count;                  //返回计时变量值
行 09:}
行 10:void main(void)
行 11:{
行 12:    unsigned short old_time;
行 13:    init_system();                       //初始化 MCU
行 14:    timer_count = 0;                     //将计时变量清零
行 15:    config_timer0();                     //将 timer0 配制为定时 1 ms
行 16:    while(1)
行 17:    {
行 18:        old_time = get_sys_tim();        //得到循环的起始时间
行 19:        ...                              //其他代码
行 20:        while(get_sys_tim()<(old_time+100));  //等待当前循环所用时间达到 100 ms
行 21:    }
行 22:}
```

这个程序在考虑溢出方面就存在问题,在行 01 位置定义的 timer_count 只有 16 bits,用其来计数范围是 0～0xFFFF(65 535),每毫秒该变量会加 1,这样每 66 s 肯定就会产生一次溢出,因为程序没有对溢出作相应保护,所以程序就有可能出错。例如,在 18 行位置先将当前系统时钟值给变量 old_time,假定当前 old_time 所得到的值是 65 500,当程序运行到行 20 的时候你看会有什么情况发生?

函数 get_sys_tim()返回值的范围也是 0～0xFFFF(65535),而此时 old_time+100 的值

为 65 600，这样 get_sys_tim()返回的值永远小于 old_time＋100，形成死循环。

既然存在问题就需要相应进行改进，这里我给出两种不同的改进方法，互有利弊。

方法一：

将计时变量 timer_count 改为 32 位的长整型，通过计算这种修改后计时变量 timer_count 需要 49 天才会产生一次溢出，如果产品连续开机的时间不会超过 49 天就可以用该方法，如果时间仍不够，可以将计时变量 timer_count 改为 64 位的长长整型，需要几亿年才会溢出。

这个方法虽然能将产生溢出的间隔时间加长，但程序耗用的 RAM 空间以及代码也同样会明显增加，对于一些简单的 MCU 可能形成资源负担。

```
行 01：unsigned long timer_count；
行 06：unsigned long get_sys_tim(void)
行 12：  unsigned long old_time；
```

方法二：

如果不想占用过多的 RAM 资源，还可以保持 timer_count 为 16 位的短整型不变，在程序中另外加入一些保护代码也能避免死循环的形成，代码先判断是否有溢出，然后根据是否溢出作相应处理。

```
行 20：   while(get_sys_tim()＜(old_time＋100))
         {
            if(get_sys_tim()＜old_time)
         {
               old_time = get_sys_tim();
         }
         }
```

这是最简单的一种方法，发现溢出马上将原来的值重新赋值以避免死循环形成，但有一个问题是，当溢出产生时该次循环会变得不准，比如 old_time 值为 65 500 产生溢出后当前循环时间会变为 135 ms。这一点要看对实际有多大影响，如果影响明显则需要采用其他方法来解决，比如发现溢出后对溢出时间作出修正，还是可以保证任何时候循环延时都准确的。

除此之外还有一个不容易发现的溢出风险，这个风险单纯从 C 语言的代码来看难以发现，它和编译器有关，该风险位于代码 while(get_sys_tim()＜(old_time＋100))中，接下来让我们看看这个溢出风险到底是如何形成的。

我们知道，不同的编译器会将 int 定义成与 MCU 一致的宽度，通常如果 MCU 不是 32 位则 int 也很有可能不是 32 位，而计算机的 C 语言让人习惯将 int 等同为 32 位，所以程序员去看这条代码的时候很难发现问题，因为程序员很可能习惯性地将运算过程默认为 32 位，这样该条代码看上去好像是正确可靠的。

实则不然，不同单片机的编译器会将这个过程处理为与 MCU 宽度一样，比如现在是 16 位的 MCU，则很有可能在运算过程中是按 16 位处理的。如果是这种情况，让我们来看一下该代码得出什么样的结果，old_time 为 16 位宽，加上 100 后结果自然也是 16 位宽，当 old_time 值为 65 500 时，两者相加等于 65 600(0x10040)，超出 16 位的部分被舍弃掉，所以此时代码实际上等同于 while(get_sys_tim()＜0x0040)，0x0040 等于 64，显然该次循环时间和预期的 100 ms 不一致。

对于这类隐含的风险，我们可以用一个中间变量得到运算出来的值，然后进行比较处理。

```
unsigned long long_temp;
...
long_temp = old_time + 100;           //这里自动将 old_time + 100 的结果处理成 32 位宽
if(long_temp＞0xFFFF)                 //防溢出处理
{
    long_temp = long_temp - 0xFFFF;   //得到溢出后的低 16 位数
    while(get_sys_tim()＞ = old_time); //等到系统时间溢出,不进行此判断会出错
    while(get_sys_tim()＜long_temp);  //等待系统时间重新超过溢出后的低 16 位数
}
```

该例中还有一处错误，是函数 get_sys_tim() 返回的值有可能不正确，如果刚好在执行该函数代码 return timer_count 的时候产生 timer 中断，对于 8 位的 MCU 这条 C 代码则有可能不是一条汇编指令，就存在返回值不正确的可能，这里因为和溢出并无直接关系不作详述，只是给出改进的代码，如果想弄清楚原委，在 4.5 节中可以找出相关解释。

```
unsigned short get_sys_tim(void)
{
    unsigned short timer_temp;
    do
    {
        timer_temp = timer_count;
    }while(timer_temp! = timer_count)//两次取值一样表明取值正确可靠
    return timer_temp;
}
```

4.12 强制转换

不少用 C 语言进行单片机编程的人都遇到过这样的麻烦，即想用指针去读/写某个地址，如果这个地址是数组没有什么问题，但如果这个地址是用数字 0x1000 这样表示的绝对地址，编译的时候总提示出错，从代码看又好像没有什么错误，搞得是一头雾水，不胜其烦。

第 4 章　单片机 C 语言

```
char * p;
char data_buf[1024];
p = data_buf;              //这样给指针 p 赋值正确
p = &data_buf[0];          //这样给指针 p 赋值编译出错
p = 0x1000;                //这样给指针 p 赋值编译出错
```

要解决这种问题其实很简单，将出错的语句改成下面的形式，编译器则不会报告错误。注意这里的结果是以 ADS 编译为准，不同编译器有可能结果不同。

```
p = (char *)&data_buf[0];   //编译正确
p = (char *)0x1000;         //编译正确
```

造成上面编译无法通过的原因是赋值操作等号两侧的类型不一致，C 语言语法要求赋值操作时两侧的数据类型必须一致，否则就会告警或报错。C 语言这样处理可以防止程序不同类型数据混用时产生程序员未预料到的逻辑错误，比如上面 p 定义成 char 类型的指针，虽然指针地址也是一个数字，但不能将其等同于数字，p＝0x1000 这样的语句存在表述不清的问题，因为指针有许多种，光用一个 0x1000 数字我们不能确定这个数字代表的到底是 char 还是 short 或其他类型的指针，加上 (char *) 后我们就能明确其具体含义。

关于编译器对于赋值操作等号两侧的类型不一致会出错这一结论我们可以多作一些验证，比如有两个不同类型的指针，当把一个指针的地址赋给另外一个指针时同样也会报错。

```
char * p1;
short * p2;
p2 = (short *)0x1000;
p1 = p2;                   //编译出错
```

改成下面形式：

```
p1 = (char *)p2;           //编译正确
```

像 (char *)p2 和 (char *)0x1000 这样的用法就是强制转换，当编译器遇到这样的处理语句后就知道这个地方程序员已经发现数据类型可能不一致，了解数据类型转换可能产生的影响（比如将浮点数转换为整型数会丢失小数部分），编译器可以进行转换操作后一并编译，如果不加这样的语句编译器会担心程序员没有考虑到数据转换产生的影响而报告错误。

强制转换是一种非常实用的操作，刚接触单片机 C 语言编程的人可能还不会感受到这类操作的必要性，随着实际开发项目的增多就会逐渐感受到。常常会发现所写的程序有一大堆警告，但编译依然能通过，这些警告错误相当大一部分都可以用强制转换操作消除掉。

可能有人会有这样的想法，只要编译器编译通过，有几个警告错误无所谓，这种想法不可取，一个好的 C 语言程序应该是没有任何警告，每一个警告都代表编译器发现一个存在风险的位置，只是编译器也认为这个风险对程序的影响可能比较小，所以编译通过。良好的习惯是当自己的程序编译有警告产生时,应该找出警告的原因,警告往往比错误更难找原因,所以开始可能需要花较多的时间来消除这些警告,要知道警告的原因就那么多,只要积累一定经验查找警告原因就会变得容易。

来看一个浮点数转换成整型数时产生的警告:

```
long x;
float y;
y = (float)3.14;
x = y;                    //将浮点类型的变量赋值给整型变量,产生警告
```

改成下面形式,警告消除:

```
 x = (long)y;             //添加(long)强制转换后警告被消除
```

实际上有无(long)强制转换最终编译产生的代码是一样的,最后 x 都是等于 3,所以编译器这里只是警告,并不报告错误,那警告有什么作用呢?我想是提醒程序员留意这里,不要在后面把 x 当作 3.14 继续使用,应该是 3。加了(long)强制转换编译器就认为程序员已经发现了 3.14 和 3 的区别,不用再警告程序员留意这个地方。

强制转换的另一个好处是可以让程序员对数据类型的控制更加灵活透明,用汇编语言编程的时候各种不同数据类型之间的转换需要自己按照数据类型的格式进行处理,这样虽然程序员在程序中随时都清楚自己需要处理的数据类型,但数据类型之间的转换操作用汇编语言实现繁琐而复杂,也容易出错,C 语言的强制转换将类型转换的工作交给编译器完成,可以让程序员省心不少。

继续浮点数强制转换成整型数的测试:

```
long x;
float y;
y = (float)3.14;
x = y;                    //执行完这句 x 值为 3,编译器对于这行有警告提示
x = (long)y;              //执行完这句 x 值为 3,无警告提示
x = *((long *)(&y));      //执行完这句 x 值为 0x4048F5C3
```

对于这个例子中的前两行赋值操作不存在什么疑问,都得到我们所预期的整数结果 3,但最后一行的赋值操作 x = *((long *)(&y)) 却得到 0x4048F5C3 这样一个有趣的结果,为什么会和前两行的赋值操作所得的结果不相同呢?让我们来作一个对比分析,如图 4.18 所示。

对比图 4.18 所示编译器产生的汇编代码可以看出 x = y 与 x = (long)y 所产生的码是全一样的,都是调用了一个浮点数转整型的函数进行转换,x = *((long *)(&y))则不同,并没有调用浮点数转整型的函数,是直接将 y 在 RAM 中的地址取出来,然后将这个地址作为一个 long * 的指针读取里面的内容。

```
24:   y=(float)3.14;
0040109E  mov   dword ptr [ebp-110h],4048F5C3h
                              将4048F5C3存入y所在位置[ebp-110h]
25:   x=y;
004010A8  fld   dword ptr [ebp-110h] 从y所在位置[ebp-110h]取输入参数
004010AE  call  __ftol (004011ac) 调用浮点转长整型函数
004010B3  mov   dword ptr [ebp-114h],eax
26:   x=(long)y;   将转换结果存入x所在位置[ebp-114h]
004010B9  fld   dword ptr [ebp-110h]
004010BF  call  __ftol (004011ac)
004010C4  mov   dword ptr [ebp-114h],eax
27:   x=*((long*)(&y));
004010CA  mov   eax,dword ptr [ebp-110h] 从y所在位置[ebp-110h]取出长整型内容
004010D0  mov   dword ptr [ebp-114h],eax 将取得的内容存入x所在位置[ebp-114h]
```

图 4.18　VC 强制转换结果图

这里我将 x＝*((long*)(&y)) 的操作步骤分解出来：

（1）&y 是取存放数据 y 的地址。

（2）(long*)(&y) 是将取得的地址转换成一个 long* 类型的指针。

（3）*((long*)(&y)) 是取出这个指针所指的内容。

从这些步骤可以看出整个过程并没有数据强制转换，只是强制转换了一个指针类型，这个转换并不会改变 RAM 中的内容，0x4048F5C3 如果按浮点数格式代表 3.14，如果按长整型则就是十六进制 0x4048F5C3 自己，所以最后一行得到的结果和前两行赋值操作得到的结果不同。

如果我们另外执行 x＝*((float*)(&y)) 的操作，此时 x 又会得到 3 的结果，这里不给出汇编验证的结果，有兴趣的朋友可以自己进行验证。

4.13　高效实用位运算

标准 C 语言自身提供有移位、逻辑与或非等位运算指令，但对于一名用 C 语言编写计算机应用程序的程序员，他往往不太习惯使用 C 语言的位运算功能，因为他编写程序时所面对的硬件平台是计算机，计算机所提供的 RAM 资源是单片机无法相提并论的，而且计算机应用程序编写强调的是硬件无关，不需要程序员去了解控制硬件设备，这样使得他对位运算的依赖性非常低，自然而然就会少用到位运算。

单片机程序则不一样，单片机程序尤其是底层驱动程序需要直接控制硬件，对硬件的控制主要是设置硬件的相关控制寄存器，这些寄存器往往是一个位就控制一种功能，所以单片机程序可以说是离开了位运算操作真不行。来看一个 MCU 进行 I/O 输入/输出功能选择的寄存器，如图 4.19 所示，该寄存器控制 IOD 的 8 条 GPIO 口，bit0～bit7 每一个位对应控制一条 GPIO，如果我们想将某条 GPIO 设置成输出，只要将对应的控制位设为 1 即可。

如果不使用位操作指令，就只能是程序知道所有 8 条 GPIO 的输入/输出选择，需要更改设置时将这 8 个控制位一同设为新状态。这样做对于程序员来说无异是一场噩梦，会让程序变得晦涩难懂，一不小心就有可能出错。使用位操作指令可以很好地解决这个问题，比如上面

Bit	Function	Type	Description	Condition
[31:8]			Reserved	
[7:0]	IOD_Output_Enable	R/W	IOD Output Enable	0 = Disable 1 = Enable

图 4.19　I/O 控制寄存器

的 IOD，我们现在需要将其中的 IOD3 更改输入/输出选择，使用位操作可以让程序一目了然。

定义寄存器指针：

♯define P_IOD_OutputEn (volatile unsigned long * 0x112000C0)

定义 bit3 的宏，采用 1 向左移位 3 位的形式更直观：

♯define BIT3 (1 << 3)

将 IOD3 设为输出，先读出 IOD 的所有 8 个输入/输出控制位，然后通过位或运算将 bit3 设为 1，再将新的设定值写回控制寄存器，这样就只将 IOD3 设为输出，其他 GPIO 输入/输出状态保持不变：

* P_IOD_OutputEn = BIT3|(* P_IOD_OutputEn);

将 IOD3 设为输入和设为输出一样，只是将 bit3 清 0，其他位保持不变：

* P_IOD_OutputEn = (~BIT3)&(* P_IOD_OutputEn);

另外一些小的 MCU 所能提供的 RAM 资源有限，可能只有几十个字节的 RAM 可供单片机程序员使用，对于程序中只需要 0 和 1 两种状态的状态标志最好是用单个位来表示，否则容易出现 RAM 资源不够用的情况。

标准 C 语言在位操作方面功能相对有限，比如前面更改 IOD3 的输入/输出控制，需要经过"将原设定值从寄存器读出→与/或操作需要设定的位得到新设定值→将新设定值写回寄存器"这三步才能完成，显然代码效率并不高，如果能够直接一步就完成 IOD3 的设定，无疑是一个不错的选择。标准 C 语言在这方面存在不足，虽然可以通过位结构来定义位，但实质上只是从语法上看上去简单一些，在汇编层面看还是需要前面三步通过与非操作来设定相应位。

下面定义了一个位结构：

第 4 章　单片机 C 语言

```
struct{
    unsigned incon: 8;        //incon 占用低字节的 0~7 位共 8 位
    unsigned txcolor: 4;      //txcolor 占用高字节的 0~3 位共 4 位
    unsigned bgcolor: 3;      //bgcolor 占用高字节的 4~6 位共 3 位
    unsigned blink: 1;        //blink 占用高字节的第 7 位
}ch;
```

对于 ch.blink=1 这样的操作,编译器得到的汇编指令等同于 ch=BIT7|ch,因为计算机的 CPU 和现在一些使用 ARM 内核的 MCU 都没有提供可以将单个位置 1 或清 0 的指令,为了对 C 语言给予良好的支持,编译器处理这类代码只得用多条汇编指令来实现。

那是不是单片机的 C 语言程序都只能按这三步走的方式来设置控制位呢?答案是否定的,为了得到更好的代码效率,不少小的 MCU 硬件支持位操作,也就是有一些 MCU 支持将单个位置 1 或清 0 的机器指令。对于这类 MCU,如果支持 C 语言编程那么厂商提供的 C 编译器肯定有相应操作,直接支持单个位置 1 或清 0 的操作,这样在标准 C 语言的指令之外就会提供额外的 C 指令。

比如最常见的 51 系列的 MCU 就支持单个位置 1 或清 0,来看看用 KEIL C 的编译器是怎样对单个位进行操作的。

KEIL C 在标准 C 语言之外提供 sbit 指令,用来定义位变量。

```
sbit MCU_LED0 = P1^2;    //将 GPIO P1.2 定义成为 MCU_LED0,P1 寄存器为 90H
MCU_LED0 = 1;            //P1.2 输出 1,对应汇编指令 SETB 90H.2
MCU_LED0 = 0;            //P1.2 输出 0,对应汇编指令 CLR 90H.2
```

注意这里是将 MCU_LED0 用 sbit 直接定义成位变量,和位结构中的位变量完全不同,当编译器遇到 MCU_LED0 时就会将当前的 C 代码用 51 系列的位操作汇编指令实现。

不是所有的单片机都直接支持对单个位置 1 或清 0 的操作,一些采用通用编译器和 CPU 内核的单片机为了平台的一致性,大都不支持这种做法,比如使用 ARM 内核的各种 MCU 就不支持直接对单个位置 1 或清 0 的操作,这类 MCU 还是必须用三步走的方式来完成。

这样看来 C 语言对单个位置 1 和清 0 要想做到高效还得需要 MCU 硬件支持,并不是对所有 MCU 都有效。那究竟在哪些方面可以体现位操作的高效性呢?让我们来看看在乘除运算方面的影响。

有的 MCU 自己支持乘除法指令,只是乘法和除法指令可能相较其他指令会占用更多的指令周期,如果 MCU 不支持乘除法指令,用软件方法来实现会更为缓慢,这样对于 C 语言中的乘除运算 MCU 会占用较多的时间执行,总体上说对于乘除运算处理 MCU 难以做到高效。

有些特殊的乘除运算我们可以用位操作的移位指令来实现,这样做可以将乘除运算转为高效的位运算,比如 x=x/2 和 x=x*8,如果用 x=x>>1 和 x=x<<3 来实现的话效率肯定会更高。

除了可以让程序变得更加高效外,使用位操作指令还可以让程序更加简洁可靠。如果不用移位指令,要对某个数据位进行定义就必须先将该位为 1、其他位全为 0 的十六进制数人工计算出来,比如现在要定义 bit11,就得知道 bit11 为 1、其他位为 0 的十六进制数是 0x0800,然后#define BIT11 (0x0800)。这种单个位进行定义对于二进制和十六进制转换关系熟悉的程序员还不是难事,但如果现在需要定义 32 bits 中的 2、9、15、21、28 这些位的组合呢? 恐怕就有点麻烦,稍有不慎就可能定义出错。

来看一下利用了移位操作指令的情况:

```
#define BIT7 (1 << 7)
#define BIT_2_9_15_21_28 ((1 << 2)|(1 << 9)|(1 << 15)|(1 << 21)|(1 << 28))
```

是不是变得很简单,复杂的二进制和十六进制转换工作由编译器完成,想定义错误都难啦。也许会有朋友担心这样做会不会产生代码效率变低的问题,从代码看这样的宏定义包含不少移位操作,按照编译原理编译时会用这个定义替换后面代码中相应的宏,那只要是用到这样宏的地方都会包含这些移位操作,和前面直接定义成十六进制数相比好像代码效率要低。有这种顾虑说明对 C 语言的宏有了一定了解,在实际应用中不用担心这个问题,现在稍微做得好一点的编译器都考虑到了这些问题,编译器会尽量让编译出来的汇编指令简洁高效。像宏 BIT_2_9_15_21_28 编译器会先判断所定义的内容是否可以优化,这样位运算表达式((1<<2)|(1<<9)|(1<<15)|(1<<21)|(1<<28))会被预先处理为 0x10208204,然后用 0x10208204 替换后面的宏 BIT_2_9_15_21_28。

注:有些做得不好的编译器不会进行优化操作。

单片机程序员常会遇到这样一道关于位操作的笔试题,即请写一个函数将数实现高低位交换,比如现在有一个 16 bits 的整型数,该函数将其 bit0 与 bit15 交换、bit1 与 bit14 交换……,题目并不难,但却能难倒不少对 C 语言语法还算熟悉的人,究其原因就是不能熟练使用 C 语言有关位操作运算的指令。

这里给出两种利用位操作运算实现的函数代码,以便加深对位操作运算作用的理解。

函数一:

将数据从左向右、结果从右向左进行移位,每次移位先判断数据的最高位,如果该位为 1 则将结果的最高位也置 1,否则清 0,循环 16 次之后实现要求,如图 4.20 所示。

```
#define BIT15 (0x8000)          //定义最高位 bit15 的宏
void swap_bits(unsigned short *data)
{
    unsigned short data_temp,i;
    data_temp = 0;              //先将结果所有位清 0
    for(i = 0;i<16;i++)
    {
```

```
    data_temp >>= 1;           //结果右移1位
    if((*data)&BIT15)          //如果数据最高位为1则结果最高位置1
    {
        data_temp|= BIT15;
    }
    *data <<= 1;               //数据左移1位
}
*data = data_temp;             //返回结果
}
```

函数二：

从最低位开始依次判断数据的每个位，如果该位为1则将结果中与之相映射的位置1，否则清0，循环16次后实现要求，如图4.21所示。

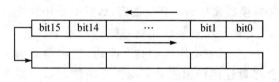

图 4.20　移位操作示意图一

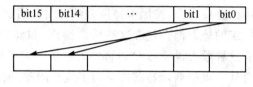

图 4.21　移位操作示意图二

```
void swap_bits(unsigned short *data)
{
    unsigned short data_temp,i;
    data_temp = 0;                //先将结果所有位清0
    for(i=0;i<16;i++)
    {
        if((*data)&(1<<i))        //判断当前的第i位是否为1
        {
            data_temp|= 1<<(15-i);  //为1则将结果中与之相映射的位置1
        }
    }
    *data = data_temp;            //返回结果
}
```

4.14　宏和 register

只要接触过 C 语言，大都熟悉宏的作用，即便是汇编语言，同样也有宏的概念，所以宏对于单片机程序员来说并不陌生。虽然大多数人对宏不陌生，但能将宏用好的人并不多见，宏的优点不少书籍都有详细说明，这里我不再累述，而是通过一些例子来让大家感性地学习宏的使用。

1. 宏不要使用小写字母

这一点是定义宏时的第一基本准则，目的是为了在程序中能将宏和函数、变量很明显地进行区分，使用小写字母虽然不会产生错误，但对程序的易读性有负面作用，这是一条约定俗成的规则，没有太多的理由，如果你想用好宏，就必须将这条谨记在心。

2. 程序中的各种定义尽量用宏

不少人都遇到过这样的事情，即程序写得已经差不多了，发现某些地方存在问题需要修改，可能只需要修改一两种操作，可这一两种操作分布在程序的不同位置，于是就要一个一个地找出来，这个工作比编写程序还麻烦，一不小心就会出现漏改的情况，许多时候造成这种麻烦的原因都是程序员没有很好地使用宏。

来看一个例子，一个简单的 MCU 提供 pa0～pa7 共 8 条 I/O 口，最初将 pa2 定为输入按键，pa5 定为输出 LED 控制信号，程序已经编写好后突然提出新要求，要求硬件和另外一款芯片兼容，这样就需要交换 pa2 和 pa5 的功能才能做到。

如果不使用宏，这个修改就需要将程序里面所有关于 pa2 和 pa5 的操作找出来，然后逐个交换，这样需要修改的地方可能有几十甚至上百。如果使用了宏呢？情况则大不一样。

只需要将

```
#define LED_OUTPUT_ENABLE()     (_pa5 = 1)
#define LED_OUTPUT_DISABLE()    (_pa5 = 0)
#define IS_KEY_RELEASED()       (_pa2)
```

改为

```
#define LED_OUTPUT_ENABLE()     (_pa2 = 1)
#define LED_OUTPUT_DISABLE()    (_pa2 = 0)
#define IS_KEY_RELEASED()       (_pa5)
```

从原来的几十甚至上百个地方需要修改一下就变成了只需要修改 3 处，工作量大为减少，而且因为程序中相关操作都是使用宏来表述，完全不用担心改错。

既然对系统硬件资源的定义最好使用宏，代码中常用作比较等操作常量同样也最好是使用宏，再来看一个常量使用宏的例子。

```
#define VOLTAGE_12V6    (96)
#define VOLTAGE_12V3    (94)
#define VOLTAGE_12V0    (91)
#define CURRENT_300MA   (96)
#define CURRENT_250MA   (80)
#define CURRENT_200MA   (64)
```

同样为 96 的值，有的地方可能是用于电流比较，有的地方却又是用作电压比较，如果不用

第 4 章　单片机 C 语言

宏的话两者就会混在一起，当程序员需要修改电流比较用的 96 的时候，即使用了编辑工具的查找功能，还需要人为检查是不是电压比较，否则就会出错。用了宏则和前面硬件定义一样，只要在定义宏的地方修改一下就行，基本上不用再去管程序中的宏。

当然使用宏也不代表完美，当程序量比较大而且功能复杂时，需要写出大量的宏才能满足需求，这样就会让程序编写要麻烦一些；另外，还有一些功能有时候用宏来实现也不是很方便，有时候遇到问题后要用不同方式尝试，这时会在程序中先用一些临时测试代码进行尝试，如果要让临时测试代码的增减与相关宏同步会让程序员感觉更繁琐；再就是调试的时候宏对应的代码往往不能单步跟踪，单步执行会变为执行完整个宏对应的代码。

相较优点宏的不足显然只占极少部分，所以编写程序的时候一定要养成多使用宏的习惯，当你代码写得足够多的时候就会越发感受到宏给你带来的便利。

3. 防止头文件被重复包含

```
#ifndef MYHEADER_H
#define MYHEADER_H
   //头文件内容
#endif
```

示例：

头文件 myheader.h 内容
```
//#ifndef MYHEADER_H
//#define MYHEADER_H


//#endif
```

头文件 mydrv.h 内容
```
//#ifndef MYDRV_H
//#define MYDRV_H
void mydrv1(void);
void mydrv2(void);
//#endif
```

头文件 myapp.h 内容
```
//#ifndef MYAPP_H
//#define MYAPP_H
void myapp(void);
//#endif
```

文件 mydrv.c 内容

```
#include "mydrv.h"
void mydrv1(void)
{
  //代码
}
void mydrv2(void)
{
  //代码
}
```

文件 myapp.c 内容
```
#include "mydrv.h"    //需要引用该头文件申明 mydrv()以便在程序中调用
#include "myapp.h"
void myapp(void)
{
  //其他代码
  mydrv2();
  //其他代码
}
```

文件 main.c 内容
```
#include "mydrv.h"    //需要引用该头文件申明 mydrv1()以便在程序中调用
#include "myapp.h"    //需要引用该头文件申明 myapp()以便在程序中调用
void main(void)
{
  //其他代码
  mydrv1();
  myapp();
  //其他代码
}
```

编译器编译上面 main.c 的时候就会产生重复申明的错误,在主程序 main.c 的头两行分别引用了头文件 mydrv.h 和 myapp.h,留意在 myapp.h 一开始也有引用头文件 mydrv.h,这样就将 mydrv.h 重复引用了两次,形成将 mydrv1()和 mydrv2()申明两次的错误。

如果将上面代码中的注释去掉,重复申明的错误将被消除,编译器在 main.c 的第一行先将头文件 mydrv.h 引用进来,此时发现并没有定义 MYDRV_H,于是进行定义,当处理第二行的 myapp.h 再次需要引用 mydrv.h 时,不同的编译结果产生,因为此时 MYDRV_H 已经被定义,所以 mydrv.h 中间的内容全部被跳过不进行再次编译,从而也就不会产生重复申明的错误。

4. 用宏定义表达式时要使用完备的括号防止出错

＃define ADD(a,b)　(a+b)
＃define ADD(a,b)　a+b

有括号 ADD(2,3)*4＝(2+3)*4＝20
无括号 ADD(2,3)*4＝2+3*4＝14

显然无括号情况得到的结果与我们所期望的不一致。

好像(a+b)的方式不再存在什么问题,其实不然,还有潜在风险隐藏在里面,对于 ADD(a,b)的例子可能不会出错,另外一个例子则不一样。

＃define SQUARE(x)　(x*x)
SQUARE(1+2)＝1+2*1+2＝5

显然我们是想得到1+2结果的平方,正确结果应该是9,现在错误地得到5。

＃define SQUARE(x)　((x)*(x))
SQUARE(1+2)＝(1+2)*(1+2)＝9

这次得到的结果是正确的,所以为了防止宏定义出错,必须将表达式中的参数全部用括号括起来。

正确的宏定义方式如下：

＃define ADD(a,b)　((a)+(b))
＃define SQUARE(x)　((x)*(x))

5. 使用宏时不允许参数发生变化

接着看用来求平方的宏 SQUARE。

＃define SQUARE(x) ((x)*(x))

```
int a = 2;
int b;
b = SQUARE(a++);    //SQUARE(a++)＝(a++)*(a++),结果执行了两次加1操作得到 a = 4
```

正确的用法是：

```
b = SQUARE(a);
a++;                //只执行一次加1操作得到 a = 3
```

6. 宏所定义的多条表达式应放在大括号中

下面的语句只有宏的第一条表达式被执行：

＃define INTI_VALUE(x,y)\

```
  x = 1;\
  y = 2;

for(i = 0;i<TOTAL_NUM;i ++ )
    INTI_VALUE(buf[i][0], buf[i][1]);
```

这里的 for(;;)循环语句展开后为

```
for(i = 0;i<TOTAL_NUM;i ++ )
    buf[i][0] = 1;\              //此处反斜杠被编译器理解为接下一行
    buf[i][1] = 2;
```

buf[i][0]=1;后面的分号会把 buf[i][1]=2 排除到 for(;;)循环体内。
正确的用法应为

```
#define INTI_VALUE(x,y)\
{\
  x = 0;\
  y = 0;\
}

for(i = 0;i<TOTAL_NUM;i ++ )
{
    INTI_VALUE(buf[i][0], buf[i][1]);
}
```

注：这里的反斜杠"\"表示下一行继续为宏定义的内容。

7. 将自己常用的类型重新定义,防止由于平台不同而产生的类型字节数差异,方便移植

```
typedef unsigned long      UINT32;
typedef unsigned short     UINT16;
typedef unsigned char      UINT8;
typedef signed char        INT8;
typedef signed long        INT32;
typedef signed short       INT16;
```

在程序中用后面定义的新类型名来定义变量类型,比如现在需要定义一个 8 bits 的单字节无符号数,应定义为 UINT8 x。这种定义的优点直接说明了变量的数据位宽,程序员在编写程序时不容易犯数据位宽混淆的错误。如果需要将程序移植到另外的 MCU 平台上,即使编译器对数据类型的定义不一致也很容易移植,只要将这些宏定义更改成正确的类型即可。

8. 使用宏进行跟踪调试

程序员在对程序调试时有时候并不想通过调试器设置断点,因为程序一旦执行到断点位置,虽然可以用调试器去查看 MCU 的工作状态,但这么做不能让程序处于连续不间断工作状

态,所以断点调试和真实的程序运行状态还是存在一定差异,用宏输出调试信息就可以让程序更加接近实际工作状态。

```
#define DEBUGMSG(msg)  \
{\
#ifdef _DEBUG_ \
printf(msg);\
#endif\
}
```

这样在程序中只要定义是否打开 DEBUG 调试功能的宏_DEBUG_就可以在程序中选择是否打开调试输出功能,程序调试完毕需要发放程序时关闭宏_DEBUG_所有的 DEBUGMSG()都被编译器处理成空操作。

9. 宏定义里面的#和##

通常我们使用"#"把宏参数变为一个字符串,用"##"把两个宏参数贴合在一起。

```
#define STR(s)     #s
#define CONS(x,y)  int(x##f##y)

printf(STR(123));              //输出字符串"123"
printf("%d",CONS(2,6));        //2f6 输出 758
```

这类宏我比较少用,个人也建议少用,因为理解起来相对要晦涩一些。

10. 一些实用的宏示例

求最大值和最小值

```
#define MAX(x,y) (((x)>(y))? (x):(y))
#define MIN(x,y) (((x)<(y))? (x):(y))
```

高低字节操作(可以不用&0xFF,类型为自定义类型)

```
#define HI_BYTE(n)      (UINT8)((n >> 8)&0xFF)
#define LO_BYTE(n)      (UINT8)(n&0xFF)
#define BYTE2WORD(hi,lo)  (UINT16)((hi << 8)|lo)
```

高低字操作(可以不用&0xFFFF,类型为自定义类型)

```
#define HI_WORD(n)      (UINT16)((n >> 16)&0x0FFFF)
#define LO_WORD(n)      (UINT16)(n&0x0FFFF)
#define WORD2DWORD(hi,lo)  (UINT32)(((UINT32)hi << 16)|lo)
```

读/写指定地址上的字节

```
#define MEM_BYTE(x)   (*((UINT8 *)(x)))
```

第 4 章　单片机 C 语言

字母大小写转换

```
#define UPCASE(c) (((c)>='a'&&(c)<='z')?((c)-0x20):(c))
#define LOWCASE(c) (((c)>='A'&&(c)<='A')?((c)+0x20):(c))
```

十进制和 BCD 转换

```
#define BCD_TO_DEC(bcd) ((((UINT8)(bcd))>>4)*10+(((UINT8)(bcd))&0x0f))
#define DEC_TO_BCD(dec) (((((UINT8)(dec))/10)<<4)|((UINT8)(dec)%10))
```

返回数组元素的个数

```
#define ARR_SIZE(a)  (sizeof((a))/sizeof((a[0])))
```

位操作

```
#define TEST_BIT(x,offset) (1&((x)>>(offset)))
#define SET_BIT(x,offset) ((x)|=(1<<(offset)))
#define CLR_BIT(x,offset) ((x)&=(~(1<<(offset))))
```

面试常问的用宏表示一年有多少时间（留意溢出）

```
#define MINS_OF_YEAR    ((UINT32)(365*24*60))
#define SECS_OF_YEAR    ((UINT32)(365*24*60*60))
```

一组有关 8 bits/16 bits/32 bits 数处理的宏

```
typedef union
{
    UINT16      WordCode;
    struct
    {
        UINT16   _byte0      : 8;    //LSB byte code
        UInt16   _byte1      : 8;    //MSB byte code
    } ByteCode;
}UWORD;

typedef union
{
    INT16       WordCode;
    struct
    {
        UINT16   _byte0      : 8;    //LSB byte code
        INT16    _byte1      : 8;    //MSB byte code
    }ByteCode;
}SWORD;
```

第4章 单片机C语言

```c
typedef union
{
    UINT32      LongCode;
    struct
    {
        UINT16   _word0      :16;      //LSB word code
        UINT16   _word1      :16;      //MSB word code
    }WordCode;
    struct
    {
        UINT16   _byte0      :8;       //bit 7~0
        UINT16   _byte1      :8;       //bit 15~8
        UINT16   _byte2      :8;       //bit 23~16
        UINT16   _byte3      :8;       //bit 31~24
    }ByteCode;
} ULONG;
typedef union
{
    INT32       LongCode;
    struct
    {
        UINT16   _word0      :16;      //LSB word code
        INT16    _word1      :16;      //MSB word code
    }WordCode;
    struct
    {
        UINT16   _byte0      :8;       //bit  7~0
        UINT16   _byte1      :8;       //bit 15~8
        UINT16   _byte2      :8;       //bit 23~16
        INT16    _byte3      :8;       //bit 31~24
    }ByteCode;
}SLONG;
#define BYTE0          (ByteCode._byte0)
#define BYTE1          (ByteCode._byte1)
#define BYTE2          (ByteCode._byte2)
#define BYTE3          (ByteCode._byte3)
#define WORD0          (WordCode._word0)
#define WORD1          (WordCode._word1)
#define ByteCode(x)    ((x._byte1 << 8)|x._byte0)
```

```
#define WordCode(x)    ((x._byte3 << 24)|(x._byte2 << 16)|(x._byte1 << 8)|x._byte0)
#define Byte0(x)       (x._byte0)
#define Byte1(x)       (x._byte1)
#define Byte2(x)       (x._byte2)
#define Byte3(x)       (x._byte3)
```

讲完宏再讲另外一个很有用的伪指令 register，使用 register 在提高代码执行效率方面有着强大的"威力"，但要注意的是一些简单 MCU 的编译器可能不支持该指令。

为什么 register 指令在提高代码执行效率方面存在着优势呢？原因需要从 regsiter 指令本身的含义开始找，该指令表示变量不是在 RAM 中申请，而是使用 MCU 的通用寄存器，这样程序在处理用 register 定义的变量的时候就不需要再访问 RAM，直接读/写寄存器就能完成任务，可以将代码效率提高。

使用 register 指令存在着限制条件，首先因为这种变量占用了 MCU 的通用寄存器，如果一直占用这些寄存器的话，其他代码会没有可用的通用寄存器而无法执行，所以 register 变量只能是动态局部变量和函数参数可以使用，以避免某个变量长期占用通用寄存器；其次任何 MCU 的通用寄存器个数都不多，数目有限，所以一段代码同时能支持的 register 变量也相应有限，如果申请的个数太多，编译器会将超出的 register 变量处理为普通 RAM 变量。

4.15　手机里的计算器

在没有接触到数学的极限概念之前，不少人都会为这样的问题困扰：1/3＝0.33333333…，(1/3)×3＝1，可是另外却有 0.33333333…×3＝0.99999999…，0.99999999…明明不是 1，但通过 3 个等式却得出 0.99999999…等于 1 的结论，让人着实有些困惑，数学里的极限概念为我们解释了这个困惑。

这个问题好像和单片机 C 语言编程无关，实质上两者间也确实没有任何直接关系，在这里提出来只是为了引申出一个单片机 C 语言编程的问题：数据类型的处理。C 语言常用的数据类型在我看来可以分成两类，即浮点和整型，浮点就是小数，整型顾名思义就是整数。就单片机来说，许多时候都用不上浮点数，只需要整数即可满足应用要求，天长日久，使得许多单片机程序员对浮点数陌生起来，在一些特定的应用中需要使用小数时，程序编写就可能不够理想。

让我们来看一个需要使用到小数的应用实例，无论是计算机里的计算器还是街上可以买到的计算器，当你输入 1/3 之后可以得到 0.333333…的结果，如图 4.22 所示。如果此时你接着输入"×3"，计算器显示的结果会明确无误地告诉你为 1，看来微软的工程师和专业做计算器芯片的工程师在数制处理上不存在什么问题。

手机实质上是一个用单片机实现以通信功能为主、内部带有其他若干附加功能的电子产品，它里面的程序自然也就是单片机程序。现在的手机基本上都带有简单的计算器功能，让我

第 4 章　单片机 C 语言

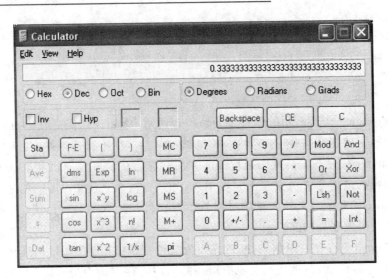

图 4.22　计算机计算器图

们来看看手机里的计算器功能怎么样，结果可能会让你失望，当输入(1/3)×3 之后，会看到显示的结果并不为 1，而是 0.99999999，可能这个结果在实际生活中影响不是很大，毕竟手机的计算器功能只是帮助使用者算个账什么的，不需要太高精度，但从数学的角度看这无疑是一个错误的结果。

　　不要认为只是山寨的手机才有上面的问题，像在知名的"N 记"、"M 记"手机中这个问题同样存在，我没有做过手机软件的开发，或许在设计、编写手机程序的工程技术人员眼里这也许不是一个问题，但在我看来这起码是一点不足，一个程序员应该尽可能地让自己实现的功能与已有的标准一致，除非是自己的创新。

　　因为自己不在手机行业，所以只能推测造成这种现象的原因，既然计算机和真正的计算器都可以做到正确显示 1，我想单片机程序同样也能够实现。不过这只是我个人的观点，如果想要别人认可我的观点，就需要更多的证据，可没有手机可以让我们自己编程来进行验证，没关系，有变通的方法，只要用 C 语言在计算机上验证算法就行。

　　我个人猜测手机中计算器计算结果不够精确是没有采用浮点数作为中间变量，为便于对验证过程作出解释说明，验证程序并不写成真正的计算器功能，只是对除法结果为无穷小数的情况选出几种情况将计算过程进行验证，因此在验证程序中会用浮点数和整型数作对比，计算过程显示 8 位有效数字。

　　程序编译环境：VC6.0　Console App32　模式。

　　验证思路：因为 32 bits 浮点数只能提供 6 位有效数字，验证过程需要提供 8 位有效数字，所以用一个整型变量存放去除小数点后的整数运算结果，另外一个整型变量存放小数点位置，另外还有一个浮点变量，直接浮点运算的结果存放在这个变量中。整数模式只利用两个整型变量,显示时通过这两个变量将运算结果的实际 8 位有效数字显示出来;浮点模式显示的时候还需要依据计算结果作一些特殊判别以确定使用整数结果还是浮点结果显示,这里没有将这部分程序加进来。

```c
#include "stdafx.h"
int exp(int x,int y)//未调用 VC 库函数,该函数实现 x 的 y 次幂运算
{
    int ret;
    ret = 1;
    while(y--)
    {
        ret = ret * x;
    }
    return ret;
}
int main(int argc, char * argv[])                         //验证 a/b*b 过程
{
    char string[256];                                     //用来显示计算过程中的数字
    signed long result_int;                               //整数模式保存计算过程结果
    signed long radix_point;                              //整数模式保存小数点位置
    float result_float;                                   //浮点模式保存计算过程结果
    int x,y,a,b;
    int i;
    a = 1;                                                //验证用被除数
    b = 3;                                                //验证用除数
    x = a;
    y = b;
    printf("Int mode calculate ( %d/ %d) * %d:\n",a,b,b); //整数模式运算结果
    printf("Step 1. Calculate %d/ %d\n",a,b);             //整数模式计算 a/b 过程
    result_int = 0;
    radix_point = 0;
    i = 0;
    while(x >= (y * (exp(10,i))))                         //计算整数结果和小数点位置
    {
        i++;
    }
    if(i! = 0)
    {
        result_int = x/y;
        x = x % y;
```

```c
        }
        for(;i<8;i++)
        {
            radix_point++;
            result_int = (result_int * 10) + (10 * x/y);
            x = (10 * x) % y;
        }
        for(i=0;i<256;i++)                              //清空显示buffer
        {
            string[i] = 0;
        }
        sprintf(string,"%d",result_int);                //整数结果填入显示buffer
        for(i=0;i<radix_point;i++)                      //整数结果中插入小数点
        {
            string[8-i] = string[7-i];
        }
        string[8-radix_point] = '.';
        printf("       %d/%d = %s\n",a,b,string);       //显示计算结果
        printf("Step 2. Calculate * %d\n",b);           //整数模式计算*b过程
        i = 0;
        while((result_int * b) >= exp(10,i++));         //计算整数结果和小数点位置
        radix_point = radix_point + 8 + 1 - i;
        result_int = result_int * b;
        for(i=0;i<256;i++)
        {
            string[i] = 0;
        }
        sprintf(string,"%d",result_int);                //整数结果填入显示buffer
        for(i=0;i<radix_point;i++)                      //整数结果中插入小数点
        {
            string[8-i+1] = string[8-i];
        }
        string[8-radix_point] = '.';
        for(i=9;i<256;i++)                              //清除显示buffer多余的位数
        {
            string[i] = 0;
        }
        printf("       %d/%d * %d = %s\n",a,b,b,string); //显示整数计算结果
        printf("\n");
```

```c
x = a;
y = b;
printf("Float mode calculate (%d/%d) * %d:\n",a,b,b);    //浮点模式运算结果
result_float = (float)x/(float)y;                         //计算浮点结果
result_float = result_float * (float)y;                   //计算浮点结果
printf("Step 1. Calculate %d/%d\n",a,b);                  //浮点模式计算 a/b 过程
result_int = 0;
radix_point = 0;
i = 0;
while(x >= (y*(exp(10,i))))                               //计算整数结果和小数点位置
{
    i++;
}
if(i!=0)
{
    result_int = x/y;
    x = x%y;
}
for(;i<8;i++)
{
    radix_point++;
    result_int = (result_int*10) + (10*x/y);
    x = (10*x)%y;
}
for(i=0;i<256;i++)
{
    string[i] = 0;
}
sprintf(string,"%d",result_int);
for(i=0;i<radix_point;i++)
{
    string[8-i] = string[7-i];
}
string[8-radix_point] = '.';
printf("    %d/%d = %s\n",a,b,string);                    //显示整数计算结果
printf("Step 2. Calculate * %d\n",b);                     //浮点模式计算*b过程
i = 0;
while((result_int*b) >= exp(10,i++));                     //计算整数结果和小数点位置
radix_point = radix_point + 8 + 1 - i;
```

第 4 章 单片机 C 语言

```
        result_int = result_int * b;
        for(i = 0;i<256;i ++ )
        {
            string[i] = 0;
        }
        sprintf(string," % d ",result_int);        //整数结果填入显示 buffer
        for(i = 0;i<radix_point;i ++ )             //整数结果中插入小数点
        {
            string[8 - i + 1] = string[8 - i];
        }
        string[8 - radix_point] = '.';
        for(i = 9;i<256;i ++ )                     //清除显示 buffer 多余的位数
        {
            string[i] = 0;
        }
        printf("        % d/ % d * % d = % d\n",a,b,b,(int)result_float);
                                                   //显示浮点计算结果
        printf("\n");

        return 0;
}
```

运行该程序所得到的(1/3)×3 运算结果,如图 4.23 所示。

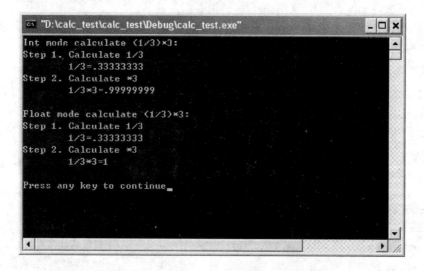

图 4.23 整数模式计算机模拟结果图

运行该程序所得到的(59/23)×23 运算结果,如图 4.24 所示。

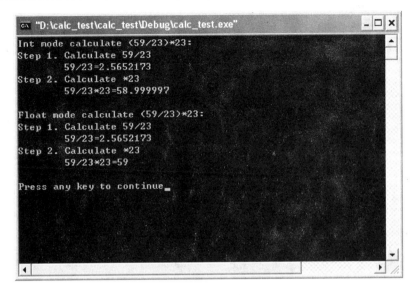

图 4.24　浮点模式计算机模拟结果图

从图 4.23 和图 4.24 的验证结果看确实可以做到与计算机中的计算器一样的效果,只是实现的程序要复杂一些,对于知名品牌,程序复杂不是一个可以认可的理由,而且手机提供计算器功能已经存在许多年,完全有时间将计算器功能做得更完善,从技术角度看这样的做法不可取。

4.16　函数设计

想要设计出一个好的函数并没有固定的规律,主要是靠程序员自己的经验积累,基本规则是设计的函数高效、安全、完善、易懂,只要写出的函数做到这几点,就算得上是好函数。

函数一般依据功能分类整理后放在独立的程序文件中,为了让别人一眼就能知道这个文件中的内容,需要在文件头放置文件注释信息,以方便他人阅读。

```
//-----------------------------------------------------------
//Copyright (C), 2000-2009, XXX Co., Ltd.
//Filename:      DmaDrv.c
//Description:   简要说明该程序文件完成什么功能
//Function List:
//               具体函数列表略
//Remark:        注意事项
//History:
//      1.Date:  2009/07/02
```

第4章 单片机C语言

```
//              Author:     XXX
//              Version:    0.1
//              Modification:
//                  First release version.
//          2.Date:     2009/07/24
//              Author:     XXX
//              Version:    0.2
//              Modification:
//                  2.1 Remove some member of struct DmaRequest
//                  2.2 Add Dma_setCEMode(),Dma_getCEMode()
//-----------------------------------------------------------------
```

这是我常用的注释方式，里面包含有功能描述、注意事项、作者、版本和日期等信息，这部分注释信息如果想表达得更加清晰准确可以使用中文，有的人可能习惯使用/******* *********/这样的C语言注释方式，我习惯在每一条需要注释的行前加双斜线"//"，与/********************/相比会麻烦一些，但可以避免产生/****　　/****　　****/　　****/阴影部分未被屏蔽的错误。

接下来是函数的主体部分，也就是函数的具体代码，我们通过两个函数设计的实例来介绍如何进行函数设计，例子还是选用面试常问的一个题，不调用C语言的库函数实现函数 char * strcpy(char * strDest,const char * strSrc)，另外我们再实现 void * memcpy(void * dest,const void * src,int count)。

先给出面试题的"标准"答案。

```
char * strcpy(char * strDest,const char * strSrc)
{
    if((strDest == NULL)||(strSrc == NULL))
    {
        return NULL;                        //如果源地址或目的地址为空(0)返回空
    }
    char * strDestCopy = strDest;           //保留源地址指针
    while((* strDest ++ = * strSrc ++ )! = '\0');  //复制直到内容为0x00,这个0x00也要复制
    return strDestCopy;                     //返回源地址指针
}
```

这是标准C语言的实现方法，如果PC编程从C语言角度系统地看这确实是一段优秀的代码，简洁高效，但把这个函数独立出来作为面试题，并将前面的代码当作标准答案我个人看不大妥当，尤其是追问为什么需要返回 char * 这个问题后显得更为不妥。

在定制C语言的一系列标准的时候，设计者并没有预计到今天C语言"遍地开花"的局面，只是基于计算机程序的准则来进行相关设计，函数中源地址或目的地址为空时返回空就是

计算机的程序是不允许对地址 0 进行读/写操作的,那个位置属于程序保留区域,一旦修改就会导致程序崩溃。需要返回 char * 的答案是方便进行链式调用,比如 strlen(strcpy(buf1,buf2)),实质上就是当时设计的所有关于字符串的函数都遵循着设计者自己定义返回指针的规则,如果是空指针代表出错,非空则表示操作成功,返回的指针为目的指针。

C 语言那时定义的函数是不是就完美了呢? 答案是否定的。例如,返回参数只能告诉程序员当前调用有没有产生错误,并不能告诉程序员具体的错误类型,加上现在 C 语言的使用范围早已经远超计算机程序的领域,在单片机应用方面,程序运行不一定继续遵循地址 0 不能读/写的准则,有些特殊应用甚至还特意需要向这个地址进行读/写,比如前面章节中提到的程序重载的功能就需要这样的操作。

如果你在面试中遇到这个问题而考官继续坚持返回 NULL 和方便链式调用为标准答案,恐怕你要在考官以后在技术方面会不会成为你的良师益友多加斟酌。

转回正题,看看这两个函数到底怎么写为好,因为本书是以介绍单片机相关经验为主线,所以接下来对这两个函数也会以适合单片机应用的方向进行设计。

假定 MCU 为 32 bits,我们对函数原型作出适当修改以满足需要返回参数的设计要求。

```
UINT32 strcpy(UINT8 * strDest,const UINT8 * strSrc)
UINT32 memcpy(UINT8 * dest,const UINT8 * src,UINT32 count)
```

函数同样需要有函数说明。

```
//------------------------------------------------------------
//Name:        UINT32 strcpy(UINT8 * desBuf,const UINT8 * srcBuf)
//Description:从源地址 strSrc 复制数据到目的地址 strDest
//            遇到内容为 0x00 结束复制,0x00 自己需要被复制
//Input:      desBuf   -- 目的地址(从以此地址为起始位置的空间读数据)
//            srcBuf   -- 源地址
//Output:     desBuf   -- 目的地址(数据写入以此地址为起始位置的空间)
//            srcBuf   -- 源地址
//Return:     >0                成功复制的数据字节数
//            ERR_PARAMETER     输入参数错误
//            ERR_EMPTY_STR     复制对象为空的字符串
//Remark:     注意本函数没有溢出保护,使用时应避免产生溢出
//History:
//        1.Date:    2009/11/12
//          Author:  XXX
//          Version: 0.1
//          Modification:
//              First release version.
//------------------------------------------------------------
```

第4章　单片机C语言

```
UINT32 strcpy(UINT8 * desBuf,const UINT8 * srcBuf)
{
  UINT32 count                //用来累计复制的数据个数
  count = 0;                  //将其清0
  if((UINT32)desBuf == (UINT32)srcBuf)
  {
    return ERR_PARAMETER;     //目的地址和源地址相同认为参数错误
  }
  if( * strSrc == 0x00)
  {
    return ERR_EMPTY_STR;     //目的地址首字节为0x00认为是空字符串
  }
  while(( * strDest ++ = * strSrc ++ )! = 0x00)
  {
    count ++
  }
  return count;               //返回成功复制的字节数
}
```

再来看另一个函数 memcpy()。

```
//-----------------------------------------------------------
//Name：       UINT32 memcpy(UINT8 * dest,const UINT8 * src,UINT32 count)
//Description：从源地址 strSrc 复制数据到目的地址 strDest
//             复制个数由 count 决定
//Input：      desBuf   -- 目的地址(从以此地址为起始位置的空间读数据)
//             srcBuf   -- 源地址
//             count    -- 需要复制的数据字节数
//Output：     desBuf   -- 目的地址(数据写入以此地址为起始位置的空间)
//             srcBuf   -- 源地址
//Return：     >0            成功复制的数据字节数
//             ERR_PARAMETER 输入参数错误
//Remark：     注意本函数没有溢出保护,使用时应避免 count 过大而产生溢出
//History:
//      1.Date： 2009/11/12
//        Author： XXX
//        Version：0.1
//        Modification：
//           First release version.
//-----------------------------------------------------------
```

```c
UINT32 memcpy(UINT8 * dest,const UINT8 * src,UINT32 count)
{
    UINT32 * p1, * p2;              //用于 32 bits 传送
    UINT16 * p3, * p4;              //用于 16 bits 传送
    UINT8 * p5, * p6;               //用于 8 bits 传送
    UINT32 size;
    if(count == 0)
    {
        return ERR_PARAMETER;       //需要传输的字节数为零当作参数错误
    }
    if((UINT32)desBuf == (UINT32)srcBuf)
    {
        return ERR_PARAMETER;       //目的地址和源地址相同当作参数错误
    }
    size = count;                   //得到需要传送的字节数,放在此处为零时可减少执行时间
    if((((long)desBuf&0x3) == 0)&&(((long)srcBuf&0x3) == 0))
    {
        //32bits mode              //目的地址和源地址都满足 4 字节对齐
        p1 = (UINT32 *)desBuf;      //得到目的地址 long 指针
        p2 = (UINT32 *)srcBuf;      //得到源地址 long 指针
        while(size >= 4)            //还有不少于 4 字节的数据需要传送就循环
        {
            * p1 = * p2;            //源地址传送 4 字节到目的地址
            size -= 4;              //计数器减 4
            p1 ++ ;                 //目的地址 long 指针自加,实际上是加了 4
            p2 ++ ;                 //源地址 long 指针自加,实际上是加了 4
        }
        p5 = (char *)p1;            //目的地址改用 char 指针
        p6 = (char *)p2;            //源地址改用 char 指针
        while(size)                 //每次循环复制 1 字节到结束
        {
            * p5 = * p6;
            size -- ;
            p5 ++ ;
            p6 ++ ;
        }
    }
    else if((((long)desBuf&0x1) == 0)&&(((long)srcBuf&0x1) == 0))
    {
```

```c
            //16bits mode              //目的地址和源地址都满足2字节对齐
            p3 = (short *)desBuf;      //得到目的地址 short 指针
            p4 = (short *)srcBuf;      //得到源地址 short 指针
            while(size >= 2)           //还有不少于2字节的数据需要传送就循环
            {
                *p3 = *p4;             //源地址传送2字节到目的地址
                size -= 2;             //计数器减2
                p1++;                  //目的地址 long 指针自加,实际上是加了4
                p2++;                  //源地址 long 指针自加,实际上是加了4
            }
            if(size)
            {
                (char *)p3 = (char *)p4;   //此时只剩余1字节需要复制
            }
        }
        else
        {
            //8bits mode                //目的地址或源地址不满足2字节对齐
            while(size)                 //每次循环复制1字节到结束
            {
                *desBuf = *srcBuf;
                size--;
                desBuf++;
                srcBuf++;
            }
        }
        return count;                   //返回实际复制的数据字节数
    }
```

和 strcpy() 相比,memcpy() 函数会根据源地址和目的地址的状态自动选择传送方式,当源地址和目的地址均满足 4 字节对齐时,一次复制 4 个字节,当源地址和目的地址不同时满足 4 字节对齐但满足 2 字节对齐时,一次复制 2 个字节,这样做的结果是当需要复制的字节数较多而且满足一定对齐方式时复制的效率要高许多。

为什么 memcpy() 函数有作对齐判断加速处理而 strcpy() 函数没有呢?因为 strcpy() 函数没有告诉使用者复制长度的参数 count,需要一个字节一个字节地找 0x00 来判断结束,这样即使加入对齐判断加速处理也不会有太明显的效果,反而会使程序变得更加复杂,所以没有必要加入这些处理。

再回过头来看看开始提出的高效、安全、完善、易懂几点要求。通过 strcpy() 函数已经说明我们考虑到尽可能地让程序执行效率高一些,另外,函数中的循环采用 while() 而不用 for() 也是让代码高效的方式之一,通常 while() 循环比 for() 循环效率要高;安全性虽然这两个例子没有直接体现出来,但在注释中强调了溢出的可能性;设计了不同的返回参数是为了让程序员在使用时更方便,这点可以归类到完善性之中;函数中的大量注释就是为了让程序易懂。

当然不能说这里设计的两个函数例子就是最好的,在编写程序时还需要根据实际情况决定函数该如何设计,比如这里的 memcpy() 函数对于 32 位 MCU 加速处理是有效方法,但对一个 8 位 MCU 不但不能加速,反而会让效率变低。例子只是提供一个样板供大家参考,真正优质高效的函数还得依靠你自己写出来。

函数的设计还有一点很重要,那就是函数和变量名的命名规则,最常见的是匈牙利记法,不过该记法相对比较繁琐,对于习惯汇编语言编程的程序员用起来会有些不习惯,另外对于一些小的单片机确实会有"大材小用"的感觉,所以并不建议一定按此记法来命名函数和变量。

匈牙利记法主要思想是"在变量和函数名中加入前缀以增进人们对程序的理解",我们可以在记法的基础上根据实际情况作出一定删减或变更,定义出适合自己的命名法则,后面有自己定义的命名法则示例,这里先不细述。

4.17 某产品函数编写规则

本文档对 V.Sxxxx Axxxxxx 的 API 函数编写规则进行约定,在编写 V.Sxxxx Axxxxxx 底层驱动函数的时候应尽量按照此文档约定进行编写。

V.Sxxxx Axxxxxx 采用的 MCU 是 Sunplus 的 SPGX00,Sunplus 已经提供大量的底层驱动函数供开发使用,我们只是需要在 Sunplus 所提供的驱动函数基础上对这些函数进行优化以提高函数效率,或者根据自己的需要对这些函数进行重新包装,另外还需根据实际应用的需要编写部分函数。

(1) 函数文件命名;
(2) 注释;
(3) C 文件;
(4) 头文件;
(5) 函数;
(6) 变量;
(7) 宏定义;
(8) 汇编代码;
(9) 程序缩进;
(10) 运算符优先级;
(11) 函数超时退出;
(12) 循环延时;

第 4 章 单片机 C 语言

(13) 多任务保护；

(14) 其他。

1. 函数文件命名

(1) 由 Sunplus 提供的函数，为便于 Sunplus 对这些函数进行更新完善，依然采用原文件名，文件内容也最大可能地保持不变，如果实在需要改变应在修改处作好修改标注。

(2) 如果需要对 Sunplus 提供的函数进行优化，则将优化后的代码存入另外的文件，此文件按在原文件名后面加_Opt。

示例如下：

Sunplus 提供了对 PPU 实现控制的驱动 PPU_Control.c，现在对中间的部分代码进行了优化，则将优化后的代码另存到 PPU_Control_Opt.c 中，对应需要增加 PPU_Control_Opt.h。

假如优化的是下面的函数：

```
void PPU_CharacterShow
(
    U32 nTextLayer,
    U32 nXSize,
    U32 nYSize,
    U32 * pPatAddr,
    U32 * pIndexAddr,
    U32 nColorMode,
    U32 nCellXSize,
    U32 nCellYSize,
    U32 nPaletteBank,
    U32 nDepth
)
```

则优化后的函数名为

```
void PPU_CharacterShow_Opt
(
    U32 nTextLayer,
    U32 nXSize,
    U32 nYSize,
    U32 * pPatAddr,
    U32 * pIndexAddr,
    U32 nColorMode,
    U32 nCellXSize,
    U32 nCellYSize,
    U32 nPaletteBank,
```

```
    U32 nDepth
)
```

(3) 根据 APP 需要另外编写或重新包装的函数，命名应按这样的规则进行，即 SPG_XXX_Drv.c。

示例如下：

SPG_JPEG_Drv.c 为显示 JPEG 图像的功能函数。

SPG_MP3_Drv.c 为播放 MP3 音乐的功能函数。

2. 注　释

(1) 注释尽量用英文，如果用英文很难阐述清楚的地方可以用简体中文，考虑到不同平台和编辑器对中文不能自动支持，所以在使用中文注释的时候应按下面的格式。

注释全部采用双斜杠"//"，不要使用"/＊　　＊/"的方式来进行注释，因为某些编辑器对 C 文件进行编辑时会将注释内容用特定颜色标识，中间个别编辑器在对"/＊　　＊/"处理方面不够理想从而造成颜色标识错误。

简体中文注释//GB_code Comment xxxxxxx(简体中文注释内容)xxxxxx

(2) 文件注释放在 C 文件和头文件开头位置，依照下面的格式。

```
//-----------------------------------------------------------
// Copyright (C), 1976 - 2009, XXXXX Co., Ltd.
// File name:   xxx
// Author: xxx      Version: xxx       Date: xxx
// Description:
//
// Function List:
//           1 xxxxx
//           2 xxxxx
// History:
//         1. Date:
//             Author:
//             Version:
//             Modification:
//         2. Date:
//             Author:
//-----------------------------------------------------------
```

(3) 文件中的程序注释尽量采用双斜杠"//"在语句后面注释，注释需要换行则在换行后和上一行保持对齐，如果对某一段程序作注释则在这段程序之前注释，或者用空大括号括起来。

第4章 单片机C语言

```
    Instruction_1;      //xxxxxxxxxxxxxxx

    Instruction_2;      //xxxxxxxxxxxxxxx
                        //xxxxxxxxxxxx

//xxxxxxxxxxxxxxxxxxxxxxxx
//xxxxxxxxxxxxxxxxxxxxxxxx 注释31~33
    Instruction_31;
    Insturction_32;
    Instruction_33;
（空一行表示该程序段结束）
    Instruction_4;
或
    //xxxxxxxxxxxxxxxxxxxxxxxxx
    //xxxxxxxxxxxxxxxxxxxxxxxxx 注释大括号中的所有代码
    {
        //xxxxxxxxxxxxxxxxxxx
        //xxxxxxxxxxxxxxxxxxx 注释section1
        Instruction_section1;

        Instruction_section2;
    }
```

3. C文件

自己编写的C文件一定对应一个同名的头文件，C文件的第一句有效代码则需要将这个头文件包含进来，SPG_JPEG_Drv.c 中为 #include "SPG_JPEG_Drv.h"，而且C文件只能包含此头文件，如果需要包含其他的头文件则在被包含进来的头文件中另行包含。

接下来按需要调用的外部函数、需要使用但在其他文件里申明的全局变量、此处申明在其他文件里可能被使用的全局变量、只在此文件里使用的静态局部变量的顺序申明这些函数和变量。

注意这些函数和变量不要申明在对应的头文件中。

示例：SPG_JPEG_Drv.c。

```
…
#include "SPG_JPEG_Drv.h"           //只能包含此头文件
extern void WaitBlanking(void);     //外部函数
extern S32 u32_ExternValue1;        //外部变量
U32 u32_GlobalValue1;               //可供外部调用的全局变量
```

```
    static U32 u32_GlobalValue2;      //只能在同一文件中函数调用的静态局部变量
...
void SPG_JPEG_Func1(void)
{
    global_value1 ++ ;
    global_value2 ++
}
...
void SPG_JPEG_Func2(void)
{
    global_value2 -- ;
    WaitBlanking();
}
```

4. 头文件

为防止重复包含导致重复定义,头文件需要按下面的格式书写。

```
#ifndef _filename_INCLUDE_H
#define _filename_INCLUDE_H
...
#endif    //_filename_INCLUDE_H
```

示例:SPG_JPEG_Drv.h 注意字母全部为大写。

```
#ifndef _SPG_JPEG_DRV_INCLUDE_H
#define _SPG_JPEG_DRV_INCLUDE_H
...
#endif    //_SPG_JPEG_DRV_INCLUDE_H
```

头文件对应 C 文件中所有函数的返回值应在头文件中统一使用宏定义说明,这些返回值用来提供各种错误信息或者返回参数,具体根据函数实际情况定义。

错误信息的宏定义要求全部使用大写字母,按此格式定义 E_XX_XXX。

5. 函数

(1) 函数命名按规则 SPG_XXX_XxxXxx 进行,如果是不对 APP 开放、只供自己使用的函数则按规则 SPG_XXX_BIOS_XxxXxx 进行命名,而且这类函数一般不要在头文件中申明,以防止应用程序调用。

示例如下:

```
S32 SPG_MP3_PlayFile(char *filename)
S32 SPG_MP3_PlayData(char *data_buf)
S32 SPG_JPEG_ShowFile(char *filename, char layer)
```

```
S32 SPG_JPEG_ShowData(char * data_buf, char layer)
S32 SPG_PCM_PlayFile(char * filename)
S32 SPG_PCM_PlayData(char * data_buf, char rate, char stereo, U32 length)
S32 SPG_MP3_BIOS_InitSPU(void)    //不对应用程序开放、只供自己使用的函数
```

(2) 函数说明按以下格式。

```
//------------------------------------------------------------
// Function:     function name
// Description:
// Calls:        list all API that be called in this function
// Input:        input parameter
// Output:       output parameter
// Used:         global value that be used
// Return:       return value
//------------------------------------------------------------
```

函数尽可能都返回错误信息,这样便于调试,一般情况下返回类型建议为 S32 或 U32,因为 Sunplus 的 C 编译器在返回参数时用的是 R4,用 32 位宽度的返回值显然更为优化。如果实在没有错误信息需要返回,则申明为 void 类型。

6. 变　量

(1) 变量的命名尽量按以下规则。

```
s8_XxxXxxXxx      有符号 char 型变量
u8_XxxXxxXxx      无符号 char 型变量
s16_XxxXxxXxx     有符号 short 型变量
u16_XxxXxxXxx     无符号 short 型变量
s32_XxxXxxXxx     有符号 long 型变量
u32_XxxXxxXxx     无符号 long 型变量
str_XxxXxxXxx     字符串
* p8_XxxXxxXxx    char 指针
* p16_XxxXxxXxx   short 指针
* p32_XxxXxxXxx   long 指针
```

但是在实际程序中经常会用 i、j、x、y 等来做局部变量,这种变量使用起来比较方便,所以不反对使用,但在使用这些变量名时一定要注意处理好数据宽度和符号。在函数中使用的局部变量最好加上_Temp(或_tmp、temp 等)的后缀,如 u8_UartReceiveCounter 为函数中的一个局部变量,则建议命名为 u8_UartReceiveCounter_Temp,这样可以更直观地表明该变量只在该函数中使用。

(2) 函数中如要使用大量局部变量 buffer,应在输入参数中用指针和长度来让用户给出,

以节省所占用的 RAM 空间,少量局部变量可直接在函数内申明。

示例:

不正确用法

```
S32 func(U8 * buffer)
{
    U8 temp1[32*1024];      //这里申请了 32 KB 的空间,不合要求
    U8 temp2[128];          //小空间可以直接使用
    ……
}
```

正确用法

```
S32 func(U8 * buffer,U8 * temp_buf,U32 size)
{
    U8 temp2[128];          //小空间可以直接使用
    U8 * temp1;
    temp = temp_buf;
    if(size<32768)
    {
        return RET_ERR;
    }
    ……
}
```

(3) 函数内禁止 malloc 动态申请 RAM 空间,如果有需要应由使用者申请后传递指针给函数使用。

示例:

不正确用法

```
s32 func(void)
{
    u8 * p;
    p = malloc(1024);       //这里动态申请 RAM 空间,不合要求
    ……
    free(p);
    ……
}
```

正确用法

```
S32 func(U8 * temp_buf,U32 size)
```

```
{
    ……
    if(size<1024)
    {
        return RET_ERR;
    }
    ……
}
```

7. 宏定义

宏定义可以使用大写字母、数字和下划线"_",数字尽量少用,而且数字不能用在第一个字符位置,如 ABC、AAA_BBB、A12_B、C22DD 都为合法定义,3AA、AAa 则为非法定义。

宏定义只能在头文件中定义,如果定义的是数字一定要加括号,有时为了便于理解写成运算表达式,不要直接写出数据,这种情况要根据实际情况来定。

函数返回的错误信息宏定义全部使用大写字母,格式为 E_XX_XXX。

示例:

```
#define   E_JPEG_OK              (0)
#define   E_JPEG_FILE_NOT_EXIST  (-1)
#define   E_JPEG_FILE_FORMAT_ERR (-2)
#define   VGA_SIZE    (640*480)   //不是(307 200),因为 640*480 比 307 200 更容易理解
```

8. 汇编代码

Sunplus 的 C 编译器在传递函数入口参数时使用的是 R4~R7,出口参数使用的是 R4,如果入口参数个数大于 4 则顺序放入[SP+16][SP+20]中,汇编程序需要按此规则编写。

示例:

汇编文件中函数原型

```
.global CacheSelectType
CacheSelectType:
li    r5, 0x01
cmp.c r4, r5        //这里对 R4 中的值进行比较,处理入口参数
bne   SelectWriteThrough
SelectWriteBack:
mfcr  r5, cr4
li    r7, 0x80
andri r6, r5, 0x80
cmp.c r7, r6        //Check under Write-Back mode?
bne   ToggleWBFnc
br    r3
```

```
SelectWriteThrough:
mfcr    r5, cr4
li      r7, 0x80
andri   r6, r5, 0x80
cmp.c   r7, r6              //Check under Write-Back mode?
beq     ToggleWBFnc
br      r3
ToggleWBFnc:
la      r7, ToggleWBFnc
cache   0x1F, [r7, 0] //force write out dirty entry and set invalid
nop
nop
nop
cache   0x1D, [r7, 0] //toggle write-back function
br      r3
```

C 文件中申明和调用

……
```
extern void CacheSelectType(S32 Type);    // 0: write-through, 1: write-back
……
CacheSelectType(0);                       //调用汇编函数,入口参数为 0
……
```

9. 程序缩进

大括号采用下面的方式:

```
if(x>1)
{
  y++;
  z++;
  if(y>100)
  {
    z-=10;
  }
}
```

不采用

```
if(x>1){
        y++;
        z++;
        if(y>100){
```

```
            z - = 10;
        }
}
```

不同编辑器对 Tab 的处理不同,所以在换行对齐的时候建议用空格补充对齐,如果编辑器有自动对齐功能则需要关掉。

10. 运算符优先级

为增加程序的直观性,对于运算的表达式除了加减乘除外均需要采用括号来表明优先级,不依照 C 语言默认的运算优先级。

示例:

```
if( ( ( (x - y * 200) &0x0000ffff ) << 3 )>1000)x = 0;
```

11. 函数超时退出

为防止形成死循环,函数如果有循环等待语句需要有超时退出保护。

示例:

```
while(SPI_SendEmptyFlag! = TRUE)    //如果硬件出错则可能永远不能置该标志位
{
  Delay_10ms();
  u32_TimerCount ++ ;
  if(u32_TimerCount>(100 * 10))
  {
    return E_SPI_TIME_OVERFLOW;   //超过 10 s 还没发完判定超时出错
  }
}
```

12. 循环延时

禁止使用循环延时,循环延时会因不同优化选择等原因导致延时不准,如果需要使用延时请调用系统延时函数。

如果只是非常短的小延时,经讨论同意后可以使用循环延时,但要注释清楚。

示例:

```
void func(void)
{
  ……
  for(i = 0;i<10000;i ++ );      //大延时用循环,不合要求
  ……
  //延时一小会儿等待 I/O 输出状态稳定,不需要延时很精确
  for(i = 0;i<20;i ++ );         //小延时可以用循环,但要注释清楚为什么要这么使用
  ……
}
```

13. 多任务保护

需保证驱动在不同任务间能可靠调用而不出错。

示例：

```
thread_A()
{
    ……
    ret = api_func();                    //调用 api_func()函数
    ……
}
thread_B()
{
    ……
    ret = api_func();                    //调用 api_func()函数
    ……
}
static volitale U32 mAPI_FuncFlag1 = 0;  //0 空闲,1 正被调用
static volitale U32 mAPI_FuncFlag2 = 0;  //0 空闲,1 正被调用
signed long api_func(void)
{
    ……
    if(mAPI_FuncFlag1)
    {
        return ERR_BUSY;                 //正被其他任务调用
    }
    mAPI_FuncFlag1 = 1;
    if(mAPI_FuncFlag2)
    {
        return ERR_BUSY;                 //正被其他任务调用
    }
    mAPI_FuncFlag2 = 1;
    ……
    mAPI_FuncFlag1 = 0;
    mAPI_FuncFlag2 = 0;
    return ERR_OK;
}
```

留意上面例子中为什么用两个标志进行保护；另外，要确保所有退出方式最终都能保证两个标志位均被清零。

第 4 章　单片机 C 语言

14. 其　他

严格按照文档编写驱动,当和文档不一致或无法实现应及时告知文档编写者再定解决方法,如需更改函数原型应先告知文档编写者。

严格按照驱动框架结构图进行驱动分层,禁止相互随意调用。

设备层的所有驱动函数只需独立调用就可以完成操作,不需要另外再单独调用下一层的相关函数。

如果驱动函数不能立即执行完,请提供判断操作是否结束的相应函数,比如 SD 卡 non-blocking 读/写功能。

驱动函数不要长时间占用系统资源,比如用 DMA,在使用前需要先检查是否被占用,用完后立即释放。

尽可能减小中断产生频率,中断函数应尽快返回,执行时间不得超过 1 ms。

第 5 章
问题分析与调试

要想一个产品的开发一气呵成那绝对是一件不可思议的事情。开发一个产品,不论大小,多少都会遇到一些"疑难杂症",如何排除这些"疑难杂症"就是工作能力的体现,同时也是工作经验的积累,可以说高手都是从"疑难杂症"中逐步成长起来的。

工作能力和工作经验是从事技术工作的新人羡慕的两个词,如果能早日加在自己的简历之中无疑是一件美好的事情,所以新人都希望自己在这两方面能快速提高。这一章的内容就是向这个方向进行努力,告诉大家开发调试过程容易出现问题的地方,讲述一些分析查找问题原因的经验方法,还会用几个问题分析的实例让大家一起体会具体问题的分析过程。

5.1 应该具备基本硬件能力

要想成为一名水平较高的单片机软件开发人员,掌握一定的硬件知识和具备基本的动手能力是必需的。单片机软件开发这一职业的特性决定了从业人员大量时间是在和硬件打交道,如果不能很好地掌控硬件,写出高质量单片机程序的可能性肯定不大。

虽然随着嵌入式的盛行一些嵌入式应用程序开发人员逐渐与硬件脱离,但你不要将这一部分程序员归纳到单片机软件开发之中。他们只是认为自己是程序员,如果他喜欢去一些技术网站可能多是去"CSDN"、"计算机世界"这些地方,而不是去一些电子专业网站。如果让他们从计算机程序员和单片机程序员中选一种,他们会毫不犹豫地选择自己是计算机程序员。

嵌入式应用程序员的思维方式和习惯与计算机程序员相似,他们编程基本上都只需要了解 C/C++ 的特性与技巧,区别只是应用方向有所不同。另外一类嵌入式程序员会把自己归为单片机类,他们主要负责底层驱动程序的编写。

不单只是单片机软件工程师需要具备一定的硬件知识,硬件工程师具备一定的软件知识也非常有必要,这是和计算机工程师的一大区别,计算机软件工程师可以不认识主板,主板工程师也可以对程序一窍不通,单片机则不行。当然人的精力是有限的,要想在软、硬件都有足够高的水平难度非常大,只有少数的"通才"可以成为这种传奇人物,普通人不用去追求这种完美境界，只要在另外一方面有一定的基础能力就可以了。

对于单片机软件工程师，在我看来应该具备以下硬件能力：
- 熟悉常用电子元器件特性；
- 熟练使用示波器等常用仪器；
- 能够自己动手熟练焊接常见元器件；
- 能看懂电路图并进行分析；
- 可以自行设计一些简单的单片机应用电路；
- 最好会用电路设计软件。

规模大一点的公司，软件和硬件分工相对比较明晰，就是这样分工明晰的情况，软件工程师如果不懂硬件，产品开发效率肯定不高。如果是规模小的公司，常常是软、硬件工程师混用，对于单纯只想写软件或者硬件画板的人，老板肯定不乐意接受。

硬件工程师设计硬件主要是依据芯片的数据手册，但数据手册不可能将每个人想知道的问题都说得一清二楚，这样有时候设计出来的硬件电路就有可能存在问题。通常硬件上电正常后就会由硬件工程师转给软件工程师，由软件工程师在上面编写程序实现具体功能，对于这样的硬件电路软件调试过程中难免遇到功能不正常的情况，如果软件工程师自己具备焊接能力并能熟练使用相关仪器，就可以自行对功能不正常的部分进行电路调整。

比如某款 MCU 的接口需要接阻值小的上拉电阻才能得到比较高的通信速率，芯片数据手册对这一点说得不够详细，只是提到需要加上拉电阻。硬件工程师依据自己的经验和出于省电的目的将上拉电阻的阻值定为 10 kΩ，结果高速通信有问题，对于这样的问题不能说是硬件工程师的过失，他的做法按常理是正确的。

软件工程师调试接口通信功能时发现只有低速率工作正常，如果软件工程师有一定的硬件能力，只要用示波器一看波形，很容易就能发现问题所在，接口的波形上升和下降不够快。这种情况要不就是接口外部电容偏大，要不就是上、下拉电阻过大，原因都是电路的电容充放电特性。合格的软件工程师会自行更换电阻进行验证测试，并告知硬件工程师作进一步确认和修改，也就一两分钟的事情；不理想的工程师则需要召唤硬件工程师过来支援，如果硬件工程师正忙那就要等到他有空了才可以解决，时间就在等待中浪费掉。

从事技术工作没有不想有一天自己可以从头到尾主导设计一个产品的，如果一名软件工程师要做到这一步，前面的那些基本硬件要求绝对是必不可少的。我还没见过一个对硬件生疏的人能成功设计出一个完整的单片机产品的。真要是出现这样的例子，也应该是不涉及具体工作的纯管理层，这样的人对行业比较了解，技术细节不一定很清楚，只是知道用什么芯片可以做出一个什么样子的产品来，实际工作还得由其他工程师完成。

你想想自己有没有可能成为这样的纯管理层，我想这样的人恐怕多为做市场出身，了解一点相关技术，市场做得不错，老板一时没有找到可以负责技术开发的合适人选，就让他来主导一下产品开发工作。

只有对常用元器件的特性熟悉,作为软件工程师的你才有可能在你的开发工作之中实现你的奇思妙想,接下来看一个利用电阻-电容特性的例子。

图 5.1 为一款简称为 331 的 MCU 通过 SPI 接口控制简称为 2411 的外部设备的时序图,如果使用硬件 SPI 可以得到比较高的通信速率,可两者的 SPI 接口存在问题,时序不能设置一致。331 的数据输出是在其时钟信号的上升沿,2411 也是在上升沿去读数据,这样就出现 331 的输出数据还没有稳定,2411 就已经开始了读当前数据位状态,不能保证 2411 读到正确的位状态。

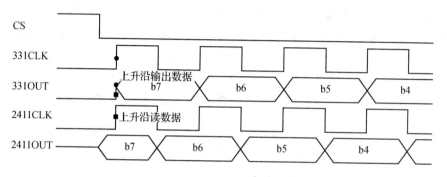

图 5.1　SPI 读/写示意图一

要想解决这个问题最简单的方法是 331 不用硬件 SPI,用 I/O 软件模拟,可这样做速度要低几十倍,无法满足产品的数据传输速度要求。

如果想出方法让波形变成如图 5.2 所示的样子,让 331 原本直接传递给 2411 的时钟信号在传递过程中产生一个延时,只要延时的大小选择合适而且控制稳定,完全可以保证 2411 读到稳定正确的数据。要得出这样的延时波形并不难,可以直接用延时芯片,将 331 的输出时钟信号往后延迟一段时间后再传给 2411,只是这么做会使物料成本明显增加,最好是能有价格低廉的方法。

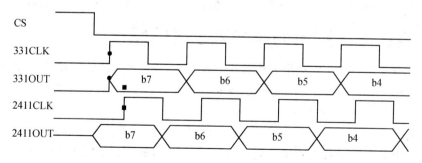

图 5.2　SPI 读/写示意图二

电子元器件中最便宜的无疑是电阻-电容,现在我们按图 5.3 对接口电路作出小小修改,在 331 的时钟输出端 331CLK 串接一个电阻,再串接一个电容到地,在电阻和电容中间相连位置连接 2411 的时钟输入端 2411CLK。

由于电阻-电容的充放电过程,当 331 的时钟信号由低往高跳变时,在 2411 时钟输入得到的电压不是从低马上变高,而是逐渐升高,存在一个明显的上升过程,反之是下降过程。

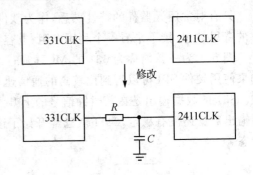

图 5.3 SPI 接口电路修改示意图

图 5.4 中 2411CLK 表示出了 2411 时钟输入端的实际电压变化过程,这样可以得到 2411CLK 表示的 2411 时钟输入端信号数字化等效波形。现在理论上讲一个电阻-电容就已经实现了我们所需要的信号延时,当然实际中还需要考虑电阻-电容的参数误差影响,要根据 331 和 2411 的电气特性参数选择合适的电阻-电容精度,这里不谈分析计算过程,只是告诉大家这个方法确实可以解决问题。

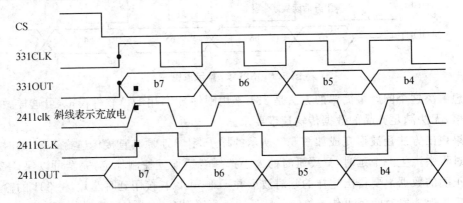

图 5.4 SPI 读/写示意图三

如果你对电阻-电容以及 MCU 各自的特性不了解,显然无法想出这样的解决方法。

5.2　使自己站在别人的角度来思考问题

虽然技术开发工作的主要对象是机器不是人,但机器是由人制造的,所以即便是机器也是间接和人打交道。做技术开发工作同样也需要避免误会,许多时候如果能让自己站在设计机器的人角度来思考问题,对开发工作是大有裨益的。

人的思维比较容易产生共识,就是面对一个问题的时候,很有可能大家都得出相同的解决方法或答案。共识的产生和人所接受到的经验方法有关,如果大家所接受的经验方法一样,共识就容易形成。一家酒店有 20 个房间,每个房间有 2 张床,问如何知道这家酒店总共有多少张床? 同样的人,如果一批只教他们简单的加减法,另外一批还教了乘除法,对于前一批肯定只会一个房间一个房间地加出总数,后一批大部分会用房间数乘以每个房间的床数得到,可能少数能力弱一点的也还会用加的方法。如果还有一批人只教乘除法而不教加减法,他们肯定只会用乘法得到床位总数。

电子行业专业技术人员所接受的专业理论知识大都相近,尤其是一些最基本的电子专业基础知识,可以说基本上相同,也就是说,从开始接触电子技术开始,大家就是以同样的经验来进行专业训练,到工作中遇到专业问题时,相互之间自然容易对问题形成共识。

对于厂家提供的硬件或软件资源,通常会有一些内部实现细节不公开,当有问题产生时如果知道这些不公开的实现细节,对问题的分析解决肯定会起到一定的帮助作用。然而实际上是不可能知道这些细节的,这就需要工程师将自己假设到厂家设计人员的位置,想象如果是自己会如何实现设计,这种做法就是找共识。

通常来说无论是作为开发工程师的你,还是厂家的设计人员,属于能力普通的可能性最大,能力超强和能力超弱的那只是少数,所以当你把自己假设在他的位置猜想实现方法时,会有相当大的机会形成共识。当然实现方法可能不止一种,这就需要你尽可能多地想出几种实现方法来,每种方法都想想为什么要这样做,这样做会不会存在什么问题,从而提高形成共识的概率。

一旦你想出的方法和厂家设计人员比较接近,那么你距离找到问题的根源或解决方法就接近了一步。通常厂家给出的软、硬件资源还是比较稳定的,出错的概率不会太高,但不能说绝对不会有错误,所以除了猜测设计人员怎么做之外,还需要作另外一种假设,如果按照你所假设的方法做,哪些地方容易出现疏漏。假如你发现某种疏漏导致问题的几率比较大,你就对可能疏漏的地方作针对性测试,以检验是不是真的在这些位置出现了疏漏。

假设我是一名接触单片机不久的新人,之前只是在学校通过51系列的单片机学习了一些基本的单片机知识,现在到一家小公司做开发。公司产品选用的单片机不是我所学的51系列,为其他类型,和51系列相比所选用的单片机有着自己的一些特点:ROM的位宽不是常见的8位或16位,而是13位;PC指针为13位宽;还有我不太明白的page/bank概念。

开始程序编写后遇到一些奇怪的问题,当我执行跳转指令或者是调用函数时,有时候仿真器并没有跳到我指定的地址,而是跳往其他位置。对于这种情况更换仿真器也是同样的结果,看来原因应该不是仿真器损坏。也并不是所有的跳转都不对,还真有点奇怪。

因为公司规模小,联系厂家的技术人员得不到有力的支援,公司里面也没有其他人可以请教,要想解决此问题只能靠自己。

对于这款MCU所提供的page/bank功能,文档没有详细说明,只是简单地说用于ROM/RAM的位置选择。针对bank的解释要多一些,MCU将自己的RAM分成4个bank,当程序需要访问RAM时,要先用BANK n的指令选择程序需要使用的RAM所在bank。既然对于RAM操作有这个限制,会不会ROM也有同样的限制呢?

既然前面说找共识对问题解决有帮助,不妨将自己放在芯片设计人员的位置,来想想如果是我该如何设计这个芯片。从文档已经知道芯片可支持的程序最大空间为8 KB,这样对于跳

第 5 章 问题分析与调试

转和函数调用的指令需要支持到 8 KB 的空间。要表示出 8 KB 的空间二进制需要 13 位，和文档所说的 PC 指针为 13 位一致，可是文档另外指出 ROM 宽度也为 13 位，并且每条指令都只占用一行 13 位的 ROM 空间。我们知道单片机的指令机器码是由操作码和操作数组成的，操作码表示指令类型，操作数表示指令对象。这样矛盾出现了，跳转和函数调用指令需要 13 位的操作数才能支持到 8 KB 的跳转空间，对于 13 位的 ROM 指令已经没有其他位来区分指令类型，显然有问题，看来需要其他的方法才能解决此矛盾。

虽然不能将 13 位全用于跳转和函数调用的操作数，但用一部分是绝对没问题的，假设我们是用 10 位来表示跳转地址，所支持的跳转空间就是 4 KB，4 KB 显然不满足程序任意跳转的需求。不过我们分析 MCU 所支持的指令可知道需要跳转的指令并不多，如果我们对几种指令作出一种特殊处理，就存在可以实现任意跳转的可能。

我们可以将需要跳转的目的地址分成两部分，一部分直接用操作数表示，另外一部分放在某个特殊位置，当程序需要跳转时，PC 指针从特殊位置和操作数取出完整的 13 位地址，这样就可以实现 8 KB 范围的任意跳转了。

表 5.1 是从文档中找到 MCU 的指令表，查看跳转和函数调用指令，和我们所想象的一样，只是对于这两条指令没有作详细注释，但执行结果已经告诉我们完成 8 KB 空间跳转就是将地址分成两部分来实现的。在执行跳转和函数调用指令时，CPU 会从 Page 寄存器和当前指令操作数取得一个完整的 13 位地址，其中操作数有 10 位，在 Page 寄存器中有 3 位。Page 寄存器的内容只有在执行跳转或函数调用的指令时才有用，对于程序的跳转和函数调用，应先将 13 位地址的高 3 位存放到 Page 寄存器中，之后就可以跳转到正确位置。

表 5.1 MCU 跳转指令代码

0	0100	00rr	rrrr	04rr	MOV	A_2	R	R→A	Z
0	0100	00rr	rrrr	04rr	MOV	R_1	R	R→R	Z
0	00kk	kkkk	kkkk	1kkk	CALL	k	R	PC+1→[SP], (Page,k)→(PC)	None
0	01kk	kkkk	kkkk	1kkk	JMP	k	R	(Page,k)→(PC)	None

原来这就是该 MCU 的 Page 功能，之前我之所以跳转出错，原因是跳转前没有设定 Page 的值，这样跳转的目的地址只设置一半，从而出错。将原来有问题的程序按此理解作出相应修改，跳转和函数调用指令之前先设置 Page 值，现在跳转不对的地方都可以跳转到正确位置，问题解决了。

这次是在一个 16 位的 MCU 上发现的问题，该 MCU 为字地址，意思就是每一个地址对应 2 个字节，ROM/RAM 都是按此方式，执行下面的代码时问题产生了。

```
long int a[4] = {0x03020100,0x07060504,0x0B0A0908,0x0F0E0D0C};
char * p,i;
p = (char *)a;
for(i = 0;i<4;i++)
```

```
{
    printf("%02x ",*p);
    p++;
}
```

原本期望输出的是 00 01 02 03，可实际输出的为 00 02 04 06，出错了。因为所用的 MCU 和其 C 编译器都已经上市好几年，我们可以肯定不是 MCU 或者编译器的原因导致的，如果是这个原因早就会被发现了，那问题出在什么地方呢？

从代码本身看没有任何错误，调试对比编译器产生的汇编代码，发现和我们所想象的不同，明明是 char 类型的指针，在进行赋值操作时却是直接用 16 位的寄存器进行读/写，没有我们想象应该有的高低字节屏蔽操作，从汇编代码看实际是 16 位数的读/写，不是 8 位。

这种问题自然只能是问厂家，厂家提供了编程手册，果然他们的 C 编译器将 char 处理为 16 位数，不是通常理解的 8 位，如图 5.5 所示。

数据类型	Near Compiler Range	位	Far Compiler Range	位
char	−32768~32767	16	−32768~32767	16
short	−32768~32767	16	−32768~32767	16
int	−32768~32767	16	−32768~32767	16

图 5.5　将 char 定义为 16 位文档图

那是什么原因让厂家这么做呢？不用问厂家也知道，换你也会这样做，因为是字地址模式，每一个地址对应 2 个字节。如果将 char 定义为 8 位单字节，调试器会不知道如何指出位于同一字地址里的 2 个字节，虽然在字地址之外使用另外一套虚拟字节地址的方法可以做到，但会带来其他问题，比如会让用户对地址理解混乱、用户滥用字节数据导致代码效率低下等。现在将对编程手册中 char 重定义为 16 位双字节，让用户自己去另外想办法处理字节数据，虽然这种做法不值得推荐，但客观上是很简单就解决了问题。这也算是共识吧。

如果能站在设计人员的角度揣测出设计人员的设计意图，不但对分析问题有帮助，还能更好地发挥设计人员所提供软、硬件资源的功能。

还是以"脑残"的标准 C 函数 char * strcpy(char * strDest,const char * strSrc)为什么要返回指针这个面试题为例。说这个题属于"脑残"并不是说这个函数设计不好，而是指提的人问得有些"变态"，就这么一个函数如果不关联其他的标准 C 函数，谁能答出个三言两语来？

```
char * strcat(char * destin, char * source)
char * strchr(char * str, char c)
char * strcpy(char * str1, char * str2)
char * strdup(char * str)
char * strncpy(char * destin, char * source, int maxlen)
```

第 5 章　问题分析与调试

```
char * strnset(char * str, char ch, unsigned n)
char * strpbrk(char * str1, char * str2)
char * strrchr(char * str, char c)
char * strrev(char * str)
char * strset(char * str, char c)
char * strstr(char * str1, char * str2)
char * strupr(char * str)
int strcmp(char * str1, char * str2)
int strncmpi(char * str1, char * str2, unsigned maxlen)
int strcspn(char * str1, char * str2)
int stricmp(char * str1, char * str2)
int strcmpi(char * str1, char * str2)
int strncmp(char * str1, char * str2, int maxlen)
int strncmpi(char * str1, char * str2)
int strnicmp(char * str1, char * str2, unsigned maxlen)
int strspn(char * str1, char * str2)
```

这是标准 C 语言提供的一些关于字符串的函数，想问下那些面试时喜欢问前面那个问题的人，你熟悉这些函数的全部具体功能吗？

对于为什么 strcpy 需要返回指针的问题就需要我们揣测设计人员的意图，不是刚说这是"脑残"问题吗？怎么还需要去揣测设计人员的意图？现在我们不是进行"脑残"式揣测，把函数列出来就是让我们观察规律，如果通过规律揣测出设计人员的意图，以后用这些函数的时候就会更得心应手。

实际上要观察出规律还需要列出函数的具体功能，这里我忽略掉，有兴趣的朋友可以自己查阅相关资料。通过函数的功能说明可以发现，凡是对字符串里面的内容进行修改、复制的函数返回的都是目字符串的指针，也就是结果放在返回指针所在的位置；凡是只进行比较不需要修改字符串的都返回到对象在目的字符串中的位置。

再引入 strcpy 问题的答案：可以方便地实现字符串函数的链式调用。设计人员的意图就呈现在我们面前，返回指针的函数都是返回指针所在位置的字符串有可能写入新内容，通常情况下完成这类操作后用户会希望将结果输出看看是否正确，或者用得到的结果再做其他事情，这样 strcpy 返回指针就可以方便用户进行下一步操作。

```
char * str1, * str2;
...
printf("%s",strcpy(str1,str2));//显示从 str2 复制到 str1 的内容
printf("%s",strrchr(str1,'a'));//显示在字符串 str1 中第一个 a 开始后面的所有内容
```

这样做可以让 C 语言节省一些代码，但实际作用并不是非常明显，改成下面的形式效果并不见得差多少，所以说面试中 strcpy 问题问得相当"脑残"。

```
char * str1, * str2;
...
strcpy(str1,str2);
printf("%s",str1);
strrchr(str1,a);
printf("%s",str1);
```

5.3 先找自己原因再假定他人出错

产品一般都不是一个人完成的,就是软件部分,常常也需要多人合作,每个人负责一部分,先各自调试自己的功能,最后联调。不少工程师都有这个习惯,在和他人联调时遇到问题认为自己的部分已经测试充分,会认为问题应该不是出在自己这边,大家一起讨论问题原因的时候总是热心地帮别人推测问题出在什么地方,不去检查自己。

这不是一个好习惯,每个人都不愿意别人过多地怀疑自己,这样是对自己工作能力的一种不认可,对他的假定一多他就会不自觉地产生抵触情绪。虽然有可能问题原因确实不是在你这边,而且当时的热心建议也没有他心,只是想一起能敞开心扉讨论尽快找到问题原因,相互之间没必要顾忌什么。这只是存在于理论世界的完美想法,是人就无法躲过人性的弱点,就是那种能用虚怀若谷形容的人,也只是他的自我控制能力强,并不代表他真 一点都不在意别人对他的所有善意建议。

你可以想象一下,只要合作中出了问题,有那么一个人总是先不仔细检查自己,而是积极地帮助你分析各种可能,到最后又发现不少问题还是在那个人那一边,你会不会对这个人感到郁闷? 对自己所做的有自信是好事,但自信不可过度,一个过度自信的人是很难得到周围的人欢迎的。

人和机器相比人多了情感,虽然技术相对于市场、管理工作人际关系的处理要简单许多,但不代表没有。一个电子产品不可能一个人从头到尾开发出来,就算是电路自己设计、程序自己编写、生产自己焊接,但元器件不可能也是自己做,所以产品的开发不可避免地需要和其他技术人员进行沟通交流。人际关系处理得好,会对产品的开发效能起到推动作用,受欢迎的人,有问题产生其他相关技术人员自然乐意相助;不受欢迎的人,很有可能是能拖则拖。

我参加工作两三年后基本上可以自我完成一些产品的开发任务,也就是说,在单片机技术工作上算入了门,那时候我的思维比较活跃,分析问题可以说是快而准,所以同事出现问题后都喜欢找我一起讨论分析。正是这种氛围,逐渐让我养成了主动帮别人分析问题的习惯,当然我有一点还是坚持,主动分析只是在私下,不会当着双方的主管进行,后来一件事才让我意识到即便是这种主动也不一定好。

当时部门新招了一个工作经验比我多许多年的同事,因为是同一个部门,顾忌更少,加上经常要一起合作,所以相互熟悉后我就开始了自己的主动,经常在一些实现方法上建议他应该

第5章 问题分析与调试

如何如何做。客观上说也许我的建议是对的，可时间一长明显察觉到同事不愿接受我的建议，甚至是刻意不用我建议的方法。他对我的态度也变得有点怪，具体到工作中的影响是只要是和他合作的项目，总会出现一些杂七杂八的问题，很少出现顺顺当当一气呵成的情况，进度总是一拖再拖，搞得参加项目的人都没脾气。

后来我找了个时机私下和该同事聊了聊，谈了自己的感觉，问是不是自己有什么地方做得让他不满意。他很直接地告诉我，我的主动会对他有影响，虽然我的主动大部分时候老板都不知道，但时间长了总会有知道的时候，这样难免会让老板对他产生一些负面看法，最终肯定会影响到他的工资和奖金。我自己想想也确实如此，向其解释并不是为了表现自己而这样做，目的只是想把工作完成得更快更好，以后会在这方面注意。

此后我留意到了之前我的不当，和该同事合作也变得顺畅起来。这件事给我很大的触动，虽然每个人都会希望把事情做好，但每个人都会去维护自己的利益，而且自己的利益会是首要的。产品的合作中，参与者的态度最为重要，可能中间某个人采用的方法客观上不算好，但只要他采取全力配合的态度，最终的产品效果不会差到哪里去；但只要有一个人采取不配合的态度，产品开发能不能按期完成都会成为问题，更别提性能良好。

另外一种习惯更不可取，我见过不少这样的工程师，当问题产生后虽然不会去假设别人出错的可能，但对其自己出错的可能性也是坚决否定，就算是问题真是出现在他所负责的部分，他还是不会主动承认。这样的工程师也许对自己的技术能力不够自信，内心不希望主管和同事对自己有技术不过硬的印象，所以他不会去假设别人出错，只是针对问题反复检查自己的部分，发现是自己的错误就会悄悄改掉。结果是到最后大家都没发现什么问题，而问题会神秘地消失。

这种对问题采用掩饰的做法非常不利于产品开发。错误的产生原因非常多，如果是对某种功能的技术特性理解错误导致，就有可能只是针对错误改错误，并没有从源头上解决，有可能还有其他的相关错误没有被发现。另外，有的错误是随机偶然性的，这是最让人头痛的错误，现在发现错误工程师自己悄悄改掉而不汇报，就有可能让老板或主管来误判为原因未知的随机错误，如果是原因必须找到的产品影响会相当严重。

这样做一两次也许还不会被别人察觉，时间长了肯定会被发现的，要知道同事或主管的技术能力通常不会比你弱，有时甚至要厉害许多，他们从侧面猜测出问题原因所在不是没有可能。主管察觉到这种做法后有可能不会直截了当地指出，而是从侧面提醒你，一个错误被当面斥责会让人有所难堪，有经验的主管会期望能自我改正。如果对这种提醒还是不重视，最终结果只能是下一次遇到同样的情况时，主管在事实明确的情况下不留颜面地指出。这种事情只要发生一次，你在老板或主管眼中就永远失去了信任，就算你能力再强，日后有提升到主导产品开发的机会也不会给你。

每个人的思维都有其局限性，就技术工作来讲没有人能保证自己负责的部分绝对没有错误。就算是技术已经上升到比较高的层面的人，有时候也会出现可以肯定问题是出现在自己这里，但就是找不出问题原因的情况。如果这个人是公司里面技术最厉害的，他都找不出原因所在，看来好像是没有办法找到原因了。事实不是这样的，有可能是这个人自己的思维受到了限制，没准原因是一个很简单的人为疏忽，比如程序中一个 i 写成了 j，他自己无法发现，而别人一眼就可看出。

不少高手在自己陷入死胡同的时候都会将自己的思路主动告诉身边的人，哪怕是技术能力远不如自己的人都无所谓，希望从他们的角度看是否存在某些问题或不足，征询别人对问题的意见和建议。他们的这种做法不但不会让别人对其在技术上看扁，反而会得到他人的认可和赞许。

前面所说的道理其实很简单，相信大家也都能理解，只是实际中可能疏忽了这方面的问题。实际上这些都是如何处理好人际关系的问题，这里就不费太多篇幅解释了，请记住遇到问题时先找自己的原因，这样你会成为一个受欢迎的工程师。

5.4 充分发掘 IDE 调试工具功能

要想调试程序，IDE 工具是必不可少的利器，虽然也有不用 IDE 工具进行调试的方法，但那只是权宜之计，用起来还是多少有些不方便，其便利性和有 IDE 工具支持自然不能相比，只要条件允许，调试程序还是建议使用 IDE 工具。

IDE 调试工具各式各样，有 MCU 厂家推出只适用于他们自己芯片类型的非通用 IDE 工具，也有一些专业公司针对采用 ARM 等通用内核 MCU 设计的通用 IDE 工具。这些 IDE 工具所提供的功能五花八门，虽然会遵循一些基本的调试习惯，但每一种又可能会依据自己所支持的芯片类型提供不同的特色功能。

就功能来说，有的 IDE 所提供的功能多到可能需要一本厚厚的说明书才能说清楚，而有的只是提供下载、运行这类最简单的基本功能。至于价格，便宜的几十元或上百元就能买到，贵的需要几万元甚至超过 10 万元一套。外观大小、连接方式也是不一而足，没有固定的模式，不过现在的流行趋势是小型化、USB 连接。

在正式开始介绍如何用 IDE 调试工具功能之前，要特别介绍一下对于 ARM7 和 ARM9 内核芯片的一款传奇 IDE 调试工具。IDE 工具分为软、硬件两部分，一般来说软件都可以从网上下载到，但硬件则需要从供应商处购买。因为这类硬件的生产量多数都不大，所以价格相对实际硬件成本来说要高出许多，像 Multi_ICE 一套就要好几万元，不光是想在业余时间买一套用来学习的个人无法承受，就是大多数公司都难以承受这个价格。传奇的名称是 H-JTAG，即一名技术"雷锋"奉献出的让做 IDE 仿真器公司恨之入骨的"零成本"方法，虽然速度功能方面有诸多限制，对于经济能力有限的个人来说无疑是一个福音。

从图 5.6 可以看出只需要一片 74HC244，加上一个并口连接头就实现了 H-JTAG 所需的全部硬件，而且其在计算机上的驱动实现了对 ADS/IAR/KEIL 等 IDE 调试软件的支持，只要几元的成本就可以实现对 ARM7 和 ARM9 进行基本调试，不能说这不是一个传奇。

第 5 章 问题分析与调试

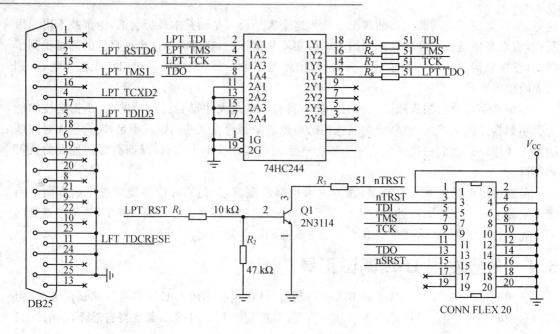

图 5.6 H-JTAG 电路图

通常 IDE 工具的软件界面都类似于 VC 等开发工具,所提供的功能也都比较相近,如果你看到这一章对于 VC 这类软件还非常陌生的话,我建议你不要继续往下看,书的内容主要侧重于实践,连 VC 这类常用集成开发环境都不熟悉我认为你对实践的热情度有限,继续看只是浪费你的时间。

图 5.7 为一款 IDE 工具的人机界面,可以看到各种功能图标和 VC 非常相似,所支持的功能也差不多,不过这款 IDE 工具还多了一些自己的特色图标,用户可以通过这些特色图标进行选择仿真调试的芯片类型等操作。

图 5.7 IDE 界面示意图一

不同IDE工具界面还是有一些区别的，图标的样子可能会有所不同，不过因为支持的功能大同小异，尤其是一些基本功能可以说是完全一样，所以虽然图标样子不相同，但都是用简单的图形来表示相同的意思，只要你熟悉一款IDE工具，其他IDE工具即使不看说明文档也能将各图标的意思猜个八九不离十。

图5.8是另外一款IDE工具的人机界面，所支持的功能相对要少一些，和前一款IDE工具的界面相比，虽然图标外观不一样，只要熟悉前一款IDE工具，基本上一眼就能看出编译、断点、运行功能的图标是哪些。

图5.8　IDE界面示意图二

会用IDE工具不代表可以将IDE工具用好，不少人拿到IDE工具后都是直接安装，安装完即在其上面编写、调试代码，反正IDE工具支持的基本功能都差不多，通过这些基本功能也能将程序调试好，其他的没工夫去管。我自己在很长一段时间内也是这么做的，对于简单的项目，这样做还可以接受，如果是功能复杂的程序，可能会因为没有充分利用IDE工具的某些特殊功能，而出现遇到某个问题调试时间过长的情况。

用好IDE工具的方法很简单，只要看一遍IDE工具的使用说明文档，了解到该工具所支持的各种功能，做到对IDE所支持的功能心中有数，这样就可以在调试工程中充分利用IDE工具所带的各种功能，尽可能地提高调试效率。

可能有人会有这样的疑问，厂家提供的IDE工具软件常常就是一个安装文件，并没有相关的说明文档，是不是需要向厂家另外索取这些资料呢？一般情况下都不需要，厂家所提供的IDE软件安装包通常都已经包含了IDE使用手册，在安装IDE工具的同时使用手册会复制到你的计算机中。

IDE使用手册大多数情况下通过两种方式可以找到：一是运行IDE工具软件，其人机界面菜单的最后一项通常都是"帮助(Help)"选项，图5.9是选择"Help Topics"条目会出现的界面，选中该项后里面找"帮助"，如图5.10里的u'nSP就是Help Topics条目；二是在计算机桌面左下角"开始"里面找到"程序"栏，然后在里面找到IDE工具软件的具体条目，有时候使用手册会放在这里面，如图5.11所示的H-JTAG就是采用这种方式。

如何学习了解IDE所支持的各种调试功能不需要我多说，只要将帮助文档仔细阅读一遍，IDE具体所支持的调试功能基本上就会心中有数，有不明白的地方可以直接运行软件看实际效果。

第 5 章 问题分析与调试

图 5.9 IDE 界面示意图三

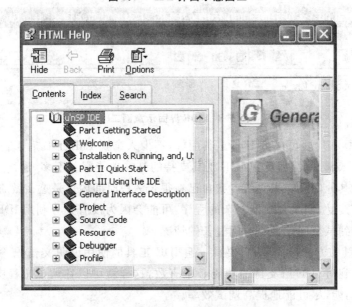

图 5.10 IDE 界面示意图四

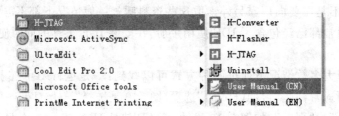

图 5.11 IDE 界面示意图五

已经说过大部分 IDE 工具软件的功能设计都很相似,只是所支持功能的种类或多或少,在操作上也基本上都参照 VC 等开发工具的方式和习惯。接下来就介绍一些常见的 IDE 调试功能,以后你接触到一款新的 IDE 调试工具,只要看其支持哪些就可以大体上了解该 IDE 工具的性能(注意实际中的 IDE 可能只是支持部分功能)。

1）单步运行

Step In，最基本的单步运行功能，一次只执行一条指令。如果是汇编程序，该功能只执行一条汇编指令。对于 C 程序则有两种结果，如果是在 C 源代码模式一次执行一条 C 代码，这一条 C 代码可能对应多条汇编指令，如果是 C 代码对应的汇编模式，同样只执行一条汇编指令。有时候该功能会无法进入中断，也就是说，中断已经产生，某些单片机如果此时用此单步运行功能会继续执行下一条代码，而不是跳转到中断程序，需要使用其他运行功能才会响应中断。常用快捷键为 F7 或 F8。

Step Over，可以跳过函数的单步运行功能，Step In 遇到函数后会进入到函数内部，而该功能则是把函数当成一个整体，直接执行完整个函数再停下来，与 Step In 配合使用可以得到更高的调试效率。如果所执行的函数带有死循环，该功能会因为函数无法退出而不会按期望停止。常用快捷键为 F10。

Step Out，当停在函数中间的位置时用此功能可以跳出函数，也就是在一个函数中执行完函数后面所余下的全部代码，当函数返回后重新停下来。同样与 Step In 配合使用可以得到更高的调试效率。如果函数后面所余代码包含有死循环，该功能会因为函数无法退出而不会按期望停止。

Run to Cursor，这是一个相对比较高级点的功能，不少 IDE 没有支持，在调试过程中将光标设在某一行代码上，选用此功能程序会执行到光标所在行然后自动停下来。用该功能可以使需要设置临时断点的工作变得更简单。

Reset，将程序复位从头重新运行，适合需要从头重复某个调试过程的情形，有时也叫 Restart。有的 MCU 可能还支持 hardware reset/software reset 等不同类型，hardware reset 一般更严格可靠。

Go，运行，选用此功能后程序自己连续运行，一直到遇到断点或者由调试者选择停止运行。用此功能可以最大限度地接近 MCU 的实际运行结果，好过实际运行的是，当程序出现问题时还可以通过 IDE 来查看现场。常用快捷键为 F5。

Stop，停止，当程序在运行状态时选用此功能可以中止程序运行，大部分情况下选择停止功能后还可以继续选择其他运行调试功能，少数情况下会出现不能继续选择继续运行，需要用 IDE 工具对系统重新复位。

2）RAM/寄存器观察

调试程序免不了需要观察数据变化状况，以检查数据是否与预期结果一致，IDE 在这方面也会提供功能支持。

Watch，通过需要观察的数据变量名就能自动将其内容显示在特定显示窗口，如图 5.12 所示。因为变量分为全局变量和局部变量，使用此功能时需要留意变量的生命周期，当一个局部变量不在其生命周期中时通常会显示为无效变量名。

Memory，直接观察指定地址所在位置的存储器内容，这里的存储器可以是 ROM，也可以

第 5 章 问题分析与调试

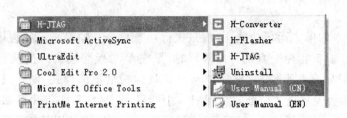

图 5.12　IDE 界面示意图六

是 RAM，如图 5.13 所示。Watch 对于过大的数组显示会存在麻烦，每一行只显示一个成员，大的数组要想显示就会在 Watch 窗口占用许多行，显示效果不好。用 Memory 功能可避免这种麻烦，直接使用地址进行观察，显示的长度和格式也可以由自己控制，使用时要留意显示的数据个数不要设置过大，否则会严重影响 IDE 刷新速度。

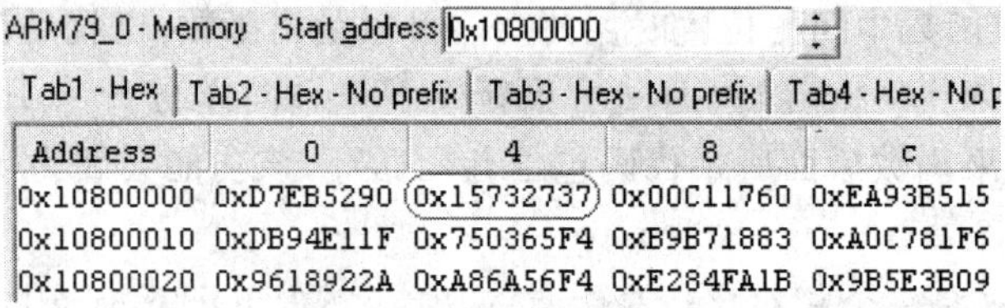

图 5.13　IDE 界面示意图七

Register，程序的调试除了需要观察变量之外，查看 CPU 的工作状态和结果也非常有必要，这里的 Register 观察功能正好满足了用户的这一需求，通过该功能可以查看 CPU 的工作寄存器、通用寄存器、状态寄存器、堆栈指针、PC 指针，如图 5.14 所示。通过查看寄存器内容的变化可以更详细地跟踪调试每一条代码执行的情况，有时候硬件数据手册可能对某条指令解释不清楚或者出错，通过查看寄存器内容跟踪调试该条指令就能对数据手册所说的正确与否作出验证。

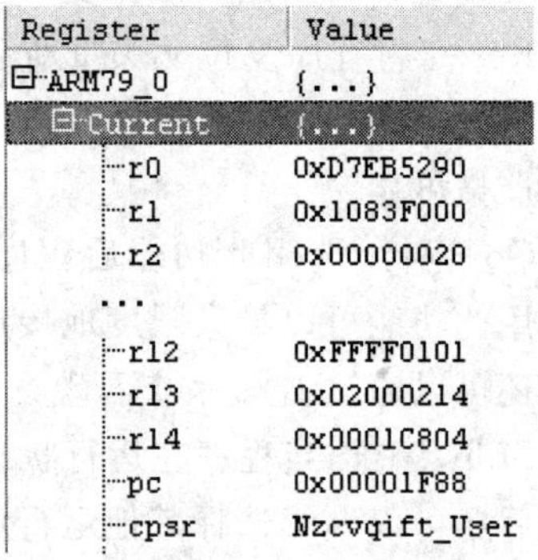

图 5.14　IDE 界面示意图八

对于 Watch、Memory 和 Register，一般都提供对其内容进行修改的功能，如果调试者想不修改程序，可以直接修改相应位置内容，来模拟所需环境以验证自己的程序思路。直接修改相应内容会改变实际程序的逻辑流程，所以修改的时候要小心以免造成其他错误，尤其是 PC 和堆栈指针，稍不留意就有可能让整个系统崩溃。

有些 IDE 可以提供智能数据观察功能，程序启动运行后鼠标停留在程序中某个变量上方，可以浮动显示出变量当前的内容，如果是指针则显示其对应地址。ADS 所带的 AXD 就支持智能数据观察功能,如图 5.15 所示为其鼠标位置自动显示变量内容。

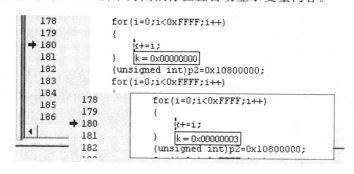

图 5.15　IDE 界面示意图九

3) PC 指针跳转

PC 指针跳转也是为了便于调试工作而推出的功能,有时候在单步跟踪某段程序时为了加快调试速度会采用 Step Over 的方式,这时函数会被当作一个整体执行。如果此时发现函数返回结果存在问题,需要进入函数单步查找问题原因,就只能是复位程序或者程序循环再次到该位置调用此函数选用 Step In。

复位或者等待下次循环到来的方法看起来好像挺简单,但有时候需要经过一系列操作选择才能到达这个位置,这样就会使调试有点麻烦。PC 指针跳转功能非常适用于此类情况,只需要将 PC 指针重新设定到函数调用位置,也就是将 PC 指针往回走一点,再选用 Step In 就可以单步调试函数里面的内容。

使用 PC 指针跳转功能需要注意的是,只能在同一个函数内进行跳转,否则会导致堆栈出错;另外,当 PC 指针跳回前面位置再次执行某段代码时应保证调用的初始条件相同,否则同样代码可能因为初始条件不同而得到不同的结果。

4) 断　点

断点适合需要执行许多代码才能到达调试点的情况,比如程序里面许多循环,如果用单步跟踪运行完这些循环显然难以让人接受,断点对于这些循环会非常适用,直接在调试点设置一个断点,程序便可以一口气跑到调试点并自动停下来,这样调试省时省力。

当然用 Run to Cursor 的功能也可以做到这一点,但和断点相比 Run to Cursor 还是要麻烦不少,对于 Run to Cursor 只能临时有效一次,下一次还需要从程序中找到调试点位置重新设置,如果中间让程序暂停其功能也会失效。

断点则不同,不但可以设置多个位置,而且不是临时的,只要断点没去掉,就会一直有效,甚至是关机后下一次再运行断点位置都还能被保留。在到达断点之前暂停程序对断点功能不会有任何影响,一旦程序运行到断点位置,程序就可以自动停下来。

断点可分为软件断点和硬件断点两类,从名称就可以感觉到硬件断点要更直接一些,让我们来了解一下这两种断点有什么不同。

硬件断点需要 MCU 硬件支持，需要芯片内部硬件上提供有专用寄存器来存储断点位置信息，然后由 IDE 工具将硬件断点的地址写进专用寄存器，程序运行的同时硬件自动将 PC 指针的内容与存放在专用寄存器中的硬件断点地址相比较，一旦相等则立即执行中断程序，这样程序就停止在所设的硬件断点位置。

软件断点是通过在代码中设置特征值的方式来实现的，当需要在某个位置设置软件断点时，IDE 工具会先将此处代码进行备份保护，然后用预先设定好的断点特征码（一般为 0x0000 等不会与代码混淆的值）替换此处代码。当程序运行到此特征码所在的位置时，IDE 工具就能识别出此处是一个软件断点，中断当前程序执行；或者是芯片执行此特征码产生一个异常中断，IDE 工具响应中断而识别出软件断点。要继续运行程序会先执行备份的代码，然后继续执行后面的代码。

硬件断点可以设置在任何位置的代码上，包括 ROM 和 RAM；而软件断点由于需要修改相应地址的代码，所以一般只能设在 RAM 上。不过 IDE 仿真器一般不用 ROM，就是 ROM 资源也常用 RAM 进行替代，所以表面看两者区别不明显。

硬件断点的多少由芯片自身决定，与 IDE 调试工具无关，当前流行的 ARM7/9 只支持 2 个，对于 ARM11 支持的数目为 8 个。软件断点是由 IDE 来实现的，数量上可以不受限制，多少完全由 IDE 决定。不少用过 IDE 工具的人会奇怪为什么硬件断点没有软件断点那么多，就是这个原因。

硬件断点相较软件断点设置会更灵活，是优先选用的断点方式，但数目少往往难以满足实际调试的需要，所以软件断点被作为硬件断点的补充资源来使用。硬件断点还有一个强悍的特性：当程序在全速运行时，我们有时会希望程序能停留在某个位置，但此时程序已经在运行状态，常规的断点设置方式无法做到这一点。如果 IDE 工具软件功能设计好，硬件断点是可以做到的，只要在程序运行的过程中将硬件断点位置设置进 MCU 相应的专用寄存器，就实现了程序运行中对硬件断点的设定，程序运行到这个位置就会停下来。

断点还有一种强大的表现形式即条件断点，有些时候我们需要在某个地址被读/写时中断停下来，这种想法普通断点是无法做到的，条件断点可以满足这种特殊需求。条件断点的设置不是简单地将断点设置到某个位置，而是规定满足某种操作条件才会中断程序运行。通常条件断点可以设置为指定地址被读写、指定数据被修改、指定地址数据被读写多少次、指定位置的代码被执行多少次这些条件，甚至可以设置成指定位置被读/写或执行到第几次这么细。

条件断点是 IDE 工具软件利用硬件和软件断点进行的功能扩展，将原来只是地址相同就中断的条件进一步细化，这样可以让中断的条件更精准。条件断点对偶然错误的调试非常有效，比如程序会偶然出错，调试发现是运行中某个变量被意外修改，普通断点很难找到是什么地方修改的，用条件断点设置成该变量被修改触发中断，一旦变量被修改，程序就会自动中断停下来，程序所停位置就是对变量进行修改的地方。

相信大家通过我的介绍已经知道条件断点功能的强大，也能猜想到它对调试工作所能提供的便利到底有多大,日后进行产品开发时最好先了解IDE工具是否支持条件断点,如果有请不要忽视它的存在。

普通断点的常用快捷键为F9,选一次为设置,再选为关闭。

5) 反汇编

反汇编只是针对C代码,汇编代码直接体现CPU所做工作,通过查看汇编代码可以知道CPU到底做了什么事情、得出了什么结果;而C代码不一样,体现的是程序员的思路。CPU执行的是汇编,如果程序员的思路是用C表达,两者中间存在一个转换关系,这层转换关系由编译器完成,所以存在一些不由程序员控制的因素,有可能出现执行的汇编代码和程序员所写的C代码结果不相符的情况。

反汇编功能为程序员提供了一条检验汇编代码是否与其程序思路一致的途径,IDE工具可以将CPU执行的汇编代码与程序员写的C代码关联起来,程序员在调试时可以选择是用C还是汇编来进行跟踪调试,如果对某段代码有疑问,可以直接检查汇编代码是否正确理解C代码的意图。

注:如果是C程序选用了优化功能,可能出现C代码的某些位置不能设置断点、单步调试不是按C代码顺序执行、变量无法观察等异常现象,这是由优化所得的汇编代码和C代码流程结构不能直接对应所导致的,关闭优化功能后可解决,或者直接在汇编状态下调试。

6) TRACE

有时候程序会因为偶然因素导致死机或程序跑飞,这类问题分析起来颇有难度,尤其是在嵌入式系统上的随机错误,除了凭空假设猜测外别无良策。

如果IDE工具能提供TRACE功能,可以让开发人员面对此类问题时压力减轻不少,它能记录下程序停止运行前一段时间所运行的路径。这个路径有可能是之前所调用的一定数量的代码,比如是在停止位置之前所运行的2 000条代码;也有可能是进入函数的具体路径,执行到这个位置之前是在什么函数之中。

有了这个路径信息能让开发人员分析问题原因便捷不少,因为程序是异常才跑到停下来的位置,通过TRACE功能可以回溯前一段时间程序所走的路径,开发人员自己清楚正常情况下程序的运行路径,当程序回溯发现有非正常跳转时,基本上就找到了问题的根源。

不过支持TRACE的IDE工具并不太多,如果没有IDE工具,出现了上述问题有没有好的方法呢?当然有,查看堆栈里面的内容,只要堆栈没有被程序意外破坏,就可以从中找出上次调用程序时保存的PC指针,通过该PC指针就有机会知道最后成功调用函数的位置,从而明确可能存在问题的重点范围,再对这些范围进行重点分析。

5.5 IDE调试工具也会导致错误产生

IDE调试工具也会导致错误产生?如果是这样一定是IDE工具有问题,不然怎么会导致错误产生,要不就是调试者犯了将PC指针修改不当之类的错误。我可以告诉大家,不光IDE

第 5 章 问题分析与调试

工具没有任何问题,所用的 MCU 也一切正常,调试者更是老老实实地按常规方法进行调试,就是这样一个过程也有可能让本来没有错误的程序因为调试产生错误。

一个例子很容易让大家明白我说的这种可能,有一款芯片,其串口(UART)接收数据寄存器为 8 个字节的 FIFO,FIFO 的功能是如果收到了数据没有读走,新数据会依次放在 FIFO 中,直到 FIFO 满,对其读数据每读一次 FIFO 里面的数据会减少一个,FIFO 为空后继续读数据所得的具体内容不确定。

现在我们用计算机向该芯片发送数据 11 22 33 44 55 66 77 88,单片机程序并不读取所接收到的数据,现在我们打开 IDE 工具的 Memory 功能,查看 UART 的相关寄存器,看看图 5.16 得到的结果。

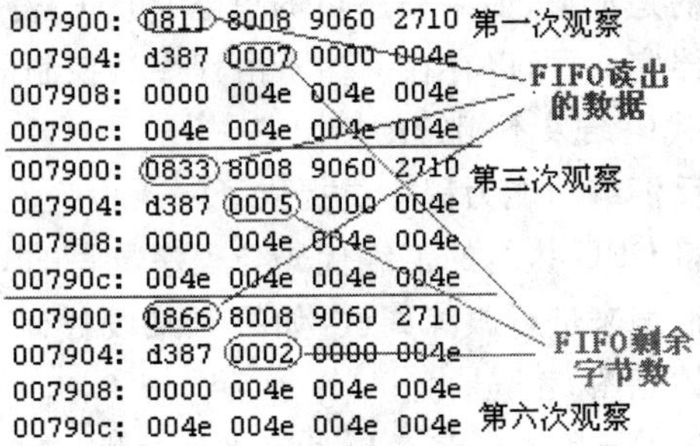

字地址 0x7900 的低 8 位字节为 UART 的数据寄存器,写表示写入发送数据,读表示读出接收到的数据。

字地址 0x7905 的低 3 位(bit2~bit0)为 UART 接收 FIFO 的状态,表示在 FIFO 中还有多少个字节。

```
007900: 0811 8008 9060 2710   第一次观察
007904: d387 0007 0000 004e   FIFO 读出
007908: 0000 004e 004e 004e   的数据
00790c: 004e 004e 004e 004e
007900: 0833 8008 9060 2710   第三次观察
007904: d387 0005 0000 004e
007908: 0000 004e 004e 004e
00790c: 004e 004e 004e 004e
007900: 0866 8008 9060 2710
007904: d387 0002 0000 004e   FIFO 剩余
007908: 0000 004e 004e 004e   字节数
00790c: 004e 004e 004e 004e   第六次观察
```

图 5.16　IDE 导致 FIFO 出错示意图

虽然程序没有读 UART 接收到数据的操作,但我们通过 IDE 工具查看 UART 的相关寄存器时会对地址 0x7900 的 UART 数据寄存器产生读操作,这个读操作和程序读操作是等效的,这样就相当于意外对 UART 数据寄存器执行了一次读操作,使得 FIFO 中的一个字节被读走,如果再用程序去读数据所得结果就会少一个字节。

为了证实这种说法是正确的,我用 IDE 工具连续多次查看这部分寄存器。从图 5.17 结果可以看出,在地址 0x7900 显示的数据依次往后变化,而地址 0x7905 显示的数据也随之减少,这说明 IDE 工具每次显示只要包含地址 0x7900,就会形成一次对 UART 的读数据操作,从而使得 FIFO 所接收到的数据被意外读走。

产生这种意外错误的几率并不小,许多情况下为了直接观察 MCU 内部某个模块的设置,就会将其相关寄存器一起通过 Memory 功能显示出来,这样做虽然可以保证寄存器的设置正确,但在不知不觉中就会导致错误产生,如果不知道这一点,要想分析出原因几乎不可能。

有一些 MCU 的中断标志寄存器具备这样的特点,即中断标志位只要程序读一次就会自动清除掉,这样做可以省掉程序清除中断标志的操作,用 IDE 工具观察寄存器同样会形成类似于前面 UART 数据被意外读走的错误。产生这类错误你不能说是 IDE 工具有问题,也不能说芯片处理方式是错误的,只能是在使用 IDE 工具当中自己多加小心以尽量避免,当然自己能知道并理解这种问题存在的原因更为重要。

5.6 没有 IDE 调试工具的测试

某些特殊情况下可能会要求在没有 IDE 工具支持的条件下进行产品开发，这种要求在新人眼里可能是一件不可思议的事情，但对于一些功能相对简单的电子产品开发确实可行。

一般来说 IDE 调试工具要比烧录器复杂，价格自然也会高，一款电子产品如果预期产量不大的话就容易遇到这种情况：买一台 IDE 调试器需要花费太多的金钱，成本上考虑不合算；就算价格可以接受，芯片厂商手头不一定有现成的 IDE 调试器，需要等待一周或者更长时间才能预订到，从开发时间上看不能接受。

如果产品程序复杂那自然只能是花费额外的成本和时间购买 IDE 调试工具，但功能简单的产品则不一定，如果你是一名合格的工程师，就应该具备没有 IDE 调试工具也可以完成产品程序开发任务的能力。当然这里还是有一个前提，要能得到烧录器，没有烧录器就是把写好的程序交给你也没有办法写到 MCU 里面去，程序无法写进去 MCU 其功能同样没有实际意义。

好在烧录器价格比较低，就算没有现货供应也可以临时借过来用，同 IDE 调试器相比烧录器一般不需要长时间使用，IDE 调试器从程序开始调试到生产整个过程都需要使用，但烧录器通常只是在生产时才会大量使用，而且一天至少可以烧几千片，所以大部分时间都是闲置状态，这样即便买不到从厂商临时借到的机会也相当大。

有了烧录器余下的事情就要容易许多，只要你已经具备一定的单片机软件开发经验，就可以直接将写好的程序烧入 MCU，再直接看运行结果来判断程序是否正确。现在不少芯片都是 Flash 支持多次烧写，这样的芯片只要手头有几片样片就够用，就算是 OTP（一次性可编程）芯片也没问题，"浪费"上一定数量的片子基本上都可以将简单的程序调试好。

用这种方式进行调试需要一些辅助手段，比如最好有示波器、逻辑分析仪之类的仪器，这样可以通过仪器来查看硬件的工作状态。当然进行这样的程序调试还是需要一定技巧的，毕竟程序烧进去以后你就不再知道它的实际状态，首先你要知道程序有没有运行起来，然后你要知道程序运行的速度是不是与你设定的相一致，最后才能分步调试各个软件功能模块。

让我们来看看具体的步骤：

（1）建立一个最简单的程序框架，屏蔽掉中断以保证程序在主循环中不被其他过程打断。程序只需要完成简单的 I/O 口循环置高、置低的操作，用仪器检查其高低变化的时间是否与程序设定的相同。

（2）分步添加上定时、外部等中断响应函数，函数中同样用 I/O 的高低变化作出状态显示，用仪器检查是否依照设定的进行工作。

（3）编写软件功能模块函数，逐个对函数进行调试，同样由 I/O 口输出函数的相关信息。

（4）完成各模块函数的调试后编写实际的主循环代码，将主循环分成许多小段，每一段都用 I/O 输出特定的指示状态，如果主循环有问题就可以通过输出的指示状态判断程序出问题

第5章 问题分析与调试

的位置,再对问题附近的代码进行重点检查。

还有另外一种方法更为有效,自己另外准备一块用于串口(UART)的 RS-232 电平转换板,如果所用 MCU 支持 UART 口可以直接利用其输出调试信息,没有 UART 口用一条 I/O 也可以模拟出 UART 的 TX 脚。只要先调试通 MCU 向计算机串口发送数据的功能函数,就可以在后续过程中用此功能函数向计算机输出调试信息,非常方便。在嵌入式系统调试时也常用到类似的方法,调试状态下利用一个 debug print 的函数通过 UART 输出调试信息。

如果产品本身需要实现 LCD 显示,应先用前面的方法调试通 LCD 显示功能,然后在 LCD 上直接显示调试信息,这种输出调试信息的方法实际上是用其他间接方法把用 IDE 工具想要观察的内容输出告诉工程师。

利用 IDE 工具的断点功能也可以进行模拟,在希望停下来的地方设置一个死循环,这样程序运行到死循环的位置就不能继续往后走。同样可以通过代码规定死循环的条件,这样做可以等效为条件断点。和 IDE 不同的是,到了死循环后如果想继续运行,只能是去掉死循环代码重新烧写程序运行;另外,如果想观察变量或其他资源,也只能是自己将这些内容通过前面所说的方法输出进行观察,比 IDE 工具直接查看要繁琐许多。

无 IDE 调试虽然听起来也不是很复杂,但对工程师来说绝对不是一件简单容易的事情,一个程序需要重复烧写几十次、上百次,对工程师的耐心都是一种考验。为了输出辅助调试信息,更是让程序的工作量大为增加,每作一个修改或者验证一个想法都需要重新修改代码并进行烧写,工作的繁琐度可想而知。

凡事有利有弊,无 IDE 调试虽然繁琐复杂,头几次无 IDE 调试过程肯定相当困难,但通过调试过程对经验的不断积累、工程师调试程序能力的提高会非常有帮助,后面的无 IDE 调试工作会越做越顺手,当技能提高到一定程度时,对于简单程序的调试效率甚至可以达到和有 IDE 时差不多。

5.7 C 语言要多查看汇编代码

对于习惯用 C 语言进行单片机编程的程序员,也许因为对汇编语言不熟悉,常常对汇编语言有一种恐惧感,不自主地对汇编编写的程序产生抗拒,不愿意过多接触。汇编语言因为其指令助记符只有几个字母,不能很好地从字面体现其含义和作用,所以掌握指令系统会麻烦一些。虽然这些助记符同自然语言存在一定关联,但都是缩写方式,要想熟悉汇编语言只能靠程序员自己熟悉 MCU 汇编指令所支持的全部功能,再将汇编指令记住个大概后才能比较好地编写汇编程序。当然,将汇编指令手册放在手边也很有必要,以便随时查阅。

用汇编语言编写程序比 C 语言肯定要麻烦不少,不可能像 C 语言一样将程序的逻辑结构直观地显现在程序员面前,故而习惯用 C 语言编程的程序员不愿去深入接触汇编语言也是人之常情。常情不等于是好的习惯,要想自己编写程序的调试过程顺利快捷,应该改正这个习惯,要适当熟悉汇编语言,至少要达到有指令手册的帮助可以迅速知道汇编指令具体功能的水平。

在前面的章节中已经多次提到单片机的 C 程序需要通过编译器的转换才能得到与指令对应的汇编代码,编译器的转换会引入更多的错误风险。MCU 最基本的硬件设计存在出错的可能,编译器自然也存在出错的可能,而且出错的可能性大得多。MCU 的硬件设计完全是按照设计人员定制的设计蓝图进行的,规则是由设计人员自己定的,出错的机会自然不大,而 C 编译器是转换 C 程序,虽然对 C 语言编程会有一些规则要求,但是程序的编写是千变万化的,只要一个地方考虑不周就有可能会导致编译出错误的结果,所以出错的机会要大。

可能有人会奇怪为什么计算机程序的编写大都是 C 语言这些高级语言,直接用汇编语言编写的情况非常少见,即便有也是很久以前的"历史故事",为什么计算机的 C 语言不提编译结果错误这个问题? 首先,汇编语言不适合编写大的程序,而现在计算机程序代码量都不小,用汇编语言堆出那么大的计算机程序不现实;其次,计算机的 CPU 指令系统从诞生到现在并没有太多的变化,也就是说,所有的计算机 CPU 都遵循同一套指令系统,通用性好,单片机无法做到这一点;最后,计算机上的 C 编译器已经经过了几十年无数工程师的经验积累,相对已经到了一个比较完善的地步,缺陷和不足都已经被发现并修正,没有一款针对单片机的 C 编译器可以做到这一步。

单片机的 C 编译器可靠性与其厂商的规模成正比。知名国际大品牌公司在语法上限制较少,基本上与标准 C 语言一致;小一些的专业公司(如台湾的芯片厂家)语法限制会多一些,常常会出现一些与标准 C 语言大相径庭的规则。大公司为了自身的品牌形象,在编译器推出前会进行严格充分的测试,以求编译器零错误,这个过程需要耗费大量的人力资源,规模小的公司无力承担这种支出,就用户来说对大公司容忍度也会苛刻一些,所以大公司的编译器会更可靠。

某家台湾芯片公司推出的 C 编译器对 char 的解释,从图 5.17 可以看到 char 被解释成为 16 位的数据类型,虽然这么定义是针对他们的芯片特性而作的选择,但对于广大用户如果不仔细阅读其编译器的相关文档恐怕出错的机会多多。

数据类型	Near Compiler Range	位	Far Compiler Range	位
char	−32 768~32 767	16	−32 768~32 767	16
short	−32 768~32 767	16	−32 768~32 767	16
int	−32 768~32 767	16	−32 768~32 767	16

图 5.17 将 char 定义为 16 位文档图

就是大公司也不能保证他们的单片机 C 编译器是百分之百可靠,更别提小公司了,这样对于程序员所编写的 C 代码,编译器就有可能将 C 代码编译成为功能错误的汇编指令。这种错误在我过去的工作中并不鲜见,常常是在数组、指针和结构混用的时候编译成功,但运行结

第5章 问题分析与调试

果不对,也就是没有编译出可以实现C代码同样功能的汇编指令。

一旦遇到这类错误,程序员单从C代码本身是发现不了任何错误的,可实际运行结果又不对,如果不去查看对应的汇编指令,只怕永远也无法找到问题的原因所在。嵌入式通用的GCC编译器可以说是一个非常成熟的编译器,因为其是由全世界无数的编译软件爱好者共同努力完成的,而且一直在不断更新完善中,可以说当今世界任何一家公司都无力独自完成可靠性与之相当的编译器。就是这样一个编译器,还是不能保证所编译出的代码百分之百可靠。

也不能说GCC存在的问题非常严重,问题之所以存在是GCC想对C代码编译出效率尽可能高的汇编指令,于是GCC支持编译时对源代码进行优化,正是这个优化让原本可靠的编译结果变得不可靠。虽然保证编译高可靠性是最基本的要求,但一个编译器只是可靠性高,其编译出来的汇编指令效率低下绝对不能说是一个好的编译器。汇编语言与C语言相比的优势是同一个程序员用汇编语言可以编写出更加高效的代码,对于C编译器我们常提到的编译效率指的就是这点,比如说编译效率为80%,这已经是一个比较好的水准,意思就是同一名程序员所写的C代码只能达到汇编80%左右的效率。

不要小看这个效率,对于一些速度不够快的小单片机,为了最快响应某些实时性要求高的中断事件,就是单片机支持C语言编程也会把中断程序用汇编语言实现,以得到更快的响应速度。所以如果C编译器的效率不高,对于某些实时性要求高的单片机产品,就有可能出现用汇编速度够用而C速度不够的情况。

这是一个在前面讲C语言编译优化的章节中提过的例子,假定地址为0x11118000寄存器是启动串口(UART)发送数据的寄存器,设为1启动数据发送,数据发送完后硬件自动将该寄存器清零。现在我们通过UART向外发送一个数据,等待数据发送完之后继续后面的操作,所以程序先将该寄存器设为1,然后循环检查该寄存器,当寄存器内容为0时表示发送过程结束,继续后面的操作。

```
unsigned long vTemp, * p;
p = (unsigned long * )0x11118000;    //指针指向该寄存器地址
* p = 1;                              //将寄存器设为1启动数据发送
vTemp = * p;                          //读寄存器状态
while(vTemp)                          //如果读回的状态不为0则继续循环
{
   vTemp = * p;                       //再次读寄存器状态
}
```

单单从程序看没有任何错误,可运行用GCC优化编译得出目标代码却出了问题,程序只要运行到此位置就会死掉,无法执行后面的代码。

既然可以确信C代码不存在任何问题,自然就只能是查看编译得出的相应汇编指令,在混合汇编模式下很容易发现问题所在,GCC的优化编译在这个位置出了问题,编译出的汇编指令形成了一个死循环,如图 5.18 所示。

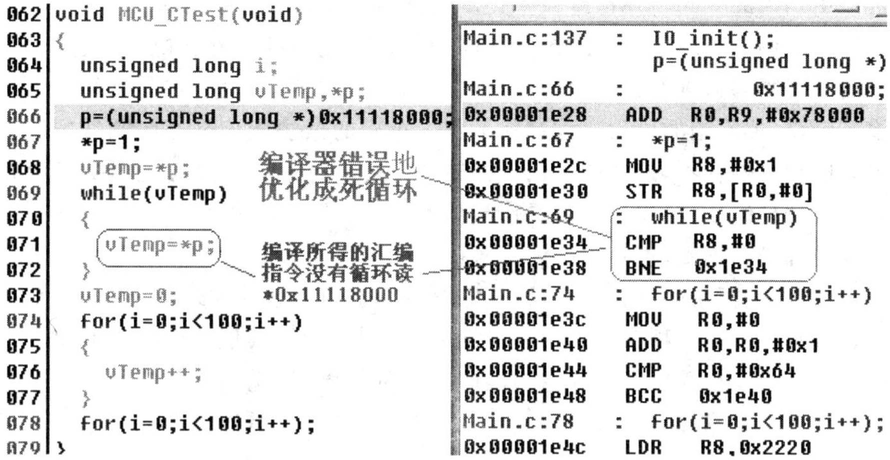

```
062  void MCU_CTest(void)                    Main.c:137 :    IO_init();
063  {                                                       p=(unsigned long *)
064    unsigned long i;                      Main.c:66  :         0x11118000;
065    unsigned long vTemp,*p;               0x00001e28   ADD  R0,R9,#0x78000
066    p=(unsigned long *)0x11118000;        *p=1;
067    *p=1;                                 0x00001e2c   MOV  R8,#0x1
068    vTemp=*p;      编译器错误地             0x00001e30   STR  R8,[R0,#0]
069    while(vTemp)   优化成死循环             Main.c:69  :    while(vTemp)
070    {                                     0x00001e34   CMP  R8,#0
071     vTemp=*p;     编译所得的汇编           0x00001e38   BNE  0x1e34
072    }              指令没有循环读
073    vTemp=0;       *0x11118000            Main.c:74  :    for(i=0;i<100;i++)
074    for(i=0;i<100;i++)                    0x00001e3c   MOV  R0,#0
075    {                                     0x00001e40   ADD  R0,R0,#0x1
076     vTemp++;                             0x00001e44   CMP  R0,#0x64
077    }                                     0x00001e48   BCC  0x1e40
078    for(i=0;i<100;i++);                   Main.c:78  :    for(i=0;i<100;i++);
079  }                                       0x00001e4c   LDR  R8,0x2220
```

图 5.18　ADS 优化出错示意图

GCC 对这段代码编译时发现 vTemp 前后读取的都是同一个地址的内容,于是 GCC 理解成重复操作,只是保留在 while()循环之前的第一次读取操作,循环体中的读取操作被忽略掉。不能说 GCC 这种处理方法是错误的,如果只是站在 C 语言的层面去理解,前后都是读同一个地址,中间没有修改此地址内容的代码,前后读出来的内容应该是相同的,所以只要保留第一次读操作就可以。实际情况不是如此,虽然软件没有修改,可这个地址的内容可以由硬件自动修改,于是 GCC 就编译出了错误的结果。

当然 GCC 作为一个成熟的编译器是不可能不知道这类问题的存在的,GCC 针对这类问题提出了相应的解决方法,只要程序员自己小心,是可以在优化的情况下避免此类问题的发生的。这里只是为了说明调试时查看汇编代码的必要性,如何避免的方法不作探讨,希望大家能够记得在确认自己的 C 代码没有错误的情况下,还有问题产生请及时查看汇编代码。

5.8　养成查看寄存器内容的习惯

调试单片机的 C 程序需要多看对应的汇编代码,无论是汇编语言还是 C 语言所写的单片机程序,在调试的时候还要养成另外一个习惯,即调试时多查看寄存器内容。

过去发现有的工程师不能理解这一点,就是提醒他们也不会引起重视,他们会认为在编写功能模块驱动程序的过程中已经反复确认自己所写代码,对模块寄存器的设置不存在问题,所有寄存器的内容与自己想要设定的内容一致,所以没必要再去查看寄存器的内容。

这种主观认识肯定是不对的,有这种观点的工程师思维完全局限在自己的工作内容中,属于局部思维方式,没有考虑到不同程序模块之间的相互影响。即使经过检查可以确认自己所写的代码对模块寄存器的设置都正确,但有可能你写这部分代码时错误地修改了其他模块的寄存器，我想你不会去查看你的代码是否更改了其他地方的内容。对于别人也是同样的情况，这样就有可能由别人的代码将你已经设置正确的寄存器内容改成错误的值。

如果工程师在调试程序时没有考虑到不同程序模块之间的相互影响，错误发生后负责各个模块程序的工程师都只查看自己代码对自己控制模块的结果，最后肯定是每个人都认为自己的程序没有错误，那问题的原因永远都找不到。正确的做法应该是当问题发生后立即检查功能出错模块的相关寄存器，这些寄存器直接体现模块当前的工作状态，如果是相互之间误操作导致寄存器被意外修改，经过这一步操作相信不难发现错误的原因。

只要芯片硬件设计正确，寄存器的内容直接显示芯片的工作状态，这样任何时候工程师查看寄存器，得到的都是模块的真正工作状态，完全可以不用理会进行设置的具体代码。程序的调试不单是检查自己所写的程序是否存在错误，对于别人的错误也要能通过调试发现。如果对于这样的错误都能发现并能找出导致错误产生的具体原因，说明你已经具备了较高的调试能力。留一个问题给大家，结合使用 IDE 工具调试的章节你觉得这种误操作错误怎样调试更容易找到问题根源？

我认识一个芯片厂商的技术支持人员，在我看来他可以说是我所见过技术支持人员中水平最高的。每次遇到问题找他，他并不急于要用户的源代码，而是让我们使程序运行到出错状态，然后停下来对照芯片手册检查相关寄存器内容，吃不准的寄存器会对比它们工作正常的评估板。就是这样，他很少去检查用户代码写得对不对，实际结果是总比别人更快找到问题原因所在，由此可见查看寄存器在调试中的作用着实不小。

常查看寄存器虽然是个好习惯，但也有需要特别注意的地方，在前面提到过有些寄存器对于读操作敏感，比如带 FIFO 的 UART 数据接收寄存器，当 FIFO 里面有多个数据时查看寄存器会导致数据被意外读走，从而导致程序接收数据丢失，对于此类寄存器查看时要格外小心，最好是先通过数据手册检查有没有这样的寄存器，如果有在查看寄存器时不要将其包含在查看范围之中。

5.9 中断的一些特殊情况

中断是单片机的一种特殊资源，主要用在对实时性或周期性要求比较高的场合，比如对外部事件的快速响应，以固定周期输出某些信号量，采用中断就不需要在程序主循环中进行不停的查询和处理，只是在条件满足的时候由硬件自动转往相应中断服务程序，响应完返回原程序后一条指令继续执行。

虽然中断函数可以让程序员的程序的结构变得更为简单，但正是由于其与普通函数处理方式的不同，在使用中自然也会存在一些特殊情况需要加以留意。

1）不响应中断

有的单片机在调试使用 Step In 功能时会将中断自动屏蔽，虽然中断请求信号已经产生，如果一直选择该调试功能执行程序，会出现中断标志已经置上，但不会进入中断服务程序的现象,直到使用其他的调试运行功能。

不同的单片机对中断的处理方式不一定相同,有的会自动清除中断请求标志位,有的则需要人工清除;有的在进入中断程序时自动关中断,退出时自动开中断,有的则是进入时自动关中断,退出时不管中断的开关,还有的进、出时都不管中断的开关。

对于进入自动关中断的单片机就有造成一段时间不响应中断的可能。比如现在同时使用定时中断和外部中断,定时中断通过 I/O 口输出一个脉冲波,外部中断响应按键处理某些事情。如果不按键,定时中断等间隔产生,所输出的脉冲自然也是等间隔。如果用户不停按键,就有可能在按键中断响应的同时定时中断产生,这时定时中断程序需要等到按键处理完毕后才能得到响应,输出的脉冲无法保持相同间隔。就算是单片机支持中断优先级和中断嵌套,而且定时中断优先级高,也会得到同样的结果。

2) 中断丢失

前面介绍 IDE 工具的章节中提到一种情况,少数 MCU 的中断请求标志位只要进行一次读操作就会由硬件自动清除,这种 MCU 在调试过程中要注意防止观察寄存器而将中断请求标志位意外清除,否则可能会导致中断丢失。

中断服务程序写得不好也有可能造成中断丢失,看看这段程序:所有中断共用一处中断向量入口,中断标志位为两个 8 位寄存器,每位对应一种中断,中断产生后相应位自动置 1,写入 1 可以清除当前标志位,需要程序员自己判断中断类型。

```
IntEntry:
    LDA IntStatusH          ;①读中断请求高8位寄存器,为1表示有中断请求
    STA IntStatusTempH      ;②保存中断请求高9位寄存器到临时变量中
    LDA IntStatusL          ;③读中断请求低8位寄存器,为1表示有中断请求
    STA IntStatusTempL      ;④保存中断请求低8位寄存器到临时变量中
    LDA IntStatusH          ;⑤读中断请求高8位寄存器,为1表示有中断请求
    STA IntStatusH          ;⑥清中断高8位中断请求标志位,写1为清除标志位
    LDA IntStatusL          ;⑦读中断请求低8位寄存器,为1表示有中断请求
    STA IntStatusL          ;⑧清中断低8位中断请求标志位,写1为清除标志位
CheckInt_0:
    LDA IntStatusTempH
    AND #b00000001          ;判断临时变量中的bit0
    BEQ CheckInt_1          ;为0表示没有中断,直接判断下一位
IntISR_0:                   ;中断0代码
    ...
CheckInt_1:
    LDA IntStatusTempH
    AND #b00000010          ;判断临时变量中的bit1
    BEQ CheckInt_2          ;为0表示没有中断,直接判断下一位
```

```
IntISR_1:              ;中断1代码
    ...
CheckInt_2:
    ...
IntISR_Ret
    RETI
```

这段代码不仔细看会给人比较好的感觉，一次将所有已经产生的中断标志位读出，然后逐个比较作出相应处理，这样可以加快中断的响应速度，比一次只响应一种中断的做法要好。但如果仔细分析代码就会发现有问题存在，如果在②～⑥步的时候刚好有高 8 位新中断产生，步骤⑥的代码会将新中断的标志位清除，从而导致该中断丢失。低 8 位中断也存在同样的可能性，正确处理代码应该是这个样子，会更安全：

```
IntEntry:
    LDA IntStatusH
    STA IntStatusH
    STA IntStatusTempH
    LDA IntStatusL
    STA IntStatusL
    STA IntStatusTempL
```

3）中断暂停状态

调试程序时常会在中断中设置一个断点来检查是否可以正常响应中断，当程序运行到这样的位置停下来就形成了中断暂停的状态。此时虽然程序停止了运行，并不代表整个硬件系统也随之停止工作，有些特殊情况可能会有部分硬件模块还在继续工作，所以我们应该了解单片机中断暂停后的状态，从而分析这种情况可能产生的影响。

例如，我们需要用 TIMER 定时中断周期性地重复处理同一件事情，所选用的单片机不能在程序暂停的同时停止 TIMER 计数。假设主循环循环一次刚好可以中断 10 次，没有断点这 10 次中断的位置会保持恒定不变，现在在定时中断中的断点让程序暂停了一下，暂停期间 TIMER 继续计数，这样重新启动到下一次定时中断产生所需时间间隔就发生了变化，中断在主循环中产生的位置会和原来不同。

4）中断状态恢复

单片机在响应中断时一般都能自动保存累加器和状态寄存器以及程序指针的内容，中断返回时自动恢复。不过不少单片机为了增强性能会提供更多的工作寄存器，中断基本上都不会自动保存和恢复这些工作寄存器，如果在中断程序中需要用到这些寄存器，一定要在程序中加上相应的保存和恢复处理代码，否则中断返回后无法保证程序恢复到原来状态。

对工作寄存器内容的保存和恢复需要占用一定代码执行时间，与中断的快速性相违背，所以中断程序中应尽量减少这类代码，对于没有使用到的工作寄存器完全没有必要进行保存和恢复。如果是用 C 语言编写的中断函数，会在这方面存在一些麻烦，处理起来不一定有好的效果。

5) 中断响应时间

中断程序并不是中断条件一形成就会立即执行，任何单片机都会存在一个延时，最少都会大于一个指令周期，不可能小于这个时间，至于一些程序员对中断条件一形成就会立即执行其所写中断程序第一条代码的理解更是错误。

中断条件形成后只是由单片机硬件产生相应中断请求，具体什么时间可以被响应由单片机的特性和当时状态决定，如果当时有其他不可不打断的中断程序正被执行，就需要等待其被执行完才能得到响应。

中断被响应后的第一步操作并不是执行程序员所写的具体中断代码，而是由硬件自动保存之前的 CPU 状态，然后才跳转到中断函数入口执行中断函数。如果中断函数由 C 语言编写还会由 C 编译器根据自己情况产生出一些其他代码，图 5.19 所示例子中的函数 Func_CTest2() 在调 Func_CTest1() 之前会由编译器产生保存 PC 指针返回地址的代码。

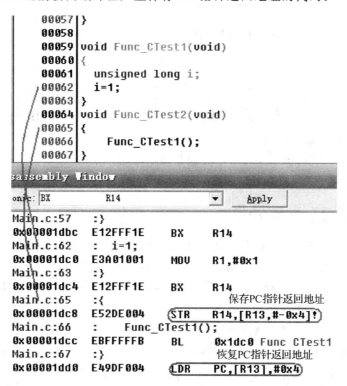

图 5.19　中断汇编代码图

既然中断响应存在延时，在使用定时中断时就需要将代码的延时考虑在内，否则有可能会使所写的定时代码与预期时间存在偏差。

6）中断中调用函数

不少单片机不允许在中断函数里面再调用函数，尤其是一些功能简单的单片机，如果你实在需要在中断函数中调用函数，一定要仔细阅读相关文档，如果文档找不到肯定的答案应该咨询厂家技术人员。

如果单片机不支持中断中进行函数调用，但因为某些特殊原因又必须将代码用函数的方式实现，也还是有应对方法的，即将原来调用函数的指令改为跳转到函数入口的指令，函数执行完使用跳转指令返回原位置。

中断中函数间接调用的实现方式如下：

```
Func:
    ...
    jmp Func_ret        ;跳转返回原位置执行下一条代码
    ret                 ;这一条函数返回指令可以不要
IntISR:
    jmp Func            ;跳转到函数入口执行函数
Func_ret:
    reti                ;中断返回
```

嵌入式系统通常因为其性能的强大，中断程序的管理和调度工作都交由操作系统完成，已经将用户在中断中调用函数的影响考虑周到，可以在中断函数任意调用函数，只是这样做会耗费比较多的存储空间并牺牲响应速度。

无论是哪一种单片机，都不允许对中断函数传递参数。

注：在 1.10 节专门解释了中断，本节内容应参考 1.10 节内容进行理解。

5.10　别迷信文档与硬件

小时候看过一种江湖小把戏，几个混江湖的年轻人在路边摆上一小摊，一块红布悬于摊前，上面歪歪斜斜写着："按 1 2 3 4 的顺序写数字，在不出错的情况下写到 1 000 奖 50 元，2 000 奖 100，依次类推，一元一次！"和象棋残局不同的是，这种把戏赌的是细心，和智力无关，不存在任何猫腻，一元钱就可以博一次，应者如云。既然是江湖把戏，结局不说都知道，能赢的人是几乎见不到的，一般写到两三百的样子就会出错。

这个江湖把戏利用了人的生理弱点，很难长时间把精力完全集中在同一件事情上，对于机械重复性的工作坚持到一定程度思维就会开小差，出现一些无意识的错误。提到这个江湖小把戏是为了让大家明白，任何事情，只要积累上一定量，要想不出错会非常难。写文章时再仔细也会有错别字，考试的题目简单也不容易考满分，等等，都是这方面的例子。

一款芯片的说明文档，少的几十页，多的可能过千页。不管是谁，要想在这么大的文字工作中不出现错误是不可能的,所以文档有错误是一件非常正常的事情。过去的经历告诉我,文档有错误很正常,反而是没有错误才是非常不正常。文档错误的原因是五花八门,许多错误甚至是一眼就可以看出来是属于笔误之类的低级错误。

这几天正好需要 ARM 指令机器码的一些细节,为了保证资料的准确性,特意从网上下载了 ARM 公司的官方资料《ARM Architecture Reference Manual (2nd Edition)》。按说 ARM 公司自己并不生产芯片,只是提供芯片的内核设计技术,其他公司在使用 ARM 公司技术的时候首先参考的就是这份文档,所以对这份文档准确性的要求应该是非常高,可以说是不允许有错误在里面。

事情并没有我们所想的那么美好,即便已经是第二版,里面还是有不少错误,这里给大家展示一处人为疏忽,图 5.20 中很明显是写文档的人将原本为 87 的内容错误地输入成 98。

Thumb instructions

7.1.50　SBC

15	14	13	12	11	10	9	8	7	6	5	3	2	0
0	1	0	0	0	0	0	1	1	0	Rm		Rd	

（9 8 圈出，上方标注 8 7）

The SBC(Subtract with Carry)instruction can be used to synthesize multi-word subtraction.It subtrcts the value of register<Rm>and the value of NOT(Carry Flag)from the value of register<Rd>.The condition code flags are updated,baded on the result.

Syntax

SBC　<Rd>,　<Rm>

where.

<Rd>,　　　Contains the first operand for the subtraction,and is also the destination register for the operation.

<Rm>,　　　Contains the value to be subtracted from<Rd>.

图 5.20　ARM 文档错误图

就连 ARM 这样厉害的公司文档都无法避免错误,更别提其他公司的文档,有些小公司的文档甚至会给你是"粗制滥造"的感觉。

硬件的设计是按照设计文档进行的,现在数字芯片的设计实际上和写程序有点相似,是依照一定的规则将芯片设计人员的逻辑思维通过逻辑电路表现出来。没有哪个设计人员可以说他的逻辑思维不存在疏漏,也许存在一两款设计确实没有疏漏的可能,但在其长期设计工作中不可能做到全部没有疏漏,尤其是在设计一些功能复杂的芯片时,要想没有疏漏可以说不可能。

像 INTEL 这样规模的芯片设计巨头,对芯片设计的可靠性要求非常严,而且 INTEL 现在主要是通过工艺来提升 CPU 性能,并没有针对 CPU 推出多少新功能,但其所推出的新 CPU 也会出现一些考虑不周的情况。而单片机设计厂家不一样,需要随时在 MCU 中增减功

第5章 问题分析与调试

能以满足客户和市场多变的需求,不可能长时间进行设计验证和修改,所以硬件带有错误更是在所难免。

在以往的工作当中遇到硬件有问题的情况实在太多,因为发现硬件问题只能向芯片厂家确认是否确实存在,具体原因只能是自己猜测,所以这里不讨论原因,只是列举出一些例子,让大家知道硬件出错的方式无所不有。

- 芯片可以同时支持 ADC 采样和 PWM 输出,单独使用两种功能都正常,但一起使用的时候就只有一条 ADC 通道可以与 PWM 并用,其他情况 PWM 没有输出。
- 芯片的 SPI 接口为主模式,当 SPI 表示传输完成的寄存器已经将传输结束标志位置上后不能马上读接收到的数据,需要等待几个机器周期,否则读到的数据不对。
- 芯片的第一版、第二版都没问题,不知道什么原因厂家改了第三版,也就是正式量产版,可这个第三版的休眠电流出了问题,部分休眠电流非常大,也不知是怎么改的。
- 从芯片文档看支持 UART 功能,拿到手后才发现其 UART 硬件只支持发送而不支持接收,这叫哪门子硬件 UART。
- 芯片提供硬件 SPI 接口,不过用硬件 SPI 接口可以达到的最高速率居然还没有用 I/O 软件模拟的快,这设计人员的水平真是太差。
- 芯片采用 ARM 内核,寄存器的宽度为 32 位,于是奇妙的事情发生了,对寄存器的读/写操作用 32 位和 16 位的读/写指令都正常,换用 8 位则会失败。
- 芯片的接口兼容另外一款芯片接口的数据格式,因为数据自带 CRC 校验,所以芯片接口提供了是否需要硬件支持 CRC 的选择功能,如果用硬件 CRC,数据总有几个百分点的丢失,可关掉硬件 CRC 改用程序软件计算,数据丢失的情况消失。
- 通常芯片 UART 的发送中断是数据发送完之后才会产生中断,这个芯片为了支持发送 FIFO 并能提供可自由定义的发送中断条件,可以让工程师自己设定 FIFO 中的数据少于多少就会产生发送中断,结果做成了芯片只要打开 UART 功能,没发送数据也会自动产生发送中断,直到永远。
- 芯片在两次函数调用指令之间必须插入其他指令,否则程序就会飞掉。

例子太多不可能一一列举完,目的是让大家明白硬件有错误不足为奇,我第一次遇到硬件错误的时候也是非常惊讶,不敢相信自己的发现,工作时间一长,也就习惯这些错误的存在。现在就是遇到很严重的错误,也只是想能不能通过其他方法将错误避免,不再有当初的惊讶。

无论是文档还是硬件错误,只要发现有不对的地方完全可以大胆假设、小心求证,如果是新人对自己的分析能力没有把握可以先请教周围经验丰富的前辈,得到肯定后再将自己的假设和测试代码一并发送给厂家技术人员,请他们帮助确认,通常他们会给予重视的。

5.11　程序暂停不代表所有模块暂停

用 IDE 工具调试程序时会时不时将程序暂停在不同位置,既然让程序停下来,按普通理解应该是 MCU 的所有模块都会停下来,实际情况并不一定如此。通常 IDE 工具也需要系统时钟支持,即使是在暂停状态,如果没有系统时钟 IDE 工具就无法与计算机通信,所以通常情况下系统时钟是不会暂停的。

先找来一款 MCU 让我们来看看内部构架,我们可以看到其内部有一个 ARM926E 的处理器内核,该内核在 MCU 内部实际上是一个独立的模块,通过总线和其他模块相连。在图 5.21 中标识出的声音处理模块和图像处理模块,与处理器内核实质上是并行关系,可以各自独立工作,前提是需要将各自的寄存器设置好,设置寄存器不一定必须通过处理器内核执行相应程序,可以用 IDE 调试工具直接进行设置。

图 5.21 中的声音、图像处理模块只要设定好各自的寄存器,就可以自主从指定的存储器位置按设定播放声音或显示图像,中间过程并不需要处理器内核进行干预,这一点在讲述总线和 DMA 的章节中已经作过比较深入的介绍,这里不再重复其具体细节。

当程序暂停时,有一点是毫无疑问的,处理器也处于暂停状态,也就是 PC 指针内容不发生变动,直到 IDE 工具继续执行程序。如果你有用此类芯片带声音和图像输出功能产品的调试经验,在程序暂停时你会发现声音和图像会继续输出,并不会停下来。当然如果是由程序控制声音和图像的更新切换的话,暂停时的声音和图像只是继续输出暂停前的设定内容,在程序重新运行前不会输出新的内容。

说到这里突然想起一点需要提示,这里所说的程序暂停不是像我们看 DVD 时按了播放暂停功能,播放暂停功能只是暂时停止播放,DVD 播放机里面的程序还是在继续运行等待用户通过遥控器选择其他功能。

我们可以通过芯片内部的时钟构架图来辅助了解程序暂停时出现这种情况的原因,无论是处理器内核还是声音、图像处理模块,逻辑功能都由数字电路来实现,要使其工作就必须提供一个时钟源,在时钟源提供的时钟脉冲触发下一步一步地执行自己的逻辑功能。从图 5.22 可以看出它们的时钟源虽然都由同一个晶振通过 PLL 倍频后得到,但在后面分成相互独立分支,这样处理器内核和声音、图像处理模块各自具有独立的时钟源。

各个模块使用独立的时钟源说明如果想要在程序暂停运行时其他模块也一并停下来,就必须存在可以控制模块工作暂停的方法,而且该方法必须公开通用。

对于 IDE 调试工具来说,ARM 内核是一个标准件,任何一家公司想推出支持该内核的 IDE 工具,只需按照 ARM 所制定的协议规范进行设计就可以实现对 ARM 内核的控制。其他模块则不同,不同的公司在实现方法上并没有统一标准,如果真有这样的标准也就不会有芯片厂家各自的特色,特色的存在才是芯片公司存在的基础条件。每一家芯片设计公司在设计这些外围模块时都有自己的技术积累在里面,所以不愿意将自己设计其他模块的细节公开太

第 5 章 问题分析与调试

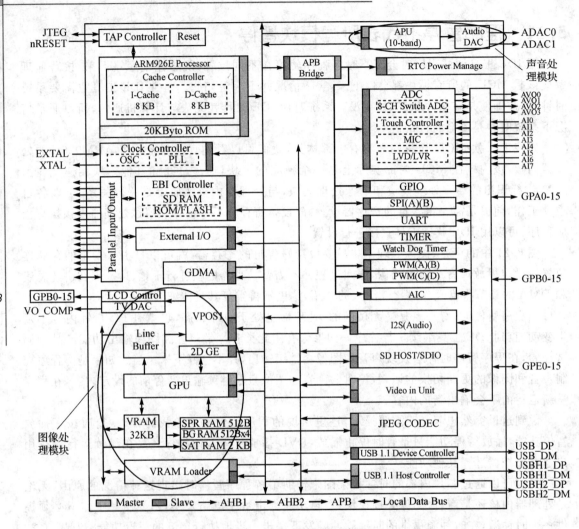

图 5.21 MCU 构架示意图

多。这一系列因素而导致 IDE 调试工具无法同时实现这些外围模块的暂停,除非芯片和 IDE 调试工具全部由同一家公司开发设计。

这种构架的芯片调试的暂停会给程序的工作状态带来一些与快速运行不一致的影响,时钟源的控制会因为没有 IDE 工具通用控制方法而不能控制各个时钟源,当程序暂停时,提供给 TIMER 等其他模块的时钟脉冲会继续,于是 TIMER 内部的计数器也会随之变化,如果使用 TIMER 定时中断,会使 TIMER 定时中断产生偏差。例如,现在程序定时 1 min 中断一次,当程序运行到 30 s 的时候暂停执行 10 s,程序员为了得到与全速运行一样的结果自然希望暂停期间 TIMER 也停止计数,但实际情况不是这样,程序暂停时 TIMER 继续计数,程序就有

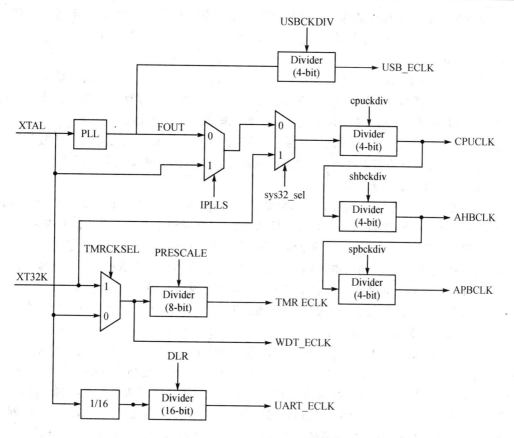

图 5.22　MCU 内部时钟构架示意图

可能继续运行 20 s 之后产生中断，从程序员角度看等效于全速运行 50 s 产生中断。

一些结构简单、芯片整体设计和 IDE 工具都由同一厂家完成的芯片在程序暂停时可以让内部的所有功能模块在程序暂停时一并暂停，这种芯片一般可以由 IDE 工具全仿真，IDE 工具提供一个与芯片引脚一致的接头，可以直接当作芯片连接在开发板上使用。

我们需要知道存在程序暂停而其他模块还会继续工作的情况，这种情况通常不会给程序带来严重的危害，如果在调试工作中遇到这样的情况能够解释出具体原因，用不着当作一个很严重的错误来处理，但也还是要留意其产生的影响。

5.12　几种仪器好帮手

调试工作对仪器的依赖性相当大，有性能完备的仪器支持可以让调试工作事半功倍，万用表、示波器、逻辑分析仪这 3 种仪器在我看来可以说是电子产品开发的必备"利器"，是开发过程中的好帮手。

第 5 章 问题分析与调试

这些仪器在调试工作中的作用相信只要有实际工作经验的人就会知道,不需要我作过多解释,这一节中主要说一下这 3 种仪器使用时的经验技巧和应该注意的地方。

1) 万用表

万用表作为最基本的工具仪器,其价格低廉,目前一块功能相当完善的 3 位半数字万用表,市场上才卖一百多元,不要说公司,就是个人买一块放在家里都算不上什么。作为常用仪表,万用表的用法相对简单,主要用来进行一些静态电气参数的测量。

模拟的万用表的测量结果采用表针显示,存在表盘刻度非线性、测量前需人工校零等操作不便的特征,不过现在模拟表基本已经淡出市场,我们就不去了解模拟表的用法了,只是针对数字表讲一些基本方法和技巧。

万用表常用来测量电阻、电容、电压、电流参数,也可以用来测量二极管和三极管的引脚特性,这都是大家所熟悉的方法,不过即便是常用方法,在测量时也有一些地方需要加以注意。

(1) 使用完应立即将表笔插回测量电压、电阻位置,防止他人在表处于测量电流状态时误操作进行电压测量,这样万用表电流挡直接在测试位置短路,可能造成板上器件烧毁。

(2) 有时候想知道时钟信号有没有给出来,可身边没有示波器,其实可以用万用表来检查,将表打到电压测量功能,交、直流都可以,测量时钟脚上的电压,如果得到一个不高不低的中间电压就说明时钟信号已经给了出来。

(3) 对于邦定到板上的 IC,存在相邻引脚邦短路或引脚未邦上的可能,这种情况可以用万用表进行基本检查。先用电阻测量功能测试每一条引脚分别对地和电源的阻值,通常是一个比较大的数,如果不知道数为多大才算正确可以用一块功能正常的板作对比,如果引脚未邦上会得到一个非常大的值。再两两测试相邻的脚以检查邦定是否存在短路。最后将表打到二极管测试功能,将黑表笔接地,红表笔接引脚,通常邦定正常的脚会显示 0.67 V 的结果。

(4) 尽量不要在板带电状态测试电阻,除非你对硬件电路非常熟悉,虽然带电测量方法可以满足一些特殊的测试需求,但因为测量电阻两表笔会主动供电,有可能和板上电源产生冲突损坏器件。

(5) 如果是用电池的产品,可能需要测量关机电流,一般要求关机电流不超过 10 μA,可能有人认为这么小的电流一般万用表无法测量,实际上普通数字万用表可以提供到 0.1 μA 的精度。

(6) 万用表的测量结果是相对其黑表笔的地而得出的,由于多数万用表为电池供电,具有完全独立的地,所以对黑表笔的地测量位置没有任何限制,可以在被测量电路的任意位置。但如果遇到是交流电源供电的特殊万用表,要注意其黑表笔的地与被测量电路地线之间是否相互独立。

2) 示波器

所有仪器、仪表中,示波器是我觉得最重要的,如果开发工作只能选一种仪器,我肯定毫不犹豫地选择示波器。

第5章 问题分析与调试

相对于万用表示波器的价格要高不少,当然功能也要强大许多。示波器无论是动态还是静态的电气信号,都可以测量,甚至还可以针对视频信号这样的特殊信号采用特殊的捕捉方式。早些年示波器也是模拟为主,数字示波器价格相当高昂,不过现在模拟示波器已经基本退出市场,数字示波器的价格也下降得非常厉害,像普源 100 MHz 双通道的不到 3 000 元就能买到。

说到这里不禁想起一句话:美国人发明技术,产品是日本人做好、韩国人做烂、中国人做得没钱赚。此话细细一想好像还真是那么回事,台湾人也是中国人,这里我会将最后一句改为"中国人做得没钱赚(其中台湾人做得对手没钱赚)"。正是台湾在芯片领域的贡献,让我们时刻都能感受到终端电子产品降价带来的快感,像手机、大屏幕平板电视,无一不是台湾的微电子技术人员让其价格转瞬就降到连用户都不敢相信的价位。

示波器的操作比较复杂,尤其是数字示波器,说明书是厚厚的一本,如果没有说明书的指导,许多功能都难以摸索出来,新人甚至会出现不会使用的情况。如何使用示波器只能是参阅使用说明书,别无它法,这里和万用表一样也列出一些使用示波器的经验。

(1) 示波器测量的信号只能是电压,所以示波器的探头对实际电路中的电气特性会带来一定影响,影响的大小与探头的阻抗特性成正比,在选用示波器的时候一定要留意探头的阻抗特性。

(2) 数字示波器采样方式为离散采样,也就是每次采样都会间隔一个固定的周期,所以这个周期越小越好,当然周期越小价格自然也越高。数字示波器将离散采样所得的电压值利用数字信号处理的一些特定方法恢复成连续的波形,这样就有可能出现恢复出来的波形与实际波形不一致的情况,一般在使用说明书中会提到这一点的。

(3) 使用示波器有时候会遇到这样的奇怪现象,即接口功能不正常,连上示波器后观察到的波形正常,此时接口功能也变为正常。这样的情况看似不好解决,一般是接口需要上、下拉电阻但实际电路没有接,如果增加上、下拉电阻问题依然存在,可以尝试在接口上并联一个小电容。

(4) 因为示波器需要使用交流电源,如果开发板和仿真器也是使用交流电源可能会出现共地故障,就是示波器的地和开发板的地相互之间不独立,存在一个电压差,导致示波器地夹到开发板地的时候出现打火、开发板复位等异常情况。这种故障解决方法只能是更换开发板和仿真器的交流电源,或者先连接示波器,然后给开发板上电强制共地,这样做安全性存在一定问题。

(5) 如果示波器显示的信号幅度非常大,外观接近周期振荡的正弦波,应该是示波器探头接地不良,未能将示波器的地和被测量电路连在一起。

(6) 和万用表不同的是,示波器为交流电源供电,如果和被测电路的地相互独立,示波器探头的地可以接在被测电路的任意位置,但要留意如果是多通道示波器不同探头的地应该接在同一位置。如果示波器的地和被测电路的地没有相互独立,需要切断两者地之间的关联后

第5章 问题分析与调试

才可以开始测量。

3) 逻辑分析仪

示波器虽然可以用来抓接口的通信波形，但其所抓的波形宽度有限，如果需要查看长度比较大的通信数据包，示波器就显得有些"力不从心"。逻辑分析仪正是对示波器这个不足的有力补充，不过只能对被测信号作出0和1的逻辑判断，而示波器是精确的电压值。

逻辑分析仪的价格要更高一些，其特点就是可以将一个信号以固定的间隔采样比较为逻辑1和逻辑0两种状态，从而可以记录比示波器大许多倍的信号宽度，正是这个特点使其在调试串行通信数据方面可以"大发神威"。另外，它相对于示波器逻辑分析仪可以提供更多的通道，可以高达几十个，对于并行接口信号的分析也是相当便利。

以前纯硬件实现的逻辑分析仪价格高昂而且功能有限，现在不少公司推出了USB接口的便携式逻辑分析仪，由硬件完成采样，然后通过USB将数据传输给计算机显示，这样省掉了硬件显示部分的成本，计算机软件的人机交互界面在数据分析显示方面功能非常强大，从而在性价比方面是远超纯硬件的逻辑分析仪。

因为逻辑分析仪只是对被测量信号进行1和0的逻辑状态判断，所以有一个参数的设置非常重要，这就是1和0逻辑的比较电平，使用时需依据实际情况设定这个电压值。逻辑分析仪不能测量电压幅度过大的信号，因为其原理只是为了捕捉信号的逻辑状态，通常探头不支持被测量信号的衰减功能，也没有相应过压保护电路，所以电压过大有可能损坏仪器。

逻辑分析仪将被测信号转成了1和0的逻辑状态，所以信号回显出来就只有高、低两种状态，原始信号中的上升、下降这些特征统统都被滤掉，如果想要看原始信号的真实波形，还得需要使用示波器。

逻辑分析仪是将被测信号采样所得的1和0状态存储在内部的存储器上，这部分存储器的容量肯定有限，所以每次只能存储一定长度的信号，不同信号的频率会不相同，为了尽可能地一次存储更长的信号逻辑值，逻辑分析仪可以由用户设定其采样频率。这个采样频率的设定最好大于被测信号的4倍，但也不能太多。太小回显的波形容易与实际波形相差过大，太大则无法捕捉长的数据包。

逻辑分析仪的采样频率是以其内部的时钟源为基准，被测信号则是自己的时钟源触发信号的输出，这样就无法保证两个时钟源能完全同步。例如，逻辑分析仪最大采样率为100 MHz，可被测信号是6 MHz，逻辑分析仪只能提供100 MHz/50 MHz/25 MHz/12.5 MHz/6.25 MHz这样的选择，所以与被测信号始终都无法同步。如果被测信号为等占空比的方波，逻辑分析仪回显的波形会是宽窄存在变化的非等占空比方波，采样频率越高，与被测信号就越一致。

可能会有少数人在工作中用到其他一些特殊用途的仪器，这类仪器大都价格不菲，而且只是适用于特定场合或行业，因为我自己也不熟悉，所以在此就不作介绍了。另外，有一些像频率计、信号发生仪这类的仪器虽然算是通用仪器，但在我看来对于大多数电子产品实际应用价值不算太高,也不作相应介绍。

仪器相对来说比较宝贵,通常在公司会当作公用设备使用,虽然是公用设备,但可以为我们技术人员的开发工作贡献它的价值,所以在工作中一定要养成爱护仪器的好习惯。当调试不顺的时候,千万不要把气撒在仪器身上,像有些技术人员在问题长时间没有头绪时就用拍打仪器的方式来发泄内心的郁闷,这是万万不可取的。使用完仪器应该尽快关电,收好配件后将其摆放回原有位置。仪器也有自己的生命期限,只有爱惜它才能让它在有限的生命期限之内为我们做出更大的贡献。

5.13 多用计算机工具软件

无论从事何种产品开发,开发人员具备广博的知识都会对开发工作起到正面推动作用。单片机作为一门与计算机同根同源的技术,在技术上的相互融合非常紧密,许多情况下甚至很难将两者进行区分,所以计算机技术可以为单片机提供许多支持。

在数字信息处理技术方面,单片机和计算机使用的是同样格式的各种媒体文件,如常见的声音、图像、视频等文件。这些文件的数据格式采用通用标准,不会因为应用在单片机或计算机的不同而制定两套不同的标准,一般来说对于这些数据的处理方法和技术计算机相对于单片机要领先,如果在单片机使用这些数据时能利用计算机的性能,对开发过程会有一定程度的帮助。

实际生活对前面所提到的媒体文件的应用要求对单片机和计算机是一致的,但计算机除了在处理性能和技术上要领先外,通过计算机使用这些媒体文件的程序员的数量处于单片机完全不能相比的数量级。正是这些海量计算机程序员的存在,在网络咨询如此发达的今天,应用于这些媒体文件的计算机工具程序、源代码在网上几乎是随处可见,而且功能是无所不有。可以说各种程序应用需求都使得计算机程序员将其经验或成果放在网上与他人共享。

得到计算机工具软件的帮助方式主要为两种:一是利用已有的计算机工具程序帮助单片机进行数据分析与处理,二是自己在计算机上针对产品需求编写工具软件帮助单片机进行数据分析与处理。我们通过一些例子了解一下这两种方式的功效。

例如,我们需要通过单片机播放一个声音文件,或者是用单片机实现录音功能并将录音所得的数据存储为标准的 WAV 文件格式。利用现成的计算机工具软件就可以大大提高开发速度,单片机播放声音文件不成功的原因不外乎两种,即所播放声音文件数据格式出错和单片机程序有问题。如果不利用计算机工具软件,就只能是在单片机程序的调试过程中一点点地核对程序所读到的声音数据,看读过来的数据格式是否与文件标准一致,只有在确认一致后才好查找单片机程序的原因。

有了相应计算机工具软件情况大不一样,检查声音文件数据格式的工作可以交由计算机工具软件完成,如图 5.23 中所用的 CoolEdit,只要数据格式正确,就可以将声音的各种指标和波形显示出来,还可以让使用者在计算机上听任意位置、任意长度的具体效果。

第 5 章　问题分析与调试

图 5.23　CoolEdit 界面示意图

　　利用这类工具除了可以检查所用的数据文件格式是否正确外,还可以生成测试用数据。例如,现在需要编写一个单片机播放 WAV 文件的驱动程序,就可以用 CoolEdit 从任意一个 WAV 文件中生成自己需要的格式,可以更改单/双声道、采样率、位宽这些参数。

　　对于单片机录音功能如果录音和播放的设置都出现同一个错误,用单片机进行自我测试有可能无法发现错误。例如,设计是按 8 000 的采样率录音播放,实际却设置成了 16 000,这样的错误单片机播放自己录的声音听起来是正常的,只是数据占用的空间大了一倍。使用 CoolEdit 打开单片机存储的录音文件,一眼就可以发现这种错误。

　　编写单片机显示驱动利用计算机所带的画图工具也有非常好的帮助作用。我自己在编写单片机显示驱动时会先直接显示一整屏的单个颜色,通常是红、绿、蓝、白、黑这几种;单色显示正常后就会用画图工具画出高和宽满足要求的简单彩条和方格,如图 5.24 所示,只要彩条和方格显示正常,显示驱动就基本成功;剩下的工作就是用复杂一些的图测试综合效果和检查驱动的稳定性。

第 5 章　问题分析与调试

彩条和方格对于显示驱动的宽和高设置调试有着良好的效果,如果宽度设置不对,会出现图像如图 5.25 显示倾斜这样的特殊效果,呈现出很好的规律性,如果是复杂的画面,显示的结果屏幕上各种颜色杂乱无章地堆积在一起,让程序员不知所措。

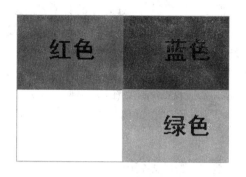
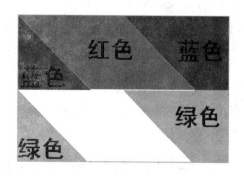

图 5.24　测试用彩色方块图　　　图 5.25　显示宽度错误示意图

虽然在网上可以找到无数的计算机工具软件,并不代表可以找到满足自己任意需求的计算机工具软件。同样是单片机对声音播放和图像显示功能的实现,直接使用现有的计算机软件有时候会存在一些不能完全满足需求的情况,这个时候就需要程序员自己编写一些计算机工具软件来完善这些不足。

声音和图像文件都有一个文件头,里面包含一些对文件数据格式进行描述的参数,有时候单片机使用的数据为固定格式,而且数据需要存储在单片机程序之中,这样文件头就会占用一定的程序存储空间,如果能去掉自然最好。这样的情况我们可以自己编写程序将前面工具生成的声音和图像文件进行二次处理,将文件头去掉,只保留具体的数据,然后再加入到单片机程序中进行播放和显示就得到更理想的结果。

还有这样的情况,像我们有时需要量化测试硬件的某些指标,如声音播放,我们除了知道单片机的输出失真度外还需要知道外部的功放和喇叭的实际性能。这样就需要我们使用一些特殊的声音波形来进行相关测试,通常是让单片机播放不同频率的正弦波,然后在各级输出使用仪器测试失真度。现有的计算机工具软件不具备这样的功能,大部分单片机对数学函数的运算处理能力有限,如果用信号发生仪产生所需的波形输出到喇叭然后再录下来,中间过程会引入非常大的杂音,效果肯定不好。自己编写程序会使这个过程变得非常简单,在计算机上用程序产生所需要的正弦波声音文件,可以得到非常好的效果。

根据我过去的工作经验,自己编写计算机工具程序可以在数据处理和转换方面发挥出巨大的功效。数据处理和转换对编写计算机程序的能力要求并不高,只要会 C 语言编程并熟悉文件操作就可以满足大部分需求。除了这方面的应用,还可以在计算机上模拟一些用 C 语言编写的程序效果,像嵌入式系统就可以先创建一套模拟器,应用程序在模拟器的环境中进行调试,调试正常后再放到真正的硬件上观察实际运行结果,这样做可以大大节省应用程序的调试

第5章 问题分析与调试

时间，WINCE所带的模拟器就是这方面的典型例子。

作为一名单片机程序员，熟悉计算机操作肯定是必备要求，如果计算机操作都不过关就别指望可以在单片机开发上能有所作为。所以单片机程序员一定要具备良好的计算机技能，而且善于利用各种计算机工具来辅助产品开发。这个"善于"很重要，面对同样的计算机工具软件，有人可以在产品开发中大为所用，可有的人却是不知所为。像分析测试数据，善用工具的人就利用Excel，不善于使用工具的人只会依靠自己的眼和手。

如果单片机程序员同时具备良好的计算机程序能力，无疑是一件非常理想的事情，但这种要求对于大多数单片机程序员都不现实。不现实不代表我们就不需要在这方面做出努力，毕竟会计算机程序编写可以给单片机产品开发带来不少便利，所以在可能的情况下，我们应该尽可能地提高自己的计算机程序编写能力。

5.14 串口通信不能使用隔离变压器分析实例

应聘者来面试到最后我都会问一个问题："你在过去的工作经历中肯定遇到不少问题或难题，有没有经过你自己的努力最后找到了问题的原因或解决了难题的例子？如果有请给我列举两个。但是要注意，我不希望听到产品工作不正常，经过长时间辛苦查找终于发现是某个寄存器设置不对这样的例子。"问这个问题的目的是想知道应聘者解决问题的能力。

这是我刚参加工作时自己独立分析解决的第一个问题，之所以将其作为问题分析的第一个实例，在我看来是因为这个例子可以比较容易理解，也能适当体现思考问题、解决问题的能力。

来看一下我当时所遇到的情况，看看是不是真如我所说能比较好地体现一个人分析问题、解决问题的能力呢？相信本例会给你带来一些启示。

当时我和其他刚出校门的"雏鸟"一样，什么都不懂，就是学校里面学了一点半懂不懂的专业课，和现在的"雏鸟"相比当时的我所知道的东西都是少得可怜的那种。差到什么地步呢？觉得装计算机那都是一项非常有技术含量的工作，就是让我装我也不会装、不敢装。当然也不是半点自信都没有，毕竟在学校也经常从一些电子、计算机的杂志书刊上摘抄一些自己认为有意义的技术文章，自认为还是有一定理论基础的。

我所进单位的部门成立不久，进去时产品的开发工作已经开始，产品是户外工业级的控制设备，对可靠性要求比较高，设备需要通过串口与其他设备或者上位机通信，带我的师傅说为了提高可靠性串口的通信速率设得要非常低，300 bits/s。

硬件电路都是参考其他部门现有产品的电路，出于防雷击等安全因素考虑在串口上加有隔离变压器进行保护。就是在这个隔离变压器的使用上出了问题，如果不加隔离变压器，串口通信正常，一旦加上隔离变压器通信就会失败。

我进去时这个问题已经存在一段时间，没有人跟进解决。如果是隔离变压器有问题，串口驱动板和隔离变压器都是从别的部门直接拿过来的，在他们那边工作正常，这种假设不成立。

如果是我们的硬件或程序有问题,可只要不装隔离变压器通信就正常,这种假设同样也不大可能。

那时候资讯没有现在这么发达,现在遇到什么新元器件,上网一搜,十有八九能找到相关资料。当时资料只能是直接向厂家要纸质文档或者自己到书上查找,所以对隔离变压器的工作原理什么的是一无所知,同样串口转换板的芯片也没有任何文档资料,这种条件下要查找问题原因还真有点不好办。至于示波器之类的仪器那可是贵重设备,专人保管、轮流使用,我这种新人上班时间基本上是没有机会"轮流"到的,下班后仪器有空了可我不敢单独用,怕弄坏了赔不起。

初生牛犊不怕虎,出于想表现自己能力的目的,我暗地里开始分析查找原因。隔离变压器既然叫做变压器,想必其基本工作原理和普通变压器应该是相同或相似,那我就把它先假设成为一个变压比未知的普通变压器来理解。然后装作有意无意的样子问师傅为什么别的部门可以通信,两边有什么不同,师傅说设置都是一样的,只是他们的通信速率高一些,是 9 600 b/s。

听到这个消息我心头一动,想到变压器只能传递交流信号。300 b/s 的通信速率,又是方波信号,每个位大约为 3.3 ms 的高低电平,如果发送的是全 0 或者全 1 则高低电平的持续时间超过 26 ms,按照普通变压器的理解应该很难维持这么长的恒定电平,这样就有可能因为隔离变压器导致通信方波畸变,从而导致通信失败。9 600 的波特率是 300 的 32 倍,对波形高低电平的持续时间只要 1/32 就够,所以 300 b/s 失败而 9 600 b/s 成功是能够解释过去的。

接下来就是做实验验证,虽然仪器不便私下使用,但动串口驱动板还是可以的,一块驱动板最多也就几十元,要我赔也赔得起。下班后开始自己的实验,产品的程序我不懂也不会使用调试器,但我可以用变通的方法,将两台计算机用串口驱动板连接,然后用 TurboC 编写计算机串口程序进行测试,波特率设为 9 600 通信成功,设为 300 通信失败。

看来真有可能就是我所猜测的原因,找来烙铁,将串口驱动板上的隔离变压器取下来,直接短路,再测 300,通信成功。次日强压着内心的喜悦向师傅汇报自己的假设和测试结果,希望师傅帮助用示波器检查一下波形,对我的假设进行确认。示波器看到的波形正如我假设的一样,300 b/s 的设定通过隔离变压器后高低电平维持不住,会逐渐下降,我的假设正确。

这个例子没有用到高深的知识或者技能,也没有经验的支持,完全是针对问题利用基本的电子电路知识进行假设分析,找到各方面都能解释通的假设后再做实验验证。当然一开始和功能正常的速率作比较,找出两者的不同再开始假设也很重要,这都是分析问题、查找问题原因的基本方法。除此之外,具备基本的专业技能基础也很有必要,如果刚出校门的我不会烙铁、不会 TurboC 编程,就是假设对了也无法通过实验进行验证。

5.15 Cache 导致录音有杂音分析实例

有一个产品需要实现录音功能,其实录音功能的实现并不复杂,给出一段存储录音的数据缓冲区,如果 MCU 自身支持 DMA 录音就可以将录音数据自动保存到这段数据缓冲区中,数

第5章 问题分析与调试

据填满产生中断再将数据保存起来。当时产品所用 MCU 设计上对于我们的应用需求支持不够理想,录音属于芯片的 ADC 功能,我们的产品对 ADC 功能除了录音外还需要检测触摸屏、电池电压和一组用电阻分压的模拟键盘,对于这几个功能要求每秒完成 30 次检测。

采用的 MCU 内部只有一个 ADC,也就是说,同一时刻只能从录音、触摸屏、电池电压和键盘中选一种进行 ADC 转换,要实现这些功能的同时支持,就只能是轮流采样。录音的采样率最少为 8 000,显然要和其他几种功能分开,否则系统资源会完全被 ADC 中断占用。

当时的做法是录音一小段后完成一次触摸屏、电池电压和键盘中的 ADC 转换,这样既能得到录音的高采样率,也可以保证其他 ADC 功能达到每秒 30 次。从实际情况出发我们定义了 3 组数据缓冲区,每组缓冲区分成 8 小段,每次录音只录一小段,录音所得数据用 DMA 自动保存到数据段中,8 小段全部填满后切换到下一组缓冲区。

用 3 组数据缓冲区是为了让应用程序从缓冲区读取数据更可靠,录到的数据最迟读取时间是 2 组缓冲区的 2 倍,避免出现偶然读数据不及时而导致录音数据丢失的情况。将缓冲区分成 8 小段,可以保证不同的录音采样率都能将其他的 ADC 功能控制在每秒 30 次左右。

对于不同的录音采样率,我们在驱动中按表 5.2 进行设置,比如表中 8 000 的采样率对应的 DMA 设置是每次传送 272 个样本,也就是录音采样 272 个样本后产生中断,这样完成一小段录音所花时间为 272/8 000 = 34 ms,大约为 29.41 Hz,基本满足产品每秒扫描 30 次的要求。

表 5.2 录音工作状态表

采样率	8 000	11 025	16 000	22 050	32 000	44 100	48 000
Buf 大小	4 352	5 888	8 704	11 776	17 408	23 552	25 112
样本数	2 176	2 944	4 352	5 888	8 704	11 176	13 056
DMA 长度	272	368	544	736	1 088	1 472	1 632
DMA 周期/ms	34	33.4	34	33.4	34	33.4	34

当驱动程序完成后测试发现一个问题,对于 8 000/11 025 采样率录音数据完全不对,无论录音环境怎么改变,得到的数据总显示为一个周期性的干扰波,无法得到正确的录音数据,于是我们针对驱动作了一个综合测试,逐一查看每种设定所得到的波形。

所有测试 DMA 均使用相同的数据缓冲区,为保证测试条件一直要求 3 组缓冲区在固定位置(当时起始地址分别为 0x211740、0x219440、0x209a40),而且保证空间足够大。要求测试环境非常安静,这样得到的录音数据正常情况下应该是一条直线。

11 025 采样率在 DMA 一次传送不超过 400 字节的情况下得到的波形和 8 000 采样率相似,无论什么采样率,DMA 一次传 512/736/800/1 088/1 472/2 176/2 944/3 264 字节所录得的波形均正常。

从图 5.26～图 5.30 的测试结果看,干扰的出现和采样率应该无关,基本规律是随 DMA 每次传送字节数的减少干扰逐渐加大,这样好像和 DMA 的设定有关。进一步检查驱动程序代码,程序中没有发现错误,用仿真器跟踪调试程序流程完全正确。如果是缓冲区空间不够溢出而导致的错误,应该是高采样率出错才对,这种假设成立的可能性比较小。

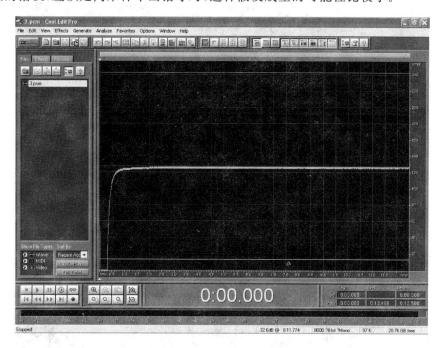

图 5.26   8 000 采样率、DMA 一次传 432/416 字节、正确录音波形图

虽然驱动程序经过充分的检查和调试没有发现什么问题,但并不能百分之百肯定程序就没有错误,还得接着调试检查自己的程序,几天下来无任何其他发现。只好联系芯片的设计人员,将详细情况反馈给他们,请他们帮忙检查一下我们的方法和程序是否正确,可他们的回复是用 DMA 保存数据的方法是可行的,而且他们已经验证过,我们的程序他们检查也没发现什么问题。

这种情况只好再次请求设计人员提供他们的测试代码给我们做参考,运行他们的测试代码录音数据确实正常。既然有一种程序正常,对比法就派上用场,我们可以对比这两个程序,两者设置不同的地方有可能就是原因所在。可是经过对比检查发现有关寄存器设置都一样,最有可能出错的地方排除。最后终于发现一个不同点,虽然设计人员的测试程序录音 DMA 的地址也是变化的,但地址是持续往后递增,而我们的程序是在 3 组缓冲区中循环切换。

再来观察有问题的录音数据波形,干扰信号的出现和 DMA 地址切换时间一致,看来应该从这里重点进行原因查找。从问题波形可以看出每次 DMA 的长度小于一定值就会出现问

第 5 章 问题分析与调试

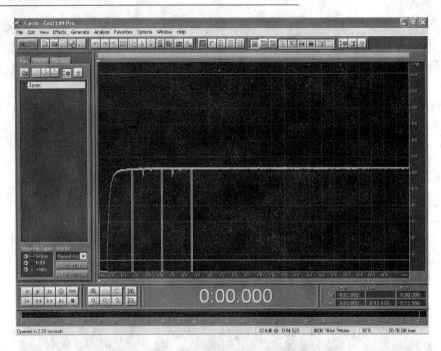

图 5.27 8 000 采样率、DMA 一次传 400 字节、前面有 3 个干扰录音波形图

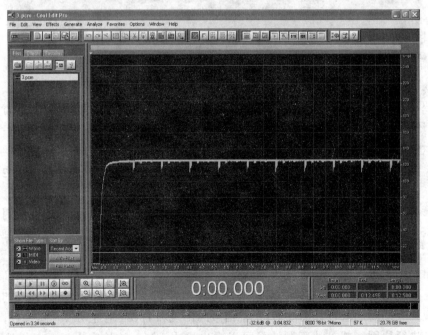

图 5.28 8 000 采样率、DMA 一次传 384 字节、干扰持续间隔出现录音波形图

第 5 章　问题分析与调试

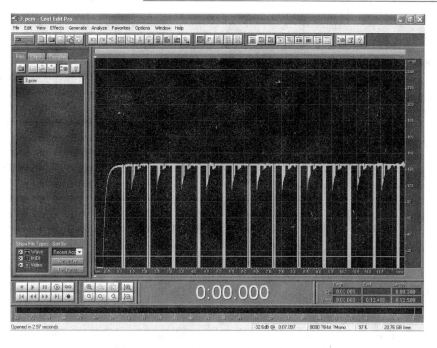

图 5.29　8 000 采样率、DMA 一次传 336 字节、干扰持续间隔出现录音波形图

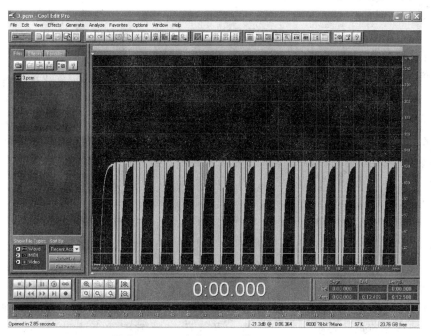

图 5.30　8 000 采样率、DMA 一次传 272 字节、干扰持续间隔出现录音波形图

题，难道是 DMA 对每次传输数据的长度有限制？凭经验这种可能性不大，不过还是要验证一下，于是将设计人员提供的代码进行修改，将 DMA 的传输长度改小，结果是无论怎么减小数据依然保持正常。

好像到了山穷水尽的地步，我们的产品不可能用 DMA 传输地址一直递增的方式，没有那么大的缓冲区给应用程序用，所以必须用三缓冲区轮流切换的方式。虽然之前对比检查程序没发现错误，但人工比对检查存在疏忽的可能，应该将我们的录音检验程序也改为地址递增的方式，再看看是不是真没有错误。这次看到了让人振奋的结果，我们的程序改成地址递增方式所有数据也都正常，将设计人员的程序改成循环地址模式，同样出错，这说明我们的程序就录音部分来说是正确的，不存在错误。

有了前面的验证结果可以肯定错误产生的根源并不在录音驱动程序本身，应该是芯片与之有关的某个特性导致的。分析 MCU 的框架结构，ARM 的内核，包括 ADC、DMA 在内的所有功能模块通过总线与 CPU 相连，内部 I-Cache 和 D-Cache 各有 16 KB。这里的 DMA 和 Cache 字样引起了我们的注意，因为 DMA 的数据传送是直接经总线到达 SDRAM 对应缓冲区的地址，而驱动程序由 CPU 执行访问的内容是 Cache 中的内容，Cache 的容量有限，由 Cache 管理器决定其与 SDRAM 中的内容同步。

我们的驱动程序录音数据是由 DMA 直接写入 SDRAM，而录音测试程序的读数据操作实际是针对 Cache 进行的，虽然 DMA 会向 SDRAM 不停地写入新数据，但此时 CPU 并不知道这个写操作，也就是 Cache 管理器不知道 SDRAM 中的内容已经更新，这样就存在一种可能，即如果测试程序对数据的读取操作局限于一小段空间内，读到的内容可能始终都是 Cache 中没有更新过的数据。

这个假设看起来很可靠，不但可以解释出错的原因，对于不出错的情况也能解释。出错时都是低采样率，每次采样占用的缓冲区不大，录音驱动程序读取的录音数据局限在 Cache 映射范围之内，每次读回的数据都是 Cache 中的内容，并不是 SDRAM 里的新数据，所以得到周期循环的错误波形。而高采样率每次采样占用的缓冲区大小会变大，当测试程序循环读这 3 组缓冲区时，读取的地址范围会超过 Cache 的最大容量，所以每次切换读缓冲区都会自动触发 Cache 与 SDRAM 之间的内容同步操作，同样是读 Cache，但数据已经是最新数据，所以录音数据正常。

现在几乎可以确认问题是由 Cache 导致的，接下来就是写程序验证这一假设。在测试程序中将 Cache 禁止，所有测试情况录音数据正常，假设得到验证。出现问题的原因虽然找到，但不代表问题得到解决，芯片不大可能就此问题作出修改，实际上也无法修改，就是修改产品开发时间也等不及。那关掉 Cache 不是可以保证录音数据正确吗？测试告诉我们如果禁止 Cache 程序的运行速度会慢许多倍，同样不可行。那只在录音的阶段禁止 Cache 呢？这样对产品的整体速度影响虽然要小一些，但只要一开录音功能，效率就会异常低下，站在用户的角度这也是不允许的。看来还得想一个影响最小的方法，理想的标准是用户察觉不到这个问题的存在。

既然是 Cache 导致的,那从 Cache 管理的特征出发能不能找到解决方法呢?我们知道对于 Cache,通常 MCU 除了自动同步更新外,也给用户提供了一些特殊的控制方法可以人为控制同步更新,只是这些控制方法很少使用。对于这个 ARM 内核的 MCU,可以通过 ARM 的一些特殊指令来控制从 SDRAM 到 Cache 或从 Cache 到 SDRAM 的内容更新,当我们的程序去读录音数据时,先执行一次从 SDRAM 到 Cache 的更新特殊操作指令,这样就保证从 Cache 中读取的内容是 SDRAM 中的最新内容,测试结果显示该方法完全满足性能要求。

对 Cache 的人为干预测试虽然测试结果显示效果良好,但从开发角度看还是不能让人百分之百放心,毕竟系统不建议人为干预 Cache 的管理,如果控制不好有可能导致同步出错,但这种可能是无法预知的,只有经过大量测试才知道是否存在。所以有另外一种备用解决方法才是最好,既然问题的原因是 Cache 没有从 SDRAM 同步更新数据导致的,那我们可以想办法保证同步更新操作一定进行,前面的特殊指令就是这样的方法。Cache 的总容量并不大,只有 16 KB,那如果驱动程序在读录音数据之前先将 Cache 完全映射到别的地方,再执行读数据指令,这样不是就会自动让 Cache 从 SDRAM 中更新录音数据了吗?测试结果验证这种想法是正确的,如果将驱动程序改为读录音数据之前强制读一遍位于其他位置的 16 KB 空间,然后开始读录音数据,测试结果显示录音数据同样正确。

对于这类问题的分析查找过程是非常枯燥乏味的,如果之前你刚好碰到类似的情况,解决起来可能不会花费太多时间。但如果你之前没有相关的经历,芯片厂商的设计人员虽然知道这种可能但他们因疏忽没有提醒注意这点,实际上他们要面对各种各样的客户,不可能去提醒这些点点滴滴,就只能是靠自己去"磨"。

"磨"是一位前辈传授给我的经验,如果遇到问题许久依然找不到原因所在,肯定是你"磨"得还不够。一个"磨"字很确切地体现了查找问题原因的不易,要想自己成为解决"疑难杂症"的"妙手神医",恒心和毅力是必需的,无论当前面对的问题有多难,一定要坚信只要有人实现过你也一定能实现,即便真的不能实现你也能讲出不能实现的理由。

对于产品开发中所遇到问题的分析和解决方法还是有一些经验可循的,通过这个例子,我们都能总结出一些经验:

(1) 遇到问题应尽量依靠自己进行分析,这个是基本要求。

(2) 对比法是一个非常有效的方法,如果别人的方法工作正常,应详细对比两者的不同,再对不同点逐个进行测试验证。

(3) 如果自己分析了一段时间还没有找到原因,应及时寻求其他力量支援,向领导汇报或咨询厂家技术人员都是可行之道,万万不可继续独自"钻死胡同"。

(4) 样板程序正常不代表真没问题,有可能样板程序刚好工作在问题不会暴露的工作状态。

(5) 如果用了所有方法还是没找到原因所在,建议先暂时把问题放一放,让头脑轻松一下,过几天再继续钻研。

(6) 真地出现问题不能解决的情况也不必过于自责,但要你自认为已竭尽所能。

5.16 Cache 导致 RAM 验证结果不对分析实例

有了 Cache 录音问题分析的经验后,再次遇到和 Cache 有关的问题分析起来要容易不少,问题是百出不穷,同样的原因换个表现方式又可能会折腾上你一阵子。

现在遇到的问题有一点戏剧性,产品设计是带 32 MB 的 SDRAM,为了应用程序开发方便我们决定开发板用两片 32 MB 的 SDRAM,目的是加快产品开发速度,因为产品的软件底层系统平台不可能一下就做得很好,前期通过硬件平台的大容量来支持空间未作优化的软件底层系统平台,这样可以让后面写应用程序的人早一点在底层系统上开发应用程序,在应用程序开发的同时底层开发人员将系统空间优化到 32 MB 之内,实际产品生产时则只放一片 SDRAM。

选用的 MCU 同时支持 16 bits 和 32 bits 位宽的 SDRAM 连接模式,芯片厂家给我们提供了他们的评估板,评估板 SDRAM 连接方式为 16 bits 单片,我们自己的开发板是 16 bits 两片并联成 32 bits 模式,为稳妥起见我们要求对自己开发板的 SDRAM 进行验证测试,以保证对 SDRAM 容量和访问时序的设定正确。

验证测试的代码要求相对比较简单,向 SDRAM 的地址写入特定内容,再将读回的数据与写入的数据作比较,检查内容是否正确,测试的范围覆盖 SDRAM 所支持的最大空间,只是有一个限制条件,要求测试代码放在 MCU 的内部 SRAM 中运行,这样可以保证测试范围覆盖到 SDRAM 的全部空间,另外如果 SDRAM 有错也可以保证测试程序能正常运行。

因为 MCU 内部的 SRAM 空间有限,为了提升测试速度,测试程序向 SDRAM 顺序写入 0x00~0xFF 的内容,然后读回进行检验比较,测试程序显示 SDRAM 测试未发现错误。这个测试只是我们对新硬件平台的一个例行测试,实际上一般是不会发现什么错误的,所以我们认为测试结果正确可靠。

然而产品开发正式开始后,只要开发板运行大小超过 32 MB 的程序,开发板就会异常死机,这种状况是百分之百。硬件上确实有两片 32 MB 的 SDRAM,测试程序也未报告 SDRAM 检测错误,要不就是所运行的大程序有问题,要不就是 SDRAM 有问题而测试程序没有发现。

实际上我们运行的大容量程序有效代码并不多,里面是人为地加入了许多空数据,目的就是测试程序同时用到两片 SDRAM 的运行情况。进一步测试发现,如果将空数据减少,一旦总大小不超过 32 MB,大容量程序运行就恢复正常,看来大容量程序代码应该没有问题,问题很有可能出现在 SDRAM 测试程序这边。

花了一段时间还是没有找到原因,这时想到芯片厂家提供的开发板只有一片 SDRAM,最大有效空间为 32 MB,于是想到如果将 SDRAM 测试程序放在厂家的开发板上跑应该要报告错误,因为有另外 32 MB 的空间硬件根本不存在,写入的内容肯定无法读回。可测试结果让人大吃一惊,测试程序检测报告是对 64 MB 的 SDRAM 空间读写都正确,看来测试程序肯定有问题。接下来把我们自己开发板的 SDRAM 去掉一片,检测 64 MB 的空间还是报告正确,看来 SDRAM 测试程序根本没有起到预期作用。

不编写程序用调试器也可以完成 SDRAM 测试,需要先下载 64 MB 的内容,然后上传到计算机进行比较,一次测试需要耗费几十分钟,虽然是开发板,数量也不是一两块,显然不能接受这种测试方法。不过调试器可以直接观察存储器里面的内容,如果是测试代码有错,那么写入和读出的内容应该和调试器观察到的不一致,但是按这个方法发现写入的内容和读出的内容都相同,看来问题的原因还不那么好找。

在初步确认程序没有逻辑错误之后开始假设其他可能,因为有了录音 Cache 导致出错的经验,这次没走多少弯路就开始考虑有没有 Cache 导致出错的可能。可是我们用仿真器已经检验了超出 Cache 总容量外其他位置的数据内容,检查结果都正确无误,具体做法是将 SDRAM 按 1 MB 的大小分块,当程序写到后一块时用调试器查看前一块的内容,检查发现内容和写入的一致,这样看好像和 Cache 又没有关系。

不过回顾调试器的检查方法后发现一个问题,我们看的位置都是 SDRAM 存在的有效空间,没有去检查 SDRAM 不存在的无效空间位置,于是改测我们已经去掉 SDRAM 的开发板,发现对 SDRAM 的检测依然不报告错误,看来测试程序确实有问题。测试程序是按照先写入一段数据、再读回这段数据进行比较的方式进行的,录音 Cache 的经验告诉我们 Cache 有可能造成程序比较中的数据都是在 Cache 之中,并没有与 SDRAM 同步,所以即便是位于 SDRAM 的无效地址空间,写入的内容会先放在 Cache 中,后面读回比较也是从 Cache 中读回,自然检测不出错误。

将测试程序改成写后一块区域时比较前一块区域的方法,去掉 SDRAM 的开发板在无效地址位置报告错误产生。接下来在测试程序中将 Cache 禁止,测试程序对去掉 SDRAM 的开发板也能正确报告错误。看来是测试程序没有很好地预防 Cache 的影响,从而导致检测程序不能发现硬件错误,好像已经将问题解决了,可是在我们自己开发板上运行大程序还是出错,说明还有其他原因没有找到。

继续检查 SDRAM 测试程序的流程后又发现一个小问题,写入的内容是从 0x00~0xFF 循环变化的数据,这样 SDRAM 按 1 MB 大小分出的不同块写入内容是重复的,通过程序无法判断到底是位于哪一块区域,可靠性还有待提高。既然有问题那就要改正,将测试程序写入的内容改成用块号计算出连续随机数,这样不同块之间的内容也不相同,可以提高测试程序的可靠性。

可这样测试也没有报告错误,依然是开发板不能运行大于 32 MB 的程序。可以肯定现在的测试程序已经排除了 Cache 的影响,程序逻辑上更不会有什么问题,另外的原因到底躲藏在什么地方呢?难道是我们开发板硬件有错误?没办法只能用调试器先向 SDRAM 下载

64 MB，然后上载回计算机进行比较，结果是发现上载回来的数据不对，是后 32 MB 内容重复了两次，前 32 MB 内容不见了。

原测试方法如下：

地址	写入的测试内容	说明
0x00000000～0x000FFFFF	0x00 0x01 0x02 … 0xFE 0xFF 0x00 0x01 …	第 1 MB 空间
0x00100000～0x001FFFFF	0x00 0x01 0x02 … 0xFE 0xFF 0x00 0x01 …	第 2 MB 空间
0x00200000～0x002FFFFF	0x00 0x01 0x02 … 0xFE 0xFF 0x00 0x01 …	第 3 MB 空间
…		
0x01F00000～0x01FFFFFF	0x00 0x01 0x02 … 0xFE 0xFF 0x00 0x01 …	第 31 MB 空间
0x02000000～0x020FFFFF	0x00 0x01 0x02 … 0xFE 0xFF 0x00 0x01 …	第 32 MB 空间
…		
0x03F00000～0x03FFFFFF	0x00 0x01 0x02 … 0xFE 0xFF 0x00 0x01 …	第 64 MB 空间

新测试方法如下：

地址	写入的测试内容	说明
0x00000000～0x000FFFFF	以 0x01 为种子生成的随机数序列	第 1 MB 空间
0x00100000～0x001FFFFF	以 0x02 为种子生成的随机数序列	第 2 MB 空间
0x00200000～0x002FFFFF	以 0x03 为种子生成的随机数序列	第 3 MB 空间
…		
0x01F00000～0x01FFFFFF	以 0x1F 为种子生成的随机数序列	第 31 MB 空间
0x02000000～0x020FFFFF	以 0x20 为种子生成的随机数序列	第 32 MB 空间
…		
0x03F00000～0x03FFFFFF	以 0x2F 为种子生成的随机数序列	第 64 MB 空间

难道真的是我们硬件上出了错？看上去还真有点像是地址线出了问题，如果是地址线连接不正确，是有可能出现两段不同 32 MB 空间对应到存储器同一块 32 MB 的情况。可对开发板电路反复进行检查，电路连接完全正确，分析一度陷入停滞，就是向芯片厂家的设计人员求助也没有得到有用信息。

最后转机出现在厂家提供的评估板上面，因为他们的 SDRAM 连接方式是单片 16 bits，所有有效空间肯定只有连续的 32 MB。但运行我们改过的测试程序检测 64 MB 空间还是能通过，并不报告错误，这个结果让我们有了问题的真正原因不在测试程序和电路之中的想法。进一步测试发现，无论是哪一种板，即使再加大测试范围，对那些本属于无效区域的其他 32 MB 空间进行检测也都能通过。

莫非芯片本身有问题？不是没有这种可能，不过如果我们想向厂家反映这种猜疑，应该让自己有比较大的把握再说。再多作点小测试进行辅助验证，把测试程序改成先写入所有内容，对于厂家的评估板我们是分别写 32 MB 的有效和无效地址空间，我们自己的开发板写入数量加倍,分别写入 64 MB,写完数据后再回读进行检验。测试结果给我们的假设提供了强有力的证据,厂家和我们的板里面都只有最后写入的 32 MB 的内容,看来芯片有问题可能性比较大。将这一结果反馈给厂家,厂家跟进后确认他们的芯片确实只支持到 32 MB,原本设计要求是 64 MB,但芯片设计人员实际只做成 32 MB,这个变动没有在设计文档中更改过来。

现在对所有测试现象都能解释过去,其一是 Cache 对测试程序的影响导致测试结果不准,其二是厂家的过失没有真正实现设计所支持的 SDRAM 空间,当超出 32 MB 空间范围后芯片会等效到前面有效的 32 MB。

回过头来再看我们改进后的测试程序也不能报告错误的原因,虽然程序改为以 1 MB 为单位分块写入随机数,但我们是按写第 2 MB 空间、校验第 1 MB 空间的流程进行测试,芯片实际只支持最大为 32 MB 的空间,对后 32 MB 空间的读/写实际上还是读/写头 32 MB 空间。第 33 MB 空间是第一段无效地址空间,当测试程序写这一块时,实际上写到了第 1 MB 空间,而此时校验的是第 32 MB 空间,对第 1 MB 空间的校验早已完成,所以不能发现错误。

从上例可以看出,虽然导致问题的原因相似,对外的表现却是大不相同,还有可能会和其他原因混杂在一起。大胆假设、小心求证是分析问题的原则,遇到问题先要自己耐心查找原因,最好是先尽量排除是自己导致问题的原因,再咨询厂家的技术人员,这样经过一段时间接触,厂家的技术人员就会开始重视你提的问题,问题一被重视自然就会解决得快,这就是对你付出的回报。

5.17 双口 RAM 读/写竞争出错分析实例

双口 RAM 大家应该不陌生,即使你没接触过也可以凭字面意思理解到其大体功能:功能和普通 RAM 没有区别,只是在外部提供两组访问的总线接口,可以同时由两个不同的设备各自独立地对其进行读/写。

这种理解是正确的,许多情况下不同的设备间需要通信传输数据,常用的做法是采用某些通信接口实现,这些通信接口通常都需要软件协议支持,对程序来说可能有点复杂,高速数据传输会耗费大量的 CPU 时间。

双口 RAM 是两个设备间用共享方式进行数据传输的一种方法,这种方法不需要程序进行过多的干预,当一个设备需要传输数据给另外一个设备时,直接将数据写到双口 RAM 中,再告诉对方自己写了数据让对方去读取,双方读/写数据就和读/写普通 RAM 一样,这样控制流程相当简单。

从图 5.31 可以看出对于双口 RAM 的接口引脚定义和普通 RAM 一样,所以其读/写访问和普通外部扩展的 RAM 没有什么区别。

有一个产品需要读取光盘上的数据,开发板已经实现对光驱的硬件支持,但光盘上的数据种类繁多,所有的数据都需要进行测试,如果是将数据烧录光盘后测试工作效率会不够理想,只要数据作一点修改都需要重新烧录光盘,一两个人制作数据还不存在什么问题,但同时有几

第 5 章 问题分析与调试

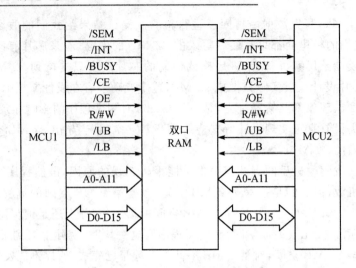

图 5.31 双口 RAM 连接示意图

十甚至上百人制作数据烧录过程就会非常麻烦。

　　针对这种情况我们提出了一种解决方法,用双口 RAM 和 PC 模拟光盘,图 5.31 中 MCU2 是开发板上的 MCU,我们另外选用一个支持 USB 功能的 MCU1,两个 MCU 之间共享一片双口 RAM,同时 MCU1 通过 USB 连接到计算机。软件上我们将光驱的所有驱动函数替换掉,改成向双口 RAM 读/写数据,这样原本对光驱进行读/写的操作变成了对双口 RAM 读/写。MCU1 将双口 RAM 收到的光驱操作命令通过 USB 传给计算机,计算机再依据命令作出响应并回传数据。

　　之前需要烧录到光盘的数据现在不需要再进行烧录,只需要放在同一个目录下面,用我们提供的计算机端服务程序选择该目录,计算机程序就会自动将目录里面的内容进行扫描,生成一个符合数据光盘 ISO9660 格式的光盘头信息文件,这样计算机就可以模拟出数据光盘的任何操作。

　　客观地讲这个设计方案相当理想,涉及了 USB、光盘数据格式、文件系统等多个领域的知识,而且需要深入了解每一个领域的细节。具体的开发工作只有两个软件和一个硬件负责,前后大概花了 3 个月的时间将功能实现出来,如果没有什么意外发生的话可以说是一个经典的成功案例。然而一个小的疏忽让这一成功转瞬即逝,不但没有功劳,还差点成为上司认为我工作失误的依据。

　　当时对双口 RAM 的工作方式没有作详细的了解,想当然地认为两边的读/写操作相互独立,不会有太多限制,但不要出现同一时刻两边都对同一地址进行写操作的情况。

　　虽然有双口 RAM,还是不能直接进行数据传输,至少应该提供这样的功能,即一方写了数据到双口 RAM 让对方知道有新数据写入,而读取方将数据读走后也需要让写入方知道数据已经被读走。所以还需要制定一个简单的通信协议,于是一个非常简单的控制方法出炉了,即在双口 RAM 的两个特殊位置各放一个字节，假定这两个字节分别为 B1/B2。当 MCU1 需要向 MCU2 写数据时，先看 B1 是否为 1，如果为 1，表示 MCU1 向 MCU2 写了数据而 MCU2 还没有读取，需要等待 B1 变为 0 再写入新数据并将 B1 重设为 1。MCU2 则是循环检查 B1 的内容，如果为 1 立即读数据，然后将 B1 清 0。B2 的控制方法一样，只是方向相反。

这个模拟器转给相关项目开发组之前肯定要进行自我测试，测试考虑到了不同计算机和长时间运行的情况，内部测试可以连续工作几天都不出错，相信已经比较稳定，于是发送出去。一开始项目开发组反馈还不错，没有遇到什么不良状况，看来原计划根据他们反馈的问题再修订一个版本的工作仿佛都不用进行。

好景不长，一个多月之后，突然反馈模拟器有时候会死机。调试发现是模拟器的两个 MCU 都进入了一个死循环，一方等待自己写数据的标志位被清 0，而对方已经执行完清 0 操作等待该标志位重新设 1。这可是大问题，难道是之前的测试不够细致？于是赶紧重新进行测试，测试的结果和我们开了个大大的玩笑，不管多大强度的测试，均不能发现问题，甚至将他们发现问题的代码拿过来直接运行也没发现该问题。

这种测试结果让我们不得不去怀疑是产品项目组在调试过程中引入了不稳定因素，是他们的程序导致了这种死循环的存在，因为我们的流程是严格按照一方置 1 后另一方清 0 的方式进行，控制那段流程的代码非常简单，逻辑上不可能出错，于是希望他们重点检查他们的程序，并将我们的测试代码一并发送出去。又过了两天，项目组反馈他们的代码没有发现错误，问题确实存在，经过对所有使用该工具的同事进行了解不是每个人都会遇到，只是少数几个同事遇到，我们发给他们的测试程序在遇到错误的同事计算机上运行同样也会出错。

没有办法，只好去项目组出错的计算机上进行调试分析，调试的结果是控制流程没有错，一方已经执行完对标志位的置 1 操作等待其被清 0，另外一方也执行了读数据操作并对该标志位清 0，可此时该标志位的内容依然为 1，也就是说，出现了对该标志位执行清 0 操作但实际结果是没有被清掉的情况。找出双口 RAM 芯片手册逐字仔细阅读，果然发现了问题，如图 5.32 所示。

对于双口 RAM 的同时读/写存在 4 种情况：
● 两个端口同时对不同地址单元读/写数据；
● 两个端口同时对同一地址单元读出数据；
● 两个端口同时对同一地址单元写入数据；
● 两个端口同时对同一地址单元操作，一个写入数据，一个读出数据。

一开始我们只考虑到同一地址同时写操作存在问题，想当然地认为同一地址相同时间一个写入、一个写出是可以的，从而导致了错误的产生。如果 MCU2 对标志位 B1 进行清 0 操作时刚好 MCU1 执行检查 B1，就有可能造成 B1 的清 0 操作失败。为什么只是部分计算机发现问题呢？后来我们统计会发生问题的计算机，发现了一个规律，凡是出现问题的计算机都是新购买的，运行速度比较快。

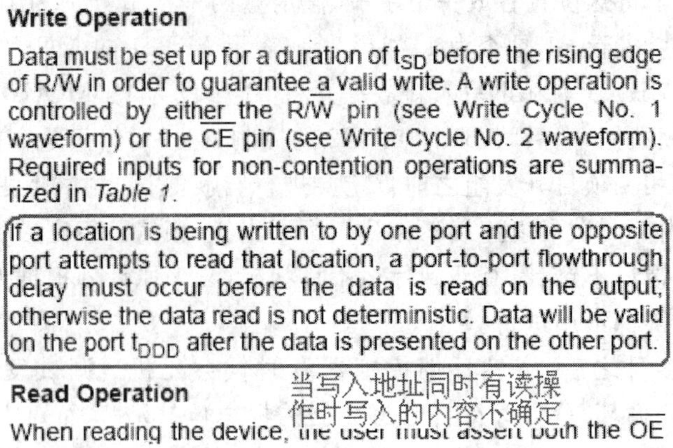

第 5 章　问题分析与调试

> **Write Operation**
> Data must be set up for a duration of t_{SD} before the rising edge of R/W in order to guarantee a valid write. A write operation is controlled by either the R/W pin (see Write Cycle No. 1 waveform) or the CE pin (see Write Cycle No. 2 waveform). Required inputs for non-contention operations are summarized in *Table 1*.
>
> If a location is being written to by one port and the opposite port attempts to read that location, a port-to-port flowthrough delay must occur before the data is read on the output; otherwise the data read is not deterministic. Data will be valid on the port t_{DDD} after the data is presented on the other port.
>
> **Read Operation**　当写入地址同时有读操作时写入的内容不确定
> When reading the device, the user must assert both the $\overline{OE}$

图 5.32　双口 RAM 文档图

MCU1 通过 USB 与计算机通信（时间不恒定）

MCU1 检查 B1，为 1 继续等待

B1 为 0，MCU1 写数据到双口 RAM

MCU1 将 B2 置 1　　　　　　　　　　　MCU2 检查 B1，为 0 跳过后面步骤

MCU1 通过 USB 与计算机通信（时间不恒定）　B2 为 1，MCU2 读数据（时间基本恒定）

MCU1 检查 B1，为 1 继续等待　　　　　　MCU2 将 B1 清 0

这个流程就是 MCU1 将标志位 B2 清 0 失败的情况。MCU2 执行其他事情所花的时间基本上是恒定的，由 MCU2 硬件速度决定，和所用的计算机速度快慢无关。但 MCU1 从检测到 B2 为 1 到将其清 0 所花的时间对计算机的速度有依赖，计算机通过 USB 响应 MCU1 的请求代码是在计算机中执行的，不同的计算机所花的时间自然会有所不同。

MCU2 从检查到 B1 为 1 到完成数据读取的时间基本恒定，只有在这一过程中刚好 MCU2 有中断产生才会使时间偶尔产生波动。MCU1 通过 USB 与计算机通信的时间不恒定，时间的长短主要由计算机速度决定，计算机速度快这个时间就短。如果这个时间短到 USB 通信处理完 MCU2 还没完成数据读取工作，错误就会产生，形成 MCU1 读 B1 的同时 MCU2 试图将 B1 清 0 的状态，导致清 0 操作失败。

如果这个假设成立的话那应该存在这样的规律，即计算机运行速度越快错误越容易显露出来。我们找了几台不同年代购买的计算机进行测试，时间较久的计算机基本上都没有错误产生，最新的计算机一般十几分钟就会出错，中间的计算机也会出错，只是需要几小时才能遇到。这个规律证明了我们的假设，因为 MCU2 即便加上中断等的影响，完成读数据到将 B2 清 0 的时间都不会太长，而且有一个上限，不可能超过这个上限，之前我们测试的计算机因为运行速度慢，处理完 USB 通信的时间都大于这个上限，所以不管怎么测试错误都不会显露出来。

原因找到了，项目组也认可我们的分析，但我们提供给他们的程序时间过长，他们已经按

照实际需求作出了许多修改融合到他们的系统平台中,错误的修正虽然不需要花多少时间,但他们要重新整合我们的程序,这个是谁都不愿意做的工作,商讨的结果是他们按我们建议的方法直接在系统平台中进行修改。这一处理结果对我们的工作评核影响不小,本来是一个完成效果很好的任务,最终变成了功能有缺陷需要项目组自己修订的结论。

做开发就是这样,丝毫马虎不得,一个大意就有可能造成巨大的损失。想起发生在同事身上的一个例子,某个产品的芯片厂商发现芯片存在不足,需要在程序中作出特殊处理以避免该不足影响功能,当时厂商发了邮件给负责开发的同事提醒此事,不知道什么原因同事居然忘了这个邮件,产品发放后才发现有问题,造成的直接损失高达几百万元。

无独有偶,前段时间在某电子咨询网站也看到一个疏忽造成损失的例子:新产品开发出来后验证不充分,有小客户报告小批量产品有晶振过激振荡现象发生,此时刚好有大客户落单,急于求成的心理没有重视该现象直接大批量生产,生产了 7 万套,问题"爆发",最后只能是退货并另外赔偿客户 10 万元。

小心小心再小心,细致细致再细致,如果你从事的是技术方面的工作,一定要将其铭记在心。

第 6 章
实际产品开发

我一直对自己的恒心和毅力持怀疑态度,总觉得自己是"思想上的巨人、行动上的矮子",在过去有过许许多多的想法,变为现实的却没有几个。尤其是近几年,不时感觉自己过得太安逸,内心多少总有一些危机感,于是想通过一些事情来检验一下自己的恒心和毅力。

我是胖子中的一员,对于运动自然要比普通人辛苦一些,2009 年一时兴起参加了渣打马拉松的 10 km 组,一开始身边没有人认为我能坚持下来,包括我自己也这么认为。不过这个人生中的第一个 10 km 结果让我很欣慰,在两三万人中我是 1 100 多名,自己的信心增进不少。正是马拉松的激励,促使我开始了本书的写作,想从另外一个方面来再次考验自己。

写到这里终于可以长出一口气,这本书已经不会有夭折的可能,就像当时我在 10 km 中可以看见终点一样,胜利在望。对于阅读此书的朋友看到这里同样是一个好消息,这已经是最后一章,在里面会为大家介绍一些开发产品的经验,对于在产品开发方面没有得到过系统培训的朋友,可以直接将本章的内容拿过去做参考。

6.1 如何开发一个产品

如何进行产品开发设计,各个公司都有自己的规范体系,公司越大,其相关制度和指引也就越详细,基本上是新员工不用作过多了解,相关的人和部门就会将其自动推进到固定的流程中。这样的流程虽然好,但对于众多的小规模公司并不适用,能直接进到大公司的人毕竟只是一小部分,更多的人是分散在各个小公司中,对于他们如果能有一个指引开发流程的模板,绝对是一件幸福的事情。

下面是一家小公司对产品开发文档归档的要求,在我看来简洁又不失完善,对于小公司会比较适用。虽然只是文档要求,但包含了产品开发的所有流程,在我看来完全是一份不错的开发流程模板,经验不足的新人只要按照其要求逐步进行,完全有可能做出符合大公司要求的产品。注意这里所说的产品不是简单指工程师所做出来的东西,那只能算产品样板,产品除了要能满足功能设计要求外,还应达到即使原设计人员离职也能继续生产和后续开发的要求。

产品开发档案归档内容如下。

产品档案内容包括概念设计、研发实现、加工生产、改进完善 4 个阶段的相应档案资料。所有资料均要求有一套完整的刻录光盘和两套完整的打印装订档案。

1. 概念设计阶段档案内容

概念提出、方案理论可行性、设计思路、实现途径（包括硬件实现和软件实现），要求详尽的功能结构图和文字叙述。

2. 研发实现阶段档案内容

1）版本控制

本次设计的思路，软、硬件统一版本号。这是区别本次设计或修改与其他次设计或修改的唯一标志。参与本次设计或修改的所有档案均必须使用该版本号。

2）硬件部分

原理功能结构框图详述。

各部分功能结构框图对应原理图详述。

相应关键芯片资料。

开发工具、环境（如 Protel、PowerPCB、VHDL 等）。

3）软件部分

程序的设计思想，程序功能模块划分，模块各部分对应程序流程图。

程序的详细中文注解。

开发环境、语言工具、加密工具（如 VC6.0 等）。

3. 生产阶段档案内容

最后移交生产部门所需要的全部成型资料（如光绘文件、下载程序、器件清单、加密狗生产程序、五金件、外壳图纸、丝印和生产工艺文件、生产测试方法等）。

完整的用户使用说明、简要的快速操作指南、常见问题解答 FAQ 等。

产品包装标签、序列号。

4. 改进完善阶段档案内容

现行设备存在的问题、缺陷、BUG，用户反映的缺陷和需要增加的功能列表。

本次改进的版本控制。

改进思路、硬件实现、软件实现、所用软件工具。

改进后发往生产部门的更新资料。

6.2　学会看电气参数表

单片机产品开发自然少不了使用芯片，单片机本身就是芯片，得到一个新的芯片，了解其功能特性肯定是必不可少的工作，如果一名工程师连这个都不去了解，肯定不知道芯片到底有什么功用，更别谈怎么用在产品之中了。

第 6 章　实际产品开发

除了芯片特性外,开发前了解清楚芯片的电气参数也非常重要,不过这一点许多工程师都会忽视,更要命的是不了解这些参数很有可能不会影响到程序功能的实现,也就是在程序编写、调试过程中一切都正常,到最终产品时问题才会暴露出来,等到这个时候再作补救就会很麻烦。

国内有家知名公司就发生过这样的例子,工程师在设备里使用 Flash 芯片存储数据,工程师对 Flash 芯片的电气参数了解不足,忽视了 Flash 芯片的最大可擦除次数,于是在程序里经常改写里面的数据,Flash 芯片的可擦除次数相对来说不算小,程序的调试与测试都达不到极限次数,所以没有发现问题,设备交付用户才发现设备工作一段时间后累计烧写次数超过极限,数据无法继续保存到 Flash 芯片,只能将设备返修。

不同的芯片对其电气参数的描述方式和涵盖面可能有所不同,但基本内容大都相仿,这里用一款单片机的电气参数表告诉大家一些参数的含义和作用。

1) 极限参数(Absolute Maximum Ratings)

极限参数是芯片整体所能承受外界环境的关键物理指标,主要是其所能耐受的电压、温度等指标,还有其能对外提供的负载能力等。产品的开发设计应保证所有电气特性都在极限参数之内,否则就有可能烧毁芯片,对超出极限参数的设计,芯片厂商是不会作出任何质量保证的。这里我们通过表 6.1~表 6.6 来了解一款单片机的电气参数表的含义和作用。

表 6.1　极限参数表　　　　　　　　　　　　($V_{BB}=0$ V)

Parameter	Symbol	Pins	Ratings	Unit
Supply voltage①	V_{DD}		$-0.3\sim 6.5$	
Input voltage②	V_{IN}		$-0.3\sim V_{DD}+0.3$	V
Output voltage③	V_{OUT}		$-0.3\sim V_{DD}+0.3$	
Output current(Per 1 pin)④	I_{OUT1}	P1,P3,P4 port	-1.8	
	I_{OUT2}	P1,P3 port	3.2	
	I_{OUT3}	P0,P2,P4 port	30	mA
Output current(Total)⑤	ΣI_{OUT2}	P1,P3 prot	60	
	ΣI_{OUT3}	P0,P2,P4 prot	80	
Power dissipation [Topr=85℃]⑥	P_D		250	mW
Soldering temperature (Time)⑦	T_{sld}		260(10 s)	
Storage temperature⑧	T_{stg}		$-55\sim 125$	℃
Operating temperature⑨	T_{opr}		$-40\sim 85$	

注:
① 芯片电源端能承受的电压范围,这里为 $-0.3\sim 6.5$ V。
② 芯片的输入引脚能承受的电压范围,这里为 -0.3 V 到电源电压加 0.3 V。

③ 芯片的输出引脚能够输出的电压范围,这里为-0.3 V到电源电压加0.3 V。

④ 芯片的P1/P3/P4作为输入口时单条I/O可以接受的最大输入电流为1.8 mA,P1/P3作为输出口时单条I/O可以提供的最大输出电流为3.2 mA,P0/P2/P4作为输出口时单条I/O可以提供的最大输出电流为30 mA。

⑤ 芯片的P1/P3作为输出口时所有I/O输出电流和最大为60 mA,P0/P2/P4作为输出口时所有I/O输出电流和最大为80 mA。

⑥ 芯片在工作温度为85 ℃的情况下可达到的最大功率为250 mW。

⑦ 芯片在焊接时最大可以承受连续10 s 250 ℃的高温。

⑧ 芯片存储环境温度为-55～125 ℃,超过此范围可能自己损坏。

⑨ 芯片工作环境温度为-40～85 ℃,这个标准为工业级。

注:商业级的温度范围是0～70 ℃,工业级是-40～85 ℃,军用级是-55～125 ℃。

从极限参数可以看出不同的I/O口其参数有可能不同,而且极限参数还受到其他关联I/O口工作状态的影响。(4)中P0/P2/P4作为输出口时单条I/O最大电流为30 mA,在(5)中另外规定了这些I/O同时工作的最大电流和,实际上最多只能有两条I/O可以同时工作到30 mA的状态。

极限参数表示芯片所能承受的各种物理参数,并不代表在某种物理参数达到极限的条件下芯片还能正常工作。

2)**典型工作状况**(Recommended Operating Condition)

典型工作状况是指芯片在所列典型工作状态下一些重要的电气性能所能达到的指标,通过这些指标可以让工程师更精确地了解芯片在自己所设计产品中的性能,从而更好地改进设计。典型工作状况参数如表6.2所列。

现在我们需要设计一款用两节电池供电的产品,如果是普通的碱性电池,两节新电池串联电压可以达到3.2 V,如果只考虑这种电池就可以参考电源电压范围为2.7～5.5 V的情况,可以让芯片工作到8 MHz。但常用的电池还有充电电池,其充满后为1.2 V,这样两节充电电池充满后串联也只能提供2.4 V的电压,显然满足不了2.7 V的低压要求,我们不能禁止用户使用充电电池,所以只能是让芯片工作到4 MHz。

3)**直流电气特性**(DC Characteristics)

直流电气特性主要是静态电流、电压以及阻抗等恒定的电气参数,恒定不是说绝对不变化,而是在一定条件下基本保持不变。我个人理解之所以被称作直流电气特性应该是这些参数即使有变化也是外部因素导致,不是芯片本身使其改变。直流电气参数如表6.3所列。

通过直流电气特性表我们可以对产品的功耗作出预估,像正常工作模式和关机状态下的电流就可以从该表中得到,然后依据这些值制定产品的电气性能标准。也可以了解芯片接口的驱动能力,以优化产品设计,比如产品需要用LED显示,如果有驱动能力大的I/O就可以直接驱动LED,不需要另外增加三极管。

不同MCU可能将ADC的性能参数放在不同地方,有的是直接放在直流电气特性中,有的则是单独作为ADC转换特性列出,还有放到交流电气特性之中的。

第6章 实际产品开发

表6.2 典型工作状况参数表

($V_{BB}=0$ V, $T_{opr}=-40\sim85$ ℃)

Parameter	Symbol	Pins	Condition		Min	Max	Unit
Supply voltage①	V_{DD}		$f_c=16$ MHz	NORMAL1.2 mode	4.5		
				IDLE0.1.2 mode			
			$f_c=8$ MHz	NORMAL1.2 mode	2.7		
				IDLE0.1.2 mode		5.5	
			$f_c=4.2$ MHz	NORMAL1.2 mode			
				IDLE0.1.2 mode			
			$f_s=32.768$ kHz	SLOW mode	1.8①		V
				SLEEP mode			
				STOP mode			
Input high level②	V_{IH1}	Except hysteresis input	$V_{DD}\geqslant 4.5$ V		$V_{DD}\times 0.70$		
	V_{IH2}	Hysteresis input			$V_{DD}\times 0.75$	V_{DD}	
	V_{IH3}		$V_{DD}<4.5$ V		$V_{DD}\times 0.90$		
Input low level③	V_{IL1}	Except hysteresis input	$V_{DD}\geqslant 4.5$ V			$V_{DD}\times 0.30$	
	V_{IL2}	Hysteresis input			0	$V_{DD}\times 0.25$	
	V_{IL3}		$V_{DD}<4.5$ V			$V_{DD}\times 0.10$	
Clock frequency④	f_c	XIN,XOUT	$V_{DD}=1.8\sim 5.5$ V			4.2	
			$V_{DD}=2.7\sim 5.5$ V		1.0	8.0	MHz
			$V_{DD}=4.5\sim 5.5$ V			16.0	
	f_s	XTIN,XTOUT			30.0	34.0	kHz

注:

① 虽然极限参数规定了芯片电源可承受的电压范围,要让芯片能工作起来电源电压范围更要小。表中可以看出如果系统时钟频率为16 MHz,电源电压要达到4.5 V才可以让芯片正常工作。这一点有规律可循,系统时钟频率越高,其电压下限也越高,当系统时钟频率为8 MHz时电源电压的下限降到2.7 V。注释中的情况要格外留意,这里是电源电压在1.8~2.0 V时芯片能承受的最低工作环境温度从-40 ℃变为-20 ℃。

② 电源电压不同时芯片对外部输入逻辑高的判断标准会不同,表6.2中可以看到以电源电压4.5 V为界判断标准有所不同。

③ 电源电压不同时芯片对外部输入逻辑低的判断标准会不同,表6.2中可以看到以电源电压4.5 V为界判断标准有所不同。

④ 电源电压不同时可以选用的系统时钟频率,通常是其越高,所能正常工作的最低电源电压也越高。

第6章 实际产品开发

表6.3 直流电气参数表

($V_{BB}=0$ V, $T_{opr}=-40\sim 85$ ℃)

Parameter	Symbol	Pins	Condition	Min	Typ	Max	Unit
Hysteresis voltage	V_{HB}①	Hystersis input		—	0.9	—	V
Input current②	I_{IN1}	TEST	$V_{DD}=5.5$ V, $V_{IN}=5.5$ V/0 V	—	—	±2	μA
	I_{IN2}	Sink open drain, Tri-state port					
	I_{IN3}	$\overline{RESET}$, $\overline{STOP}$					
Input resistance③	R_{IN1}	TEST pull-down		—	70		kΩ
	R_{IN2}	$\overline{RESET}$ pull-up		100	220	450	
Output leakage current④	I_{LO1}	Sink open drain	$V_{DD}=5.5$ V, $V_{OUT}=5.5$ V	—	—	2	μA
	I_{LO2}	Tri-state port	$V_{DD}=5.5$ V, $V_{OUT}=5.5$ V/0 V	—	—	±2	
output high voltage	V_{OH}⑤	Tri-state port	$V_{DD}=4.5$ V, $V_{OH}=-0.7$ mA	4.1	—	—	V
Output low voltage	V_{OL}⑥	Except X_{OUT}, P0, P4, P2 port	$V_{DD}=4.5$ V, $V_{OL}=1.6$ mA	—	—	0.4	
Output low current	I_{OL}⑦	High current port (P0, P2, P4 port)	$V_{DD}=4.5$ V, $V_{OL}=1.0$ V	—	20		mA
Supply current in NORMAL1, 2 mode	I_{DD}⑧		$V_{DD}=5.5$ V, $V_{IN}=5.3$ V/0.2 V, $f_c=16$ MHz, $f_s=32.768$ kHz	—	7.5	9	mA
Supply current in IDLE0, 1, 2 mode				—	5.5	6.5	
Supply current in SLOW1 mode			$V_{DD}=3.0$ V, $V_{IN}=2.8$ V/0.2 V, $f_s=32.768$ kHz	—	8	20	μA
Supply current in SLEEP1 mode				—	5	15	
Supply current in SLEEP0 mode				—	4	13	
Supply current in STOP mode			$V_{DD}=5.5$ V, $V_{IN}=5.3$ V/0.2 V	—	0.5	10	

注：

① 这一点我也不清楚其意义所在。

② 芯片引脚在输入状态下吸收的电流非常小,只有2 μA的样子,只有这样才能让芯片引脚对其他器件的输出特性影响小到可以忽略不计。Open Drain和Tri-state是I/O口的电路实现方式,前者输出时需要接上拉或下拉电阻,后者则不用。

③ 芯片引脚在输入状态下对电源或地的阻抗值越大越好,实际中一般只能做到几百kΩ的样子。

④ 芯片引脚在输出时的漏电流也是越小越好,这里是 2 μA。可能不好理解这个漏电流呢？要这样理解,现在 I/O 口输出高,一般是通过内部的晶体管将引脚与电源连通从而输出高,同样也是通过内部的晶体管将引脚与地阻断,但这个阻断并不是真的断开,只是晶体管不导通,晶体管本身的特性此时就会有一个非常小的电流流通到地,这个电流就是漏电流。

⑤ 芯片的 I/O 输出状态是通过内部晶体管的开关选择实现的,所以对于芯片 I/O 的输出电压是无法达到完全等于电源电压的,该芯片三态 I/O 口在电源为 4.5 V、流出电流不超过 0.7 mA 时输出的逻辑高大于 4.1 V。

⑥ 同样的道理,芯片 I/O 的输出电压也不能完全等于地,该芯片三态 I/O 口在电源为 4.5 V、流入电流不超过 1.6 mA 时输出逻辑低小于 0.4 V。这个 0.4 V 低和前面的 4.1 V 高不是绝对的,和负载电流有关,如果负载过重导致该电流加大会让这两个电压离开理想值更加远。

⑦ 当芯片电源电压为 4.5 V、I/O 输出低为 1 V 的情况下,I/O 口流入电流典型值为 20 mA。

⑧ 芯片的工作电压、工作频率和工作模式不同,通过芯片电源脚流入的电流也各不相同,这个电流一般可以被当作芯片的工作电流,具有电压越高、频率越快该电流值也相应越大的规律。

4) 交流电气特性(AC Characteristics)

交流电气特性主要是体现芯片与变化有关的一些电气性能参数,比如运行的速度、高低电平输出的上升下降速度。从这些电气特性(表 6.4～6.6)可以看出基本上都是由芯片主动工作引起的变化,如果和直流电气特性的内容作一下比较,相信大家就会明白各自所指的内容所在。

表 6.4 交流电气参数表一

($V_{SS}=0$ V, $V_{DD}=4.5 \sim 5.5$ V, $T_{opr}=-40 \sim 85$ ℃)

Parameter	Symbol	Condition	Min	Typ	Max	Unit
Machine cycle time	t_{cy}①	NORMAL1,2 mode	0.25	—	4	μs
		IDLE0,1,2, mode				
		SLOW1,2 mode	117.6	—	133.3	
		SLEEP0,1,2 mode				
High level clock pulse width	t_{WCH}②	For external clock operation (XIN input) $f_c=16$ MHz	—	31.25	—	ns
Low level clock pulse width	t_{WCL}③					
Hith level clock pulse width	t_{WCH}④	For external clock operation (XTIN input) $f_s=32.768$ kHz	—	15.26	—	μs
Low level clock pulse width	t_{WCL}⑤					

注:

① 为芯片的机器周期(也就是指令周期,两者不一定相等),列出了在不同的工作模式下所能支持的机器周期范围,为什么当作交流电气特性,我理解成系统时钟是高低变化的交流信号,所以就归类到交流电气特性之中。

② 在外部晶振频率为 16 MHz 的情况下系统时钟脉冲为高部分的宽度典型值为 31.25 ns,这个参数的实际意义不大,只是告诉用户芯片内部的时钟脉冲是不是 50% 的占空比,后面③～⑤为时钟脉冲为低部分宽度和用 32 kHz 晶振的情况。

第6章 实际产品开发

表 6.5 交流电气参数表二

($V_{SS}=0$ V, $V_{DD}=2.7\sim4.5$ V, $T_{opr}=-40\sim85$ ℃)

Parameter	Symbol	Condition	Min	Typ	Max	Unit
Machine cycle time	t_{cy}①	NORMAL1,2 mode	0.5	—	4	μs
		IDLE0,1,2, mode				
		SLOW1,2 mode	117.6		133.3	
		SLEEP0,1,2 mode				
High level clock pulse width	t_{WCH}②	For external clock operation (XIN input) $f_c=8$ MHz	—	62.5	—	ns
Low level clock pulse width	t_{WCL}③					
High level clock pulse width	t_{WCH}④	For external clock operation (XTIN input) $f_s=32.768$ kHz	—	15.26	—	μs
Low level clock pulse width	t_{WCL}⑤					

表 6.6 交流电气参数表三

($V_{SS}=0$ V, $V_{DD}=1.8\sim2.7$ V, $T_{opr}=-40\sim85$ ℃)

Parameter	Symbol	Condition	Min	Typ	Max	Unit
Machine cycle time	t_{cy}①	NORMAL1,2 mode	0.95	—	4	μs
		IDLE0,1,2, mode				
		SLOW1,2 mode	117.6		133.3	
		SLEEP0,1,2 mode				
High level clock pulse width	t_{WCH}②	For extemal clock operation (XIN input) $f_c=4.2$ MHz	—	119.05	—	ns
Low level clock pulse width	t_{WCL}③					
High level clock pulse width	t_{WCH}④	For extemal clock operation (XTIN input) $f_s=32.768$ kHz	—	15.26	—	μs
Low level clock pulse width	t_{WCL}⑤					

注:

① 为芯片的机器周期(也就是指令周期,两者不一定相等),列出了在不同的工作模式下所能支持的机器周期范围,为什么当作交流电气特性,我理解成系统时钟是高低变化的交流信号,所以就归类到交流电气特性之中。

② 在外部晶振频率为 4.2 MHz 的情况下系统时钟脉冲为高部分的宽度典型值为 119.05 ns,这个参数的实际意义不大,只是告诉用户芯片内部的时钟脉冲是不是 50%的占空比,后面③~⑤为时钟脉冲为低部分宽度和用 32 kHz 晶振的情况。

6.3 接口的匹配

常会遇到这样的情况,即好不容易找到一个功能、价格适合的芯片,准备用的时候才发现和其他芯片的接口不匹配,运气好点可以通过其他方法实现匹配,运气不好只有重新去找合适的芯片。这里的匹配有两种:一是接口对电压要求是否一致,属于模拟电气性能;二是接口的数据格式和通信协议是否一样,属于数字电气性能。

单片机和计算机的串口不能直接相连的原因是两者电压不匹配,单片机的串口电压遵循的是 TTL 标准,通常是用 0 V 表示 0,电源电压表示 1;而计算机的串口电压标准为 RS-232,-3~-15 V 为 1,3~15 V 为 0。

具备同样接口外观的 PS/2 键盘和鼠标只能连接到计算机对应的插口,相互之间不能交换连接,这是因为各自接口定义的数据格式和通信协议不同,交换连接会不能正常交换数据,从而无法正常工作。

要想将不同的芯片连接起来使用,两者间电压匹配是最基本的要求,如果不遵循这个要求就会给电路带来安全风险,有可能损坏芯片。例如,选用的 MCU 为 5 V 供电,而另外的芯片是 3 V,MCU 的接口输出的高电压接近 5 V,对于 3 V 的芯片就超过了允许范围,两者不能直接相连。

如果是 MCU 和芯片本身所支持的工作电压范围不同,在电路设计阶段就会发现问题,只要不是经验太少的工程师,都会检查产品所用芯片的工作电压范围,只有符合设计要求的芯片才会被选用。

了解芯片的工作电压肯定是通过数据手册,这种方式存在一个隐患。虽然数据手册中对工作电压的说明一般不会有错,但数据手册针对的是芯片成品,而实际开发中的开发板用的不一定是真正的芯片成品,这样就有可能出现开发板上芯片电压不完全满足数据手册要求的问题。最常见的就是 MCU 仿真器,比如真正的 MCU 芯片可以提供 2~6 V 宽电压工作范围,有可能仿真器只能在 5 V 的电压下工作。

假设现在就有这样的 MCU 和仿真器,产品是通过 MCU 控制另外一个功能芯片,功能芯片的工作电压范围为 2.7~3.3 V,依据数据手册知道 MCU 在该电压范围内完全可以正常工作,于是电路设计采用 3 V 电源。既然 MCU 和功能芯片为同一电源供电,相互间自然是直接相连。这样设计的电路毫无疑问是正确的,但使用仿真器调试程序时问题就会出现,仿真器工作电压为 5 V,不能直接连到开发板上与功能芯片进行通信。

这种问题的解决只能是通过电阻分压或者使用其他芯片进行电平转换,要不另外做一套适合仿真器的开发板,要不就是在已经做好的开发板上修修补补实现电平转换,无论哪种方法都会给开发工作带来一定的不便。做得比较好的仿真器会考虑到这个问题,在仿真器上选择内部电源和外部电源的开关,或者是其内部电源可以选择输出几种常见的电压。不管是哪种仿真器,都建议在开始电路设计前先向厂家了解清楚其电压大小和供电方式,以免后面产生不必要的麻烦。

不少芯片为了降低自身的功耗会尽量降低内部处理器的工作电压,有的芯片内部的工作电压只有 1.8 V、1.2 V 甚至更低。这样的低电压不适合直接应用在实际产品电路中,产品选用最多的电压还是 3.3 V/5 V,太低会对二极管、三极管等常用元器件的使用产生一些限制。这样的芯片为了能与其他芯片接口电压匹配,会采用处理器和 I/O 工作电压分离的方法,通过内部电路将两者电压转换一致,从而让内部处理器工作在低电压状态,外部接口 I/O 工作在高电压状态。

有时候总线上会串联一个阻值不大的电阻,这个电阻除了可以起到阻抗匹配和缓冲信号的作用外,还可以适当起到电压匹配和保护的作用。对于总线保护作用可能还不是很明显,但对于其他接口则有可能起到很好的效果。如果两个芯片的接口存在电压差,这个电阻能进一步减小连接时电压差所产生的电流值,尤其是双方还没初始化好之前可能会一方输出高、另一方输出低,有了这个电阻就可以避免瞬时电流过大的情况发生。

不同类型的接口数据传输格式和通信协议不同,所以不同的接口相连即使电压匹配也同样不能正常工作,这一点很容易被大家理解接受,像 SPI 接口和 UART 接口之间肯定无法通信。但存在这样的情况:一种接口有几种数据传输格式,双方要想通信正常,就需要选用相同的数据传输格式。

我们知道 SPI 有 4 种工作模式,这 4 种模式采用不同的数据传输时序,具体采用哪种模式由时钟极性 CPOL 和时钟相位 CPHL 的设定决定,如图 6.1 所示。一个芯片如果是完全支持

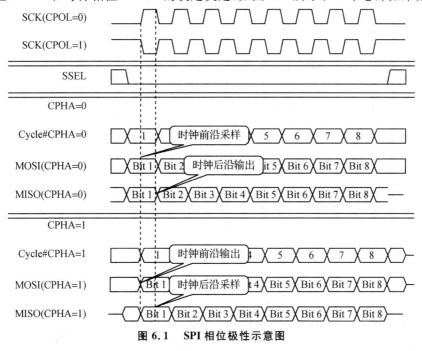

图 6.1　SPI 相位极性示意图

SPI，肯定需要对这 4 种模式都支持，但实际中不少芯片只是支持一种或两种。

有一款可以通过 SPI 接口对其进行控制的功能芯片，从图 6.2 看该功能芯片只支持时钟空闲状态为 0、上升沿读数据、下降沿输出数据的模式。

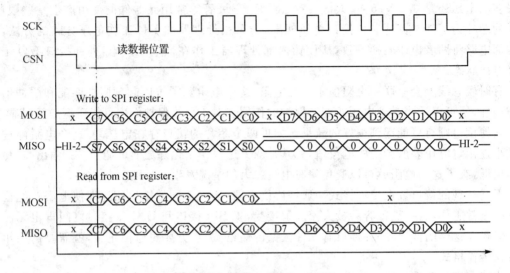

图 6.2　模块 SPI 接口时序图

选用的单片机具备 SPI 接口，不过从图 6.3 可知该单片机支持的是时钟空闲状态可以选择 0 和 1，但都是上升沿输出数据、下降沿读数据的模式。

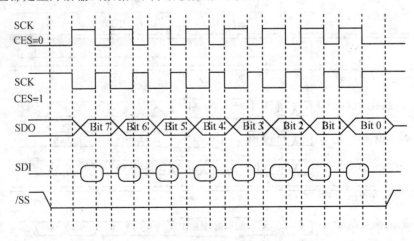

图 6.3　单片机 SPI 接口时序图

这样虽然单片机可以选择支持两种模式，但这两种模式并不包含功能芯片所用的那一种，所以该单片机不能直接使用 SPI 接口来控制该功能芯片。这个例子说明不要因为文档说明支持某种接口就认为万事大吉,在产品芯片选型阶段应该多了解里面的细节,如果存在某些限制,就要格外留意,否则就有可能造成不良后果。这里所列举的 MCU 和功能芯片的例子,如果在芯片选型阶段没有发现问题,等到后面开发过程才发现就不像我说的这么简单了。

6.4 电源和地的影响

不少资料都会强调电子产品对电源和地处理的重要性,电源和地相辅相成,在单片机系统中绝大多数时候是"伴侣"关系。本节中将电源等效为电源正极,地等效为电源负极,不讨论交流地、中性地这类概念。

基于前面的假定,地实际上是单片机系统里面所有电压的基准参考点,理想的电源应该是对地电压呈现为一条恒定的直线,实际中不存在这样理想的电源。任何由交流电转换而得的直流电源,因为交、直流转换一定存在充放电过程,即便不带负载都会有纹波而上、下抖动。电池直流电源自身的纹波会非常小,但产品所消耗的电流不是恒定不变,这个电流的波动会引起电池电压上、下细小的抖动。电路本身也会因为感应外部电磁辐射、内部元器件噪声等其他原因使得电源产生一定的噪声。

理想的电源不存在,只能是期望电源尽量平稳,对于硬件工程师来说,设计出性价比高的电源电路自然很有必要。电源电路中的器件像 LDO、DC-DC 都会在自己的数据手册中列出自己的负载能力、纹波大小,但其他器件常常没有对这些特性作出明确要求,这种情况下只能是由硬件工程师根据自己的经验作出判断。

普通电路对电源要求不会过于苛刻,性能居中的电源器件就能满足需求,通常只要纹波不超过 50 mV 都是可以接受的,大多数器件在负载范围内不难达到这个要求。这里的 50 mV 是针对 3.3 V/5 V 的电源而言,如果是电源采用 1.2 V 的产品,50 mV 就显得有点大。

来一起了解一下电源波动会对产品造成哪些影响。先用一个简单的例子来进行引申,加在灯泡两端的电压越高其发光就越强,如果电源电压有波动,灯泡的发光强度自然也随之波动。如果波动的幅度小,人眼察觉不到亮度的变化,这样的波动是可以接受的;如果波动的频率很快,人眼也因为视觉暂留察觉不到变化,也可以接受。但要是波动幅度大且频率低,人就会察觉到灯光的明暗变化而不能接受,幅度大到一定值甚至有可能烧毁灯泡。

电源波动对模拟电路的影响一般要比数字电路大,数字电路只是处理逻辑高与低,只要干扰不超过门限,就不会对逻辑功能产生影响。模拟电路则不一样,虽然电源纹波一般都比较小,但对于需要放大电路的微小信号则不一样,幅度有可能远超过这些信号的大小,处理不好就有可能将信号湮没在噪声之中。

看一个实际例子,一款 2.4 GB 的 RF 芯片,已经在产品中使用过,所以其控制方法不存在问题,但是应用到一个电路更复杂的产品中问题出现了,无法按程序要求进行通信。其表现为发送方已经发出数据,通过示波器、逻辑分析仪已经确认发送控制流程完全正确,但接收方收

第6章 实际产品开发

不到数据,通过替换、对比等方法确认接收部分功能完全正常,可以肯定问题出在发送端。

发送端软件层面反复检查都没有发现问题,发送端自我检测结果是数据已经发出,因为发送端有几个 MCU 同时工作,负责 RF 通信的 MCU 只是将其他 MCU 传来的数据进行转发。进一步实验发现,负责 RF 通信的 MCU 仿真器用同样的程序单独控制 RF 芯片,接收端可以接收到数据,看来发送端的软件也不存在问题,原因只能从硬件干扰方面去找。

既然仿真单独控制没有问题,我们可以让电路中的其他 MCU 都不工作,只是让负责 RF 通信的 MCU 单独工作,并且是往外连续发送数据,测试结果是接收端同样能接收到数据。再使另外的 MCU 逐个工作起来,随着 MCU 工作个数以及运行速度的增加,发现接收端逐渐开始出现接收不到数据的情况,最后是完全接收不到,现在可以确认是其他 MCU 的运行干扰了 RF 的发送。

所用的 RF 芯片内部有自己的 LDO,由这个 LDO 对 RF 芯片内部的收发电路提供电源,从图 6.4 所示的 PSRR 特性看对高频信号几乎没有抑制作用,当其他 MCU 工作时,它们运行所产生的干扰信号串加在 RF 芯片的 LDO 输入端,这些干扰信号大都是高频信号,没有被 LDO 抑制,从而使发出的 RF 信号与理想波形偏差过大,接收端自然就接收不到数据。

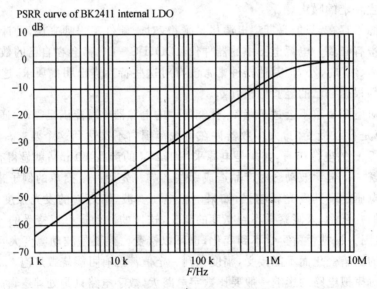

图 6.4　BK2411 内部 LDO PSRR 特性图

如果在 RF 芯片的电源端加上如图 6.5 所示的简单 RC 低通滤波电路,就能和 LDO 组合成一个带通滤波器,可以对高频干扰信号产生一定的抑制作用。当 R_1 为 10 Ω、C_1 为 10 μF 时可以得到如图 6.6 所示的新频率特性。

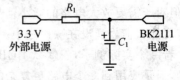

图 6.5　电源低通滤波电路图

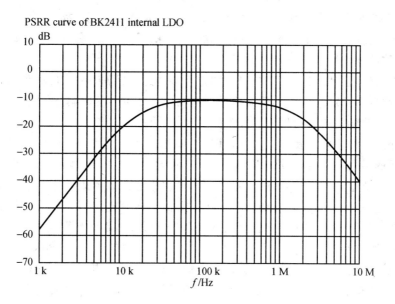

图 6.6　低通滤波器频率特性图

经过这样的电路整改，数据收发恢复正常，为了进一步验证，将 RC 滤波器的参数作出适当调整，在对高频抑制效果比较小的时候一样可以模拟出只能接收到部分数据的情况，说明分析完全正确。

注：PSRR 是 Power Supply Rejection Ratio 的缩写，中文含义为"电源抑制比"。PSRR 越大，输出信号受到电源的影响越小。

得到一个干净电源的方法主要是整流滤波，这些方法教科书中都会有介绍，自然也为大家所熟识，像前面的 RC 滤波器就是这样的例子。实际应用中还有一些其他教科书中没有提及的元器件，用这样的元器件会更简单而且效果更好，通常这些器件都用在产品的电磁兼容方面，后面讲电磁兼容时我会重点介绍，这里只是告诉大家前面的 RC 滤波器用一种叫磁阻的元件也能得到同样的效果。

任何电源的负载能力都是有限的，在负载范围之内，电压随负载大小的波动不会太过明显，一旦负载超过负载范围，波动就会非常明显，正是这个原因，通常电源的空载电压都要比正常电压大一些。如果负载超过了电源的负载能力范围，肯定只能是通过增加电源负载能力的方法才能解决，但对于某些特殊情况，即便没有超载，也有可能让电源产生大的波动。

电子产品的工作电流不是恒定不变的，正常工作中会因为不同功能的选择而导致电流变化，如果这个电流变化过快、过大，也会因为电源来不及调整而让输出电压产生大的波动。电源电压过大的波动影响会比较大，有可能只是一瞬间输出电压偏低，就会导致某些电路复位。

不少手机就遇到过这样的问题，手机电池在低温状态下性能会下降，像在北方的冬天，就会出现像人被冻僵了一样的状态，对于大的电流波动调整会较平常要缓慢。手机在待机时耗

第6章 实际产品开发

电最小,有来电的时候耗电会最大,这个时候GSM、屏幕、铃声甚至振动都会同时打开,一下子从耗电最小变成耗电最大,低温环境下的电池因为"冻僵"就会出现输出电压瞬间被拉过低的现象,从而导致部分模块复位而工作不正常。

我们可以通过增加滤波电容、扼流电感的方法来防止电流的突然波动,但这些方法对于负载突变的影响只能是减弱,如果负载突变过大依然还会产生不良影响,要想完全避免还需要通过软件配合将负载变化的过程尽量拉长。

电源的处理方法主要是硬件方面的知识,如果想了解一些具体的应对方法可以阅读一些开关电源方面的书籍。一名软件工程师可以不了解太多的电源方面的知识,但对电源所能带来的影响一定要清楚,电路的调试工作被要求从电源检查开始就说明了电源的重要性。只要一个电源不满足应用要求,就有可能影响接在其后面的所有电路。当你所开发的产品遇到一些奇怪的问题,在可以确定软件正确而且有模拟信号处理时,不妨看看电源是否满足要求。

地作为电源的参照点,虽然不会主动产生电压波动之类的干扰,但会因为电路板的一些特性而容易形成一些问题。理论上的地就是0 V电压位置,其在电路板上的表现形式是连通的一层敷铜,我们知道除了超导材料,现在所采用的任何导体都有电阻,所以在电路板上"地"的不同位置之间都存在电阻,电阻的存在无法保证"地"的不同位置电压都为零。

图6.7为一个简单的电路模型,由电源提供5 V电压,正极接电路板电源,负极接电路板地。电源和地用粗线表示电路板上尽量敷铜宽一些,即便这样处理,在电源和地上也会有等效电阻 $R_1 \sim R_6$ 存在,所以虽然这3个器件是在同一个电源和地之间并

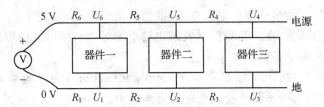

图6.7 电源和地导线电阻示意图

联,但实际各自所得到的电源电压会因为电源和地的电阻存在而略有不同,器件一电压最大,器件三电压最小。

电阻 $R_1 \sim R_6$ 虽然存在,其值并不太大,一般应用中可以忽略不计。但对于大电流场合就不能不加以考虑,假定 $R_1 \sim R_6$ 的总阻为100 mΩ,如果是电动自行车这种电流超过10 A的产品,电阻上面的压降会达到1 V,这个电压已经可以用来控制三极管的通断,不能再忽略不计。

电路中对地的处理颇有讲究,尤其是高频电路,连接地所选的位置稍有不同就可能得出完全不同的电路效果。本书的内容侧重于软件方面,不需在硬件层面过多分析地线的影响,所以这里只是对地线常见的几点规律加以简单说明。

1) 数字地和模拟地

通常数字电路速度快,自身的抗干扰能力强,对电路中其他部分产生的干扰也大。当电路中同时存在数字和模拟电路时,应将数字地与模拟地分开,在板上一点将两种"地"连接起来。这样做的好处是数字地和模拟地对各自电路形成屏蔽,可以让数字电路的干扰传不出去,模拟

电路则不让外面的干扰传递进来。

2）浮地与接地

系统浮地是将系统电路的地线浮置起来不与大地相连,这种接法具有一定的抗干扰能力。但系统与地的绝缘电阻不能小于 50 MΩ,一旦绝缘性能下降,会在抗干扰能力和安全性方面带来一些负面影响。通常采用系统浮地、机壳接地的方式。

在买电器的时候常会听到白电和黑电的说法,白电的外壳一般为浅色,插头为 3 条脚,除了火线和零线外还有接地,这个接地与大地相连,如果电器内部发生漏电可以保证机壳和大地之间等电位,从而使产品具有更高的安全性。想一想,为什么这个接地不和交流电的零线直接相连?

3）一点与多点接地

在低频电路中,布线和元件之间不会产生太大影响。通常频率小于 1 MHz 的电路,采用一点接地。在高频电路中,寄生电容和电感的影响较大。通常频率大于 10 MHz 的电路,采用多点接地。

4）利用地线屏蔽干扰

地线可以很好地屏蔽各种电磁信号,电磁信号的干扰方式是感应电压,其所具备的能量并不高,只能提供非常小的电流,所以只会在对地阻抗高的电路才有明显作用。同轴电缆是利用地线来提升信号的抗干扰能力的典型例子,对于远距离信号传输,就算用普通电线,采用双绞线方式比普通平行方式也要好不少。

6.5 成本意识

一个产品肯定是成本越低越好,当然我们不是去追求绝对的最低成本,应该是在满足性能要求的前提下尽可能地降低成本。大多数工程师都会明白成本对产品的重要性,也会在产品开发中通过各种方法来控制成本,比如选用性能满足要求价格低廉的元器件、控制生产不良率等,这些都是显而易见的方法,为大家所熟知,本节会在一些容易被工程师所疏忽的方面作出介绍。

1. 程序空间大小

曾在一个知名论坛上见到一个帖子,大意是疑惑计算机数据压缩好像意义不大,他的计算机硬盘空间那么大,文件不压缩随便放对他并没有什么不良影响。单片机程序员自然明白这种想法的错误所在,没有理解数据存储需要占用存储器空间,同样大小的存储空间能存储更多的压缩数据。

如果产品功能需要由单片机来实现,自然需要编写相应的控制程序,程序的存储和运行需要一定的存储空间,单片机存储空间越大,其价格自然也就越高。在芯片选型阶段,项目负责人只能是大致估计程序所需的存储空间,并且会留有一定余量以保证空间够用。当程序员开始编写程序的时候,前期主要考虑的是如何实现功能,毕竟功能实现是首要要求。

第6章 实际产品开发

当程序的功能实现后,常常会出现这样的情况,即所选用的单片机的存储空间余量还比较大,比如单片机总共有 8 KB 的 ROM,实际上只用到 5 KB,因为功能正常,程序员会认为产品开发已经成功完成。这种做法不可取,因为这个时候的程序编写只是为了满足功能实现,有可能通过程序结构的优化得到更小的存储空间,优化后有可能程序只有 4 KB 大小。通常单片机型号都是系列化,同一系列的基本功能会大体相同,主要是存储空间、扩展功能方面存在差异,如果所选用的单片机有 4 KB 大小 ROM 型号,无疑优化后的程序可以进一步降低成本。

2. 功能实现

程序功能实现和空间一样,也是希望在可能的情况下尽量选择更便宜的单片机,比如产品需要使用 UART 通信,一般来说带 UART 功能的单片机价格都会比较高,如果 UART 通信功能可以使用普通 I/O 进行模拟,就可以选择价格更为低廉的单片机。

如果一款单片机在硬件功能上有所欠缺,但通过软件的弥补可以满足此功能,工程师应该有不畏艰难的信心和勇气,敢于克服软件实现的各种麻烦达到目的。有可能这部分软件需要另外花费工程师一周的时间,假定这段时间工程师的工资支出是 2 000 元,软件实现的单片机便宜 0.1 元,只要产品达到一定量,就可以把工程师多花的时间支出补回来,现在假定情况是生产 2 万台就能追回对工程师的支出,那要是 20 万台呢?

功能还有另外一方面间接影响成本,同样硬件的产品,一家公司有 10 种功能,另外一家只有 8 种,价格一样肯定是有 10 种功能的好卖一些,好卖生产的量就会多,生产的量一多成本也会有一定下降。如果工程师能尽量多实现一些功能,而且功能更稳定,对成本控制也是有好处的。

3. 开发周期

开发周期对产品成本的影响相对较大,而且会将其后果直接显现出来,任何产品在开发时都会预先有一个进度表,公司再根据这个进度表制定生产、销售的计划,如果开发不能如期完成,对所有关联部门都会产生影响,原本局限在开发部门的损失到整个公司就会成倍放大。

在开发部门之内,通常产品开发都是多人协作完成,开发过程中难免会遇到先前未预估到的问题,这样的问题有可能额外耗费开发人员比较多的时间,从而影响到该开发人员的进度。多人参与的产品开发不会是各做各的,最后合起来就完事,常常是每个人做出一部分,然后将已经完成的部分组合起来,在此基础上各自再继续自己的剩余部分。

这样如果有一个人开发产生延期,其他已经按期完成的也不能继续下一步工作,只能是等待这个人完成手头部分。可能一个人延期三五天看起来并不是太长的时间,但如果每个参与开发的人在不同时段都延期一下,总的延迟时间就不是个小数字,可能需要用月来计。

开发延迟导致的开发周期加长,首先是公司在产品开发阶段投入的人力增加,延期一个月就等于增加了一个月开发人员的人工投入。其次是会打乱采购、生产和市场部门的部署,原本作好的各种计划都需要重新调整,调整不理想就会带来损失,比如生产按计划提前招好的工人,到期不进行生产总不能不给工人发工资。再就是减缓公司的资金流动速率,采购需要提前备料,开发延期就使得购买的物料要等更长的时间才能变成产品销出回款,这也是无形的损失。

还有其他一些方面的影响,如果产品已经和客户约定交货日期就有可能未按时出货需赔偿客户损失,或者为了保证按时付货没有办法只得采用价格更高昂的货运方式,也容易让客户对公司的实力失去信心。

产品开发本来就是具备一定风险的过程,中间难免会发生意外情况导致延期,虽然我们不能完全避免这种情况的发生,但可以通过一些方法来预防或减少延迟。如果工程师遇到问题后自己花了一定时间仍然无法解决,眼看会影响整体进度,就应及时向项目负责人汇报,由负责人帮助解决;项目负责人在制定进度表时应考虑到延迟的影响,每个人的任务最好细分成多个阶段,分阶段对工程师进度进行跟进,免得到最后才发现有人因为某个问题卡在了中间;所有参与开发工作的人在产品论证阶段应对自己所负责的部分考虑充分,有难度或问题一早就要提出,万万不可开始什么都不想,接到任务后做一步看一步,直到做完了才知道自己要做的是什么。

4. 对生产的影响

电子产品的生产基本上都是流水线,工人大都采用计时工资,由生产工程师制定出生产工艺流程,工人按照流程进行生产,A 装电池盒→B 焊接电源线→C 打螺丝→……这样个人对某个工序的熟练程度对整条线的生产效率影响有限,同样熟练工人组成的不同线,生产效率一般差异不大,主要是由生产工艺的复杂程度决定的。

生产工艺流程是由生产工程师制定的,和开发工程师有什么关系?不但是有关系,而且是关系非常大,产品生产中进行相关测试以保证质量,通常需要开发工程师提供相应的测试功能,如果测试功能效率不高自然会影响到生产效率。

所以负责开发的工程师也会影响到生产线上的效率,同样时间效率高就能生产出更多的产品,从而降低单个产品的生产成本。后面有一节会专门讲开发人员应该如何为生产考虑,这里就不作过多的探讨了。

5. 程序发放次数

编写完程序只要测试合格,就会发放一个用于生产的版本,可能有的工程师会这样认为:程序发放出去谁也不能保证绝对没有错误,所发放的程序是应该尽量少出现错误,尤其是功能性的重大错误,真要有错误在使用中发现了更改过来就是了,只要保证程序的更改和更新严格有序,就不会对公司造成多大损失。

这种理解也是不对的,上规模的公司会有开发、生产、测试等部门,各个部门分工合作,最后将产品生产出来。不同部门职责肯定不同,开发部门主要是产品设计开发;测试部门则是通过自己的工作发现产品的问题,反馈给开发部门改进。

现在开发部门发现已经生产的产品存在问题,工程师针对问题作出相应修改,修改好的程序当然是要发放出去用于生产。开发部门因为对产品功能实现的方式很清楚,查清了问题原

第6章 实际产品开发

因才作出修改,自信已经解决了问题,有信心只需测试问题是否还存在就能保证产品可靠。但测试部门就不会这么认为,他们不知道产品内部的细节,自己的职责就是进行完整全面的测试,如果要求他们只测试问题是否还存在,他们肯定不会答应,谁知道开发部门修改了什么,这个修改会不会带来其他问题,如果有问题放过去就是他们失职,所以他们还得从头重新全面测试一次,造成人力的极大浪费。

所以开发人员应该尽量减少程序的更新次数,避免这种无谓的人力浪费。另外,开发部门那种自信只需检查问题是否还存在的想法不可取,只要是程序作出了修改,应该尽可能作出全面的自我测试,因为谁也不能保证这个改动不会带来新的问题,测试部门会这样担心,开发部门自己也不可能百分之百保证,就算你改动的软件没问题,也有可能硬件有缺陷因为改动而产生新问题。

产品在市场上的竞争力不外乎就是品牌形象、性能质量、价格这些因素,在其他条件都相当的情况下,价格自然就成了客户选择的重要因素。一种产品的市场基本是恒定的,谁家产品性价比高就有可能占据更多的市场,如果你做出的产品能够比别人成本低1元,你开发的产品就可以以比别人低1元的价格抢占市场。

有可能公司不会直接将节省的这部分成本按比例体现到你的奖金中,但一定知道你所创造的价值所在,至少会对你的技术能力作出认可,为日后的提升打下基础。另外,产品抢占到更多的市场,公司的效益自然就会更好,一方面会对你个人收入产生积极的影响,另外一方面增加了公司做大做强的几率,个人上升的空间也会一并增大。

所以任何时候,作为开发工程师都应该留意自己在哪些方面会影响到成本控制,尽量让自己在这些方面发挥积极的作用,就算是某些原因没有从公司得到这些努力应得的回报,也会因为这些经验的积累让你的技术得到提升,日后有好的工作机会就会更容易抓住。同样技术水平的工程师,具有良好成本意识的自然更容易被老板所赏识。

6.6 别烦流程图

我刚参加工作那会儿,是一心想能尽快写出几个真正的单片机程序,心情急迫到恨不得今天给我安排任务明早就能完成。可带我的师傅好像是专门和我做对一样,并不马上给我安排实际的程序编写工作,而是让我看程序、画流程图。

师傅拿出一些他和别人写的汇编程序,要求我在规定的时间内读懂程序并将流程图画出来,这个任务并不难,师傅所写的代码格式很整齐,而且几乎每行后面都有中文注释,只要稍微用心点就能将流程图准确画出。

师傅是一个特严格而且细心的人,我画的所有流程图他都会和他自己画的作比对,发现不对的地方那批评肯定免不了,没有问题又会给出另外一些程序让我画,周而复始。那时候虽然自己内心不大愿意画这种枯燥的流程图,但还是明白师傅的安排自己应该无条件地服从,终于有一天在画了厚厚一叠后师傅没有再给我写好的程序,而是交代两个小小的功能函数让我设计。

　　看来终于开始让我写真正的程序了，心中的喜悦是不言而喻。不过这种喜悦转瞬即逝，师傅交代完功能函数的要求，告诉我先不要直接编写代码，先用流程图把自己的思路表达出来。这一阶段的流程图比之前要难画许多，一开始肯定有不少考虑不周的地方，交上去后师傅一审阅发现问题就得重画，起码要画个三五遍才能勉强通过。

　　现在回想起来真要感谢当初师傅的这种要求，在后来的工作历练中自己逐渐认识到流程图的重要性，正是当时师傅对我的磨炼，让我在不知不觉中养成了接到开发任务不急于编写代码的习惯，会先将自己的思路理清，直到自己觉得考虑周全之后才会开始代码编写工作。

　　流程图的最大好处是可以在编写代码之前将程序的流程结构表现出来，可以通过流程图来检查自己的考虑是否周全，尤其是各个功能模块之间的配合是否存在问题。如果是一接到任务就一头扎进程序编写的人，只能是在各个模块程序写完后才知道相互之间配合的结果，要是因为配合出现问题很有可能需要重写代码。

　　对于参加工作不久的新人，我能理解对画流程图工作的抗拒性，有这种心理不足为怪，甚少有人乐意画流程图，除非是已经做到项目管理这一层，整体框架流程图已经成为其安排工作的指引准则，才会因为工作需要不得以去画流程图或者系统框架图。

　　画流程图相较代码编写还要麻烦一些，代码在编辑器中修改相对容易，而流程图一旦发现画错需要修改，远比修改代码麻烦。如果只画粗略的流程图，容易在程序实现的细节上出问题；如果画出细致的流程图，工作量大到甚至超过实际代码编写。这都是工程师不愿意画流程图的原因，也是客观实际情况。

　　是不是必须画流程图要根据实际情况而定，如果是有经验的工程师，没必要这么做，只需要在开始代码编写前理清思路就行，就是他自己习惯先画流程图也只需要粗略地画一下，否则画流程图和编写代码的时间会过长。对于参加工作不久的新人，一般不会分配比较急迫的工作任务，会给出一定的时间让其学习成长，直到上司认为已经具备一定能力基础才会真正安排开发任务。这样新人在时间上比较充裕，要求画流程图则非常有必要，而且是要画出细致的流程图。

　　画流程图首先可以让新人养成先理思路后编程的好习惯；其次，可以让上司更直观地了解他的思维方式，如果是看代码没准看了半天还是不知所云；再次，新人思维能力有限和编程语言的掌握都有限，如果直接让其写代码，很可能写出一堆无用的东西，不知道是编程语言掌握不好还是思维不周才写成这样，流程图可以将这些不足区分开。

　　流程图是程序逻辑结构的体现，新人不用担心流程图画出来了但代码编写无法实现的情况。一个程序，其逻辑结构远较具体代码重要，就算某个部分代码实现时遇到难度，受影响的也只是这一部分，如果结构不好，则是整个程序受影响。不能排除具体代码实现时遇到困难的可能，如果出现这种情况，采用直接写代码的方式同样会出现，而且是情况会更糟糕。

　　所以对于新人，不管画流程图的过程有多繁琐，就是负责你的上司没有画流程图的明确要求,都应该在从事开发工作的初期阶段坚持画流程图。如果有实际的开发任务,最好是先把流程图画好交给上司审阅,然后再开始代码编写,这样才能更好地保证所写代码能满足开发要求。

6.7 功能的全面与实用

理论上讲,一个产品是功能越多越好。这里的功能全有两种理解:一是尽可能实现更多产品最好具备的各种主要功能,二是在已有的软、硬件平台上提供更多可有可无的附加功能。市场销售的实际产品不同于实验室样板,实验室只是验证功能实现在技术上有没有可行性,不用在市场价格方面作过多考虑;实际产品则不同,必须同时满足功能和价格两方面的要求。

这样实际情况就与理论产生矛盾,要想产品的功能强大而且全面,势必导致成本上升,一旦产品的性价比超过消费者的承受度,就会成为一个不受欢迎的产品。没有人和公司愿意开发设计不受欢迎的产品,什么样的产品才会受欢迎,这是接下来我们需要讨论的。

任何产品,都不能说哪一种性价比为最好,而是由市场目标群体的消费心态等因素决定的,并且随时变化,没有绝对的参考指标。只是具有一条基本准则,同样的价格,如果性能更稳定、功能更全面就更容易被消费者所接受。

像现在已经遍及千家万户的手机,如果要问哪一种性价比最好,上帝也给不出答案,不同的消费群体,对手机功能的需求大不一样。要说手机最好具备哪些功能,随便想一想就能列出一大堆来:通话、短信息、照相、录像、听歌、上网、看小说、打游戏、个人辅助、蓝牙、WIFI等,简直可以用无穷无尽来形容,有些功能需要硬件支持,有的则完全只需要软件就可以实现,所以实用性和实现成本都各不相同。

对于年轻人,除了满足最基本的通话需求外,听歌、打游戏和上网这类功能对他们来说都比较实用,可以用来消磨上、下班乘车的时间。同是年轻人,更年轻的学生群体通话需求有所减弱,对短信息的需求则大为提升,因为短信交流更为私密,哪怕上课也可以相互沟通。老人虽然也会对短信、上网之类的功能有一定兴趣,可手机的小屏幕让他们的视力吃不消,通话基本上已经是他们所需要的全部。

大多数人希望手机是性能更强大的同时价格能更低廉,也就是性价比高。不过这一点并不适用于所有人群,对于生活质量有一定要求的高收入群体,手机和手表一样,显示个人品位的作用已经超过其本身的功能,虽然他们清楚性价比的存在,与众不同的心理让他们不得已去选择价格高昂的机型。

这些问题的存在,就要求开发人员需要根据实际情况对产品功能进行取舍,首先要清楚产品主要市场目标的需求,这部分市场目标的需求是一定要满足的,然后在这些功能的基础上看有没有可扩充的功能。例如,老人手机屏幕显示字和声音大,儿童手机能够将爸妈的电话号码对应到卡通按键上,这是这部分消费群体需求性比较高的功能,应尽量满足。对于短信功能,老人没几个会打字,儿童则可能连字都不会写,加进去可以说毫无意义,只是浪费开发人员的

第6章 实际产品开发

时间。

不少开发人员，包括我自己，都有这样一个不好的习惯，就是常会用自己的想法去想象市场对一个产品的认可度，用自己的主观想象来预测市场。曾经有段时间我想到农村中去推广节能灯，当时我想农村的人省电意识比较强，不会像城里居民那样随意浪费电，节能灯 1 W 可以顶 4 W 的白炽灯，只要让农民亲身感受到节能灯省电的优点，相信一定能打动他们购买。

当然这个想法也不是不存在问题，一个 Philips 的节能灯要卖二十几元，而一个白炽灯才几角钱，两者的价格差异太大，让农民认可这个价格非常难。二十几元的价格我自己也认为过高，不大可能说服农民接受，于是我联系了中山那边做灯泡的厂家，在性能与 Philips 有一定差距的情况下可以做到市场价 7 元，这个价格让我怦然心动，认为应该有比较大的把握做通这个说服工作。

我的设想是做出一些灯箱，分别接上节能灯和白炽灯，并有电流表显示电流，在两者亮度相当的情况下对比电流大小，再以农户月实际电费告诉他们多长时间就能赚回灯的支出。一个节能灯 7 元，就算只省电一半也很容易将这 7 元赚回来，一时间我是信心满满。

当我找人开始尝试市场推广的时候问题出来了，虽然灯箱演示和我所预期的一致，可农民看到这个演示效果并不买账，先是怀疑我这是不是和其他"卖狗皮膏药"的一样，一买回家就不灵光。实际上我已经提前考虑到了这种可能，特意安排了一些免费体验用户，对于不信任的农民建议他们去这些用户家观看实际效果。

然而体验用户的效果可以说是非常糟糕，虽然省电效果是明显，但是一个完全没有预计到的问题发生了。当时是夏天，只要一开节能灯，周围全是虫子、飞蛾，搞得大家连饭都不敢在灯下吃，白炽灯虽然不够亮，可最多就几只围在周围飞，看见这种情景，就是这种灯不耗电也没人敢用。另外，同样瓦数的情况下节能灯确实要亮许多，可到月底交电费时发现电费虽然有减少，但幅度远没有达到成倍的程度。原来农户消耗在灯上的电并不多，大部分是耗费在电视上，绝大部分情况下他们只开一两盏 5 W 这样小瓦数的灯，而且是尽可能地晚开早关，一个月灯的实际耗电才两三度，节能灯的效果大打折扣。

这个例子表面看和产品的功能是否全面没有关系，其实不然，之所以举出来是为了让大家明白产品的某种功能是否实用，不是由开发人员自己想象来判断，而是由市场决定。至于市场是如何作出认可的，不一定有可以解释畅通的理由。开发人员的工作主要是在公司内部进行产品研发，缺少对市场的了解，如果从自己的角度去猜想功能是否迎合市场需求，注定是闭门造车之举。如果开发人员想了解市场的实际需求，应该多咨询市场销售人员，他们在市场一线会得到更多的咨询信息。

有时候就是市场人员也会对市场预期作出错误的预估，Motorola 的铱星计划就是这样的例子，技术上任何人都没否认卫星电话的高度需求，市场人员同样认可，就连潜在客户也认为很有必要。可最终结局却是差强人意，并没有如期出现海洋、荒漠、高山这些特殊环境下遍地开花、大显身手的局面，真是功能虽好，可真正用的人很少。

第6章 实际产品开发

作为开发人员，一定要跳出自己的思维来考虑产品功能是否有用，所开发产品虽然是功能越多越好，但每一个功能都要耗费开发人员的时间和精力，功能越多，开发时间自然也越长。这就需要开发人员适当地把握功能全面的度，有个经验可做参考，同类产品有的功能最好也要有，不然就会成为另外厂家产品销售人员挑刺的把柄，其他功能在不影响开发进度的情况下适当补充。

不要认为自己是开发人员，了解产品的各种功能的实现方法，就认为自己对产品的认识是其特色和卖点。有可能从技术上讲你在产品中的某个技术确实非常好，其他厂家的开发人员也这么认为，要知道他们和你一样都是有一定技术基础才得出这个结论的，不要指望市场人员和客户对技术的理解也达到这个程度，也许他们会得出与你完全相反的结论。

高科技的东西一定很复杂，这是大多数人的感觉。复杂了会不会不可靠，用起来是不是也会很复杂？对于技术圈子之外的人很容易产生这些疑问，他们对技术的不了解会对高深的技术产生畏惧感。

还是手机的例子，不少手机支持语音拨号功能，从技术角度看绝对是一项技术含量高的功能，只要嘴动两下，就能拨出你想要拨的号码，肯定会大受用户欢迎，相信你没见过几个人会去使用语音拨号。而服务商提供的短号服务，技术上讲就是一个不规范的小聪明，没有什么技术含量，可在实际中却大受用户欢迎。

不少公司都能见到这样的情况：开发部的人傲得厉害，自认为整个公司除了老板，其他任何部门的人都不用放在眼里，甚至认为老板都要让其三分。这也是开发人员思维自我拘泥的表现，典型的唯技术论，认为只要是好技术就会被市场认可，而且自己也能做出好技术产品。出现这种想法说到底还是开发人员用自己的眼光看技术，一切想法都是围绕技术而得出，公司不是科研院所，需要有利润才能得以发展，没有市场利润从何而来？

当然不能否认技术的重要性，有技术优势的产品在市场上会更具竞争力，这是不用怀疑的。要想让技术成为受市场欢迎的产品，市场的推广非常重要，没有市场，再好的东西也等于零。要想把产品做好，除了开发人员在技术方面达到满意的效果外，其他采购、生产等部门的密切支援也必不可少，否则开发人员只能是做出性能不错的样板，而不是性能良好的产品。

所以从事产品研发工作的工程师对其他部门要有谦虚的态度，只有这样才能把研发工作做好。至于功能的全面与实用，并没有固定的准则，只能是自己针对实际情况能灵活应变，如果开发时间充裕，就可以多实现一些附加功能；如果开发时间紧迫，那就只实现必需的功能。

6.8 批量产品的替代方案

对于批量生产的产品，最好是在开发时就考虑替代方案。对于绝大多数开发人员，都会忽视这个问题，通常他们会认为产品能顺利生产时开发工作就算成功完成，可能老板也是这种观点。

这种简单乐观的想法常常会尝到苦头，有时候拿到可观的订单，却发现芯片供货困难，需

第6章 实际产品开发

要等待比预计更长的时间才能采购到,结果是送到眼前的钱都不能赚,那是何等的痛苦。其实这种情况的出现是因为一些不为自己所控制的客观原因导致的,出现这样的情况老板也不会责怪开发人员,甚至是认为只能怪自己运气不够好。

其实这不能归咎于自己运气不好,虽然这种问题无法预知也不能绝对避免,但是如果在开发阶段就考虑替代方案,还是可以在一定程度上降低这种问题发生的风险系数的。只是这样做会加大产品开发的难度,替代方案的开发一般需要开发人员多付出原工作量一半的时间,对于开发人员的能力要求也要高一些。

一般来说,开发人员在定制产品方案时,都会想到芯片是否好购买,如果购买不方便,除非是没有其他选择的特殊功能芯片,被选用的可能性会比较小,谁都怕产品开发完毕却发现买不到芯片不能生产的窘境。单片机产品肯定少不了主控 MCU,而 MCU 不像电阻、电容属于通用元器件,所编写的程序只适用于特定型号,如果市场上一旦这种型号货源紧缺,就会出现生产"无米下锅"的局面。

厂家在生产 MCU 时首先对市场需求量作出预估分析,然后依据预估值制定生产计划,计划的制定时间会早过生产时间几个月甚至上年,生产时如果发现实际需求和预估不一致,就会对后面的生产计划作出调整。如果是实际需求偏低,只要将后续计划产量适当减少就行;但如果是实际需求偏高,调整就会比较麻烦,因为芯片生产线也是按预定计划进行生产,要想增产只能往后排期。正是这个原因,当 MCU 供货紧张时,往往需要多等一两个月时间才能拿到货,遇到这种情况就是芯片厂家老板是你亲戚都不管用,只能是等,"地主家也没有余粮啊"。

所以在产品开发阶段,如果能将替代方案早考虑进来,就能更好地保证所开发产品的出货稳定性。如果主方案芯片供应紧张,就可以用备用方案来进行生产,虽然有可能备用方案在性能、价格等方面稍逊于主方案,但比无法生产出货的局面肯定要好上许多。当出现不能承接客户订单的情况时,直接损失是失去了唾手可得的利润,更严重的是会让客户失去信心,只要不是订单多到生产忙不过来,客户都会理解成实力不足。

前面已经讲了,替代方案势必造成开发成本上升,一些规模小的公司能开发出自己的产品就不错了,还这样要求未免太过。这也是实际情况,我们并不要求任何产品都要考虑替代方案,是否需要替代方案要参照实际情况。如果是一个初步产量只有几千个的产品,完全没有必要一开始就考虑替代方案,应该是等到产品交付客户后根据反馈再定,如果订货一再增加,就可以开始考虑替代方案了。

对于大规模的公司,只要产品不是高附加值的设备,一般来说单个产品的量都不会小,否则大公司不会有兴趣去开发进行生产。这种情况在产品方案设计阶段就必须考虑到替代方案,和小公司不同的是,当芯片供货紧张时,不会出现"无米下锅"的境况,这是因为在芯片厂家眼里这些大规模公司是重要客户,芯片的供应并不是简单的现货购买,而是要求大规模公司最少提前几周下订单,从而保证芯片厂家有足够的时间调整产量。

即便这样做也还是有问题,芯片生产线的投入非常大,动辄数十亿计,所以全世界的芯片

第6章 实际产品开发

生产线的条数有限,一旦有地震、火灾这些意外影响到芯片生产线,就有可能无法如期完成预定的生产计划,芯片供应自然不能保证。另外,如果产品走势强劲需要增产,芯片厂家并不一定能满足你的增产要求,虽然你是重点客户,但不代表你是唯一重点客户,如果碰巧另外的重点客户也需增产,而且他们所用芯片带给芯片厂家的利润更高,显然芯片厂家会优先考虑另外一家。

只有一开始就考虑到替代方案,即使主方案供货紧张,也可以用替代方案来满足额外的生产需求,最大限度地降低自己的风险。这样做还有一个好处:如果你只用一家的芯片,芯片厂家知道你不得不用他们的芯片,在后续芯片采购时在价格方面他们就有主动权。但如果有了替代方案,芯片厂家知道自己存在被替换的风险,就只能是在价格和供货等方面给予更多的优惠,以免流失客户。对于替代方案的芯片厂家也一样,他们为了拿下潜在的市场,会给出他们能够承受的价格和服务的极限条件。

当然,替代方案并不是开发一开始就要主方案与其齐头并进,除非是公司开发人员非常富余,否则这是愚昧的做法。规模大的公司,方案设计阶段就要考虑到替代方案,这一阶段只需要替代方案进行技术论证,并不需要进行实质性的开发工作,真正的产品还是只用主方案实现。当产品开始生产后再对替代方案进行细节论证,如果能安排出开发人员,就可以进行替代方案的实际开发工作。

规模小的公司在方案设计阶段可以不用考虑替代方案的问题,只是产品生产出来热销才有必要去考虑这些。可以对主方案的实现进行优化,以提升性能并降低成本,考虑替代方案来降低芯片供货紧张对生产的影响。如果开发力量不足,后期不考虑替代方案也不是不可以,只要切合实际,无论哪种处理方法都是可行的。

6.9 多了解新器件

我们知道三极管在饱和导通的情况下 ce 脚之间会存在压降,按照以前的经验这个压降最小可以控制到 0.3 V 的样子,注意这个 0.3 V 不要和锗管的 0.3 V 相混淆。基于这个原因,我们习惯用 MOS 管来控制电源的关断,以减少用三极管而形成的压降。偶然有一个机会我发现工厂负责生产的同事对我们控制电源的电路作了修改,将 MOS 管替换成了三极管,该同事生产经验非常丰富,如果没有把握他肯定是不会作这样的更换的。

如图 6.8 所示控制电路很简单,原来的 MOS 管直接换成三极管,从成本上说三极管要低过 MOS 管,但负面影响是会在 ce 脚存在比较大的压降。该电路是用三极管去控制部分电路的地,当三极管导通时,C_GND 位置对地电压为三极管 ce 脚压降,如果是以前所理解的 0.3 V,显然过高。但对

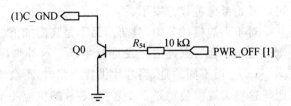

图 6.8 三极管控制电源通断电路图

第6章 实际产品开发

实际电路进行测量发现，三极管 ce 脚压降远小于 0.3 V，只有几十 mV，这个电压幅度对产品的影响已经相当小，完全可以被接受。

向同事咨询后才知，许久以前供应商就已经向他们推荐现在所用的三极管，和普通的 9013、8050 这些型号相比，最大的优点就是 ce 脚压降小，经过他们的测试大部分产品中的电源开关管都可以用其替换。既能降低成本，又不会对产品性能产生影响，他们就将其用到生产之中，因为三极管属于通用元器件，可以不经由开发部门确认，所以开发部一直不知道这一改变。

这就是一个对新元器件了解不及时的典型例子，肯定不能说这个事情有多难，只需要供应商花上 2 min 对新器件作个简单介绍，然后由技术人员作一点测试工作就够了。就是这种情况，若大一个开发部居然几年都不知晓。

一直以来，从事开发工作的技术人员的知识来源主要为书本，电子技术每一天都在发展，新技术的出现与应用通常只是以论文形式出现，从书本所了解学习到的知识自然有一定滞后性。要想及时了解新出现的新元器件，最好的方法是同元器件供应商保持密切关系，这个方法对大多数人都不现实，某种程度上公司是不太希望技术人员同供应商关系过于密切的。

好在近些年网络技术迅猛发展，为技术人员了解新技术提供了一条新途径，可以通过网络了解相关咨询，大的半导体公司都会在自己的主页上介绍自己的新技术，众多的电子专业媒体更是热衷于新技术介绍，只要技术人员有兴趣，就能免费订阅这些电子专业期刊。另外，一些专业论坛的建立为广大技术人员提供了交流的空间园地，也可以通过专业搜索引擎查找相关咨询。

一些小芯片公司会针对某种特殊应用开发专门的技术，他们只对潜在客户推介这类新技术，这类技术通过前面的常规方法很难了解到，但在行业内为大家所熟识。一名技术人员，如果想涉足已经有一定规模的新产品领域，务必要想办法了解该领域的新技术、新器件。现在大功率 LED 技术逐渐流行，有人委托为其开发一款 LED 手电筒，开发如期完成，委托方对性能也比较满意，可以算是一次顺利的合作。

因为该款手电筒走的是中高端路线，开发完后特意了解了一下 LED 手电筒的市场状况。发现高端主要走品牌或仿造渠道，销售价格颇高，但低端价格低得吓人，市面上充电一体最低零售价 10 元，即便是大功率 1 W/3 W 的也只有 20 元，要知道这可是铝合金外壳啊。因为刚开发完所委托的手电筒，知道如果是用单片机加 MOS 管很难做到这个价位，更神奇的是只有一个按键开关，通过此开关可以选择强光、弱光、闪烁等不同工作模式，并同时控制电池的通断，显然只有定制的专用芯片才有可能做到这等功效。

为了一探究竟，我买了几款 LED 手电筒解剖分析，不出所料，所有款式用的都是同一种芯片，网上没有搜索到芯片的任何相关资料，只找到两家公司在销售该芯片。联系上其中一家知道该芯片是他们专门为 LED 手电筒定制的，将 MOS 管和逻辑功能控制都集成到芯片之中，而且芯片断电后内部可以保存上一次工作状态，再次通电时自动切换到下一种工作状态。该

第6章　实际产品开发

公司提供完整的PCBA，LED手电筒厂家买回去就可以直接组装，PCBA批量价不到2元。

任何行业，都有黄牛式技术人员为技术改良而努力，探寻性能更好、成本更低的技术方案。这里LED手电筒芯片因为集成使得芯片成本下降，将功能固化到芯片中又可以省去手电筒厂家二次开发成本，如果大量厂家从该公司拿货会让成本进一步降低。其实你只要将自己假设到这个角色就不难理解，一开始肯定也是用单片机来实现，后面发现需求量大就会考虑有无更低成本的方法，当低成本方法找到后使用的厂家自然会更多，这样就形成了一个良性循环。

只要有利润，就会有人提出各种奇思妙想，目的只有一个，赚更多的钱。做技术的要相信这一点，你能想到的，别人肯定也会想到；你所没想到的，别人同样可能已经想到。没办法，咱中国人小聪明那就是厉害，正的、邪的，生活中太多这样的例子，这里我用两个"邪门歪道"的例子让大家了解咱中国人到底有多聪明。

1）假手机

几年前彩屏手机价格还比较高，全国各地突然出现许多看上去鬼鬼祟祟的人，从你身边经过时会从口袋中摸出一部手机，嘴里念叨："手机，要不要？"给人的第一印象就是小偷销赃。既然是小偷销赃价格肯定低，如果贪小便宜的话就有可能去买。买当然也怕上当，怕花几百元结果买回一个模型机，于是要求先验手机真假。对方并不反对验机，只是验机开机会提示没有插SIM卡，插上SIM卡则在搜索网络时"嘀、嘀、嘀"几声，提示电量不足自动关机，而且屏幕是彩色的画面。

所有操作结果都告诉想买的人，这确实是一部真的彩屏手机，只是电池电量不够。价钱可以谈到两三百元，就算你自己是做手机的也都不会再怀疑有什么问题，当时这个价钱可能连那个彩屏都买不到，眼睛看到的千真万确是彩屏，耳听为虚，眼见为实，真没什么可以担心的了。

如果你买了，很有可能出现你怎么充电它都显示电量不足自动关机，拿去维修才发现自己当了个大大的猪头，上当不说还会被修手机的人取笑。原来这种手机外壳是真的，"内脏"只是一个简单的单片机和一片单色液晶，单片机可以检测SIM卡是否插入，然后通过SIM卡插入状态在单色屏上显示相应信息。那之前看到的彩屏从何而来？是在单色液晶下面贴上一张有彩色图案的透明胶片，当后面的背光打开时，就会让人误认为是彩屏。

2）假笔记本电脑

和假彩屏手机的手法如出一辙，鬼鬼祟祟背着一个笔记本包，声称是从工厂带出来的，这个带字简直用绝了，你可以理解成偷，但法律意义上绝不等于偷。

笔记本电脑的价格肯定远高于普通手机，所以假笔记本电脑的价格通常都不会少于2 000元，这个价相比过万元的卖价还是很实惠的了。假笔记本电脑不能说完全是假，前面的手机是根本无法用，这里的笔记本电脑怎么说还是真，只是通过比手机更高的技术手段让买的人上当。

手机还只能算极度小聪明，笔记本电脑除此外还需要有一定程度的专业技能支持。他们的做法是将废旧的低性能"古董"笔记本电脑翻新，将BIOS里面的信息修改，并且将所装的

Windows 95/98 改头换面成 Windows XP 外观,再用软件将系统信息修改。这样在街头试机时就难以发现问题,所有常用显示计算机性能的地方都告诉你确实是一台高配置笔记本电脑,难道这还有假?可的确就是假的,一两千元买回的高性能笔记本电脑最后只能当打字机用。

唉!笔记本电脑的手法可以说完全是专业公司的水准,有可能一些主板公司的 BIOS 工程师还达不到这种水平,聪明的人实在太多,不服不行。

这两个例子不是鼓励大家去动歪脑筋做坏事,目的是让你明白就算你是一个非常聪明的人,技术水平也很高,在专业技能方面并不代表你所想到的就最好、最全面,很有可能别人已经提出更好、更全面的解决方法。当你去接触一个新领域时,一定要多学习了解现有产品,看产品中是否有自己不熟悉的新器件和新技术,避免自己走过多的弯路。

6.10 尽可能让生产更方便

开发部门研发的成功必须经由生产部门生产才能成为真正的产品,当产品移交到生产部门开始生产时,开发部门的工作大部分都已完成,余下的工作是协助生产部门解决生产中出现的问题,直到生产部门能够自主独立解决。可能有人认为开发部门只要功能满足设计要求就行,中间的一些细节没必要过于深究,实际情况并不如此,我们知道生产部门的效率会直接对单个产品的成本产生影响,而开发部门对产品功能实现的细节又会影响生产效率。

所以开发部门在产品开发时应预先考虑到生产便利性问题,最好是多和生产部门沟通,让他们给出一些建议,尽量避免出现极不方便生产的情况。有时候生产部门可能之前没有类似产品生产经验,所以他们也不能给出有效建议,这种情况下只能是通过小批量试产查找生产不便的情况,然后作出相应改进,确保量产时高效。

前面成本意识的章节提到过程序会影响生产效率,产品在生产中是需要对功能进行全检的,但如果按照实际功能一项项地测太费时间,常用的做法是在生产时进入测试模式,测试模式会将所有的硬件功能都按指定流程简单过一遍,这样基本上可以保证产品的硬件功能正常。产品出厂前还会经过一次检测,这个检测是抽检,测试过程要细致许多,一旦发现不良则这一批产品需全检或直接打回生产部门。

电子产品的生产虽然是流水线,并不是从头开始是各种元器件,到流水线的末端就变为成品下线。实际上都是分步生产,先是 PCBA 和其他五金塑胶件的制造,然后到组装车间组装,在前面的阶段也需要对半成品进行检测,比如 PCBA,一定要确保功能正常后才能送给组装车间;否则组装之后发现问题就要拆机维修,这会相当麻烦。测试 PCBA 有个简单的方法:将一台功能正常的产品打开,拿走原 PCBA,再用支架和顶针做一个测试架,顶针替代 PCBA 和其他部件的连接线,将被测试 PCBA 压在测试架上就可以检测功能是否正常。

产品的测试模式肯定不能让用户随便进入,所以进入测试模式的操作都比较特殊,通常情况下用户不会发现这种操作方式。目前常见的方法是在开机时按住多个指定的键,键的组合尽量是手在常态下难同时按到,并且最好是需要双手同时操作。这种方法存在一个问题:进测

第6章 实际产品开发

试模式不够方便,除了需要一个人按组合键外,还需要另外一个人开电,而测试又只需要一个人。这里给大家推荐一个效率高一点的方法,即产品上电时先通过 UART 向外发送开机信息,再等待一小段时间,比如 100 ms,如果收到测试命令就进入测试模式,否则进入正常工作状态。开发人员另外需要设计一套辅助测试工具,其 UART 收到开机信息后立即回复测试命令,测试工具使用顶针与被测产品连接,顶针通过产品外壳的小孔顶到 PCB 板,如果产品没有 UART 可以用 I/O 模拟。这种方法不需花开发人员多少时间,而且用户几乎没有进入测试模式的可能。

测试方式的好与坏,会直接影响生产测试的效率。一个无线遥控产品,遥控距离可达百米,正常工作状态下性能良好,在生产测试时却遇到了麻烦。批量生产时会有多条生产线同时生产,测试时相互干扰,使得生产极为不便。不得以生产部门在测试时对天线作了一个特殊处理,让测试状态下无线收发的距离变小,测试完再将天线改回正常状态。虽然这样生产线之间相互不再干扰,但对天线的处理需要额外增加两个工位,显然增加了生产成本。无线收发采用的是数字接口的模块,可以通过内部寄存器的设置控制增益,如果我们在测试时将增益降低,同样可以减少收发距离,按此方法修改后的产品一样达到更改天线方法的效果,生产效率明显得到提高。

假设有这样一个产品,即支持键盘输入、屏幕显示和声音输出功能,现在需要设计测试程序供生产使用。可能有人认为测试程序只要将这 3 种功能都测全面就行,其他没有什么需要注意的。其实不然,正确的顺序应是先测试所需时间短的功能,再测时间长的功能。例如,测试键盘所需的时间比屏幕短,测试程序就应该先测键盘,否则对于键盘和屏幕同样故障概率的情况,故障机的测试会花更多的时间。现在一批机器中发现键盘和屏幕有问题的机器各为 10 台,如果键盘测试需要 20 s,屏幕测试是 30 s,找出这些故障机先测屏幕需要多花(30−20)×10＝100 s。

如果是让你来写电阻触摸屏的山寨 iPhone 测试程序,你认为第一步应该进行什么操作?答案是先校正触摸屏。因为是山寨 iPhone,外观和正货一样只有一个按键,测试程序的功能选择需要借助触摸屏才能完成,如果先不执行校正操作,有可能出现点击位置不对的情况。当然一般情况下触摸屏不校正都是可以用的,偏差不会太大,但要是更换了触摸屏供应商则可能出现大的偏差。

测试程序的人机界面应尽量友好,最好可以由测试者自行选择自动和手动模式,自动模式依次顺序测试各种功能,一旦发现问题立即显示具体问题内容并暂停测试过程。测试程序毕竟是附加功能,如果出现完备测试程序需要增加存储空间的情况,则要综合考虑,一般是优先考虑存储空间的成本。

除了软件,产品电路板硬件的开发设计也会影响生产效率,只要我简单解释一下大家就能理解这一点。现在电路板比较少用单面板,为了减少板的面积,会在两面都放置元件,如果元件的放置位置不当,也会使生产效率低下。

电子元器件主要为插件和贴片两种焊接形式,对于量大的产品,手工焊接肯定不是理想的生产方法,需要采用贴片机、插件机等生产设备来提高生产效率。许多开发人员可能对生产设备的工作方式不太了解,这里通过图6.9所示波峰焊示意图来帮助理解插件焊接是如何提高效率的。

电子相关专业学生在学校都会要求掌握烙铁焊接技术,将元件插入(或贴在)指定位置,然后用烙铁将焊锡熔化到引脚上,焊锡冷却元件就被焊接好。波

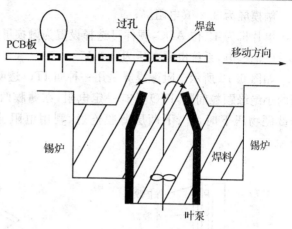

图 6.9 波峰焊示意图

峰焊也是同样的原理,锡炉里面是高温熔化的焊锡,先将元件都插好,再将电路板贴着焊锡熔液滑过,板上元件就会一次焊好,效率比手工焊接要高许多。

如果电路板正、反两面都有插件,用波峰焊就会有问题,焊接好一面后第二面无法焊接,从图6.9可以看出不能将已经焊好的元件翻过来再次通过锡炉。相信大家通过这个例子能理解元件的放置对生产效率确实会产生影响,不光插件,贴片元件也是如此,位置不好就是SMT贴片机效率都会受到影响。

无论是软件还是硬件,对生产效率的影响都属于开发细节,并没有现成的规则可循,只能是在开发工作中逐步积累经验,相信你只要理解了这方面的必要性,在接下来的开发工作中一定会成长得更快。

6.11 性能预估

一开始我就将这一节的标题和内容拟定为误差分析,真正写到这里的时候才发现这么说并不够准确,想想改为性能预估可能会更合适一些。实际上这一节我想讲的是如何通过误差分析来制定系统性能指标。

常听到工程师这样感叹:"有个同事好厉害,产品开发前就能估算出性能指标,而且与产品实际结果相差不远。"这种情况首先要恭喜其身边有这样优秀的技术人员,可以在他身上学到不少有用的东西;其次要告诉大家只要用心加努力,你也一样可以达到这样的水平。

系统误差分析必须基于实际系统进行,否则没有任何意义,比如你现在设计了一款产品,就算是世界上最厉害的专家,你不给他电路图等相关资料他也是无法分析系统误差的。如果通过系统误差分析来预估产品性能,我想还是通过实例讲解更容易理解,接下来通过一个触摸屏产品来预估其触摸性能。

与触摸屏有关的参数指标如下:

第6章 实际产品开发

触摸屏为 3.2 in 电阻屏；

单片机为 12 位 ADC，硬件可选择设置为触摸屏接口；

电池供电，系统电源电压为 3.3 V。

如图 6.10 所示电阻触摸屏是用一种叫 ITO 透明物质做成上、下两层薄膜，薄膜之间用透明的小绝缘颗粒间隔，ITO 具有一定电阻，在薄膜两侧用其他导电材料连接外部引线。当屏幕被硬物压下时，上、下两层薄膜连通，利用电阻分压原理就可以测算出所压位置的 X、Y 坐标。

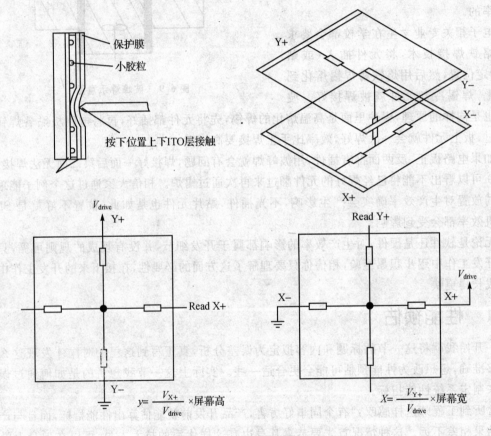

图 6.10 电阻触摸屏示意图

在 $X+$ 电极施加驱动电压 V_{drive}，$X-$ 电极接地，$Y+$ 作为引出端测量得到接触点的电压，由于 ITO 层均匀导电，触点电压与 V_{drive} 电压之比等于触点 X 坐标与屏宽度之比，该比值乘以 X 轴的总数点数可得到 X 坐标。在 $Y+$ 电极施加驱动电压 V_{drive}，$Y-$ 电极接地，$X+$ 作为引出端测量得到接触点的电压，由于 ITO 层均匀导电，触点电压与 V_{drive} 电压之比等于触点 Y 坐标与屏高度之比，该比值乘以 Y 轴的总点数可得到 Y 坐标。

从这些条件可知,理论上电阻触摸屏的分辨率为无穷大,但单片机 ADC 为 12 位数字采样,所以这里最多只能支持到 4 096 点。实际能不能做到这个理想值呢?需要通过对有关误差的分析才能知道,来看一下有哪些误差会对这个分辨率有影响,影响有多大。

电阻屏自身参数的分布误差:

所用电阻触摸屏 X 方向电阻范围为 450~550 Ω,Y 方向为 350~450 Ω,不同的屏可能会因为电阻不同而对测量结果产生一定影响。

单片机接口的驱动能力:

由单片机数据手册可知,I/O 口在 4 mA 负载条件下所输出的高低电平为 $0.9V_{cc}$ 和 $0.1V_{cc}$,如果负载电流加大,高低范围会进一步缩小。

系统噪声:

系统电源噪声不超过 50 mV,对于低频电路这个值可以被当作最大值。

因为需要测 X 和 Y 两个坐标,故图 6.10 中的正电源和接地要用 I/O 输出的高低电平进行替代,而电阻触摸屏的电阻只有几百 Ω,以 3.3 V/500 Ω 计算大约需要 6.6 mA 的电流,超过 I/O 口的负载能力,计算应使用 I/O 口实际输出的高低电压值才准。因为 I/O 口的负载能力不够,所以当点触摸屏两端时得到的最大电压要小于电源电压,同样最小电压也要大于零,这样虽然 ADC 为 12 位,实际达不到 4 096 的分辨率。

程序只能选用一个电阻基准值,显然应该是用刚好在阻值范围正中间的屏做基准,也就是 X 方向电阻为 500 Ω,Y 方向为 400 Ω,这种情况下 I/O 输出的高低电压用作默认基准。

单片机芯片相互之间的差异通常都比较小,可以忽略不计,于是我们可以得到下面的公式。

理论公式

$$x = W \cdot (U_y - 0)/(V_{cc} - 0)$$

实际公式

$$x = W \cdot (U_y - U_{yl})/(U_{yh} - U_{yl})$$

式中,W 为触摸屏在 X 方向的宽度;U_y 为 X 两端输出的高低电平在 Y 端测得的电压值;U_{yh} 和 U_{yl} 分别为 X 方向电阻为 500 Ω 时 X 两端输出的高低电压值。

不同的触摸屏 X 两端输出的高低电平会存在偏差,假定为 Δh 和 Δl,那么实际情况应该是满足这个公式

$$x_h = W \cdot (U_{yh} + \Delta h - U_{yl})/(U_{yh} - U_{yl}), \quad x_l = W \cdot (U_{yl} + \Delta l - U_{yl})/(U_{yh} - U_{yl})$$

Δh 为正时 Δl 为负

$$x_h = W \cdot \Delta h/(U_{yh} - U_{yl}) + W > W, \quad x_l = W \cdot \Delta l/(U_{yh} - U_{yl}) < 0$$

Δh 为负时 Δl 为正

$$x_h = W \cdot \Delta h/(U_{yh} - U_{yl}) + W < W, \quad x_l = W \cdot \Delta l/(U_{yh} - U_{yl}) > 0$$

这样就会出现有的触摸屏坐标超出范围、有的不够的情况,不过在 X 方向不会超过 10%。电阻的理论最大误差是 10%,在 I/O 的输出的高低电平差异上不会有这么大,通常为 2%~

第6章 实际产品开发

3‰,这里我们以 3‰为最大偏差。该偏差通过校准可以消除,我们的目的是得到最大偏差,所以先对校准不加以考虑。

触摸屏的宽度 W 最好是与显示的分辨率一致,如果这里是 QVGA,W 最好也为 320,这样可以让触摸与显示一一对应。对于 X 坐标,最坏的情况是两端出现±3‰的偏差,如果触摸和显示分辨率相同,设计触摸的图标时就必须能接受此偏差。如果我们在 (5,5,14,14) 设计一个矩形图标,该位 X 的最大偏差接近 3‰,转换成坐标值为 320×3‰=9,就有可能点击屏幕显示的 (10,10) 位置,系统得到的坐标却是 (1,10),不能正确识别点击图标的操作。

加大所设计图标的面积,比如变为 (1,1,19,19),就能保证点击屏幕显示的 (10,10) 位置得到正确响应,但还是有问题,图标始终都有部分无法正确响应。解决此问题最有效的方法还是校准,如果发现偏差过大,要求用户点击屏的边缘位置,从而得到 I/O 实际输出的高低电压值,就能将偏差减小到可以接受的范围。

电阻值引起的误差是恒定误差,同一台机器基本维持不变;电源噪声引起的误差是随机误差,始终变化存在于所有机器中。来看一下这种误差的影响:基准电源为 3.3 V,电源噪声引起的误差大约为 50 mV/3.3 V=1.5‰,再综合考虑量化误差、计算误差等其他因素,我们可以当作 2‰。这样 X 的坐标值的随机误差值为 320×2‰=6,意思是如果点屏幕显示的 (100,100) 位置,系统得到的坐标范围是 (94,94,106,106)。和恒定误差不同,随机误差是来回往复变化,出现几率是以理论基准点为中心正态分布。

这次在 (5,5,14,14) 和 (15,5,24,14) 位置分别设计两个矩形图标,不考虑触摸屏电阻引起的恒定误差,如果用户点屏幕显示的 (12,5) 位置,系统会因为随机误差错误得到 (18,5),将点击前一个图标操作误判为点击后一个图标。如果两个图标之间的间隔大于 6,则不会出现这样的问题。

随机误差可以用多次平均的方法来应对,从概率上说,平均的次数越多,随机误差就越小。但多次平均的方法有个缺点,即会影响触摸屏的灵敏度,如果平均次数比较多,响应会变得迟钝,需要根据实际情况作出调整。

误差大致分析完,看看这个触摸屏到底可以满足哪些应用需求?菜单选择、手写输入、拖动是触摸屏的主要功能,菜单选择和拖动速度会比较慢,只要增加校准功能完全可以满足需求。手写需要比较快的响应速度,否则会出现漏点,写字会出现折线。估算快速写字一笔耗时 0.2 s,长度为屏幕上 200 点,每一点的时间为 1 ms,不采用多次平均法,触摸屏每毫秒采样一次即可,但会出现随机误差引起的跳点现象,采用轨迹分析和画线加粗的方法基本可以避免跳点发生。如果采用多次平均,可以得到更精准的结果,但需要提高触摸屏采样率,会占用过多的单片机系统资源。

该触摸屏基本可以满足一般需求,如果需要手写功能,可以采用轨迹、加粗和少量点平均的综合处理方法,完全可以在只占用适量单片机系统资源的条件下保证所写字形流畅。到这里是不是发现对系统性能的预估并不是非常难?相信自己,你一样可以做到。

6.12 电磁兼容

10年前,电磁兼容在国内还是一个比较陌生的名词,但到今天,不少公司在招聘硬件工程师时都会要求有相关经验,尤其是产品出口到欧美市场的公司,更是强调这一点。因为这些国家都已经对其制定出相关法规,想进入其市场的产品就必须符合准则,所以现时虽然电磁兼容方面的支出并不低,为了市场这些公司都不得不咬牙接受。

无论什么产品,今后一定是趋向环保节能,电磁兼容包含对电磁辐射污染控制的部分,所以从长远看,往后所有的国家和地区都会在电磁兼容方面逐步作出要求,为此开发人员应尽早掌握这方面的知识。

电磁兼容分为EMC(抗外界辐射干扰)和EMI(控制对外辐射干扰)两部分,在设计电子产品阶段,需要开发人员作出针对性处理,提高产品的抗电磁干扰能力,并减少产品对外的电磁干扰。我们生活的空间存在各种电磁干扰,比如大量的无线电波、人身上因摩擦产生的静电,都是干扰源,要想产品稳定工作,就要能承受这些干扰。同样,电子产品工作时难免会对外辐射电磁波,尤其是单片机的数字电路,频率高、谐波大,对外辐射更是厉害。

要想很透彻地理解电磁兼容需要从电磁学知识入手,我们不需要达到可以用公式推算出结果的理论水平,只需要理解天线、干扰源以及阻抗这几个概念。天线在生活中随处可见,像电视所用的鱼骨天线,只是靠几条金属管就能接收到微弱的信号,原理就是特定长度的天线能对特定波长电磁波产生谐振,通常是电磁波长的1/2或1/4。干扰源很好理解,任何电子产品工作时对其他产品来说都是干扰源,自然界中的闪电等也是,像固定电话通话时附近有手机通话会有杂音,就是因为手机信号被固定电话感应到。阻抗不等于电阻,一条导线,对于10 MHz的信号阻抗是10 Ω,对于100 MHz的信号就可能不是这个值而变成了100 Ω,所以就算只是一条导线,对不同频率的信号特性也会不同。

如果没有天线,再强的电磁信号也发不出去,同样也接收不进来,不过电子产品不可能没有天线,电路板上任意一条导线都可以等效为天线,如果发现产品对某一个频率的信号很敏感,是可以通过调整电路板布线来避免的。天对地,天线对应的自然也叫地线,地线可以降低天线的灵敏度,性能再好的天线,只要被地包裹起来,灵敏度一定会大受影响。增加屏蔽地线是通过更改电路板步线来处理电磁辐射的最简单方法,所以实际中多用屏蔽地来解决电磁辐射的问题,有些产品用金属外壳就是来屏蔽自己的辐射和外界干扰。

开发人员只能更改自己的设计,外界的干扰是无法去控制改变的,对于外界干扰只能是尽量不让外界辐射跑进来,主要是采用硬件的方法来改进。产品对外的辐射不同,除了可以用硬件方法降低辐射外,还可以通过一些软件的方法来改善。我们知道电磁辐射必须是交变电场才会产生,如果是将一个电阻连接到电池两端,是不会有电磁辐射产生的。

单片机控制的电子产品不同,会在I/O口上输出一些高低变化的控制信号,这些信号都是交流信号,自然会有电磁辐射产生。如果这个信号是等周期,干扰会主要集中在这个频点对外辐射,如果周期不相等,其干扰就会分散到更多的频点对外辐射,这样总体辐射的能量虽未变小,但不会出现干扰过大的频点。

频率为 1 MHz 的信号,其波长为 3 m,按前面所说的天线应该是在 1.5 m 和 0.75 m 长时最为灵敏。目前单片机产品板上信号超过 1 GHz 的还比较少,板上连线的长度也都不长,所以基本都满足频率越高对外辐射越大的规律。一些带时钟信号的总线接口,在不影响功能的情况下可以适当降低时钟频率,这样做对降低产品对外电磁辐射有一定作用。

总体说电磁兼容主要是硬件方面的工作,单片机软件开发人员只需要有一个基本的了解,常见的一些处理方法是串并电感电容,使用磁珠、磁环和磁阻等专用元器件,使高频干扰信号被抑制或消除。对电磁兼容感兴趣的读者可以自己找一些相关书籍进行阅读。

6.13 上电与测试

产品肯定需要通电才能工作,当产品硬件准备好时,如何保证第一次上电不出现短路等意外成为关键。虽然现在的 EDA 软件功能非常强大,可以由原理图直接对 PCB 板图进行网络校验,原理图正确的前提下是可以保证 PCB 没有错误的,但谁也不能保证元器件的安装能完全正确,所以刚准备好的硬件不要匆忙上电。

上电前应该先仔细检查电路板,用万用表量一下电源对地电阻,如果电路板上有多个电源还需要测量相互之间的电阻,电阻为零则需要确认是否属于正常情况。最好用可以显示电压、电流的可调直流电源,先将直流电源的输出调为零,再接上产品开发板,逐步增大电压到规定值,一旦电流过大立即关掉直流电源,找到原因后才可重新上电。

上电后需要用万用表检查各个电压是否正常,这也是板上硬件调试的第一步工作,对于开发板首先要保证供电正确。接下来可以通过检查晶振有没有起振、总线有没有信号来看产品是否开始工作,如果没有工作需要检查电源脚、复位脚或其他特殊功能脚状态是否正常。

不是每次上电都要先将直流电源的输出调为零,只要第一次上电正常,后面就可以直接给出所需电源电压。有一点要注意,如果是用可调直流电源供电,有可能在你上一次关掉后别人调过输出电压,为安全起见应该是关电后断开直流电源和产品的连接,下一次上电先开可调直流电源,确认电压正确后才对产品通电。

经过漫长而艰难的开发过程,现在产品已经能工作起来,成功的喜悦感一定充满开发人员的内心,对自己设计的产品出现在市面的期待会更为急迫。呵呵,我也和你一样激动,到这里这本书差不多快写完了,不过我要告诉你的是还得沉住气,你还有一项工作要完成,那就是测试,我也一样,需要回过头将书中的错漏找出来。

测试并不完全是在产品开发完之后才进行,实际上程序的调试过程也可算得上是测试工作,只是这一阶段测试方式以模块功能为主。我要强调的是程序写完后的整体测试,程序员有可能会认为自己只要大致测试一下就够了,后面会有专门的人来进行详细测试。站在分工的角度,这种想法是有一定道理的,但一名好的开发人员绝不是只为了完成任务,而是要把开发任务漂亮地完成。

虽然质量部门会对产品进行严格的测试,但他们对产品程序的流程不会太了解,这样就决定了他们在测试时不知道哪些地方容易出问题。开发人员不同,编写程序的时候就知道什么地方程序最复杂,复杂的地方出问题的几率自然要大,开发人员就可以对这些地方进行重点测试,甚至还需要尽可能地形成容易出错的测试条件。

那程序员可以将这些地方告诉测试人员,不也是可以起到同样的效果吗?程序的复杂性不是一份文档或几句话就能介绍清楚的,而且测试人员大都不具备太多专业基础知识,就是你介绍得很清楚他们也不一定能理解。质量部门的测试人员法宝是大强度测试,这样并不能保证所有的错误都能找到,开发人员对产品有针对性地自我细致测试,无疑会对产品的高质量增添保证。

产品发放到质量部门测试时,所带的错误应该尽量少。因为测试发现的错误肯定需要开发人员进行修改,修改后再送到质量部门测试,如果错误太多,就会增加修改重测的次数,导致测试的时间过长。程序员自己每修正一个错误,也就意味着同时增加一个其他地方出错的风险,有可能消除了当前错误,却又形成另外的错误。

任何人都会有这样的心理规律:在没完成任务之前会非常小心谨慎,有着足够的耐心,一旦自认为完成任务,整个人就会松懈下来,再也无法恢复到之前的工作状态。产品发给质量部门测试,开发人员就会认为开发任务基本完成,对所发现的问题难以像之前那样前后细致考虑,只是就问题想问题,所以导致其他地方出错的几率会加大。

离成功越近,应更细致并富有耐心地面对开发工作,千万别因为最后时刻的一个疏忽而影响到你前面的所有努力,许多时候老板看的只是结果。

6.14 程序版本发放记录

当产品开始生产后,常常需要对程序作出修改,原因有可能是发现现有的程序存在 bug,也有可能是实际应用中发现需要对某些功能作出改进。为了便于产品的管理,需让生产、质量等相关部门知道开发部门作了哪些修改,对每次修改开发人员都应该作出详细的记录。

这样做有许多好处:开发部门不会出现一段时间后自己记不清变动细节的情况;生产部门每个版本都会生产,当有不同版本的产品混在一起时,通过记录表能知道不同版本功能的异同;质量部门在测试时可以依据记录对修改部分重点测试,这样可以适度减少测试时间。

这里有一份产品不同版本的修改记录表(表6.7),从中你可以看出有些是对错误的修正,有一些则是后续功能扩展,你也可以参照这个例子设计自己的版本发放记录表。

第一个版本是为了保证按期出货而发放的,对于程序的测试并不是很充分,这个版本的程序所带的错误比较多,但没有关键的功能性错误。因为知道第一个版本带有一些错误,一周之后发放了经过详细测试、错误已经大为减少的第二个版本,这样可以尽量减少第一个版本所带错误的影响。第三个版本的发放要比第二个版本晚一个月,你会发现这个版本改动非常少,只是根据生产作了几处改进。后面的其他版本间隔周期更长,目的是用替代方案降低成本。

第6章 实际产品开发

表 6.7 程序发放版本记录样表

XXX Version Record			
Version:	Mask1Ver13	Mask2Ver2	Mask3Ver1
Filename:	RFTrans_Code0228QAMask1Ver13	RFTrans_Code0307-QAMask2Ver2	RFTrans_Code0429QAMask3Ver1
Checksum:	0x51A9	0x294A	0xE558
Release date:	Feb 28 2008	Mar 7 2008	Apr 29 2008
Purpose:	1st mask	2nd mask	3rd mask
Affected function			
1. ATE 测试命令	Not support	Support	Support
2. 版本号命令 (MASK 序号)	Not support	Return 0x01	Return 0x02
3. 按 OFF 键关主机后再按 ON 键开机, LINK LED 的错误	插人有线主机按 OFF 键关机后再按 ON 键开机,LINK LED 不能重新闪烁 10 s	Fixed	Fixed
4. RF 数据发送 BUFFER 写人时的溢出保护	Not support	Support	Support
5. RF 层状态确认数据包错误	RF 层状态确认数据包错误 实际未使用此功能)	Fixed	Fixed
6. RF_B Stick X 轴在 31～4F/B1～CF 区域的错误	RF_B Stick X 轴在 31～4F/B1～CF 区域的错误,在此区域当 RF_A 的摇杆位置此时和 RF_B 相反时出错	Fixed	Fixed
7. RF 模块休眠顺序	设置为 IDLE 后再没为 RX, 确认为 RX 状态后将 RF 模块设为睡眠模式	Per 1st mask	将 RF 模块休眠改为 reg8→idle→reg11→sleep 顺序, 写 reg8 为关 RF 模块 VCO, 以解决 RF 以模块睡眠大电流问题
8. 在建立 RF 连接时发送数据的错误	当浦人有线在建立 RF 连接时还会向 RF_A 发送数据	Per 1st mask	Fixed

续表 6.7

序号	问题描述	状态1	状态2
9. RF_B 不能发送 dummy 码的错误	选择设备为 Drawpad 时 RF_B 不能发送 dummy 码	Per 1st mask	Fixed
10. 发送 dummy 码过多的错误	某些情况下 dummy 码发送间隔过密	Per 1st mask	Fixed
11. 在初始化 RF 模块时也能休眠	Not support	Not support	初始化 RF 模块时也能进入休眠模式
12. 在睡眠后被唤醒的程序	在睡眠后被唤醒回到主程序	Per 1st mask	在睡眠后被唤醒改为清 bit7,6 来复位 MCU,不再回到主程序
13. 进入生产测试模式的功能	需要先连接一个 RF joystick 才能进入生产测试模式	Per 1st mask	添加不连接 RF joystick 也能进入生产测试模式的功能
14. 进入生产测试模式后未设最小发射功率	生产测试模式大部分情况下使用了正常发射功率,当 RF_A 和 RF_B 都断开连接时程序会重新初始化 RF 模块,使得发射功率被设为正常大小	Per 1st mask	Fixed
15. 连接上手柄后主机发 ID 的改动	连上 RF 手柄后,界面先显示 612 Joystick 再显示 Joystick advance	Per 1st mask	Per 1st mask
16. RF 模块支持 BK2411	Not support	Not support	Not support
17. RF 模块兼容 EMC198810 和 BK2411	Not support	Not support	Not support
18. 连接不上手柄为 EMC 芯片的问题	None	None	None
19. RF 模块为 BK2411 时发送的数据包采用软件 CRC 完成	Not support	Not support	Not support
20. RF 模块为 BK2411,读取收到的数据包时软件保护	Not support	Not support	Not support
21. RF 模块为 BK2411,ATE 模式下发送的数据包长度	Not support	Not support	Not support

第6章 实际产品开发

续表6.7

22. RF 模块为 BK2411 的发射功率	Not support	Not support	Not support
23. ATE 模式下,通过串口发送数据前先清掉 UARTSR 寄存器	Not support	Not support	Not support
24. RF 模块为 BK2411,清掉 RX FIFO 的命令	Not support	Not support	Not support
25. RF 模块为 BK2411,寄存器初始化的改动	Not support	Not support	Not support
26. RF 模块为 BK2411,TX 的设置顺序	Not support	Not support	Not support
27. RF 模块为 BK2411,RX 的设置顺序	Not support	Not support	Not support
28. RF 模块 I/O 口的设置	Not support	Not support	Not support

XXX Version Record

Version:	Mask4Ver1	Mask4Ver2	Mask4Ver3
Filename:	788ConsoleMask1Ver1.h16	788ConsoleMask4Ver2.h16	788ConsoleMask4Ver3.h16
Checksum:	0x99f3	0xa920	0x57f
Release date:	Mar 18 2009	Apr 03 2009	May 19 2009
Purpose:			

Affected function			
1. ATE 测试命令	Support	Support	Support
2. 版本号命令(MASK 序号)	Return 0x02	Return 0x13	Return 0x23
3. 按 OFF 键关机后再按 ON 键开机 LINK LED 的错误	Fixed	Fixed	Fixed
4. RF 数据发送 BUFFER 写入时的溢出保护	Support	Support	Support

续表 6.7

序号	问题描述		
5.	RF 层状态确认数据包错误	Fixed	Fixed
6.	RF_B Stick X 轴在 31~4F/B1~CF 区域的错误	Fixed	Fixed
7.	RF 模块休眠顺序	Per 3rd mask	Per 3rd mask
8.	在建立 RF 连接时发送数据的错误	Fixed	Fixed
9.	RF_B 不能发送 dummy 码的错误	Fixed	Fixed
10.	发送 dummy 码过多的错误	Per 3rd mask	Per 3rd mask
11.	在初始化 RF 模块时也能休眠	Per 3rd mask	Per 3rd mask
12.	在睡眠后被唤醒的程序	Per 3rd mask	Per 3rd mask
13.	进入生产测试模式的功能	Fixed	Fixed
14.	进入生产测试模式后未设最小发射功率	Fixed	Fixed
15.	连接上手柄后主机发 ID 的改动	Support	Support
16.	RF 模块支持 BK2411	Not support	Support
17.	RF 模块兼容 EMC198810 和 BK2411	主机模块换为 BK2411 后与模块为 EMC198810 的 EMC 手柄连接不上	Fixed
18.	连接不上手柄为 EMC 芯片的问题	Not support	Support
19.	RF 模块为 BK2411 时,发送的数据包采用软件 CRC 完成	Not support	Support
20.	RF 模块为 BK2411,读取收到的数据包时没有软件保护	Not support	Support
21.	RF 模块为 BK2411,ATE 模式下发送的数据包长度	64 B	32 B

续表 6.7

序号	说明	BK2411	其他
22	RF 模块为 BK2411 的发射功率	正常模式,Reg3＝0x16003160, Reg6＝0x47 为第 3 挡,功率为 –0.6 dB;生产测试模式,Reg3＝0x16003160, Reg6＝0x00 为第 0 挡,功率为 –16 dB	正常模式,Reg3＝0x97003060, Reg6＝0x57 为第 7 挡,功率为 0 dB;生产测试模式,Reg3＝0x97003060,Reg6＝0x45 为第 2 挡,功率为 –22 dB
23	ATE 模式下,通过串口发送数据前先清掉 UARTSR 寄存器	Not support	Support
24	RF 模块为 BK2411,清掉 RX FIFO 的命令	0xe0	0xe2
25	RF 模块为 BK2411,寄存器初始化的设置改动	Bank1,Reg3＝0x6030016, Reg4＝0x9b009941, Reg0x0c＝0xc0d5002d; Bank0,Reg0＝0x0f	Bank1,Reg3＝0x60300097, Reg4＝0x03009941, Reg0x0c＝0xc0c7002d; Bank0,Reg0＝0x1f
26	RF 模块为 BK2411,TX 的设置顺序	清 TX FIFO→清 RX,RX 中断标志位→进入 power down→设为 TX	清 TX FIFO→清 RX,RX 中断标志位→进入 power down→设为 TX
27	RF 模块为 BK2411,RX 的设置顺序	清 RX FIFO→进入 power down→设为 RX	正常模式,清 RX FIFO→清 TX,RX 中断标志位→进入 power down→设为 RX
28	RF 模块 I/O 口的设置	P05→MISO, P17→CS, P40→NC	P05→CS, P17→MISO, P40→BK/EMC selected。P40 脚为低时选择 BK 模块,P40 脚为高时选择 EMC 模块

参考文献

[1] ARM Architecture Reference Manual(2nd Edition), ARM Limited, 2000.
[2] Andrew N. Sloss, Dominic Symes, Chris Wright, John Rayfield, ARM System Developer's Guide Designing and Optimizing System Software, Morgan Kaufmann Publishers, 2004.
[3] Anthony J. Massa, 颜若麟, 孙晓明, 尤伟伟, 林巧民, 嵌入式可配置实时操作系统 eCos 软件开发, 北京: 北京航空航天大学出版社, 2006.
[4] 凌阳(Sunplus)公司 SPG 系列芯片数据手册.
[5] 凌通(Genaralplus)公司 GPL 系列芯片数据手册.
[6] 义隆(EMC)公司 EM78P 系列芯片数据手册.
[7] 盛群(Holtek)公司 HT46/48 系列芯片数据手册.
[8] 博通(Beken)公司 BK2411 芯片数据手册.
[9] 伟易达(Vtech)公司部分产品技术手册.

参考文献

[1] ARM Architecture Reference Manual(2nd Edition). ARM Limited, 2000.
[2] Andrew N. Sloss, Dominic Symes, Chris Wright, John Rayfield. ARM System Developer's Guide Designing and Optimizing System Software. Morgan Kaufmann Publishers, 2001.
[3] Ambury J. Massa. 嵌入式软件一二度开发. 大有节, 林亮, 林凡等译. 嵌入式Linux应用开发技术详解. 北京：北京希望电子出版社, 2005.
杜春雷. ARM体系结构与编程. 北京：清华大学出版社, 2006.
[4] 爽思(Samsung)公司 S3C 系列芯片数据手册.
[5] 美满(Marvell/Intel)公司 CPU 系列芯片数据手册.
[6] 文鑫(CMC)公司 EM78P 系列芯片数据手册.
[7] 盛群(Holtek)公司 HT46 系列芯片数据手册.
[8] 伟诠(Weltrend)公司 WT6111 系列产品技术手册.
[9] 伟佳(Vtech)公司产品技术手册.